高等学校电子信息系列

电子技术

主　编　李鸿林　席志红

副主编　张忠民　李志刚　靳庆贵　禹永植

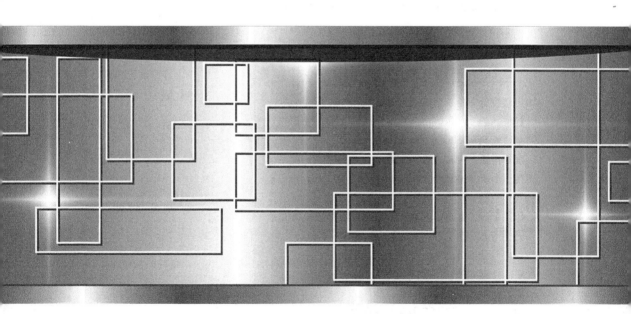

HEUP 哈尔滨工程大学出版社

内容简介

本书是根据当前教学改革形势、电子技术教学现状和发展编写的,是对原2007年版教材进行的修改和补充,内容符合国家教委高等工科院校电工学课程指导小组审定的"电子技术课程教学根本要求"。全书共10章,主要内容包括半导体器件、放大电路、集成运算放大器、直流电源、数字电路基础、组合逻辑电路、时序逻辑电路、555集成定时器的原理及应用、模-数转换器和数-模转换器、半导体存储器和可编程逻辑器件。

本书可作为高等工科院校非电专业学生电子技术课程教材,也可以供有关方面工程技术人员参考和自学使用。

图书在版编目(CIP)数据

电子技术/李鸿林,席志红主编. —哈尔滨:哈
尔滨工程大学出版社,2015.1(2022.7重印)
ISBN 978 - 7 - 5661 - 0964 - 4

Ⅰ.①电…　Ⅱ.①李…　②席…　Ⅲ.①电子技术
Ⅳ.①TN

中国版本图书馆 CIP 数据核字(2015)第 016534 号

出版发行	哈尔滨工程大学出版社	
社　　址	哈尔滨市南岗区南通大街 145 号	
邮政编码	150001	
发行电话	0451 - 82519328	
传　　真	0451 - 82519699	
经　　销	新华书店	
印　　刷	北京中石油彩色印刷有限责任公司	
开　　本	787 mm×1 092 mm　1/16	
印　　张	21.75	
字　　数	563 千字	
版　　次	2015 年 1 月第 1 版	
印　　次	2022 年 7 月第 9 次印刷	
定　　价	36.00 元	

http://www.hrbeupress.com
E-mail:heupress@ hrbeu.edu.cn

编审委员会成员名单

再 版 说 明

《国家中长期教育改革和发展规划纲要(2010—2020年)》明确提出"提高质量是高等教育发展的核心任务"。要认真贯彻落实教育发展规划纲要,高等学校应根据自身的定位,在培养高素质人才和提高质量上进行教学研究与改革。目前,高等学校的课程改革和建设的总体目标是以适应人才培养的需要,培养专业基础扎实、知识面宽、工程实践能力强、具有创新意识和创新能力的综合型科技人才,实现人才培养过程的总体优化。

哈尔滨工程大学电工电子教学团队紧紧围绕国家中长期教育改革和发展规划纲要以及我校办高水平研究型大学的中远期目标,依托"信息与通信工程"国家一级学科博士点、"国家电工电子教学基地"、"国家电工电子实验教学示范中心"以及"NC网络与通信实践平台",通过国家级教学团队的建设,明确了电子电气信息类专业的基础课程的改革和建设的总体目标是培养专业基础扎实、知识面宽、工程实践能力强、具有创新意识和创新能力的综合型科技人才。在课程教学体系和内容上保持自己特色的同时,逐步强调学生的主体性地位、注重工程应用背景、面向未来,紧跟最新技术的发展。通过不断深化教学内容和教学方法的改革,充分开发教学资源,促进教学研讨和经验交流,形成了理论教学、实验教学和课外科技创新实践相融合的教学模式。同时完成了课程的配套教材和实验装置的创新研制。

本系列教材包括电工基础、模拟电子技术、数字电子技术和高频电子线路等课程的理论教材和实验教材。本系列教材的特点是:

(1)本系列教材是根据教育部高等学校电子电气基础课程教学指导分委员会在2010年最新制定的"电子电气基础课程教学基本要求",并考虑到科学技术的飞速发展及新器件、新技术、新方法不断更新的实际情况,结合多年的教学实践,并参考了国内外有关教材,在原有自编教材的基础上改编而成。既注重科学性、学术性,也重视可读性,力求深入浅出,便于学生自学。

(2)实验教材的内容是经过教师多年的教学改革研究形成的,强调设计型、研究型和综合应用型。并增加了SPICE分析设计电子电路以及EDA工具软件使用的内容。

(3)与实验教材配套的实验装置是由教师综合十多年的实验实践的利弊,经过反复研究与实践而研制完成。实验装置既含基础内容,也含系统内容;既有基础实验,也有设计性和综合性实验:既有动手自制能力培训,也有测试方法设计与技术指标测试实践。能使学生的实践、思维与创新得到充分发挥。

(4)本系列教材体现了理论与实践相结合的教学理念,强调工程应用能力的培训,加强学生的设计能力和系统论证能力的培训。

本书自出版及修订再版以后,受到了广大读者的欢迎,许多兄弟院校选用本书作教材,有些读者和同仁来信,提出了一些宝贵的意见和建议。为了适应教学改革与发展的需要,经与作者商量,并结合近年的科研教学的经验和成果,以及电子技术的最新发展,决定第三次修订再版,以谢广大读者的信任。

哈尔滨工程大学出版社

2015年1月

前　言

本书是在哈尔滨工程大学出版社 2007 年出版的《电子技术》教材基础上,结合我们多年的教学经验,充分考虑了电子技术教学的现状及电子技术的发展重新修订编写的。新教材保留了原教材内容全面、阐述细致的特点,并对其中部分章节进行了补充和修改。

在编写过程中,我们注意到电子技术是一门理论与实际紧密结合的课程。在内容处理上体现了电子技术课程的基础性,从对电子技术基本理论、基本知识的掌握和基本技能的培养角度来组织内容,注重电子器件的外特性、基本电路分析方法、电路应用知识的介绍。教材中加强了电路应用方面的内容,加强了对集成电路的介绍,弱化了分立元件的内容。为了引领学生自主学习,扩充学生的知识面,增加了电子技术 EDA 工具的介绍,书中带有"∗"号的内容在讲授时可根据专业的需要学时的多少而取舍,也可供学生自主学习参考。这次修订改动较多,不少章节是重新编写的,由于作者水平有限,书中难免有不足之处,恳请各位读者批评指正。

本书还附有实验指导教程,已经出版,相关实验内容可参阅 2014 年哈尔滨工程大学出版社出版的禹永植主编的《电子技术实验教程》。

编　者

2014 年 12 月

目　　录

第1章

半导体器件

半导体器件是由半导体材料制成的电子器件,这类器件普遍具有质量轻、体积小、能耗低、精度高等优点,因此在现代社会的各领域得到了广泛应用。本章主要介绍 PN 结、二极管、三极管及场效应管等基本半导体器件,这些器件的结构、工作原理、特性、参数是学习电子技术和分析电子电路的基础。

1.1　PN 结及其单向导电性

1.1.1　本征半导体与杂质半导体

导电性能介于导体与绝缘体之间的材料称为半导体材料。电子器件中常用的半导体材料是硅和锗。经过去杂质提纯之后的半导体称为本征半导体。本征半导体的原子呈现晶体结构,所以这类半导体又称为晶体。硅和锗都是 +4 价元素,每个原子最外层的 4 个价电子分别与相邻的 4 个原子所共有,形成共价键结构,如图 1.1 所示。共价键是一种相对稳定的结构,在没有外界激发的情况下,价电子受自身原子核和共价键的束缚,不能自由运动。所以在无外界激发的情况下本征半导体几乎不导电。

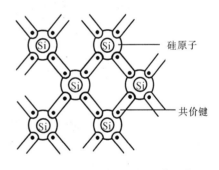

图 1.1　硅单晶中的共价键结构示意图

半导体器件所受到的外激发主要是光照和热激发,热和光都可以给价电子提供能量,促使其挣脱共价键的束缚成为自由电子,从而使本征半导体的导电性能增强。温度越高、光照越强,自由电子数越多或者越活跃,半导体导电性越好,这就是半导体固有的热敏特性和光敏特性,利用这种特性可以制成热敏器件和光敏器件。

本征半导体受外界激发产生自由电子时,在该电子原来的位置上会留下"空穴",空穴所在的原子由于缺少一个电子而带有正电性,空穴出现在哪里,哪里就带有正电,所以我们把空穴也视为带有正电的粒子,其电荷量与电子相等。在外电场作用下,自由电子会逆电场方向运动,而空穴会顺电场方向运动。空穴运动的本质是:带有正电性的原子核吸引周围的价电子来填补空穴,从而形成空穴的移动。自由电子和空穴是半导体中参与导电的两种载流子。本征半导体中外界激发所产生的自由电子和空穴总是成对出现,这种现象叫作本征激发,相应的自由电子和空穴又称为电子空穴对。由于物质运动,本征半导体中的电子空穴对不断更新,即总有自由电子去填补空穴,使原来的电子空穴对消失,并且释放出能量,这些能量又激发产生出新的电子空穴对。在外界激发条件不变时,电子空穴对将保持一定的浓度。

自然条件下本征激发所产生的电子空穴对数量很少,形成的电流也很小。再加上对热和光的敏感性,本征半导体不能用来制造半导体器件。

若在本征半导体中掺入一定杂质,就形成了杂质半导体,其导电性能将会发生显著变化。根据掺入元素的不同,杂质半导体又分为 N 型半导体和 P 型半导体,如图 1.2 所示。

如在本征半导体硅中掺入少量的五价元素磷(或锑、砷等),由于每个磷原子在与相邻的四个硅原子组成共价键时多出一个电子,这个电子只受原子核的吸引,不受共价键的束缚,在常温下就可以变成自由电子,而失去 1 个价电子的磷原子变成不能移动的正离子。这种杂质半导体称为 N(Negative)型半导体,如图 1.2(a)所示。在本征半导体硅中掺入少量三价元素硼(或镓、铟等),每一个硼原子在与相邻硅原子组成共价键时多出一个空位,由于共价键稳定结构的需求,周围的价电子很容易来填补该空位,并在其原来的位置形成带有正电性的空穴,而硼原子获得 1 个价电子后形成不能移动的负离子。这种杂质半导体称为 P(Positive)型半导体,如图 1.2(b)所示。

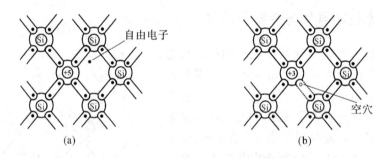

(a)   (b)

图 1.2 N 型半导体和 P 型半导体结构示意图

(a)N 型半导体;(b)P 型半导体

由于半导体材料固有的光敏和热敏特性,杂质半导体内也会有本征激发现象,产生电子空穴对。随着掺杂浓度的增加,由掺杂产生的载流子数将大大增加,其数量远多于由本征激发产生的载流子数。在 N 型半导体中自由电子是多数载流子,简称多子,空穴是少数载流子,简称少子。而 P 型半导体中空穴是多子,自由电子是少子。

1.1.2 PN 结形成及其单向导电性

如果在一片硅片上用不同的掺杂工艺制成 P 型半导体和 N 型半导体,由于 P 型半导体和 N 型半导体交界处载流子浓度的分布差异显著,必然发生两部分多数载流子的扩散运动,如图 1.3(a)所示。即 P 区中一部分空穴扩散到 N 区以后在 P 区一侧留下一些带负电的杂质离子;同时,N 区中一部分电子扩散到 P 区后在 N 区一侧留下一些带正电的杂质离子。于是,在交界面两侧形成了一个很薄的正负离子层,这些离子相对静止,我们把这些在空间不能移动的带电离子称为空间电荷,相应的区域称为空间电荷区或载流子耗尽区,如图 1.3(b)所示。以交界面为分界的空间正、负电荷会在交界面处形成电场,这个电场称为自建电场或内电场,其方向由正离子层指向负离子层,即由 N 区指向 P 区,它对多子的扩散运动起阻挡作用,所以空间电荷区又称为阻挡层。

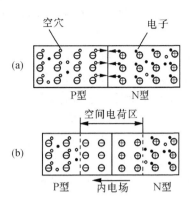

图 1.3　PN 结形成示意图
(a)PN 结载流子的扩散运动;
(b)平衡状态的 PN 结

　　一方面,空间电荷区的内电场对多数载流子的扩散运动起阻挡作用。另一方面,它却有助于空间电荷区两边的少子通过这一区域。少子在自建电场作用下的定向运动称为漂移运动,其方向恰好和多子的扩散运动方向相反。可见在交界面发生着两种相反的运动。开始时扩散运动占优势,随着多子的扩散,空间电荷区逐渐增厚,自建电场也逐渐增强,多子扩散的阻力增大,扩散运动逐渐得到抑制,但少子的漂移运动增强。不断受到削弱的扩散运动和不断得到增强的漂移运动最终必然达到动态平衡,即由 P 区向 N 区扩散的多子(空穴)数量与反向漂移过来的 N 区少子(也是空穴)数量相等;同样,电子扩散的数量也必然为反方向电子漂移的数量所抵消。这样,交界面两侧的正、负离子数量不再变化,空间电荷区成为一种相对稳定的状态,其宽度也就不变了。这个区域就称为 PN 结。

　　PN 结是自然形成的,自建电场也是自然产生的而非外加电场的产物。如果在形成 PN 结的硅片两端再外加一个电场,随外加电场方向的不同,半导体的导电性能将会有很大差别。

　　如图 1.4(a)所示,将外加电压源的"＋"极接 P 区,"－"极接 N 区。这时外加电场的方向与 PN 结自建电场的方向相反,在外电场作用下 P 区的多子空穴向 N 区运动,N 区的多子电子也向 P 区运动,使空间电荷区的正负离子数目减少,PN 结变薄,自建电场变弱。外加电压越大 PN 结越薄,自建电场也越弱。当外加电压达到一定值时 P 区的空穴将穿过 PN 结进入 N 区,与 N 区的少子空穴汇合在电源的作用下顺畅地流向电源的"－"极;同样,N 区的多子与 P 区的少子电子也会穿过 PN 结流向电源的"＋"极,从而形成电流。这时整个硅片以及 PN 结呈现低阻导通状态,电流 I 随电源电压增加而增加。将这种状态称为 PN 结正向导通状态,施加电压的方式称为加正向电压或正向偏置。

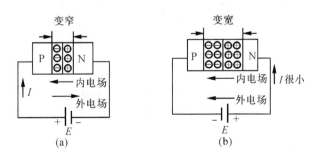

图 1.4　PN 结的单向导通特性
(a)PN 结加正向电压;(b)PN 结加反向电压

　　如果按图 1.4(b)所示,将外加电压源的"－"极接 P 区,"＋"极接 N 区,这时外加电场的方向与 PN 结自建电场的方向相同,将使内电场加强,空间电荷区加宽,PN 结变厚,更不利于 P 区和 N 区的多子通过,只有少数载流子可以穿过 PN 结,形成由 N 区流向 P 区的电流。将这种状态称为 PN 结加反向电压或反偏置。由于少子浓度很低,所以反偏置时电流很小,远远小于正向导通时的电流,PN 结呈现高阻近似于不导电的状态。另外,由于少子浓度基本不受外加电压的影响,只与温度有关,所以反向电流不仅随反向电压的增大而增加,同时随温度升高而增大。

可见,PN 结对外加电压的方向有选择性,加正向电压导通电流较大,加反向电压电流很小。如果忽略少子的效应,那么 PN 结具有单向导电性,即加正向电压导通,加反向电压截止,导通方向由 P 区指向 N 区。

思考题

1.1.1 N 型半导体中自由电子是多数载流子,因而 N 型半导体带负电;P 型半导体空穴是多数载流子,因而 P 型半导体带正电,这种说法是否正确?

1.1.2 (填空题)在杂质半导体中,多数载流子的浓度取决于( ),而少数载流子的浓度则与( )有很大关系。

1.1.3 (填空题)PN 结的基本特性是( )。当 PN 结加正向电压时,PN 结处于( )状态,空间电荷区将( );当 PN 结加反向电压时,PN 结处于( )状态,空间电荷区将( )。

1.2　半导体二极管及其应用

在一个 PN 结的两端加上电极引线并用外壳封装起来,就构成了半导体二极管。由 P 型半导体引出的电极叫作阳极(或正极),由 N 型半导体引出的电极叫作阴极(或负极),如图 1.5(a)所示,图 1.5(b)为二极管的电路符号。图 1.6 所示为常见的两种二极管结构图。其中,点接触型二极管的 PN 结结面积小,工作频率高,适用于高频电路和开关电路;面接触型二极管的 PN 结结面积大,工作频率较低,适用于大功率整流等低频电路。

图 1.5　二极管结构及电路符号

(a)二极管结构示意图;(b)电路符号

1.2.1　伏安特性

二极管的伏安特性是指其两端电压与通过的电流之间的关系。二极管的伏安特性曲线可以通过实验测得,也可以用晶体管特性测示仪测出。图 1.7(a)和(b)分别为硅、锗两种不同材料、不同型号(2CP11,2AP15)二极管的伏安特性曲线。

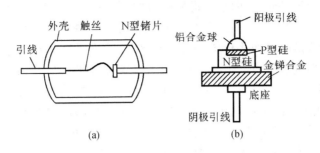

图 1.6　两种常见的二极管结构示意图

(a)点接触型二极管；(b)面接触型二极管

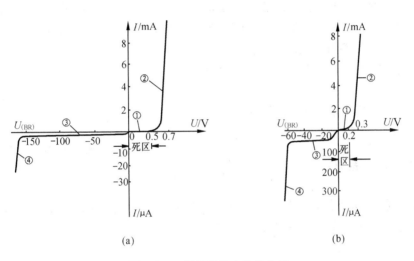

(a)　　　　　　　　　　　(b)

图 1.7　二极管的伏安特性曲线

(a)硅二极管(2CP11)；(b)锗二极管(2AP15)

　　根据二极管所加实际电压与参考电压方向的不同,曲线分为正向特性和反向特性两部分。

1. 正向特性

　　当二极管加上很小的电压时,如图 1.7 中①的部分,外电场还不能克服 PN 结内电场对多子运动造成的阻力,故电流几乎为零,二极管呈现很大的电阻。当正向电压超过一定数值后,如图 1.7 中②指的部分,内电场被大大削弱,电流增长很快,二极管电阻变得很小。这一数值称为死区电压(又称门槛电压或阈值电压),死区电压的大小与原材料及温度有关,一般硅管约为 0.5 V,锗管约为 0.1 V。相应的伏安特性曲线中的①段称为死区,②段称为正向导通区间,二极管正向导通时,硅管的压降一般为 0.5 ~ 0.7 V,锗管一般为 0.1 ~ 0.3 V。

2. 反向特性

　　二极管施加反向电压时,少子的漂移运动形成很小的电流。反向电压增加但不超过一定数值时,反向电流很小且基本不变,因此又称为反向饱和电流,如图 1.7 中③段所指的部分,此段区域又称为反向截止区。反向电流会随着温度升高而增加,实际使用时此值越小越好。

当外加反向电压过高时,反向电流将突然增大(如图 1.7 中④所指部分),二极管失去单向导电性,这种现象称为电击穿。发生击穿的原因有两种。一种是,处于电场的载流子获得足够大的能量碰撞晶格而将价电子碰撞出来,产生电子空穴对,新产生的载流子在电场作用下获得足够能量后又通过碰撞产生电子空穴对。如此形成连锁反应,反向电流越来越大,最后使得二极管反向击穿。另一种原因是,强电场直接将共价键的价电子拉出来,产生电子空穴对,形成较大的反向电流。击穿时由于管压降和反向电流均很大,所以管子上的功率损耗很大,二极管很可能会因过热而损坏,一般的二极管击穿后就失效了。产生击穿时加在二极管上的电压称为反向击穿电压 U_{BE}。

二极管属于非线性电阻器件,在对电路进行分析计算时比较麻烦,工程上常用理想化的模型来代替以简化计算。在电路中,如果电源电压远远大于二极管的管压降,且电路电阻远大于二极管的导通电阻时,经常把二极管视为理想的单向开关,即加正向电压时导通且近似于短路,加反向电压时截止且近似于开路。理想二极管的伏安特性曲线如图 1.8(a)所示。如果二极管的管压降相对于电路的其他参数而言不可以忽略时,可以用图 1.8(b)的特性来代替二极管的实际伏安关系,即依然具有比较理想的单向导电性,只是加正向电压时有一定的死区,死区电压就是二极管的管压降 U_D。

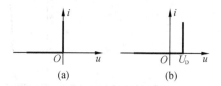

图 1.8　理想二极管的伏安特性曲线

(a)理想特性;(b)近似特性

1.2.2　主要参数

二极管的特性除用伏安特性曲线表示外,还可以用一些数据来说明,这些数据就是二极管的参数。下面只介绍几个常用的主要参数。

1. 最大整流电流 I_{OM}

最大整流电流是指二极管长时间使用时,允许流过二极管的最大正向平均电流。当电流超过这个允许值时,二极管会因过热而烧坏,使用时务必注意。

2. 反向工作峰值电压 U_{RWM}

它是保证二极管不被击穿而规定的反向峰值电压,一般是反向击穿电压的一半或三分之二。

3. 反向峰值电流 I_{RM}

它是指二极管加上反向峰值电压时的反向电流值。反向电流大,说明二极管的单向导电性能差,并且受温度的影响大。

此外,二极管还有最高工作频率、结电容值、工作温度等参数。

二极管的主要参数可以从半导体器件手册中查到。不过由于制造工艺的原因,参数分散性较大,手册一般给出的是参数值的范围。

1.2.3　二极管的应用

二极管的应用范围很广,都是利用它的单向导电性。它可用于整流、检波、元件保护以及在脉冲与数字电路中作为开关元件等。下面以具体电路举例说明二极管的几种典型的应用,在后续章节中还会介绍许多应用。

1. 限幅作用

利用二极管的单向导电性可以构成限幅电路来限制输出电压的幅度。

【例 1.1】 图 1.9(a)与图 1.9(b)是两个利用二极管实现的限幅电路,已知 $E_1 = 2$ V,$E_2 = 3$ V,输入电压 $u_i(t) = 5\sin\omega t$ V,其波形如图 1.9(c)所示,设 D 为理想二极管,忽略管压降,画出输出电压 u_o 的波形。

【解】 由于二极管的单向导电性,电路可能有两种工作状态:一种状态是 D 导通,电流 $i > 0$;另一种状态是 D 截止,电流 $i = 0$。

图 1.9(a)中 D 导通时有 $iR + u_i = E_1$,即 $iR = E_1 - u_i$,要使 $i \geq 0$,必须有 $u_i \leq E_1$。换言之,当 $u_i \leq E_1$ 时,D 导通,a 和 b 之间近似于短路,$u_o \approx u_i$;当 $u_i > E_1$ 时,D 截止,a 和 b 两点之间近似于开路,$u_o = E_1$。绘出 u_o 波形如图 1.9(d)所示。

在图 1.9(b)电路中,当 D 导通时,有 $u_i + E_2 - E_1 = iR$,要使 $i \geq 0$,必有 $u_i \geq E_1 - E_2$,即当 $u_i \geq E_1 - E_2$ 时,D 导通,a 和 b 两点间近似于短路,$u_o = u_i + E_2$;当 $u_i < E_1 - E_2$ 时,D 截止,a 和 b 之间近似于开路,$u_o = E_1$。绘出波形如图 1.9(e)所示。

二极管限幅电路有正限幅、负限幅、正负双向限幅(需要两个二极管)、带偏移电压的限幅电路等多种形式。图 1.9(a)就是一个正限幅电路,图 1.9(b)为带偏移电压的负限幅电路。

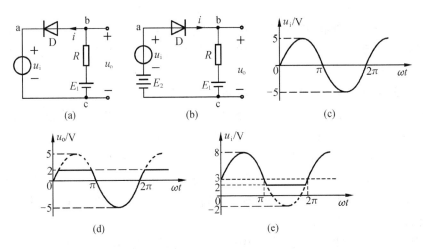

图 1.9 例 1.1 图

2. 钳位作用

钳位是指将信号钳制在某一固定电位。一般电路中应包括电容 C、二极管 D、电阻 R。R 和 C 的选择应使时间常数 $\tau = RC$ 足够大,这样在二极管截止时,电容 C 不会很快放电。

【例 1.2】 图 1.10(a)与(b)为两个二极管钳位电路,(c)图为输入信号电压 u_i 的波形,其周期 $T = 1$ ms,电路中 $C = 10$ μF,$R = 10$ kΩ,$E = 1$ V,D 为理想器件,电容的初始电压为 0 V,画出输出电压 u_o 的波形。

【解】 在图 1.10(a)电路中,当 $0 \leq t \leq t_1$ 时,因为 $u_i > E$,且电容初始电压为 0 V,D 导通,电容经二极管 D 充电,充电电压极性如图所示。由于理想二极管通态电阻近似为零,所以 C 充电速度极快,近似于瞬间充满 7 V 电压,此时由于 D 近似于短路,故 $u_o \approx E = 1$ V。

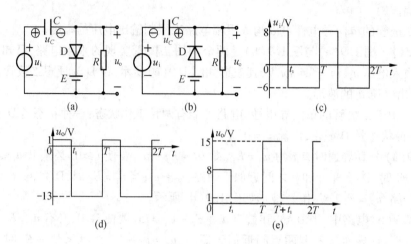

图 1. 10   例 1. 2 图

当 $t_1 < t \leqslant T$ 时, $u_i = -6$ V, $E = 1$ V, 二极管承受反向电压, 故 D 截止, 近似于开路, 输出电压 $u_o = u_i - u_C = -6 - u_C$, 电容开始经信号源 u_i、电阻 R 放电, 之后将可能反向充电。时间常数 $\tau = RC = 100$ ms, 电容电压 $u_C = -7 + [7 - (-7)] e^{-\frac{t}{\tau}} = -7 + 14 e^{-\frac{t}{\tau}}$ V, 输入信号周期 $T = 1$ ms。在 $t_1 < t < T$ 时间段内, 电容电压下降很少, 故可以近似认为基本不变, 即 $u_C = 7$ V, 则 $u_o = -13$ V, 其输出电压波形如图 1. 10(d) 所示, 可见波形形状没有改变, 只是其顶部被钳位在 $E = 1$ V 的电位上。

在图 1. 10(b) 中, 当 $0 \leqslant t \leqslant t_1$ 时, 电容初始电压为 0 V, 由信号源经 R 充电, 二极管 D 截止, 电容电压与图示极性相反。同理, 由于时间常数 $\tau \gg t_1$, 电容电压变化很小, 故有 $u_o \approx u_i$。当 $t_1 \leqslant t \leqslant T$ 时, $u_i = -6$ V, $E = 1$ V, 二极管 D 导通且近似于短路, 则有 $u_o = E$, 电容 C 经二极管 D、电池 E 充电, 充电回路电阻近似为 0, 故充电速度极快, 近似于瞬间充满, 达到 $u_C = -u_i + E = 6 + 1 = 7$ V; $T < t < T + t_1$ 时, D 截止, $u_o = u_i + u_C \approx 15$ V, 电容 C 经 R 放电, 但放电极慢, 在该时间段内电容电压变化不大, 其输出电压波形如图 1. 10(e) 所示, 可见波形的底部被钳位在 $E = 1$ V 的电位上。

图 1. 10(a) 为正向钳位电路, 图 1. 10(b) 为负向钳位电路。在分析负向钳位电路时如果从信号的负半周开始分析, 就会得到没有误差的波形。本例中我们从正半周开始, 信号的第一个周期与我们预期的钳位输出波形有误差, 不过随着时间的推移, 以后的波形都与预期的相同, 在实际应用时, 应当给电路一定的预处理时间, 待输出波形稳定后再转入正常工作。

3. 保护作用

利用二极管的单向导电性对电路或核心元件进行保护的电路有许多, 图 1. 11 给出了两种比较简单的实例。

实际电路中有很多含电感的电路元件, 如继电器、电磁铁、电机、变压器等, 其电感对电流的变化很敏感, 当电路开路时, 电流突然消失, 会产生很大的感生电压, 容易造成设备损坏。在电感元件两端反并联一个二极管是直流电路常用的保护措施。如图 1. 11(a), 该二极管称为续流二极管, 所谓反并联是指二极管导通的方向与所加的直流电压方向相反。

图 1.11(b) 是一个二极管极性保护电路。许多负载不允许接错电源极性,这个电路中 D_2 起到对负载的保护作用,当误将直流电源极性接反时,D_2 截止,相当于开路,防止负载通电。D_1 配合蜂鸣器报警,当电源极性接反时,D_1 导通,蜂鸣器通电,产生鸣音报警。当电源极性如图时,D_1 截止,蜂鸣器不通电,无声音,D_2 导通使负载获得正向电压 U_i。

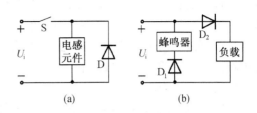

图 1.11　保护电路

(a)二极管续流电路;(b)二极管极性保护电路

思考题

1.2.1　如何利用万用表的电阻挡判断二极管的极性和好坏?

1.2.2　用万用表的 $R \times 10$ 挡和 $R \times 100$ 挡分别测量同一个二极管的正向电阻,两次测得的结果大小不同,为什么?

1.2.3　题 1.2.3 图所示电路中,A,B,C 表示三个相同的灯泡,D_1,D_2,D_3 表示三个相同的二极管。试分析当加入正弦交流电压 u_s 后,各个灯泡的亮度如何,为什么?

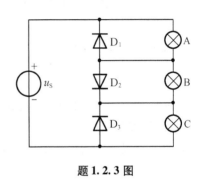

题 1.2.3 图

1.3　特殊二极管

除了上节讨论的普通二极管外,还有几种常用的特殊二极管,如稳压管、光电二极管、发光二极管、变容二极管等。在这一节中,将分别予以介绍。

1.3.1　稳压二极管

它是一种特殊的面接触型硅二极管。因它在电路中与适当数值的电阻配合后能起稳定电压的作用,故称稳压管(也称齐纳二极管)。其表示符号如图 1.12(b) 所示,其伏安特性曲线如图 1.12(a) 所示。

稳压二极管的伏安特性与普通二极管相似,只是它的反向击穿特性非常陡直。当反向电压小于 U_Z 时,稳压管的反向电流几乎为零。但反向电压增大达到反向击穿电压 U_Z 后,反向电流急剧增加,稳压管反向击穿。击穿后通过稳压二极管的电流在很大范围内变化,而其两端的电压却变化很小,我们就是利用

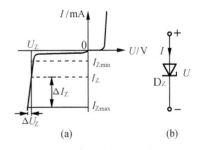

图 1.12　稳压管伏安特性曲线及符号

(a)伏安特性曲线;(b)符号

这段特性来进行稳压的。显然,稳压管工作在 PN 结特性曲线的反向击穿区。稳压管与一般二极管不一样,它的反向击穿是可逆的。当去掉反向电压后,稳压管又恢复正常。这一特性是由制造工艺来达到的。但是,如果反向电流超过允许范围,稳压管将因发生热击穿而损坏。稳压管的主要参数如下。

1. 稳定电压 U_Z

稳定电压 U_Z 就是稳压管在正常工作下管子两端的电压。使用同一型号的稳压管时,由于工艺方面和其他原因,稳压值存在一定的分散性,如 2CW18 型稳压管的稳压值为 10 ~ 12 V。这就是说,如果把一个 2CW18 型稳压管接入电路中,它可能稳压在 10.5 V,而另一个则可能稳压在 11.8 V。因此,使用前应实际测试一下,测出稳压管的 U_Z 值。

2. 稳定电流 I_Z 及最大稳定电流 I_{Zmax}

稳定电流 I_Z 是指工作电压等于稳定电压时,管子正常工作的电流值。最大工作电流 I_{Zmax} 是指稳压管允许通过的最大反向电流。

3. 动态电阻 r_Z

动态电阻是指稳压管端电压的变化量与相应的电流变化量的比值,即

$$r_Z = \frac{\Delta U_Z}{\Delta I_Z} \tag{1.1}$$

稳压管的反向伏安特性曲线越陡,则动态电阻越小,稳压性能越好。

4. 耗散功率 P_{ZM}

管子不致发生热击穿的最大功率损耗,即

$$P_{ZM} = U_Z I_{Zmax} \tag{1.2}$$

【例 1.3】 图 1.13 电路中,两只硅稳压管 2CW14 反向串联后,经过限流电阻 R 接在电源 E 上。已知 2CW14 的稳定电压 $U_Z = 6.2$ V,稳定电流 $I_Z = 10$ mA,最大稳定电流 $I_{Zmax} = 33$ mA,正向导通管压降 $U_D = 0.6$ V。试分析:(1)当 $E = 5$ V 时,U_o 为多少? (2)当 $E = 20$ V 时,为使稳压管正常稳压,限流电阻 R 取何值? 此时 U_o 为多少?

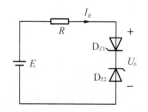

图 1.13 例 1.3 图

【解】 (1)当 $E = 5$ V 时,电源电压不足以使 D_{Z2} 击穿,D_{Z2} 处于截止状态,电流 $I_R = 0$,因此输出电压 $U_o = E = 5$ V。

(2)当 $E = 20$ V 时,稳压管 D_{Z1} 正向导通,D_{Z2} 稳压,因此输出电压 $U_o = U_D + U_{Z2} = 6.8$ V。此时限流电阻 R 的电流 I_R 为

$$I_R = \frac{E - U_o}{R} = \frac{20 - 6.8}{R} = \frac{13.2}{R}$$

为使稳压管正常稳压,电流 I_R 的范围为

$$I_Z \leqslant I_R \leqslant I_{Zmax}$$

因此 $10 \leqslant \dfrac{13.2}{R} \leqslant 33$,解得 0.4 kΩ $\leqslant R \leqslant 1.32$ kΩ。

1.3.2 光电二极管

光电二极管也称为光敏二极管,其符号如图 1.14(a)所示,图 1.14(b)是它的伏安特性

曲线。它工作于反向偏置状态,反向电流随光照强度增加而上升。无光照时,电路中电流很小;有光照时,电流会迅速上升。

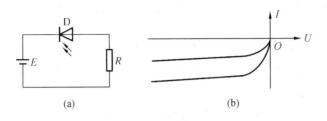

图 1.14　光电二极管及其伏安特性曲线

(a)光电二极管电路;(b)光电二极管伏安特性曲线

光电二极管可以作为光照度的测量,是将光信号转换为电信号的常用器件。

1.3.3　发光二极管

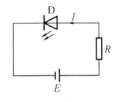

发光二极管工作于正偏状态,正向电流通过发光二极管时,它会发光,光的颜色视发光二极管材料而定。其符号如图 1.15 所示。正向工作电压一般不超过 2 V,正向电流为 10 mA 左右。发光二极管常常用来做显示器件,也用于将电信号转换为光信号。

图 1.15　发光二极管

1.3.4　变容二极管

根据 PN 结的结构可知,PN 结的内电场就像平行极板电容元件两极板间的电场一样,一侧极板积累正电荷,另一侧极板积累负电荷,两侧极板之间没有载流子(忽略本征激发时),所以 PN 结自身也有电容效应,在一定程度上就相当于一个平行极板电容,只不过不像专门制造的电容元件那样性能理想。在 1.2 节介绍过的点接触型二极管正是因为 PN 结结面积小,等效结电容也小,当施加较高频率的交流电压时,结电容等效容抗较大,尚且不至于影响 PN 结的单向导电性。如果 PN 结的等效结电容大,当施加交流电压的频率很高时,结电容等效容抗很小,近似于短路,这样 PN 结就失去了单向导电性。

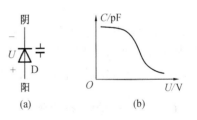

变容二极管就是利用 PN 结具有电容效应的特点,经一定工艺制造成的。它工作于反向截止区,当所加的反向电压改变时,其等效结电容也随着变化,故可以通过改变外加电压来改变管子的等效电容值。图 1.16(a)为变容二极管的符号,其特性曲线如图 1.16(b)所示。

图 1.16　变容二极管符号及其特性曲线

(a)符号;(b)特性曲线

思考题

1.3.1 （填空题）稳压二极管工作于反向击穿区,其工作时必须串联一个合适的（　　）。

1.3.2 有两个稳压管 D_{Z1} 和 D_{Z2},其稳定电压分别为 5.5 V 和 8.5 V,正向压降都是 0.5 V。如果得到 0.5 V,3 V,6 V,9 V 和 14 V 几种稳定电压,这两个稳压管(还有限流电阻)应该如何连接? 画出各个电路。

1.3.3 （选择题）发光二极管工作于(正偏/反偏)状态,电流会通过发光二极管,它会发光;光电二极管工作于(正偏/反偏)状态,其电流随光照强度而不同;变容二极管工作时需要加(正偏/反偏)电压,其等效结电容会随外加电压变化。

1.4　半导体三极管

半导体三极管简称三极管或晶体管。其基本结构及符号如图 1.17 所示。它有三个导电区分别为发射区、基区、集电区,每个区引出一个电极分别叫发射极 E(Emitter)、基极 B(Base)、集电极 C(Collector),它有两个 PN 结,即发射结和集电结。其图形符号中的箭头方向是发射结正偏置时的导通方向。根据结构三极管分为 NPN 型和 PNP 型。

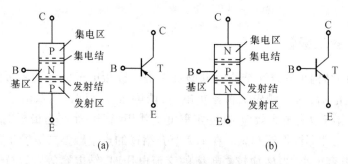

图 1.17　半导体三极管的结构及符号

(a)PNP 型;(b)NPN 型

三极管应用广泛,种类非常多,还有以下几种分类方法:按照制造材料分为硅管和锗管,其中硅管受温度影响小,性能更稳定;按照功率分为小功率管、中功率管和大功率管;按照工作频率分为高频管和低频管;按照用途分为放大管和开关管,等等。

1.4.1　三极管的电流分配及放大作用

1. 三极管电流放大作用基本原理

三极管具有电流放大功能,完全取决于其内部结构的特殊性及内部载流子的运动规律。首先,在结构方面三极管三个导电区的几何尺寸、掺杂浓度都有很大区别,发射区掺杂浓度高,有大量载流子;基区做得极薄,且掺杂浓度远低于发射区(一般差几百倍),集电区掺杂浓度更低,但集电结面积大。其次,为保证载流子的运动规律满足电流放大的需要,三极管发射结必须正偏置,集电结必须反偏置。

用作电流放大的三极管都是按上述结构需求制造的,而载流子的运动规律要靠外部电路的加电压方式来保障,为使发射结正偏置而集电结反偏置,对于图1.17所示两种类型的管子,要求三个电极的电位必须满足

$$NPN \text{ 型}: V_C > V_B > V_E$$
$$PNP \text{ 型}: V_C < V_B < V_E \tag{1.3}$$

根据与外部电路连接方式的不同,三极管有三种接法,分别如图1.18所示。其中图1.18(a)称为共射极接法,以发射极E作为公共端。电压加至BE和CE之间,图1.18(b)称为共基极接法,以基极B为公共端,电压加至EB和CB之间;图1.18(c)称为共集电极接法,以集电极C为公共端,电压加至BC和EC之间。当然三种接法所加电压的极性和大小都必须满足式(1.3)。

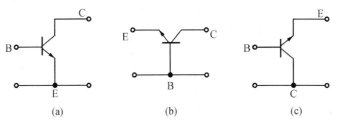

(a)   (b)   (c)

图1.18 三极管的三种接法
(a)共射极接法;(b)共基极接法;(c)共集电极接法

下面以NPN型管共发射极接法为例介绍三极管电流放大作用的原理,电路如图1.19所示。

①在E_B电源电压作用下,发射结正向偏置导通。发射区多子(自由电子)扩散到基区,基区的多子(空穴)也向发射区扩散,但是由于空穴浓度比自由电子浓度小得多,因此空穴电流很小,暂时忽略不计,在图中只画出电子流。如图1.19所示这些流入基区的电子流动起来,经三极管B,C两极及外电路回到发射区,则会形成发射极电流I_{EN}。

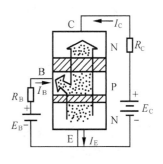

图1.19 内部载流子运动规律示意图

②由于基区极薄,进入基区的电子只有少部分被电源E_B拉走形成基极电流I_{BN},其余大量的涌入电子将向集电结扩散。事实上,基极电流I_B还应包括向发射区扩散的空穴电流I_{BP}。

③来自于发射区又经基区扩散到集电结附近的自由电子与基区的少子(电子)性质一样,将受到集电结内电场力的推动作用进入集电区,当集电极电位V_C高于基区电位V_B时,集电结反偏置,内电场被增强,更有利于电子穿过集电结进入集电区,并且在高电位V_C的"吸引"下经集电极流向电源E_C的正极。这样就形成了集电极电流I_{CN}。可见,由发射极"发射"出来的大量自由电子,在电源E_B、E_C的作用下经过基极、集电极形成电流I_{BN}、I_{CN}又流回发射极形成射极电流I_{EN},即

$$I_{EN} = I_{BN} + I_{CN}$$

晶体管制成后,基区宽度和载流子浓度均是固定值,外加电压大小是可变的,处于电流放大状态的晶体管,由发射区扩散到基区的自由电子数目基本恒定,由集电极和基极流出的自由电子数量之比也基本固定,其比值推导如式(1.4)。

设 $I_{CN} = \alpha I_{EN}$,$\alpha < 1$,则

$$I_{BN} = (1 - \alpha) I_{EN}$$

$$\frac{I_{CN}}{I_{BN}} = \frac{\alpha}{1 - \alpha} = \gamma \tag{1.4}$$

这里电流 I_{CN} 和 I_{BN} 的数值可以有变化,但比例 γ 则不会改变。电流数值变化是由于载流子运动的速度改变,而不是载流子的数量有变化。由此可知,γ 总是大于 1 的,一般可以达到几十或几百。如果适当调节基极 B 与射极 E 之间的电路参数,即改变 E_B 或 R_B 的大小,电流 I_B 将随之改变,I_C 也将随着改变,且依然满足式(1.4),这就是所谓的电流放大作用,即认为集电极电流 I_C 可以将基极电流 I_B 放大 γ 倍。

前面主要分析了多数载流子的运动规律,实际上,三极管还同时存在着少数载流子的运动。如果考虑到基区多子(空穴)向发射区扩散形成的电流 I_{EP};基区少子(电子)向集电区漂移形成的电流 I_{CB1},集电区少子(空穴)向基区漂移形成电流 I_{CB2},基极电流 I_B 可表示为

$$I_B = I_{BN} + I_{EP} - I_{CB1} - I_{CB2} = I_{BN} + I_{EP} - I_{CBO}$$

其中,$I_{CBO} = I_{CB1} + I_{CB2}$,称为由集电极 C 到基极 B 的反向截止电流,其方向为正电荷的运动方向,即由 C 流向 B。

同时,少子漂移也会影响集电极电流 I_C,即

$$I_C = I_{CN} + I_{CBO}$$

由基尔霍夫定律可以求得发射极电流 I_E,即

$$I_E = I_C + I_B$$

由于 I_{EP} 和 I_{CBO} 都很小,特别是 I_{CBO} 是少子运动形成的电流,对温度敏感,但数值极小,对 I_C 和 I_B 的影响很弱,所以仍有

$$\bar{\beta} = \frac{I_C}{I_B} \approx \gamma \tag{1.5}$$

其中,$\bar{\beta}$ 称为直流电流的放大系数,近似等于常数。

2. 三极管的特性曲线

三极管的特性曲线是用来表示该管各极电压和电流之间相互关系的,这里只介绍三极管共发射极的两种特性,即基极特性(或输入特性)和集电极特性(或输出特性)。

三极管共发射极接法仍如图 1.19 所示,三极管接成两个回路,即基极回路和集电极回路。

三极管的特性曲线可在晶体管手册中找到,也可由图 1.19 所示的实验电路用实验方法做出。

(1)输入特性(或基极特性)

输入特性是指在三极管集电极与发射极之间的电压 U_{CE} 为一定值时,基极电流 I_B 同基极与发射极之间的电压 U_{BE} 的关系,即

$$I_B = f(U_{BE}) \Big|_{U_{CE} = 常数}$$

三极管输入特性曲线如图 1.20(a)所示。

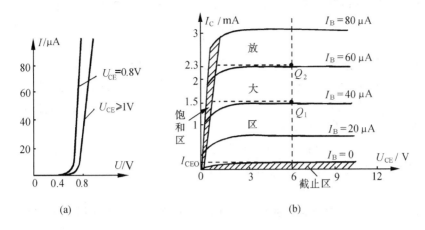

图 1.20 3DG6 三极管特性曲线

(a)输入特性曲线;(b)输出特性曲线

从理论上讲,对于不同的 U_{CE} 值,可做出一组 $I_B - U_{BE}$ 的关系曲线,但实际上,当 $U_{CE} > 1$ V 以后,U_{CE} 对曲线的形状几乎无影响,因此只需做一条对应 $U_{CE} \geqslant 1$ V 的曲线即可。

由图 1.20(a)可见,和二极管的伏安特性一样,三极管输入特性也存在一段死区。只有在发射结的外加电压大于死区电压时,三极管才会出现 I_B。硅管的死区电压约为 0.5 V,锗管的死区电压不超过 0.2 V。正常工作时,NPN 型硅管的发射结电压 $U_{BE} = 0.6 \sim 0.7$ V, PNP 型锗管的 $U_{BE} = -0.3 \sim -0.2$ V。

（2）输出特性（或集电极特性）

输出特性是指在基极电流 I_B 为一定值时,三极管集电极电流 I_C 同集电极与发射极之间的电压 U_{CE} 的关系,即

$$I_C = f(U_{CE}) \Big|_{I_B = 常数}$$

在不同的 I_B 下,可得出不同的曲线,因此三极管的输出特性曲线是一组曲线,如图 1.20(b)所示。

通常把三极管的输出特性曲线分为三个工作区:

①截止区

$I_B = 0$ 以下的区域称为截止区。意指三极管截止不通,理想情况 $I_C = I_B = 0$,实际上由于少数少子效应,在 $I_B = 0$ 即发射结不导通时,集电极电流 $I_C = I_{CEO} = I_E$。根据三极管的输入特性曲线,当 $U_{BE} \leqslant 0.4$ V 时就已进入截止区,对锗管而言 $U_{BE} \leqslant 0.1$ V 时截止。工程上近似认为发射结电压 $U_{BE} < 0.6$ V(硅管),$U_{BE} < 0.3$ V(锗管)时,三极管截止。

②放大区

特性曲线的近于水平部分是放大区。在放大区 $I_C = \bar{\beta} I_B$,因为 I_C 和 I_B 成正比,放大区也称为线性区。三极管工作于放大状态时,发射结处于正向偏置,集电结处于反向偏置。放大区特性曲线是一组近似平行于 U_{CE} 轴的曲线。这时的三极管相当于一个电流控制电流源。集电极电流只受基极电流控制。如果基极电流增量为 ΔI_B,则集电极电流也会产生一个相应的增量 ΔI_C,令

$$\beta = \frac{\Delta I_C}{\Delta I_B} \tag{1.6}$$

β 称为动态电流放大系数,又称交流放大系数。理想的放大区特性应该有

$$\beta = \frac{\Delta I_C}{\Delta I_B} = \bar{\beta} = \frac{I_C}{I_B}$$

这时的特性曲线应当是等间距且完全平行于 U_{CE} 轴的。实际上,三极管在放大状态时,随 U_{CE} 增加,特性曲线略上仰,且随 I_B 增加线簇的间距逐渐加大。即 β 与 $\bar{\beta}$ 均不是常数,这两个参数的变化以及二者的差值正体现了三极管电流放大作用与理想的电流控制电流源的差别,一般硅管误差小,锗管误差大。

工程上为简化分析,对 NPN 型硅管而言经常认为 $U_{BE} \geqslant 0.6$ V, $U_{CB} > 0$ 时三极管就已进入放大区。这时发射结正偏置,集电结反偏置。

③饱和区

在 $U_{CE} < 1$ V 的范围内所对应的特性曲线近乎为直线上升的区域称为饱和区。饱和现象的产生是由于 U_{CE} 减小到一定程度后,集电极收集电子的能力减弱,发射极发射有余,而集电极收集不足,使得即使 I_B 增加, I_{CE} 却不能增加。

处于饱和区的三极管不具有电流的放大作用。工程上为方便计算,一般认为当 $U_{CE} = U_{BE}$ 时为临界饱和, $U_{CE} < U_{BE}$ 时为饱和状态,这时发射结正偏置,集电结反偏置。

3. 三极管的主要参数

三极管的性能除了用上述输入、输出特性描述外,还可用一些参数来表示其性能和使用范围。三极管的参数很多,现将其中较重要的介绍如下。

(1)电流放大系数 $\bar{\beta}$, β

这两个参数在前文中已经介绍过,这里不再重述。需要注意的是:由于制造工艺的分散性,即使同一型号的三极管, β 值也有很大差别。常用的三极管的 β 值在 $20 \sim 100$ 之间。

(2)集-基极反向截止电流 I_{CBO}

I_{CBO} 是当发射极开路时由于集电结处于反向偏置,集电区和基区的少数载流子的漂移运动所形成的电流。也就是当发射极开路($I_E = 0$)时,集电极的电流值。 I_{CBO} 的大小是管子质量好坏的标志之一, I_{CBO} 越小越好。在室温下,小功率锗管的 I_{CBO} 约为几微安到几十微安,小功率硅管在 1 mA 以下。 I_{CBO} 受温度的影响大。硅管在温度稳定性方面胜于锗管。

(3)集-射极反向截止电流 I_{CEO}

它是指基极开路($I_B = 0$),集电结处于反向偏置和发射结处于正向偏置时的集电极电流。又因为它好像是从集电极直接穿透三极管而到达发射极的,所以又称为穿透电流。 I_{CEO} 的大小约为 I_{CBO} 的 β 倍。 I_{CEO} 受温度影响更严重,因此它对三极管的工作影响更大。

(4)集电极最大允许电流 I_{CM}

当集电极电流超过一定值时,三极管的 β 值就要下降, I_{CM} 就是表示当 β 值下降到正常值的 2/3 时的集电极电流。

(5)集电极最大允许耗散功率 P_{CM}

由于集电极电流在流经集电结时将产生热量,使结温升高,从而会引起三极管参数变化。当三极管因受热而引起的参数变化不超过允许值时,集电极所消耗的最大功率就称为集电极最大允许耗散功率 P_{CM}。 P_{CM} 与 I_C 和 U_{CE} 的关系为

$$P_{CM} = I_C U_{CE}$$

P_{CM} 主要受温度的限制,一般来说,锗管允许结温度约为 $70 \sim 90$ ℃,硅管约为 150 ℃。

（6）集－射极反向击穿电压 $U_{(BR)CEO}$

基极开路时，加在集电极和发射极之间的最大允许电压，称为集－射极反向击穿电压。反向击穿电压的数值可在三极管手册中查出。

根据 I_{CM}，P_{CM}，$U_{(BR)CEO}$ 可以确定三极管工作时的安全工作区，如图 1.21 所示。

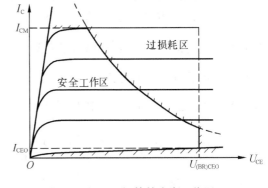

图 1.21　三极管的安全工作区

1.4.2　三极管的开关作用

三极管除工作于放大区，具有电流放大作用外，还有另外一个很重要的应用就是用作无触点开关。

1. 三极管开关的工作原理

在图 1.20(b)三极管输出特性曲线中可以看出，当三极管处于饱和区时，电压 U_{CE} 很小，但电流 I_C 的变化范围很大。在深度饱和状态时，即饱和区的直线段，电流 I_C 不随 I_B 变化，而是随 U_{CE} 线性变化，集电极 C 与发射极 E 之间呈现低阻状态。如果忽略 U_{CE}，C、E 之间近似等效于一只闭合的开关，如图 1.22 所示。当三极管处于截止状态时，电流 I_{CEO} 极小，集电极与发射极之间呈高阻状态，而电压 $U_{CE} = U_{CC} - I_{CEO}R_C \approx U_{CC}$，如果忽略 I_{CEO}，C、E 之间近似等效于开路，相当于开关打开，如图 1.23 所示。

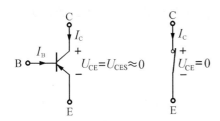

图 1.22　饱和时的三极管
等效于开关闭合

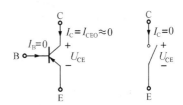

图 1.23　截止时的三极管
等效于开关打开

为了更接近理想开关，开关三极管在制造工艺上进行了改良。开关三极管的外形与普通三极管相同，一般从型号上予以划分（参见附录 A.4）。它被广泛应用于各种开关电路中，如开关电源、驱动电路、高频振荡、信号转换、脉冲电路等。

【例 1.4】　在图 1.24 所示电路中，$U_{CC} = 12$ V，$R_C = 3$ kΩ，$R_B = 20$ kΩ，$\beta = 100$，试分析当输入电压分别为 -1 V，1 V，3 V 时，三极管处于何种工作状态？

【分析】　当输入信号 u_i 为负值，发射结加反向电压，三极管处于截止状态；当输入信号 $u_i < 0.5$ V（死区电压）时，

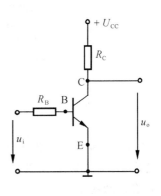

图 1.24　例 1.4 图

$I_B = 0$，三极管也处于截止状态；随着 u_i 进一步增大，I_B 电流逐步增大，此时三极管处于放大状态，$I_C = \beta I_B$ 也随之增大，$U_{CE} = U_{CC} - I_C R_C$ 逐步减小；当 $U_{CE} = U_{BE} \approx 0$ V 时，三极管处于临界饱和状态，此时的 $I_B = I_{BS} = \dfrac{I_{CS}}{\beta}$ 称为临界基极饱和电流；此后 u_i 再增大，$I_B > I_{BS}$，I_C 将基本不再变化，三极管处于饱和状态。

【解】　当 $u_i = -1$ V 时，三极管截止，基极临界饱和电流 $I_{BS} \approx \dfrac{U_{CC}}{\beta R_C} = \dfrac{12}{100 \times 3} = 40$ μA。

当 $u_i = 1$ V 时，$I_B = \dfrac{u_i - U_{BE}}{R_B} = \dfrac{1 - 0.7}{20} = 15$ μA $< I_{BS}$，三极管处于放大状态。

当 $u_i = 3$ V 时，$I_B = \dfrac{u_i - U_{BE}}{R_B} = \dfrac{3 - 0.7}{20} = 115$ μA $> I_{BS}$，三极管处于饱和状态。

2. 开关三极管的主要参数

在选择开关三极管时，除了要注意与普通三极管相同的一些主要参数，如 I_{CM}，P_{CM}，$U_{(BR)CEO}$ 以外，还有几个参数也很重要。

（1）特征频率 f_T

随着工作频率升高，三极管的放大能力会下降，对应于 $\beta = 1$ 时的频率 f_T 叫作三极管的特征频率。

（2）开通时间 t_{on} 与关断时间 t_{off}

开关三极管经常需要在截止与饱和状态之间快速转换。而在状态转换时内部载流子有一个"累积"和"消散"的过程。这就需要一定的时间。

由截止到饱和所需的时间称为开通时间 t_{on}，由饱和到截止所需的时间称为关断时间 t_{off}，这两个时间决定了开关三极管开关的速度。

思考题

1.4.1　今测得某放大电路上处于放大状态的四个晶体管各电极电位或电流分别如题 1.4.1 图所示。试分别判断各管的类型（NPN 或 PNP）及电极（E，B，C）如何。

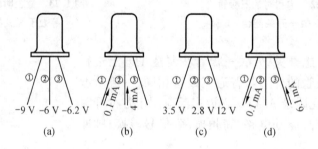

题 1.4.1 图

1.4.2　从题 1.4.2 图所示各型号晶体管及各电极实测对地电压数据来分析：（1）是硅管还是锗管？（2）是 NPN 型还是 PNP 型？（3）晶体管处于何种工作状态（饱和、截止、放大），有无结损坏？

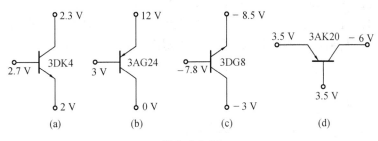

题 **1.4.2** 图

1.4.3 （选择题）当温度升高时,晶体管的 U_{BE}（增大/减小/不变）,I_{CEO}（增大/减小/不变）,β（增大/减小/不变）。

1.4.4 晶体管的极限参数:$P_{CM}=1$ W,$I_{CM}=300$ mA。当集电极与发射极的电压 $U_{CE}=5$ V 时,这个晶体管是否可以在集电极电流 $I_C=250$ mA 的情况下工作?

1.5 场 效 应 管

场效应管也是一种三端半导体器件,它的三个端子(电极)分别叫作栅极 G（Gate）、漏极 D（Drain）和源极 S（Source）。它的内部只有一种电性的载流子导电,故又称单极型晶体管。而前一节介绍的晶体三极管内部电子与空穴均参与导电,故又称双极型晶体管。根据载流子电性的不同,场效应管分为 N 沟道型和 P 沟道型;根据结构的不同,又分为结型场效应管 JFET（Junction type Field Effect Transistor）和绝缘栅型场效应管 IGFET（Insulated Gate Field Effect Transistor）。

1.5.1 结型场效应管(JFET)

结型场效应管的结构如图 1.25(a)所示。它是在一块 N 型硅半导体的相对应的两侧制造两个 P 型区,形成两个 PN 结。把两个 P 型区连在一起引出作为栅极 G,从 N 型半导体两端各引出一个电极,分别是源极 S 和漏极 D。夹在两个 PN 结中间的 N 型区域称为 N 型导电沟道,这种管子称为 N 型沟道结型场效应管,它的代表符号如图 1.25(b)所示,箭头的方向表示 PN 结正方向。如果在一块 P 型半导体的两侧制造两个 N 型区,则可构成 P 型沟道结型场效应管,它的代表符号如图 1.25(c)所示。

结型场效应管的工作原理:当漏极与源极之间的电压 U_{DS} 为一定值时,会有一定值的漏极电流 I_D 流经导电沟道,如图 1.26(a)所示。当改变栅极与源极之间的电压 U_{GS},且 $U_{GS}<0$ 时,PN 结变宽,导电

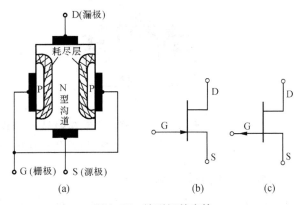

图 **1.25** 结型场效应管

沟道变窄(相当于导体截面积变小),于是电阻 R_{DS} 增加,漏极电流 I_D 减小,如图 1.26(b)所示,$|U_{GS}|$ 愈大,导电沟道愈窄,I_D 愈小。当 $|U_{GS}|$ 增大到某一定值时,PN 结靠拢,导电沟道完全被"夹断",漏极电流 $I_D \approx 0$,此时栅极与源极之间的电压 U_{GS} 称为夹断电压 $U_{GS(off)}$,如图 1.26(c)所示。

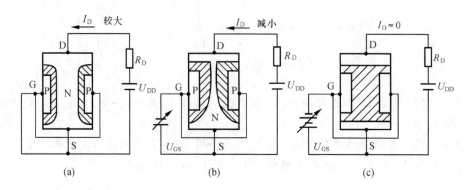

图 1.26 N 沟道结型场效应管的工作原理(U_{GS}对 I_D 的控制作用)

(a) $U_{GS} = 0$;(b) $U_{GS} < 0$;(c) $U_{GS} = U_{GS(off)}$

1.5.2 绝缘栅型场效应管(IGFET)

绝缘栅型场效应管按其制造工艺分为增强型与耗尽型两类,按衬底的不同有 N 沟道和 P 沟道之分。

1. 增强型绝缘栅场效应管

(1)结构特点

N 沟道增强型绝缘栅场效应管(简称增强型 NMOS)的结构及表示符号如图 1.27 所示。用一块杂质浓度较低的 P 型薄硅片作为衬底,利用扩散工艺在其中形成两个高掺杂的 N 型区,并在硅片表面生成一层薄薄的二氧化硅绝缘层。在两个 N 区之间的二氧化硅表面镀一层金属铝作为栅极 G,从两个 N 区分别引出漏极 D 和源极 S。由图 1.27 可见,场效应管的栅极与其他电极及硅衬底之间是绝缘的,故称绝缘栅型,又称为金属-氧化物-半导体型场效应管 MOSFET(Metal Oxide Semiconductor FET),简称 MOS 管。

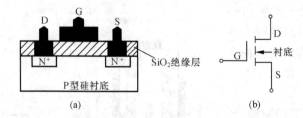

图 1.27 N 沟道增强型绝缘栅场效应管结构示意图及符号

(a)结构示意图;(b)NMOS 符号

(2)基本工作原理与特性曲线

从图 1.27(a)中可以看出,漏极和源极之间是两个反向的 PN 结而没有导电沟道,当栅极电

压 $U_{GS}=0$,不论 D 与 S 之间如何加电压,总有一个 PN 结是反向偏置的,因此漏极电流基本为零。

如果按照图 1.28(a)所示,将源极与衬底相连,在栅极和漏极之间加正向电压 $U_{GS}>0$,于是产生了垂直于衬底表面的电场,栅极 G 与 P 型衬底相当于一个以二氧化硅为介质的电容器。P 型衬底中的少子(电子)受到电场力的吸引到达表层,而多子(空穴)则被排斥到衬底底层。当 U_{GS} 大于一定值(称为开启电压)时,表层集聚的电子数多到足以将两个 N 区连通起来,形成漏极和源极之间的 N 型导电沟道(称为反型层)。

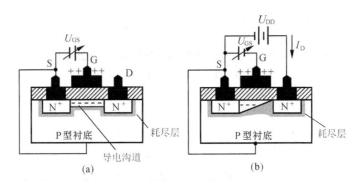

图 1.28　增强型 NMOS 导通原理

(a)导电沟道的形成;(b)开启后管子的导通

导电沟道形成后,若在漏极与源极之间加上电压 U_{DD},则管子导通,有漏极电流 I_D 产生,如图 1.28(b)所示。U_{GS} 越大,导电沟道越宽,D 与 S 之间的等效电阻越小。

图 1.29(a)和(b)分别表示管子的转移特性曲线 $I_D=f(U_{GS})\Big|_{U_{DS}=常数}$ 和输出特性曲线 $I_D=f(U_{DS})\Big|_{U_{GS}=常数}$。图 1.29(a)中 $U_{GS(th)}$ 称为开启电压,当 $U_{GS}<U_{GS(th)}$ 时,导电沟道尚未形成,电流 I_D 为零,当 $U_{GS}\geqslant U_{GS(th)}$ 时,沟道形成,在电源 U_{DD} 作用下有漏极电流 I_D 产生,当 U_{DS} 较小时,漏极电流 I_D 随 U_{DS} 增加而迅速上升,由于电流经过导电沟道,使得导电沟道各处电位不同,沟道厚度将变得不均匀,靠近源端厚,靠近漏端薄。当 U_{DS} 大到一定数值时,使得 $U_{DG}=U_{DS}-U_{GS}=U_{GS(th)}$,靠近漏极端 PN 结承受的反向电压最大,耗尽层最宽,刚好使导电沟道夹断。此时若继续增加 U_{DS},I_D 趋于饱和。

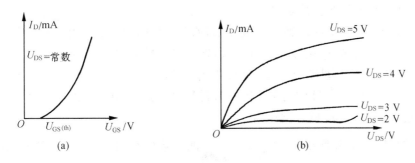

图 1.29　N 沟道增强型绝缘栅场效应管的特性曲线

(a)转移特性曲线;(b)输出特性曲线

图1.30为P沟道增强型绝缘栅场效应管(PMOS)的结构示意图及符号,其工作原理与NMOS相似,只是要调换电源的极性,电流的方向也相反。

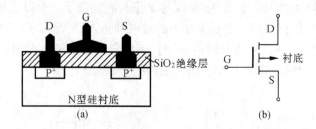

图1.30 P沟道增强型绝缘栅场效应管的结构示意图和符号

(a)结构示意图;(b)PMOS符号

2. 耗尽型绝缘栅场效应管

(1)结构特点

前面介绍的增强型绝缘栅场效应管只有当$|U_{GS}| > |U_{GS(th)}|$时才形成导电沟道,如果在制造管子时就使它具有一个原始导电沟道,这种绝缘栅场效应管就属于耗尽型。图1.31(a)是N沟道耗尽型绝缘栅场效应管,其符号如图1.31(b)所示。在二氧化硅绝缘层中掺有大量的正离子,因而在两个N^+之间便感应出较多电子,形成原始导电沟道。与增强型相比,它的结构变化不大,但其控制特性明显改进。在U_{DS}为常数的条件下,当$U_{GS} = 0$时,漏源间也能导通,流过原始导电沟道的漏极电流为I_{DSS},I_{DSS}又称为漏极饱和电流。

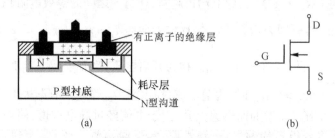

图1.31 N沟道耗尽型MOS管结构图示意图及符号

(a)N沟道耗尽型MOS管结构图;(b)符号

(2)基本工作原理与特性曲线

若所加栅压U_{GS}为负值,就会在沟道中感应出一些正电荷与原存的电子复合,自由电子数减少,使N沟道变薄,I_D则减少。当U_{GS}达到一定负值时,由于沟道中正负电荷的复合,使自由电子耗尽,这与结型场效应管相似,沟道被夹断,$I_D = 0$,这时的栅压称为夹断电压$U_{GS(off)}$。当U_{GS}为正值时,在沟道中将感应出更多的电子,使沟道更宽,因此I_D随U_{GS}的增大而增大。这就是U_{GS}对I_D的控制作用。

它的转移特性曲线即$I_D = f(U_{GS})\Big|_{U_{DS}=常数}$的关系曲线如图1.32(a)所示,其输出特性(或称漏极特性)曲线即$I_D = f(U_{DS})\Big|_{U_{GS}=常数}$的关系曲线如图1.32(b)所示。可见,耗尽型绝缘栅场效应管不论栅源电压U_{GS}是正还是负或零,都能控制漏极电流I_D,这个特点使它的

应用具有较大的灵活性。一般情况下,这类管子还是工作在负栅 - 源电压的状态。

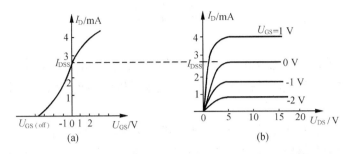

图 1.32　N 沟道耗尽型绝缘栅场效应管的特性曲线

(a)转移特性曲线;(b)输出特性曲线

1.5.3　场效应管主要参数

1. 饱和漏极电流 I_{DSS}

耗尽型 MOS 管在 $U_{\text{GS}} = 0$ 时管子的漏电流。

2. 跨导 g_{m}

$$g_{\text{m}} = \frac{\Delta I_{\text{D}}}{\Delta U_{\text{GS}}} \bigg|_{U_{\text{DS}} = 常数} \tag{1.7}$$

该参数体现了栅源电压对漏极电流的控制能力。

3. 开启电压 $U_{\text{GS(th)}}$

增强型 MOS 管建立起导电沟道所需要的栅源电压。当 $U_{\text{GS}} \geq U_{\text{GS(th)}}$ 后,管子才导通。

4. 夹断电压 $U_{\text{GS(off)}}$

当 U_{DS} 保持一定时,使耗尽型场效应管截止(夹断)的最小栅源电压定义为夹断电压。$U_{\text{GS}} > U_{\text{GS(off)}}$ 后,FET 导通。

5. 漏源击穿电压 $U_{\text{(BR)DS}}$

在 FET 的输出特性曲线上,U_{DS} 增大的过程中,使 I_{D} 急剧增大时的漏源电压 U_{DS} 称为漏源击穿电压 $U_{\text{(BR)DS}}$。正常工作时漏源电压不允许超过此值。

6. 栅源击穿电压 $U_{\text{(BR)GS}}$

在 FET 正常工作时,栅源之间的 PN 结反向偏置,U_{GS} 过高,有可能使二氧化硅层击穿。FET 正常工作时的栅源电压的允许最大值称为栅源击穿电压 $U_{\text{(BR)GS}}$。超过该值,管子即损坏。

7. 最大漏极电流 I_{DM}

I_{DM} 为管子正常工作时的允许的最大漏极电流。

8. 漏极最大允许耗散功率 P_{DM}

FET 工作时,漏极耗散功率 $P_{\text{D}} = U_{\text{DS}} I_{\text{D}}$,即漏极电流与漏源之间电压的乘积。$P_{\text{DM}}$ 为漏极允许耗散功率的最大值,使用时应保证 $P_{\text{D}} < P_{\text{DM}}$。

思考题

1.5.1　绝缘栅场效应管与晶体三极管有何异同点?

本 章 总 结

本章介绍了半导体的导电方式,半导体内部参与导电的载流子有两种——自由电子和空穴。N 型半导体的多数载流子是自由电子,P 型半导体的多数载流子是空穴。PN 结具有单向导电性。

半导体的二极管的实质就是一个 PN 结。其单向导电性可以通过伏安关系曲线体现。稳压管是一种特殊的二极管。它与一般二极管的不同之处是它的反向击穿电压低、击穿特性曲线陡,通常它可以工作于击穿区以稳定同它并联的负载电压。

半导体三极管是一个具有三个极、两个 PN 结的半导体器件。两种类型的三极管(NPN 型和 PNP 型)工作原理相同,但外接电源电压极性相反。三极管的主要特点是具有电流放大作用和开关作用,可以通过三极管输入特性曲线和输出特性曲线体现,其输出特性可以划分为三个区域,即放大区、截止区和饱和区。具有电流放大作用的三极管工作于放大区,主要应用于模拟电子电路;具有开关作用的三极管工作于开关状态(即工作于截止区和饱和区),主要应用于数字电路中。

本章简单介绍了场效应管的基本结构、工作原理、主要特性等。

本章的基本要求是:了解半导体的导电方式,熟悉 PN 结具有单向导电性。熟悉半导体的二极管、稳压管、半导体三极管、场效应管的基本原理,掌握它们的特性,为以后的学习做好准备。

习 题 1

1.1 选择题

1.1.1 PN 结上加反向电压,使得外加电场与内电场方向( )。

A. 相反,内电场加强　　　　　　　B. 相反,内电场减弱

C. 一致,内电场加强　　　　　　　D. 一致,内电场减弱

1.1.2 杂质半导体中,少数载流子的浓度( )。

A. 与掺杂浓度及温度均无关　　　　B. 只与掺杂浓度有关

C. 只与温度有关　　　　　　　　　D. 与掺杂浓度及温度都有关

1.1.3 如题 1.1.3 图所示电路,二极管为同一型号的理想元件,$u_A = 3\sin\omega t$ V,$u_B = 3$ V,$R = 4$ kΩ,则 u_F 等于( )。

A. 3 V　　　　　　B. $3\sin\omega t$ V　　　　　　C. 3 V + $3\sin\omega t$ V

1.1.4 如题 1.1.4 图所示电路,稳压管的稳定电压 $U_Z = 10$ V,稳压管的最大稳定电流 $I_{Zmax} = 20$ mA,输入直流电压 $u_i = 20$ V,限流电阻 R 最小应选( )。

A. 0. 1 kΩ　　　　　　B. 0. 5 kΩ　　　　　　C. 0. 15 kΩ

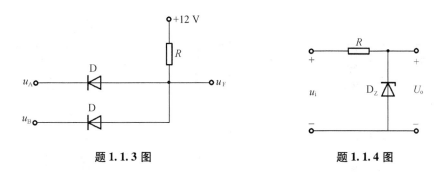

题 1.1.3 图　　　　　　　　　　　题 1.1.4 图

1.1.5　测得某晶体管的电压 $U_{BE} = 0.7$ V，$U_{CE} = 0.3$ V，则该晶体管工作状态为(　　　)。

A. 放大状态　　　　B. 截止状态　　　　C. 饱和状态　　　　D. 击穿状态

1.1.6　当晶体三极管工作在放大区时，发射结和集电结应为(　　　)。

A. 发射结正偏，集电结正偏　　　　　　B. 发射结正偏，集电结反偏

C. 发射结反偏，集电结反偏　　　　　　D. 发射结反偏，集电结正偏

1.1.7　工作在饱和状态的 PNP 晶体管，其三个极的电位应为(　　　)。

A. $U_E > U_B$，$U_C > U_B$，$U_E > U_C$

B. $U_E > U_B$，$U_C < U_B$，$U_E > U_C$

C. $U_E < U_B$，$U_C > U_B$，$U_E > U_C$

1.1.8　NPN 型三极管工作在放大状态时，(　　　)电位最高，(　　　)电位最低。

A. 发射极　　　　B. 集电极　　　　C. 基极　　　　D. 不一定

1.1.9　具有如题 1.1.9 图所示输出特性曲线的器件是图(　　　)。

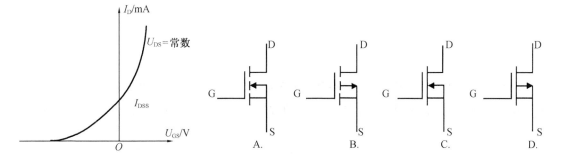

题 1.1.9 图

1.1.10　$U_{GS} = 0$ 时，能够工作于恒流区的场效应管为(　　　)。

A. 结型管　　　　B. 增强型 MOS 管　　　　C. 耗尽型 MOS 管

1.2　分析计算题

1.2.1　试判断题 1.2.1 图中二极管是导通还是截止，并求出输出电压 U_o（二极管正向导通电压可以忽略不计）。

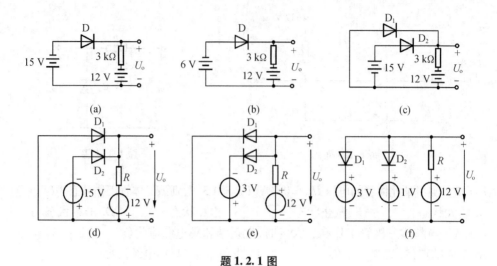

题 1. 2. 1 图

1.2.2 如题 1.2.2 图所示各二极管限幅电路中,已知 $U_{S1} = 5$ V, $U_{S2} = 3$ V,输入电压 $u_i = 10\sin\omega t$ V。试画出各电路的输出电压 u_o 的波形(二极管正向导通压降可以忽略不计)。

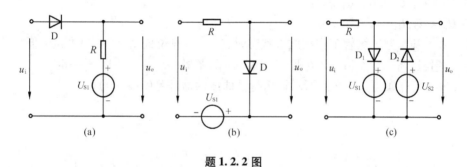

题 1. 2. 2 图

1.2.3 如题 1.2.3 图所示二极管钳位电路中,$C = 0.1$ mF,$R = 100$ kΩ,$U = 2$ V,输入电压频率为 1 000 Hz,幅值 5 V,占空比 50% 的方波,试画出电压 u_o 的波形,并说明钳位电平值。

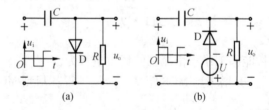

题 1. 2. 3 图

1.2.4 如题 1.2.4 图所示二极管电路,外加电压源 U_S 的大小和极性均可改变。D 为二极管,分别用 2CP12,2CP16,2CZ11C 代替。

（1）当 $U_S = 50$ V 和 $U_S = -50$ V 分别测得 U_D 为题 1.2.4 表中值，试分析这三只二极管质量。

（2）当 $U_S = 150$ V 时，会出现什么问题？ 当 $U_S = -150$ V 时又会出现什么问题？

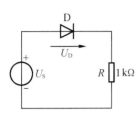

题 1.2.4 图

题 **1.2.4** 表

U_D/V $\diagdown$ D $\diagup$ U_S/V	2CP12	2CP16	2CZ11C
50	0	50	0.6
−50	0	−50	−50

1.2.5　在题 1.2.5 图所示电路中，已知二极管的导通电压 $U_D = 0.7$ V，试求：

（1）若 $R_1 = 5$ kΩ，$R_2 = 10$ kΩ 时，I_1 和 U_o 分别为多少？

（2）若 $R_1 = 10$ kΩ，$R_2 = 5$ kΩ 时，I_1 和 U_o 分别为多少？

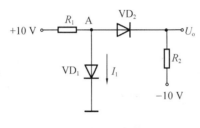

题 **1.2.5** 图

1.2.6　如题 1.2.6 图所示稳压管稳压电路，稳压管稳定电压 $U_Z = 10$ V，$R = R_L = 100$ Ω，稳压管 $I_Z = 5$ mA，$I_{Zmax} = 50$ mA。试分析为保证负载电阻 R_L 上端电压等于 U_Z，输入电压 u_i 的变化范围。

1.2.7　题 1.2.7 图所示电路输入电压 $u_i = 10\sin\omega t$ V，稳压管 D_{Z1} 稳定电压为 6 V，D_{Z2} 稳定电压为 4 V，设两个管的最小稳定电流 $I_{Z1min} = I_{Z2min} = 0$，画出 u_o 波形。

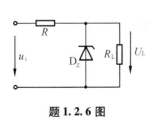

题 **1.2.6** 图

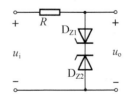

题 **1.2.7** 图

1.2.8　题 1.2.8 图所示为晶体管 3DG6 的输出特性曲线。试从曲线上求出：当 $U_{CE} = 10$ V，而 $I_B = 0.04$ mA，0.06 mA，0.08 mA，1 mA 时的 β 值，若 I_B 由 0.04 mA 增加到 0.08 mA 时，管子的 β 值为多少？

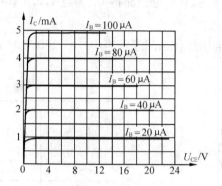

题 1.2.8 图

1.2.9 今测得三个硅晶体管的极间电压 U_{BE} 和 U_{CE},如题 1.2.9 表所示。试问它们各处于什么工作状态(放大、截止、饱和)?

题 1.2.9 表

	U_{BE}/V	U_{CE}/V
A	0	12
B	0.7	0.4
C	0.7	6

1.2.10 试分析题 1.2.10 图所示各电路中,晶体管工作于什么状态?

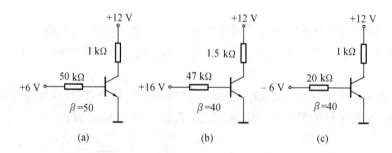

题 1.2.10 图

第2章

放 大 电 路

　　晶体管的一个重要应用就是构成放大电路。放大电路(简称放大器),是模拟电子技术的核心和基础,它的作用是将微弱的电信号进行放大,广泛应用于广播、通信、测量及自动控制等领域。

　　放大电路一般由电压放大和功率放大两部分组成,如图2.1所示。在多级放大电路中,第一级称为输入级,最后一级称为输出级,其余各级为中间级。在实际电路中,通常在现场采集的电信号很微弱,一般前面各级以电压放大为目标,称为电压放大器,其作用是将微弱的电信号放大到足够的幅度,以推动后级放大电路工作,因此电压放大电路通常在小信号情况下工作;而末级(及末前级)以功率放大为目标,称为功率放大器,其作用是使负载获得足够大功率,推动负载工作,因而它是在大信号情况下工作的。

图2.1　多级放大电路连接框图

　　本章主要研究由分立元件组成的各种常用的放大电路,分析它们的电路结构、工作原理、特性,探讨放大电路的基本分析方法等。

2.1　放大电路的性能指标及三种基本放大电路性能简介

　　放大电路可以分为交流放大电路和直流放大电路两类。交流放大器放大的是随时间交变的交流信号,如图2.2(a)所示的扩音器。当人们对着话筒讲话时,话筒将声音高低强弱的变化转换成电压或电流大小和频率的变化。这一电信号数值很小,经放大电路放大后,再送至扬声器,便可使电能再转换成声能。直流放大电路放大的是缓慢变化或不随时间变化的信号,如图2.2(b)所示的测温电路。用热电偶测量温度的高低时,由热电偶转换而来的电信号非常微弱而难以直接测量,需要利用放大电路将电信号加以放大,然后再用电压表测量。

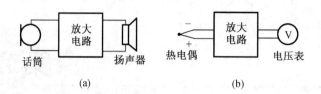

(a)　　　　　　　　　　(b)

图 2.2　放大电路应用举例

（a）扩音器；（b）测温电路

2.1.1　放大电路的主要性能指标

图 2.3 中虚框为放大电路,其中 AA′为输入端,其端口电压 u_i 为输入电压,外接信号源(或等效信号源);BB′为输出端,其端口电压 u_o 为输出电压,外接负载(或等效负载)。下面说明放大电路三个基本的性能指标:电压放大倍数、输入电阻和输出电阻。

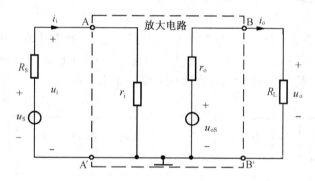

图 2.3　电压放大电路的电路模型

1. 电压放大倍数

对于电压放大电路,一个重要的性能指标就是电压放大倍数,它体现了放大电路对输入电压信号的放大能力。

电压放大倍数的定义为放大电路的输出电压的变化量与输入电压的变化量之比。在输入信号为正弦交流信号时,可以用相量表示,即

$$A_u = \frac{\dot{U}_o}{\dot{U}_i} \tag{2.1}$$

需要说明的是,放大倍数的定义是建立在信号基本不失真的前提之上的,当输出波形没有明显失真的情况下,讨论放大倍数才有意义,这一点也适用于其他各项性能指标。

工程上还有另外一种表示放大倍数的方法,即

$$A_u(\text{dB}) = 20\lg|A_u|$$

计算出的电压放大倍数称为电压增益,单位是分贝。

2. 输入电阻与输出电阻

放大电路总是和其他电路相连接的。例如,它的输入端总是接信号源(或等效信号

源),而它的输出端总是接负载(或等效负载)。这样信号源、放大电路以及负载之间必然是相互影响的,这种相互影响是由放大电路的输入电阻和输出电阻来体现的。

(1)输入电阻

对信号源来说,放大电路相当于它的负载,这个负载可以用一个电阻来代替。这个从放大电路输入端看进去的交流等效电阻就称为放大电路的输入电阻,通常用 r_i 表示,在数值上等于输入电压的变化量与输入电流的变化量之比。当输入信号为正弦信号时

$$r_i = \frac{\dot{U}_i}{\dot{I}_i} \qquad (2.2)$$

即从放大电路的输入端看,输入电阻 r_i 相当于信号源的负载,如图2.3所示。

如果 r_i 较小,放大电路将从信号源索取较大的电流,这势必增加信号源的负担。由于信号源存在内阻 R_S,从而导致实际加到放大电路的输入电压 u_i 减小,则输出电压 u_o 也将减小。因此总是希望放大电路的输入电阻 r_i 越大越好。

(2)输出电阻

对负载来讲,放大电路相当于它的信号源。这个信号源既可用诺顿定理等效成一个受控电流源与电阻并联形式表示,也可用戴维南定理等效成受控电压源与电阻串联形式表示。这个等效电阻,称为放大电路的输出电阻,通常用 r_o 表示。

输出电阻 r_o 可以在放大电路的信号源短路($u_S = 0$),但保留其内阻 R_S 和负载开路($R_L = \infty$)的条件下求得,r_o 的大小等于在输出端外所加电压 u 与产生的电流 i 的比值。当外加输入信号为正弦信号时

$$r_o = \frac{\dot{U}}{\dot{I}} \bigg|_{\dot{U}_S = 0, R_L = \infty} \qquad (2.3)$$

即从输出端看,对负载而言,放大电路相当于一个信号源,其内阻就是放大电路的输出电阻,如图2.3所示,图中的信号源 u_{oS} 为放大电路空载时的输出电压。

通过分析可知:r_o 愈小,放大电路的输出电压受负载变化的影响愈小;反之,r_o 愈大,输出电压受负载变化影响愈大。因此输出电阻 r_o 是用来衡量放大电路带负载能力的参数,而且总是希望放大电路的输出电阻 r_o 越小越好。

因此可以建立放大电路的电路模型,如图2.3虚框内所示。对于多级放大电路来说,其输入电阻等于第一级放大电路的输入电阻;其输出电阻等于末级放大电路的输出电阻。而第 i 级放大电路的输入电阻是第 $i-1$ 级的负载;第 i 级放大电路的输出电阻是第 $i+1$ 级的等效信号源内阻。

对于多级放大电路来说,通过分析可知:$A_u = A_{u1} \cdot A_{u2} \cdot \cdots \cdot A_{u(n-1)} \cdot A_{un}$,即总的电压放大倍数等于各级放大倍数的乘积。

描述放大电路性能,除了以上三个指标外,还有通频带、电源效率等,这些参数我们将根据研究的需要在后面的电路中介绍。

2.1.2 晶体三极管放大电路及性能介绍

由晶体三极管构成的放大电路有三种基本的组成形式,即共发射极、共集电极和共基极放大电路,如图2.4所示。

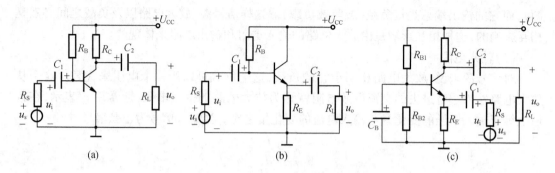

图2.4 三种基本的三极管放大电路
（a）共发射极放大电路；（b）共集电极放大电路；（c）共基极放大电路

1. 共发射极放大电路

共发射极放大电路在晶体三极管放大电路中应用最为广泛，其基本电路如图2.4（a）所示。输入信号由三极管基极输入，输出信号由集电极输出。而发射极既在输入回路中，也在输出回路中（注：对交流信号而言），因此称为共发射极放大电路。

此电路的特点是：输入与输出信号相位相反；有电压、电流放大作用，所以功率增益最高；输入、输出电阻阻值居中（一般为几千欧），常用于电压放大电路。

2. 共集电极放大电路

如图2.4（b）所示，输入信号由三极管基极输入，输出信号由发射极输出。而集电极既在输入回路中，也在输出回路中，因此称为共集电极放大电路。

此电路的特点是：输入与输出信号相位相同；无电压放大作用，有电流放大作用，所以也有功率放大作用；输入电阻较大，输出电阻很小，常用于功率放大和阻抗匹配电路。

3. 共基极放大电路

如图2.4（c）所示，输入信号由三极管发射极输入，输出信号由集电极输出。而基极既在输入回路中，也在输出回路中，因此称为共基极放大电路。

此电路的特点是：输入与输出信号相位相同；有电压放大作用，无电流放大作用，所以也有功率放大作用；输入电阻很小，输出电阻较大，在低频放大电路中一般很少应用，但由于其频率特性好，适用于宽频或高频电路。

思考题

2.1.1 某放大电路在负载开路时输出电压为4 V，接入12 kΩ的负载电阻后，输出电压为3 V，则放大电路的输出电阻为多少？

2.1.2 （填空题）在共射、共基、共集电极三种组态的基本放大电路中，（　　）的输入电阻最高，（　　）的输入电阻最低，（　　）的输出电阻最低，（　　）的电压放大倍数最低。

2.1.3 如果存在理想的电压放大器，你希望它的性能指标如何？

2.2　共发射极放大电路——基本放大电路

图 2.4(a)所示的电路为共发射极基本放大电路。电路的基本功能是实现信号的放大。

放大电路的核心元件是晶体三极管,在这里主要是利用它的电流放大作用。假设在直流电源 U_{CC} 单独作用下,如果选择合适的 R_B,R_C,直流量 U_{BE},I_B,I_C,U_{CE} 等(也称静态值)将为某一合适的固定值,如图 2.5 中各波形图中的虚线所示,此时三极管处于放大状态。从电路中可以看出,加入信号源或负载对此静态值无影响,因为输入、输出耦合电容 C_1 和 C_2 对直流信号有隔断的作用。

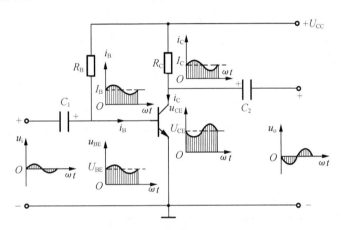

图 2.5　信号的放大过程

在合适的静态值基础上,加入交流信号 u_i,称为动态。由于输入耦合电容对交流信号有"通交流"的作用,输入信号 u_i 将作用在三极管发射结 BE 两端,使 u_{BE} 电压为在直流 U_{BE} 基础上叠加交流信号 u_i(合适的静态值要保证输入信号变化过程中三极管始终处于放大状态),这样可使基极电流 i_B 随输入信号 u_i 同相变化,如图 2.5 中的实线所示。因为三极管具有电流放大作用,集电极电流 i_C 将被放大,并随基极电流 i_B 同相变化;通过 R_C 将电流转换为电压,R_C 两端电压 u_{R_C} 与输入信号同相变化;由于 $u_{R_C} + u_{CE} = U_{CC}$,所以 u_{CE} 则与输入信号反相变化;最后通过输出耦合电容 C_2 的交流电压即为输出电压 u_o,此信号为放大的信号 u_o。

通过以上对信号放大过程的简单分析可以看到:

(1)要想实现正常的信号放大,必须有合适的静态值。这需要合适的电路参数(R_B,R_C,U_{CC} 等)来保证。

这里选取合适的基极电阻 R_B,使发射结正偏导通,且有较合适的偏置电流 I_B;选取合适的集电极电阻 R_C,使得集电结反偏(可以分析,要使三极管集电结反偏,即 $U_{CE} > U_{BE}$,需要 $U_{R_C} < U_{R_B}$,即 $I_C R_C < I_B R_B$,这样电阻 R_B、R_C 需要满足 $\beta R_C < R_B$);耦合电容 C_1,C_2 对直流信号有"隔直流"的作用,可以隔断信号源、放大电路、负载三者之间的直流通路,使三者无直流联系,互不影响。

（2）在静态工作点合理的基础上，必须能使输入信号通过一定方式耦合到发射结 BE 两端，获得基极电流的变化，利用三极管的电流放大，并通过集电极负载能将电流放大作用转换成电压放大，然后再耦合到输出端。

耦合电容 C_1、C_2 的另一个作用是"通交流"，起到信号源、放大电路、负载的交流耦合作用，保证交流信号能正常经过放大电路达到负载；集电极负载电阻 R_C 的另一个作用是将三极管的电流变化转换为电压变化；直流电源 U_{CC} 除了保证发射结正偏，集电结反偏（即三极管处于放大状态）外，还为电路提供能量。也就是用能量较小的输入信号通过三极管的控制作用，去控制电源 U_{CC} 所供给的能量，以在输出端获得一个能量较大的信号，这也是放大作用的实质，而晶体管是一个控制元件。

在实际电路中一般 U_{CC} 取值为几伏到几十伏，R_B 为几十千欧到几百千欧，R_C 为几千欧到几十千欧，C_1、C_2 一般为几微法到几十微法，为有极性的电解电容，使用时要注意极性。

（3）在放大电路内部存在着直流分量与交流分量，因此放大电路的分析可分为静态分析和动态分析两部分。

在分析过程中，电压和电流的文字符号采用如下规定：大写字母加大写下标，如 I_B，I_C，U_{CE} 等表示静态直流分量；小写字母加小写下标，如 u_i，i_b 等表示动态交流分量的瞬时值；小写字母加大写下标，如 i_B 等表示动态时的实际电压和电流，即直流分量和交流分量总和的瞬时值。

2.2.1　放大电路的静态分析

静态是指当放大电路没有输入信号时的工作状态。静态分析就是要确定放大电路的静态值 I_B，I_C，U_{CE} 等直流量（也称静态工作点）。静态分析的目的是验证或判断电路的静态工作状态，以使放大电路具有合适的静态工作点。放大电路的质量与其静态工作点的关系很大，现在先讨论放大电路静态分析的基本方法。

当没有输入信号，即 $u_i = 0$ 时，电路中的电压、电流都是直流量，由于 C_1、C_2 的"隔直"作用，可以得到图2.4（a）所示电路的直流通路，如图2.6所示的实线部分。

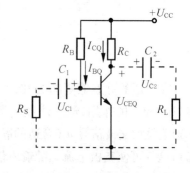

图 2.6　放大电路的直流通路

1. 静态工作点的近似估算法

由直流通路，可得出静态基极电流为

$$I_{BQ} = \frac{U_{CC} - U_{BE}}{R_B} \approx \frac{U_{CC}}{R_B} \tag{2.4}$$

当 R_B 一经选定，I_B 也就固定不变。因此，图2.4（a）这种电路也称为固定偏置放大电路。由三极管电流放大作用，可得出集电极电流 I_C，进一步可求出集 – 射极电压 U_{CE} 为

$$I_{CQ} = \beta I_{BQ} \tag{2.5}$$

$$U_{CEQ} = U_{CC} - I_{CQ}R_C \tag{2.6}$$

值得注意的是，C_1，C_2 采用的是有极性的电解电容，其对静态相当于开路，两端电压分别为

$$U_{C_1} = U_{BE}$$

$$U_{C_2} = U_{CEQ}$$

2. 静态工作点的图解分析法

图解分析法,即通过作图的方法对静态工作点进行分析。

首先由式(2.4)可以估算基极电流,即

$$I_{BQ} = \frac{U_{CC}}{R_B}$$

由三极管的输出特性曲线,可以确定已知 I_{BQ} 条件下的三极管的 I_C 与 U_{CE} 满足如图 2.7(粗线)所示的关系。

由 KVL 可以得到

$$U_{CC} = I_C R_C + U_{CE} \qquad (2.7)$$

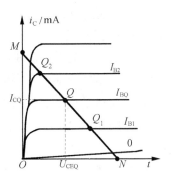

此方程表示受 KVL 约束下的直流量 I_C 与 U_{CE} 的关系,如图 2.7 中直线 MN 所示,此线(与横轴交于 U_{CC},与纵轴交于 U_{CC}/R_C,其斜率为 $-1/R_C$)也称直流负载线。

因此电路的静态工作点即为上述两条线的交点 Q,即 Q 点的横坐标为 U_{CEQ},纵坐标为 I_{CQ}。

图 2.7 放大电路的静态图解分析

进一步分析可以得知,当电路参数 R_B 改变时,静态工作点将沿着直流负载线而变化。当 R_B 增大,I_B 减小,静态工作点沿直流负载线向下移动,如图 2.7 中的 Q_1。反之,当 R_B 减小,I_B 增大,静态工作点沿直流负载上移,如图 2.7 中的 Q_2。

当然,改变 R_C 和 U_{CC} 也可以改变静态工作点,但直流负载线同时也发生改变,如图 2.8 所示。

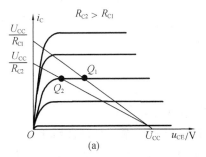
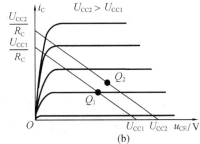

图 2.8 电路参数对 Q 点位置的影响

(a)R_C 增大,Q 点左移;(b)U_{CC} 增大 Q 点向右上方移动

2.2.2 放大电路的动态分析

动态是指有输入信号时的工作状态。当加入输入信号时,晶体管的各个电压和电流都含有直流分量和交流分量(信号分量)。动态分析是要在合理的静态工作点(见 2.2.1 分析方法)的基础上,考虑的只是电压和电流的交流分量,分析放大电路的动态性能指标,如电压放大倍数、输入电阻、输出电阻等。本节将讨论放大电路动态分析的两种方法:微变等效电路分析法和动态图解分析法。

对交流分量来说,电容 C_1,C_2 可以视为短路;同时一般直流电源的内阻很小,可以忽略不计,也可以视为短路,因此可以得到图 2.4(a) 所示的放大电路的交流通路如图 2.9 所示。

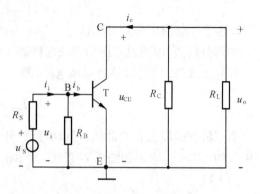

图 2.9 放大电路的交流通路

1. 微变等效分析法

微变等效分析法是在小信号条件下,把放大电路的非线性元件——三极管或场效应管线性化,然后应用分析线性电路的方法来分析和计算放大电路的性能和参数。

(1)三极管的微变等效电路

三极管的微变等效电路就是把非线性的三极管在小信号条件下用等效的线性电路来代替。在小信号条件下工作,这是把三极管线性化的先决条件。而等效的概念是指从求得的线性电路的输入端和输出端看进去,其伏安特性与三极管的输入特性和输出特性基本一致。

当三极管组成共发射极接法的放大电路时,它的输入端口和输出端口如图 2.10(a) 所示。

三极管的输入端口的电压与电流之间关系由图 2.10(b) 中输入特性曲线来确定。从输入特性曲线可以看到,它是非线性曲线。当输入小信号时,工作点将在静态工作点 Q 附近 AB 间小范围变化,因此可用 AB 间的直线段近似代替 AB 间的曲线。则输入电压变化量 Δu_{BE} 与电流变化量 Δi_B 成正比关系(当 u_{CE} 一定时),因此输入端可以用一个等效的线性电阻 r_{be} 来反映输入电压与输入电流之间的关系,即

$$r_{be} = \frac{\Delta u_{BE}}{\Delta i_B}\bigg|_{u_{CE}\text{一定}} = \frac{u_{be}}{i_b}\bigg|_{u_{CE}\text{一定}}$$

式中,小信号变化量 Δu_{BE} 和 Δi_B 可用其交流分量 u_{be} 和 i_b 来代替。

r_{be} 称为三极管的输入电阻,它是动态电阻,其大小等于输入特性曲线上 Q 点切线斜率的倒数。显然,r_{be} 的大小与 Q 点位置有关,Q 点愈高,r_{be} 值愈小。在实际分析放大电路时,对于小功率三极管而言,它的输入电阻可按下式进行估算,即

$$r_{be} = 300 + (1 + \beta)\frac{26\text{ mV}}{I_{EQ}\text{ mA}} \tag{2.8}$$

式中,I_{EQ} 为发射极静态电流值,r_{be} 大小除与 I_{EQ} 有关外,还与三极管的 β 值有关。r_{be} 的数值通常为几百欧姆到几千欧姆。

因此,对交流小信号而言,三极管输入端的等效电路如图 2.10(d) 左侧所示。

三极管的输出端口的电压与电流关系由图 2.10(c) 中的输出特性来确定。由输出特性可以看到,在静态工作点 Q 附近的输出特性曲线是一组近似平行于横坐标且相互间隔相等的直线,这表明集电极电流 I_C 基本上只受基极电流 I_B 控制而可以忽略 U_{CE} 的影响,即 Δi_C 仅受 Δi_B 的控制而与 Δu_{CE} 无关。因此当 u_{CE} 一定时,Δi_C 与 Δi_B 之比等于常数,即

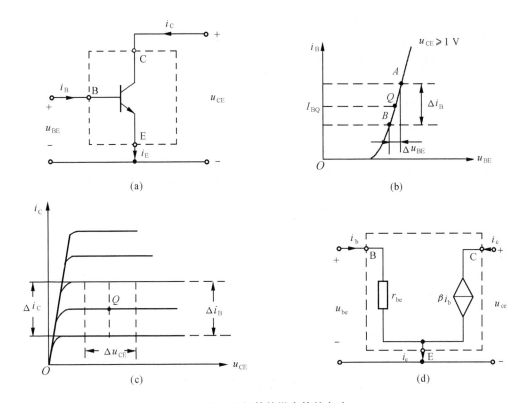

图 2.10 三极管的微变等效电路

(a)共发射极接法的三极管;(b)三极管输入特性曲线;

(c)三极管输出特性曲线;(d)简化的三极管微变等效电路

$$\beta = \frac{\Delta i_C}{\Delta i_B} \Bigg|_{u_{CE}-定} = \frac{i_c}{i_b} \Bigg|_{u_{CE}-定}$$

则

$$i_c = \beta i_b$$

式中,i_c 和 i_b 均为交流分量。

由此可见,输出端电路可以用一个等效电流源 βi_b 来代替。该电流源 i_c 的大小由 i_b 决定,因此该电流源不是独立电源而是一个受电流 i_b 控制的电流源,所以晶体管的输出端可用图 2.10(d)中右侧的电流控制电流源 βi_b 来等效。应注意,等效电流源 βi_b 的电流方向要和基极电流 i_b 方向一致,即同时指向发射极或同时背离发射极。

综上所述,可以用输入电阻 r_{be} 和电流控制电流源 βi_b 组成的线性电路来代替非线性的三极管。由于在以上分析中,忽略了 u_{CE} 对 i_C 和 u_{BE} 的微弱影响,因此图 2.10(d)所示的等效电路称为三极管简化的微变等效电路。

注意:微变等效电路只适用于分析和计算放大电路的动态性能指标,不能用来分析放大电路的静态工作情况。

(2)放大电路的微变等效电路

用三极管的微变等效电路代换交流通路中的三极管,可以得到放大电路的微变等效电路,如

图2.11所示。利用微变等效电路可以对放大电路的动态性能指标——电压放大倍数、输入电阻、输出电阻等进行估算。

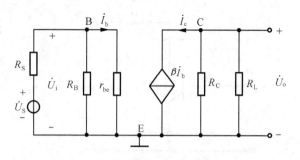

图 2.11 放大电路的微变等效电路图

（3）电压放大倍数的计算

设放大电路加入正弦信号，则图2.11中的电压、电流都是正弦量，因此可以用相量来表示。当 $R_S = 0$ 时

输入电压

$$\dot{U}_S = \dot{U}_i = r_{be} \dot{I}_b$$

输出电压

$$\dot{U}_o = -R'_L \dot{I}_c = -\beta R'_L \dot{I}_b$$

式中，$R'_L = R_C \, /\!/ \, R_L = \dfrac{R_C R_L}{R_C + R_L}$。

放大电路的电压放大倍数为

$$A_u = \frac{\dot{U}_o}{\dot{U}_i} = -\frac{\beta R'_L}{r_{be}} \tag{2.9}$$

式（2.9）中负号表示输入电压与输出电压相位相反，电压放大倍数 A_u 的大小与 R'_L,β,r_{be} 有关。

若放大电路空载，即 $R_L = \infty$，则

$$A_u = -\frac{\beta R_C}{r_{be}} \tag{2.10}$$

若考虑信号源内阻 $R_S \neq 0$，则电压放大倍数为

$$A_{uS} = \frac{\dot{U}_o}{\dot{U}_S} = \frac{\dot{U}_i}{\dot{U}_S} \times \frac{\dot{U}_o}{\dot{U}_i} = \frac{r_i}{R_S + r_i} \times A_u = \frac{r_i}{R_S + r_i} \left(-\frac{\beta R'_L}{r_{be}} \right) \tag{2.11}$$

一般 $R_B \gg r_{be}$，所以式中 $r_i = R_B \, /\!/ \, r_{be} = \dfrac{R_B r_{be}}{R_B + r_{be}} \approx r_{be}$，则

$$A_{uS} = -\frac{\beta R'_L}{R_S + r_{be}} \tag{2.12}$$

（4）放大电路输入电阻的计算

放大电路的输入电阻是信号源的等效负载，如图2.12所示。输入电阻 r_i 是动态电阻，可以通过外加激励法求得。由式（2.2）得

$$r_i = \frac{\dot{U}_i}{\dot{I}_i} = R_B \, /\!/ \, r_{be} = \frac{R_B r_{be}}{R_B + r_{be}}$$

（5）放大电路输出电阻的计算

放大电路输出电阻是负载的等效信号源内阻，如图2.13所示。输出电阻 r_o 也是动态电阻。由式（2.3）得

$$r_o = \frac{\dot{U}}{\dot{I}} \bigg|_{\dot{U}=0, R_L=\infty} = R_C$$

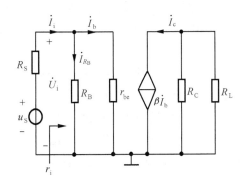

图 2.12 放大电路输入电阻求解电路

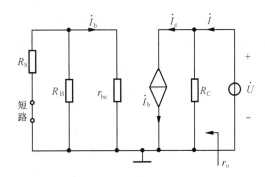

图 2.13 放大电路输出电阻求解电路

小结:应用微变等效电路法分析和估算放大电路的动态性能很方便,常用于估算电压放大倍数、输入电阻和输出电阻。动态分析放大电路的步骤如下:

①首先画出放大电路的交流通路;

②用三极管的微变等效电路代替交流通路中的三极管;

③在等效电路图中标出电流和电压的参考方向,然后应用线性电路的理论分析计算。

【例 2.1】 在图 2.4(a)所示电路中,已知 $U_{CC} = 12$ V,$R_C = 3.3$ kΩ,$R_B = 300$ kΩ,$\beta = 50$,试计算:

(1)$R_S = 0$ 时的 A_u,设负载分别为 $R_L = \infty$ 和 $R_L = 5.5$ kΩ;

(2)$R_S = 1$ kΩ 时的 A_{u_S},设负载 $R_L = 5.5$ kΩ。

【解】 (1)计算 $R_S = 0$ 时的 A_u

$$I_{BQ} = \frac{U_{CC} - U_{BE}}{R_B} \approx \frac{U_{CC}}{R_B} = \frac{12}{300 \times 10^3} = 40 \ \mu A$$

$$I_{EQ} \approx I_{CQ} = \beta I_{BQ} = 50 \times 40 \times 10^{-6} = 2 \ mA$$

则 $r_{be} = 300 + (1 + 50) \times \dfrac{26}{2} = 0.96$ kΩ。

当 $R_L = \infty$ 时

$$A_u = -\frac{\beta R_C}{r_{be}} = -\frac{50 \times 3.3}{0.96} = -172$$

当 $R_L = 5.5$ kΩ 时

$$R_L' = R_C /\!/ R_L = \frac{5.5 \times 3.3}{5.5 + 3.3} = 2 \ k\Omega$$

$$A_u = -\frac{\beta R_L'}{r_{be}} = -\frac{50 \times 2}{0.96} = -104$$

(2)计算 $R_S = 1$ kΩ 时的 A_{u_S}

因为 $R_B \gg r_{be}$,由式(2.12)得

$$A_{u_S} = -\frac{\beta R_L'}{R_S + r_{be}} = -\frac{50 \times 2}{1 + 0.96} = -51$$

可见,当信号源有内阻时电压放大倍数要下降,内阻愈大电压放大倍数下降得愈多。

经过以上的分析和计算可以看到,共发射极接法的基本放大电路的电压放大倍数不但和 R_L 有关,而且还和信号源内阻 R_S 的大小有关。负载电阻 R_L 大则 A_u 大,R_L 减小则 A_u 减小;信号源内阻 R_S 小,A_{uS} 大,内阻 R_S 增大则 A_{uS} 减小。

由式(2.9)或式(2.11)可知,当 R_S 和 R_L 一定时,电压放大倍数还与 β 和 r_{be}(或 I_{EQ})有关。当 I_{EQ} 一定时,提高 β 值,A_u 增加,但由于 r_{be} 也增加因而使 A_u 不能正比上升;当 β 值很大时,A_u 将变化不大。但对多级放大电路来说,希望 β 值大些,这可提高前级的 A_u。当 β 一定时,提高 I_{EQ} 值,可以减小 r_{be} 从而提高 A_u 值,这是提高 A_u 的一种常用的有效方法。

综上所述,提高放大电路电压放大倍数的方法主要是选择较大 β 值的晶体管,适当增加静态工作点 I_{EQ} 值,并使负载电阻 R_L 尽量大些。

2. 动态图解分析法*

动态图解分析就是在静态分析的基础上,利用晶体管的特性曲线,通过作图的方法分析各个电压和电流的交流分量的传输情况和相互关系。

电路如图2.4(a)所示,电路参数同例2.1,由静态图解分析,可确定静态工作点如图2.14及图2.15中的 Q 点,此时 $U_{BE} = 0.7$ V,$I_B = 40$ μA,$I_C = 2$ mA,$U_{CE} = 5.4$ V。设放大电路加入正弦信号 $u_i = U_m\sin\omega t = 0.02\sin\omega t$ V,为分析方便,设 $R_S = 0$。

(1)输入回路

图2.14中 Q 点为静态工作点。u_i 是输入的交流小信号,它控制 u_{BE} 变化,$u_{BE} = U_{BE} + u_i = 0.7 + 0.02\sin\omega t$ V,其电压变化波形如图2.14曲线①所示。根据三极管输入特性曲线,u_{BE} 变化使工作点在 Q_1 和 Q_2 之间变化,引起 i_B 变化,如图2.14曲线②所示,$i_B = I_B + 20\sin\omega t$ μA。

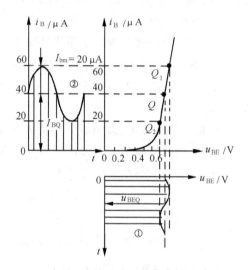

图2.14 输入回路动态图解

(2)输出回路

根据三极管输出特性曲线及交流负载线 MN,如图2.15所示,i_B 变化(图中曲线②),使工作点在 Q_1 和 Q_2 之间变化,控制 i_C 的变化(图中曲线③),同时引起 u_{CE} 的变化(图中曲线④)。由于电容 C_2 的隔直作用,u_{CE} 的直流分量 U_{CE} 不能达到输出端,只有交流分量 u_{ce} 能通过 C_2 构成输出电压 u_o。从图2.15中可以看出输出电压与输入电压相位相反。

电压放大倍数可通过作图法求得,即

$$A_u = \frac{\dot{U}_{om}}{\dot{U}_{im}} = -\frac{U_{om}}{U_{im}} = -\frac{2}{0.02} = -100, (R_L = 5.5 \text{ k}\Omega)$$

图2.15中 MN 为交流负载线。交流负载线体现的是实际信号 i_C 和 u_{CE}(交直流总量)的关系,由放大电路交流通路(如图2.9)可得 $i_c = \dfrac{1}{R'_L}u_{ce}$(式中 $R'_L = R_C // R_L$)。而实际信号是交流信号与静态值的叠加,如 $i_C = I_{CQ} + i_c$,$u_{CE} = U_{CEQ} + u_{ce}$(由以上三式可以得到 $i_C = -\dfrac{1}{R'_L}u_{CE} +$

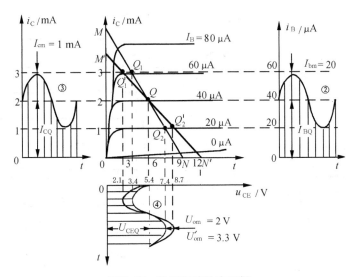

图 2.15 输出回路动态图解

$\dfrac{U_{CEQ}}{R'_L} + I_{CQ}$），因此可知 i_C 和 u_{CE} 的关系为过 Q 点且斜率为 $-\dfrac{1}{R'_L}$ 的直线，即交流负载线 MN。

当 $R_L = \infty$ 时，$i_c = -\dfrac{1}{R_C} u_{ce}$，直流负载线与交流负载线重合，如图 2.15 所示 $M'N'$ 直线。此时电压放大倍数为

$$A_u = \frac{\dot{U}_{om}}{\dot{U}_{im}} = -\frac{U_{om}}{U_{im}} = -\frac{3.3}{0.02} = -165，（R_L = \infty）$$

从图 2.15 中可以看出，与空载相比，放大电路带上负载后，交流负载线变陡，其输出电压减小，电压放大倍数下降。这与用微变等效方法分析的结论一致。

2.2.3 静态工作点设置与波形失真分析

通过前面的分析可以看到：放大电路的性能与其静态工作点的选择关系很大，而且静态工作点 Q 选择不当，会使放大器工作时产生信号波形失真，如图 2.16 所示。

若静态工作点设置在交流负载线上的位置过高，即 I_B 过大，如图 2.16 中 Q_A 处，信号的正半周可能进入饱和区，造成输出电压波形负半周被部分消除，产生"饱和失真"。

若静态工作点在交流负载线上位置过低，即 I_B 过小，如图 2.16 中 Q_B 处，则信号负半周可能进入截止区，造成输出电压的正半周被部分切掉，产生"截止失真"。

饱和失真和截止失真，均是由于静态工作点接近三极管特性的非线性部分，而信号变化进入到非线性部分引起的失真，因此统称为非线性失真。

因此，要使放大电路不产生非线性失真，必须有一个合适的静态工作点，工作点 Q 一般应选在交流负载线的中点。这样可以获得最大的不失真的输出电压，即可以获得较高的动态范围。如果输入信号较小，应使 Q 点低些，即 I_{BQ} 和 I_{CQ} 小些，这样可以减少电源的能量损耗。当然 I_{CQ} 也不能过小，否则会使 β 变小和 A_u 变小。

对于由 PNP 三极管构成的放大电路的失真情况读者可以自行分析。

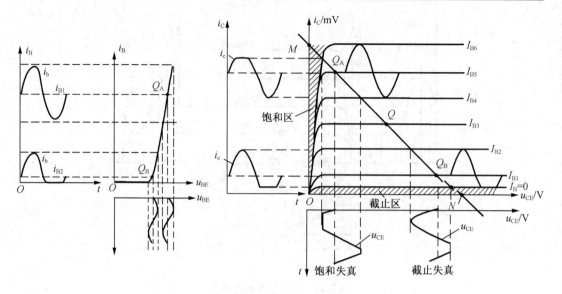

图 2.16 静态工作点设置不当引起非线性失真曲线图

思考题

2.2.1 指出题 2.2.1 图所示电路中,哪些能进行正常放大,哪些不能,并简要说明原因。

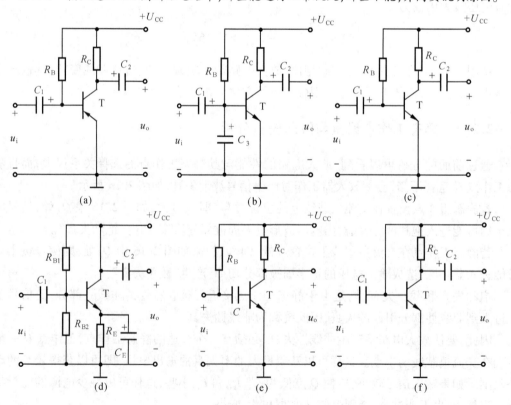

题 2.2.1 图

2.2.2 什么是放大电路的静态工作点？为什么要设置合适的静态工作点？

2.2.3 图 2.4(a)所示放大电路的输出波形如题 2.2.3 图所示,试判断各输出波形属于何种类型失真？分析产生失真的原因,并说明应采取何种措施才能使失真得到改善？

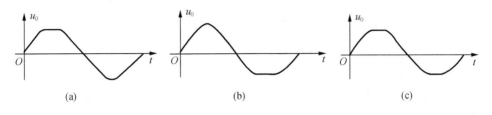

(a)   (b)   (c)

题 2.2.3 图

2.2.4 电路如题 2.2.4 图所示,已知 $U_{CC} = 12$ V,$R_C = 2$ kΩ,$R_B = 100$ kΩ,电位器总电阻 $R_P = 1$ MΩ,$\beta = 50$,取 $U_{BE} = 0.6$ V,当输入为正弦波时,估算最大不失真输出电压幅值 U_{OM}(U_{CES} 可忽略),此时 R_P 应调节到多大？

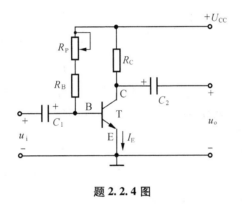

题 2.2.4 图

2.3 共发射极放大电路——静态工作点稳定电路

要使放大电路正常工作,必须选择合适的静态工作点。但在实际运用中,静态工作点 Q 还会受到环境温度变化的影响。当温度变化时,晶体管的 β,I_{CEO},U_{BE} 等参数都会随之改变,这样,原来设置的静态工作点就会发生变化,使放大器的性能变坏。

为了稳定放大电路的性能,必须在电路结构上加以改进,使放大电路在温度变化时静态工作点保持稳定,最常见的是分压式射极偏置工作点稳定电路。

2.3.1 稳定静态工作点原理

图 2.17 所示的电路就是这种能稳定静态工作点的放大电路。若选择合适的 R_{B1} 和 R_{B2},使基极节点电流满足 $I_1 \approx I_2 \gg I_B$,则有

$$U_B \approx \frac{R_{B2}}{R_{B1} + R_{B2}} U_{CC} \qquad (2.13)$$

可以认为基极电位 U_B 与晶体管参数无关,不受温度的影响,仅由 R_{B1} 和 R_{B2} 的分压电路所决定。

若同时满足 $U_B \gg U_{BE}$,则集电极电流为

$$I_C \approx I_E = \frac{U_B - U_{BE}}{R_E} \approx \frac{U_B}{R_E} \quad (2.14)$$

由于 U_B 不随温度而改变,因此电流 I_E 以及 I_C 受温度影响就很小,从而保证了工作点稳定。此电路也称为分压式偏置电路或分压式射极偏置放大电路。

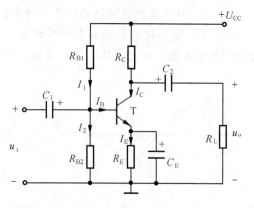

图 2.17　稳定静态工作点的放大电路

这种偏置电路能稳定静态工作点得益于两点:第一点是 R_{B1} 和 R_{B2} 的分压使基极电位 U_B 保持固定;第二点是发射极电阻 R_E 检测电流 I_E,把它两端的电压 $U_E (= R_E I_E)$ 送到输入回路控制 $U_{BE} (= U_B - U_E)$,最终控制 I_B,I_C 稳定。

当温度升高,电路自动稳定电流 I_C 的物理过程可表示为

$$T \uparrow \underset{I_{CBO} \uparrow}{\overset{\beta \uparrow}{\longleftrightarrow}} U_{BE} \downarrow \longrightarrow \underset{I_{CQ} \downarrow}{\overset{I_{CQ} \downarrow}{\longleftrightarrow}} \longrightarrow I_{EQ} \uparrow \longrightarrow U_E \uparrow \longrightarrow U_{BE} \downarrow$$

从稳定工作点过程看到,若 R_E 大,则电压 U_E 也大,U_{BE} 下降得就明显,因此稳定静态工作点效果也就愈好。但 R_E 过大,U_E 也大,为保证放大电路输出同样幅度的电压势必要提高 U_{CC},这是人们所不希望的。对于小功率三极管,R_E 可取几百欧姆到几千欧姆;对于大功率管,R_E 取几欧姆到几十欧姆。

发射极电阻 R_E 用于稳定静态工作点。但同时它对交流信号也有作用,使电压放大倍数下降,这一点通过计算可以看到。为了解决这个问题,通常在 R_E 两端并联一个几十微法到几百微法的电解电容,实现对交流信号短路,因此 C_E 称为交流旁路电容。

从前面的分析中可以看到,只要满足 $I_1 \gg I_B$ 和 $U_B \gg U_{BE}$ 这两个条件,就认为基极电压 U_B 和发射极电流 I_E 与三极管的参数几乎无关。

由 $I_1 \approx I_2 \gg I_{BQ}$ 可知,I_1,I_2 愈大,I_{BQ} 愈小,U_B 及静态工作点就愈稳定,但这要求 R_{B1} 和 R_{B2} 就得愈小。这一方面会增加电路功耗,另一方面也加大了对交流信号的分流作用从而使输入信号减小。因此,通常取

$$I_1 \approx I_2 \geqslant (5 \sim 10) I_{BQ} \qquad (2.15)$$

同样,当 $U_B \gg U_{BE}$ 时,$I_E = \dfrac{U_B - U_{BE}}{R_E} \approx \dfrac{U_B}{R_E}$,工作点也愈稳定。但 U_B 过大,U_E 也大,这将导致管压降 U_{CE} 减小而使放大电路的动态范围减少,因此 U_B 也不宜太大,一般取

$$U_B \geqslant (5 \sim 10) U_{BEQ} \qquad (2.16)$$

而电阻 R_{B1} 和 R_{B2} 一般为几十千欧姆。

【例 2.2】　在图 2.18(a)所示的分压式射极偏置放大电路中,$U_{CC} = 12$ V,三极管 $\beta = 40$,$R_{B1} = 20$ kΩ,$R_{B2} = 10$ kΩ,$R_C = R_E = 2$ kΩ,$R_L = 2$ kΩ,电容 C_1,C_2,C_E 容量足够大。

(1)计算静态工作点 I_{BQ},I_{CQ} 和 U_{CEQ};(2)求 $\dot{A}_u$,r_i 和 r_o 的大小。

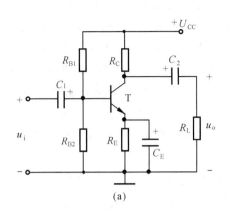
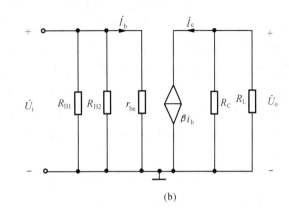

(a)   (b)

图 2.18   例 2.2 图

【解】 （1）求静态工作点

这里直接求解，认为 $I_1 \approx I_2 \gg I_{BQ}$，则

基极电压为

$$U_B \approx \frac{R_{B2}}{R_{B1} + R_{B2}} U_{CC} = \frac{10}{20 + 10} \times 12 = 4 \text{ V}$$

发射极与集电极电流为

$$I_{CQ} \approx I_E = \frac{U_B - U_{BE}}{R_E} \approx \frac{U_B}{R_E} = \frac{4}{2 \times 10^3} = 2 \text{ mA}$$

基极电流为

$$I_{BQ} = \frac{I_{CQ}}{\beta} = \frac{2}{40} = 50 \text{ μA}$$

集 – 射极间电压为

$$U_{CEQ} = U_{CC} - I_{CQ}(R_C + R_E) = 12 - 2 \times 10^{-3} \times (2 + 2) \times 10^3 = 4 \text{ V}$$

（2）求 $\dot{A}_u, r_i$ 和 r_o

可先画出微变等效电路，如图 2.18（b）所示。

已知 $I_{EQ} = 2 \text{ mA}$，则

$$r_{be} = 300 + (1 + \beta)\frac{26 \text{ mV}}{I_E \text{ mA}} = 0.83 \text{ kΩ}$$

等效负载电阻为

$$R'_L = R_C /\!/ R_L = 1 \text{ kΩ}$$

则电压放大倍数为

$$A_u = \frac{\dot{U}_o}{\dot{U}_I} = -\frac{\dot{I}_c R'_L}{\dot{I}_b r_{be}} = -\frac{\beta R'_L}{r_{be}} = -\frac{40 \times 1}{0.83} = -48$$

输入电阻为

$$r_i = R_{B1} /\!/ R_{B2} /\!/ r_{be} \approx 0.83 \text{ kΩ}$$

输出电阻为

$$r_o = R_C = 2 \text{ kΩ}$$

从例 2.2 的分析计算可以看出,图 2.18 所示分压式射极偏置放大电路与图 2.4(a)所示共发射极基本放大电路的微变等效电路完全相同,其动态参数 A_u、r_i 和 r_o 亦相同。这两种形式的电路,在温度升高时,由于 β 增加,电压放大倍数 A_u、r_i 和 r_o 亦相同。这两种形式的电路,在温度升高时,由于 β 增加,电压放大倍数 A_u 近似与 β 成比例增加,这将导致放大电路动态性能不稳定。为改善之,我们对分压式射极偏置放大电路进行适当改造,如图 2.19(a)所示,仍保持 $R_E = R_{E1} + R_{E2}$,于是电路的静态工作点没有改变。其微变等效电路如图 2.19(b)所示。从微变等效电路可以看出其动态参数将有所变化。下面通过例题来对图 2.19 所示电路进行进一步的分析。

【例 2.3】 在图 2.19(a)所示电路中,若 $R_{E1} = 50\ \Omega$,$R_{E2} = 1.95\ k\Omega$,其他参数均与例 2.2 相同,试分析:(1)静态工作点与例 2.2 相比有无变化? (2)A_u、r_i 和 r_o 有无变化?

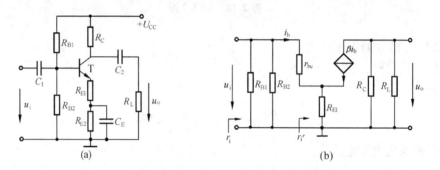

图 2.19 射极电阻不完全旁路的分压式射极偏置放大电路图

【解】 (1)由于旁路电容 C_E 对直流无影响,静态时射极电阻 $R_E = R_{E1} + R_{E2} = 0.05 + 1.95 = 2\ k\Omega$ 与例 2.2 中参数相同,因此静态工作点无变化。

$$I_{BQ} = 50\ \mu A,\ I_{CQ} \approx I_{EQ} = 2\ mA,\ U_{CEQ} = 4\ V$$

(2)求电压放大倍数 $\dot{A}_u$,r_i 和 r_o

$$r_{be} = 300 + (1 + \beta)\frac{26\ mV}{I_{EQ}\ mA} = 0.83\ k\Omega$$

输入电压为

$$\dot{U}_i = \dot{I}_b[r_{be} + (1 + \beta)R_{E1}]$$

输出电压为

$$\dot{U}_o = -\beta\dot{I}_b R'_L$$

则电压放大倍数为

$$A_u = \frac{\dot{U}_o}{\dot{U}_i} = -\frac{\beta\dot{I}_b R'_L}{\dot{I}_b[r_{be} + (1 + \beta)R_{E1}]} = -\frac{\beta R'_L}{r_{be} + (1 + \beta)R_{E1}} \tag{2.17}$$

式中,$R'_L = R_C // R_L = 1\ k\Omega$。代入数据得

$$A_u = -\frac{40 \times 1}{0.83 + 41 \times 0.05} = -13.89$$

计算放大电路的输入电阻 r_i。

先计算 r'_i

$$r_i' = \frac{\dot{U}_i}{\dot{I}_b} = r_{be} + (1+\beta)R_{E1}$$

则

$$r_i = \frac{\dot{U}_i}{\dot{I}_i} = R_{B1} /\!/ R_{B2} /\!/ [r_{be} + (1+\beta)R_{E1}]$$

代入数据得

$$r_i = 20 /\!/ 10 /\!/ (0.83 + 41 \times 0.05) \approx 1.57 \text{ k}\Omega$$

输出电阻为

$$r_o = R_C = 2 \text{ k}\Omega$$

由式(2.17)可以看出,当 β 随温度增加时,A_u 不再与 β 成比例变化,特别是当 $r_{be} \ll (1 + \beta)R_{E1}$ 时,A_u 基本与 β 无关,近似等于 $\dfrac{R_L'}{R_{E1}}$,为一固定值,其稳定性大大提高。不过,放大倍数也减小很多,远小于 $\dfrac{\beta R_L'}{r_{be}}$。因此为使放大倍数不至下降太多,$R_{E1}$ 阻值都比较小,一般选取几十欧姆至几百欧姆,相应地 β 可以略大些。

与例2.2相比,输入电阻有明显增加,而输出电阻不变。

2.3.2　放大电路的频率特性

频率特性反映了放大电路对不同频率信号的放大效果。频率特性也是动态分析的主要内容之一,这里只作定性分析,因而所得结论也适用于其他交流放大电路。

在放大电路中,由于耦合电容、发射极旁路电容、三极管中 PN 结的结电容以及接线分布电容的存在,它们的容抗必将随着信号频率的改变而改变。另外,β 值也随频率的不同而改变,因此当信号的频率不同时,放大电路的输出电压会发生变化,从而会使电路的电压放大倍数随频率的变化而改变,当然输出电压与输入电压的相位差也会改变。因此放大电路的电压放大倍数(包括输出与输入电压之间的相位差)是频率的函数,其可表示为

$$A_u = A \angle \varphi = F(f) \tag{2.18}$$

式(2.18)称为放大电路的频率特性或频率响应。其中放大倍数的幅值与频率的关系称为幅频特性,而输出、输入电压相位差与频率的关系称为相频特性。

图2.20示出了图2.17分压式偏置单管放大电路考虑各电容影响时的微变等效电路,图中耦合电容常选 $10~\mu\text{F} \sim 50~\mu\text{F}$,旁路电容选几十微法至

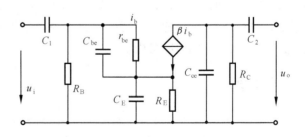

图 2.20　考虑各电容时的微变等效电路图

几百微法,而 PN 结结电容通常只有几十皮法至一二百皮法。图2.21(a)(b)中示出了相应的幅频特性和相频特性。

下面,以幅频特性为例来分析放大电路的频率响应。

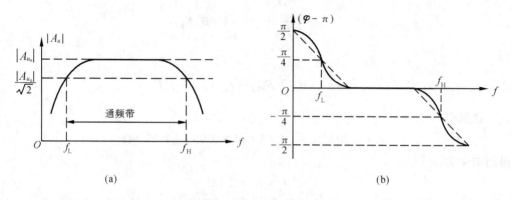

图 2.21　放大电路的频率特性曲线

（a）幅频特性曲线；（b）相频特性曲线

由图 2.21 看到，在一段频率范围之内，电压放大倍数 A_{u_o} 与频率无关。这一频段称为中频段。随着频率的降低或升高，即在低频段或高频段电压放大倍数都要减小。当电压放大倍数下降到 $\dfrac{A_{u_o}}{\sqrt{2}}$ 时所对应的两个频率分别称为下限频率 f_L 和上限频率 f_H。这两个频率之间的频率范围，称为放大电路的通频带 B_f。通频带 $B_f = f_H - f_L$。它是表示放大电路频率特性的重要指标。

在低频段，即 $f < f_L$ 时，耦合电容及旁路电容的容抗较大，不能像中频段那样视为短路，其上会分压，从而使输出电压幅度减小，相位也有所变化。

在中频段，由于信号频率较高，耦合电容和旁路电容容抗较小，近似于短路，而结电容的容抗仍较大，近似于开路。

在高频段，即 $f > f_H$ 时，耦合电容和旁路电容容抗更小，仍可视为短路，而此时结电容 C_{be}、C_{ce} 的容抗增大到与 r_{be}、R_C 相当的程度，不可视为开路，其分流作用将使输出电压减小，放大倍数下降，同时相位亦有所改变。

由于放大电路的输入信号通常不是单一频率的正弦波，而是包括各种不同频率的正弦分量，输入信号所包含的正弦分量的频率范围称为输入信号的频带。放大电路必须对输入信号的各个不同频率的正弦分量都具有相同的放大能力，否则也会引起波形失真。这种因电压放大倍数随频率变化而引起的失真称为频率失真，要想不引起频率失真，输入信号的频带应在放大电路的通频带内。

思考题

2.3.1　图 2.17 所示电路为什么能稳定静态工作点，其稳定静态工作点的条件是什么？

2.3.2　分析如题 2.3.2 图所示电路电容 C_1、C_2、C_E 在电路中起什么作用？并说明 C_E 开路对放大电路的性能有何影响？电阻 R_{E1} 与 R_{E2} 在电路中的作用有何异同点？

2.3.3　如题 2.3.3 图所示电路具有稳定静态工作点的功能，其稳定静态工作点的原理是什么？

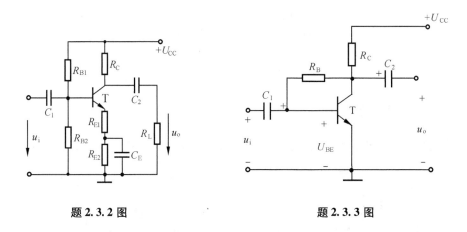

题 2. 3. 2 图　　　　　　　　题 2. 3. 3 图

2.4　共集电极放大电路

在图 2.22(a)所示的放大电路中,由于电源 U_{CC} 对交流信号相当于短路,则集电极是输入回路和输出回路的公共端,因此该电路有共集电极放大电路之称。因输出信号从发射极输出,故又称为射极输出器。

2.4.1　静态分析

图 2.22(b)是共集电极放大电路的直流通路,从图中直流通路可知

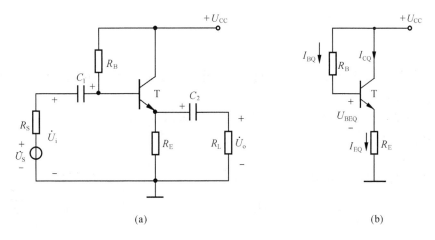

(a)　　　　　　　　　　　　　　　(b)

图 2.22　共集电极放大电路及其直流通路

(a)放大电路;(b)直流通路

$$U_{CC} = I_{BQ}R_B + U_{BE} + I_{EQ}R_E = U_{BE} + [R_B + (1+\beta)R_E]I_{BQ}$$

可得

$$I_{BQ} = \frac{U_{CC} - U_{BE}}{R_B + (1+\beta)R_E} \approx \frac{U_{CC}}{R_B + (1+\beta)R_E}$$

$$I_{EQ} = (1+\beta)I_{BQ}$$

$$U_{CEQ} = U_{CC} - I_{EQ}R_E$$

2.4.2 动态分析

为了进行动态分析,画出共集电极的交流通路及微变等效电路,如图2.23所示。

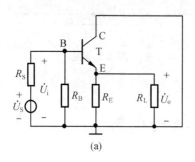 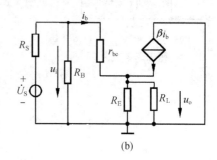

(a)   (b)

图2.23　共集电极电路交流通路和微变等效电路
(a)交流通路;(b)微变等效电路

1. 电压放大倍数

$$A_u = \frac{\dot{U}_o}{\dot{U}_i} = \frac{(1+\beta)R_L' \dot{I}_b}{[r_{be} + (1+\beta)R_L']\dot{I}_b} = \frac{(1+\beta)R_L'}{r_{be} + (1+\beta)R_L'}$$

式中,$R_L' = R_E /\!/ R_L$,又因为 $r_{be} \ll (1+\beta)R_L'$,因此

$$A_u = \frac{\dot{U}_o}{\dot{U}_i} \approx 1$$

但略小于1,即 $\dot{U}_o \approx \dot{U}_i$。

上式说明输出电压与输入电压同相,具有电压跟随的作用,因此共集电极放大电路又称为射极跟随器。

射极跟随器虽然没有电压放大作用,但由于 $I_e = (1+\beta)I_b$,因此它仍具有一定的电流放大和功率放大作用。

2. 输入电阻

根据微变等效电路(见图2.24所示)可知:

$$r_i' = \frac{\dot{U}}{\dot{I}_b} = r_{be} + (1+\beta)R_L'$$

$$r_i = \frac{\dot{U}}{\dot{I}} = R_B /\!/ [r_{be} + (1+\beta)R']$$

通常 R_B 为几十千欧姆至几百千欧姆,而 $r_{be} + (1+\beta)R_L'$ 也很大,因此射极跟随器的输入电阻很高,可达几十千欧姆到几百千欧姆。

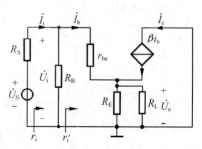

图2.24　输入电阻求解电路

3. 输出电阻

根据图 2.25 中的电路利用外加激励法求输出电阻 r_o，图中 R_S 为信号源短路保留的内阻，$\dot{U}$ 为外加电源，$\dot{I}$ 为加 $\dot{U}$ 产生的电流。

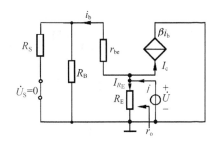

由于 $\dot{U}_S = 0$，因此这时的 $\dot{I}_b$ 电流是由 $\dot{U}$ 作用而产生的，即

$$\dot{I}_b = \frac{\dot{U}}{R'_S + r_{be}}$$

图 2.25 输出电阻求解电路

式中，$R'_S = R_S /\!/ R_B$。因 $\dot{I}_b$ 的方向是由射极到基极，故受控电流源 $\dot{I}_c = \beta \dot{I}_b$ 的方向也与原来相反，即由发射极指向集电极。

因此电流 $\dot{I}$ 为

$$\dot{I} = \dot{I}_{R_E} + \dot{I}_b + \beta \dot{I}_b = \frac{\dot{U}}{R_E} + \frac{(1+\beta)\dot{U}}{R'_S + r_{be}} = \left(\frac{1}{R_E} + \frac{1+\beta}{R'_S + r_{be}}\right)\dot{U}$$

则输出电阻为

$$r_o = \frac{\dot{U}}{\dot{I}} = \frac{1}{\dfrac{1}{R_E} + \dfrac{1}{\dfrac{R'_S + r_{be}}{1+\beta}}} = R_E /\!/ \frac{r_{be} + R'_S}{1+\beta}$$

通常情况下 $R_E \gg \dfrac{r_{be} + R'_S}{1+\beta}$，$R_B \gg R_S$，所以 $r_o \approx \dfrac{r_{be} + R_S}{1+\beta}$。

若信号源内阻 $R_S = 0$，则 $r_o = \dfrac{r_{be}}{1+\beta}$。

可见，射极输出器输出电阻 r_o 很小，约为几十欧姆到几百欧姆。这说明射极跟随器带负载能力强，即具有恒压输出特性。

综上所述，射极输出器具有输入电阻很大，向信号源吸取电流很小，并能获得较大的输入电压，所以常用作多级放大电路的输入级。如测量仪器的放大电路要求有高的输入电阻，以减小测量仪器接入时对被测电路产生的影响。射极输出器的输出电阻很小，具有较强的带负载能力；虽然没有电压放大作用，但具有一定的电流放大能力，故常用作多级放大电路的输出级。此外，还常常接于两个共射极放大电路之间，作为缓冲级或中间隔离级，以减少前后级间的影响。

【例 2.4】 将射极输出器与分压式放大电路组成两级放大电路，如图 2.26 所示。已知 $U_{CC} = 12$ V，三极管 T_1 的电流放大系数 $\beta_1 = 60$，$R_{B1} = 200$ kΩ，$R_{E1} = 2$ kΩ，三极管 T_2 的电流放大系数 $\beta_2 = 40$，$R'_{B1} = 20$ kΩ，$R'_{B2} = 10$ kΩ，$R_{C2} = R_{E2} = 2$ kΩ，$R_L = 2$ kΩ，试求：(1) 第一级的静态工作点；(2) 放大电路的输入电阻 r_i 和输出电阻 r_o；(3) 电路的电压放大倍数 A_{uS}。

【分析】 图 2.26 所示电路为两级放大电路，前后级之间是通过耦合电容 C_2 及下级输入电阻连接的，所以称为阻容耦合。由于电容的隔直作用，前后级的静态工作点相互独立，故可以单独计算。多级放大电路的输入电阻等于首级的输入电阻；放大电路的输出电阻等于末级的输出电阻；放大电路的放大倍数等于各级放大倍数的乘积。

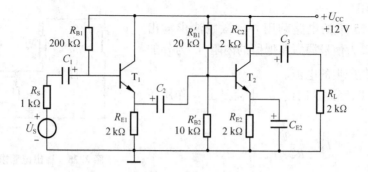

图 2.26 例 2.4 的阻容耦合两级放大电路

【解】 (1)第一级静态工作点的计算

$$I_{B1Q} = \frac{U_{CC} - U_{BE1}}{R_{B1} + (1+\beta)R_{E1}} = \frac{12 - 0.6}{200 \times 10^{-3} + (1+60) \times 2 \times 10^{-3}} = 0.035 \text{ mA}$$

$$I_{C1Q} \approx I_{E1Q} = (1+60) \times 0.03 = 2.14 \text{ mA}$$

$$U_{CE1Q} = U_{CC} - I_{E1Q}R_{E1} = 12 - 2 \times 10^{3} \times 2.14 \times 10^{-3} = 7.72 \text{ V}$$

(2)电路的输入电阻和输出电阻的计算

$$r_{be1} = 300 + (1+\beta_1)\frac{26 \text{ mV}}{I_{E1} \text{ mA}} = 1.04 \text{ k}\Omega$$

输入电阻为

$$r_i = r_{i1} = R_{B1} /\!/ [r_{be1} + (1+\beta_1)R'_{L1}]$$

式中，$R'_{L1} = R_{E1} /\!/ r_{i2}$为前级的负载电阻，$r_{i2}$为后级的输入电阻，由例 2.2 求得 $r_{i2} = 0.83 \text{ k}\Omega$，于是 $R'_{L1} = R_{E1} /\!/ r_{i2} = 2 /\!/ 0.83 = 0.59 \text{ k}\Omega$，代入数值

$$r_i = 200 /\!/ [1.04 + (1+60) \times 0.59] = 31.2 \text{ k}\Omega$$

输出电阻为

$$r_o = r_{o2} = R_{C2} = 2 \text{ k}\Omega$$

(3)电路的电压放大倍数的计算

$$A_{u1} = \frac{(1+\beta_1)R'_{L1}}{r_{be1} + (1+\beta_1)R'_{L1}} = \frac{(1+60) \times 0.59}{1.04 + (1+60) \times 0.59} = 0.97$$

$$A_{u2} = -\frac{\beta_2 R'_L}{r_{be2}} = -48(\text{详见例 2.2})$$

$$A_u = A_{u1} \cdot A_{u2} = -47.6$$

$$A_{uS} = \frac{r_i}{R_S + r_i} \times A_u = \frac{31.2}{1+31.2} \times (-47.6) = -46.1$$

思考题

2.4.1 共集电极放大电压为什么称为射极输出器、电压跟随器?

2.4.2 射极输出器有什么特点?

2.4.3 例题 2.4 中如不加入射极输出器,其动态性能指标如何?

2.5　差 动 放 大 电 路

在实际生产中,有时需要放大的信号往往是变化非常缓慢的信号,如用热电偶测量的温度信号。对于这样的信号,不能采用阻容耦合或变压器耦合,而只能采用直接耦合方式(也称为直流放大电路)。

在集成电路内部的多级放大电路一般也采用直接耦合放大电路。与阻容耦合放大电路不同,直接耦合放大电路存在两个特殊问题。一是,因为前后级放大电路直接相联,所以各级静态工作点相互牵制、影响,如图 2.27 所示,第二级发射极电阻 R_{E2} 的改变或用稳压管代换将同时改变第一级放大电路的静态工作点,所以应考虑各级静态工作点的合理配置。直接耦合放大电路的另一个特殊问题是存在零点漂移。

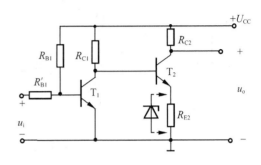

图 2.27　直接耦合放大电路

零点漂移是指当 $u_i = 0$ 时,输出端电压缓慢而无规则变化的现象,简称零漂,如图 2.28 所示。

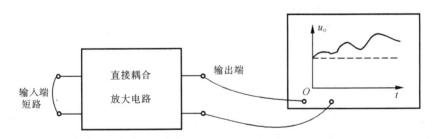

图 2.28　直接耦合放大电路中的零点漂移示意图

产生零点漂移的原因很多,如温度变化、电源电压波动、晶体管参数变化等。其中温度变化是主要的,因此零漂也称温漂。在直接耦合放大电路中任何一点电位的变化都会被逐级放大,在输出端产生漂移电压,从而使输出值偏离其应有的数值。当漂移电压的大小可以和有效信号电压相比时,就会将有效信号电压"淹没",使放大电路无法正常工作。因此,在直接耦合放大电路中必须抑制零点漂移现象。

在交流放大电路中也存在零点漂移现象,但是缓慢变化的零点漂移信号被耦合电容或耦合变压器隔断,把其限制在本级内,不会传递到下一级继续放大,因此也不会对放大电路正常工作产生严重的影响,所以一般在交流放大电路中不考虑零点漂移问题。

衡量放大电路的零漂,通常用等效输入漂移电压作为放大电路的温度漂移指标,即

$$\Delta U_{id} = \frac{\Delta U_{od}}{A_u \cdot \Delta T}$$

为了减小零点漂移,人们采用了很多方法,其中差动放大电路是解决零漂的一种较好的电路形式,如图2.29所示,它在直接耦合放大电路及线性集成放大电路(下一章介绍)中得到广泛应用。

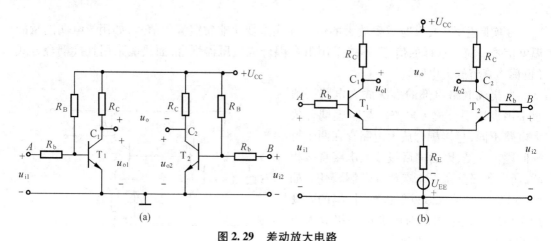

图 2.29 差动放大电路

(a)基本差动放大电路;(b)典型差动放大电路

2.5.1 差动放大电路抑制零漂的原理

图2.29(a)为基本的差动放大电路,图2.29(b)为典型的差动放大电路。从电路形式上看,它们是由两个完全对称的单管放大电路组成的。差动放大电路有两个不接地的输入端和输出端。当输出信号从两管的集电极间(C_1、C_2)输出,称为双端输出,如图中的u_o,而从C_1(或C_2)和地之间取输出时,称为单端输出,如图中的u_{o1}或u_{o2}。

静态时,即$u_i = 0(u_{i1} = u_{i2} = 0)$,由于电路对称,两管集电极电位相等,故有双端输出电压$u_o = u_{o1} - u_{o2} = 0$。

当温度变化时,T_1、T_2管都会产生零点漂移现象,但由于电路两边是对称的,所以两管产生的漂移电压相等。使差动放大电路的双端输出电压u_o始终为0,从而使零点漂移得到有效的抑制。但实际上,电路完全对称是不可能的,所以,该电路对零点漂移的抑制能力取决于电路的对称程度。即电路两边越对称,抑制零点漂移的能力也就越强。

显然,单端输出时,基本的差动放大电路无法抑制零点漂移。

在典型的差动放大电路中,加入公共发射极电阻R_E的作用是:稳定静态工作点,进一步减小零点漂移。例如,当温度升高时,I_{C1}和I_{C2}均增加,会产生如下抑制零点漂移过程:

$$T \uparrow \rightarrow \begin{matrix} I_{C1} \downarrow \\ I_{C1} \uparrow \rightarrow I_{E1} \uparrow \\ I_{C2} \uparrow \rightarrow I_{E2} \uparrow \\ I_{C2} \downarrow \end{matrix} \Big\} I_E \uparrow \rightarrow (I_E R_E) \uparrow \rightarrow \begin{cases} U_{BE1} \downarrow \rightarrow I_{B1} \downarrow \\ U_{BE2} \downarrow \rightarrow I_{B2} \downarrow \end{cases}$$

由此可见,R_E的电压升高,稳定静态工作点,使每个管子的零点漂移得到抑制。R_E的阻值越大,稳定作用就越强,工作点的漂移就越小。但随着R_E的增大,R_E上的直流压降也就增大,如果只用U_{CC}单独供电,会使管子静态工作点U_{CEQ}下降,导致输出电压动态范围减小。

为使 R_E 值较大,管子 U_{CEQ} 也合适,特在发射极电路内接入辅助电源 $-U_{EE}$,并由负电源 U_{EE} 直接为两管设置偏置电流,如此也可省去偏置电阻 R_B。

2.5.2 信号输入

差动放大电路对不同的输入信号的放大能力不同。

1. 共模输入

大小相等极性相同的两个输入信号称为共模信号,即 $u_{i1} = u_{i2}$,这种信号输入方式就称为共模输入。此时电压放大倍数称为共模电压放大倍数,记作 A_C。

如将 u_{i1} 和 u_{i2} 同时接到信号源上,即 $u_{i1} = u_{i2} = u_i$,可以分析,在双端输出方式下,$A_C = \dfrac{u_o}{u_i} = 0$。

在此情况下,对共模信号没有放大作用,却有很强的抑制作用。对于差动放大电路,我们希望其共模电压放大倍数 A_C 越小越好。因为差动放大电路抑制共模信号能力的大小,也反映出它对零点漂移的抑制水平。电路的对称性愈好,R_E 阻值愈大,对零点漂移的抑制能力愈强。

2. 差模输入

大小相等极性相反的两个输入信号称为差模信号,即 $u_{i1} = -u_{i2}$,这种信号输入方式就称为差模输入。此时电压放大倍数称为差模电压放大倍数,记作 A_d。

如外加输入电压 u_i 接入 AB 之间,即 $u_{AB} = u_i$,可以看出 $u_{i1} = -u_{i2} = \dfrac{1}{2} u_i$。

假设每一边单管放大电路的电压放大倍数相同,即 $A_{u1} = A_{u2} = A_u$,则双端输出电压 u_o 为

$$u_o = u_{o1} - u_{o2} = u_{i1} A_{u1} - u_{i2} A_{u2} = (u_{i1} - u_{i2}) A_u = u_i A_u$$

则

$$A_d = \frac{u_o}{u_i} = A_u$$

即

$$A_d = A_{u1} = A_{u2} = -\frac{\beta R_C}{R_b + r_{be}}, (R_L = \infty) \tag{2.19}$$

在典型的差动放大电路中,如图 2.29(b)所示,对于差模信号,两个管子的信号电流在 R_E 上的变化大小相等、方向相反。因此流过 R_E 上的信号电流为零,即对差模信号不起作用。

式(2.19)说明,差动放大电路的差模电压放大倍数与单管放大电路的电压放大倍数相同。接成差动放大电路的目的就是为了抑制零点漂移。

当在两管的集电极之间接入负载电阻 R_L 时,则

$$A_d = -\frac{\beta R_L'}{R_b + r_{be}}$$

式中,$R_L' = R_C // \dfrac{1}{2} R_L$。这是因为当输入差模信号时,一只管的集电极电位升高,另一只管的降低,在 R_L 的中点的交流电位为零,所以相当于接"地",每管各带一半的负载电阻。

两输入端之间的差模输入电阻为

$$r_i = 2(R_b + r_{be})$$

两集电极之间的差模输出电阻为

$$r_o = 2R_C$$

3. 比较输入

将两个任意的输入信号 u_{i1}，u_{i2} 分别加到差动放大电路的两个输入端，这种输入方式称为比较输入。

因为

$$u_{i1} = \frac{u_{i1} + u_{i2}}{2} + \frac{u_{i1} - u_{i2}}{2}$$

$$u_{i2} = \frac{u_{i1} + u_{i2}}{2} - \frac{u_{i1} - u_{i2}}{2}$$

即可以把信号分解为共模分量和差模分量之和。双端输出时，差动放大器对共模信号没有放大作用，对差模信号的放大能力与单管放大能力相同，因此输出电压与输入电压的关系可表示为

$$u_o = A_d(u_{i1} - u_{i2})$$

在实际应用中，当 u_{i2}（或 u_{i1}）接地，即 u_{i2}（或 u_{i1}）= 0，$u_{i1} = u_i$（或 $u_{i2} = u_i$）时，称为单端输入，如图 2.30 所示。此时 $u_o = \pm A_d u_i$，即单端输入与双端输入的放大能力相同。

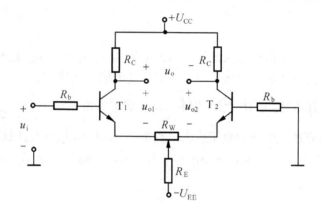

图 2.30　单端输入差动放大电路

在差模输入方式下，由于 $u_{o1} = -u_{o2}$，双端输出电压 $u_o = u_{o1} - u_{o2} = 2u_{o1} = -2u_{o2}$；而单端输出时，$u_o = u_{o1}$ 或 $u_o = u_{o2}$，输出电压为双端输出电压的一半，而极性取决于从哪一端取输出。因此单端输出时，其差模电压放大倍数是双端输出差模电压放大倍数的一半。典型的差动放大电路及输入输出方式性能比较如表 2.1 所示。

表 2.1　四种差动放大电路性能比较

输入方式	双端		单端	
输出方式	双端	单端	双端	单端
差模放大倍数 A_d	$-\dfrac{\beta R_C}{R_B + r_{be}}$	$\pm\dfrac{\beta R_C}{2(R_B + r_{be})}$	$-\dfrac{\beta R_C}{R_B + r_{be}}$	$\pm\dfrac{\beta R_C}{2(R_B + r_{be})}$
差模输入电阻 r_i	$2(R_B + r_{be})$		$2(R_B + r_{be})$	
差模输出电阻 r_o	$2R_C$	R_C	$2R_C$	R_C

4. 共模抑制比

在实际工程上要求差动放大电路对差模信号有尽可能大的放大能力,对共模信号有尽可能强的抑制作用。因此用共模抑制比 K_{CMR} 来表示差动放大电路对共模信号的抑制能力。

$$K_{CMR} = \left| \frac{A_d}{A_c} \right|$$

一般,K_{CMR} 的数值很大,为了方便起见,用分贝表示,即

$$K_{CMR}(dB) = 20 \lg \left| \frac{A_d}{A_c} \right|$$

显然,共模抑制比越大,表示电路越对称,抑制零点漂移的能力越强。理想情况下,双端输出时,共模抑制比为无穷大。

在差动放大电路中,公共发射极电阻 R_E 对共模输入信号起作用,降低了单端输出及双端输出时的共模输出量,从而减少了共模放大倍数 A_{c1},A_{c2} 及 A_c;但 R_E 对差模信号没有负反馈作用,差模放大倍数仍然与基本差动放大电路相同,使电路的共模抑制比大大提高。

【例 2.5】 在图 2.31(a)所示的电路中,已知 $\beta = 50$,$U_{BE} = 0.6$ V,$R_b = 1$ kΩ,$R_C = 12$ kΩ,$R_W = 200$ Ω,$R_E = 5.6$ kΩ,$U_{CC} = 12$ V,$-U_{EE} = -6$ V。

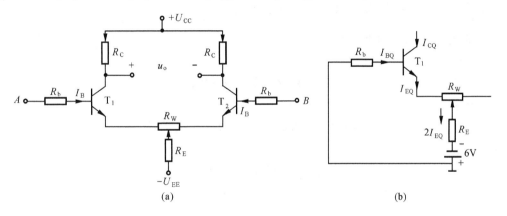

图 2.31　例 2.5 图

(1)确定电路的静态工作点;

(2)当在两输入端 A、B 加入 10 mV 的输入电压,计算输出电压值;

(3)计算输入电阻和输出电阻。

【解】　(1)求静态工作点

画出输入电路的直流通路如图 2.31(b)所示。根据图 2.31(b)列写 KVL 方程,即

$$I_{BQ}R_b + U_{BE} + (1 + \beta)\left(\frac{R_W}{2} + 2R_E\right)I_{BQ} = U_{EE}$$

则

$$I_{BQ} = \frac{U_{EE} - U_{BE}}{R_b + (1 + \beta)\left(\dfrac{R_W}{2} + 2R_E\right)}$$

代入数据得

$$I_{BQ} = \frac{6 - 0.6}{1 + 51 \times (0.1 + 11.2)} = 10.4 \ \mu A$$

$$I_{CQ} = \beta I_{BQ} = 50 \times 10.4 \times 10^{-3} = 0.52 \ mA$$

$$U_{C1Q} = U_{C2Q} = U_{CC} - I_{CQ}R_C = 12 - 0.52 \times 12 = 5.76 \ V$$

(2)求输出电压值

先求 A_d,即

$$A_d = -\frac{\beta R_C}{R_b + r_{be} + (1 + \beta)\dfrac{R_W}{2}}$$

$$r_{be} = 300 + (1 + \beta)\frac{26 \ mV}{I_E \ mA} = 300 + 51 \times \frac{26}{0.52} = 2.85 \ k\Omega$$

则

$$A_d = -\frac{50 \times 12}{1 + 2.85 + 51 \times 0.1} = -67$$

输出电压为

$$U_o = |A_d||U_i| = 67 \times 10 = 670 \ mV$$

若忽略 $\dfrac{R_W}{2}$ 对差模信号的作用(负反馈作用),则 $A_d = -\dfrac{\beta R_C}{R_b + r_{be}}$。

(3)求输入电阻和输出电阻

输入电阻为

$$r_i = 2(R_b + r_{be}) + (1 + \beta)R_W$$

代入数据得

$$r_i = 2 \times (1 + 2.85) + 51 \times 0.2 = 17.9 \ k\Omega$$

输出电阻为

$$r_o = 2R_C = 2 \times 12 = 24 \ k\Omega$$

思考题

2.5.1 什么叫零点漂移?为什么会出现零点漂移?零点漂移对直流放大器的工作有什么影响?

2.5.2 为什么在阻容耦合放大电路中不强调零点漂移问题?而在直接耦合放大电路中却要重视零点漂移问题?

2.5.3 有两个直接耦合放大电路,它们的输出漂移电压为 10 mV,电压放大倍数分别为 10^2 和 10^4。若要放大 0.1 mV 的信号,这两个放大器都能用吗?

2.5.4 典型的差动放大电路中 R_E 和负电源 U_{EE} 的作用是什么?这种电路如何抑制零点漂移的,又是怎么样放大差模信号的?

2.5.5 分析题 2.5.5 图所示的改进的差动放大电路为什么用三极管电路取代 R_E,分析其作用是什么?

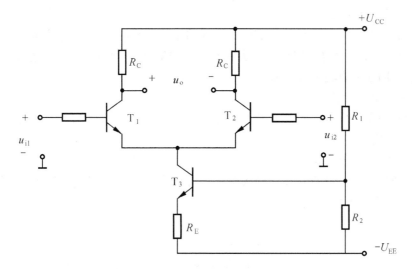

题 2.5.5 图 改进的差动放大电路

2.6 功率放大电路

在实际应用中,要用放大的信号去推动负载工作,如扬声器发声、记录仪表动作、继电器动作等,要求放大器有较大的功率输出,即不但要有较大的电压输出而且要有较大的电流输出,完成这个任务的就是多级放大电路中的末前级和末级放大器,也就是功率放大器。

功率放大器和电压放大器并没有本质区别,二者都是能量转换器(利用放大器件的控制作用,把直流电源供给的功率按输入信号的变化规律转换给负载)。电压放大器工作在小信号状态,要求输出较大的电压;而功率放大器工作在大信号状态,要求输出最大功率。

2.6.1 对功率放大器的基本要求

1. 在不失真的条件下输出最大的功率

为了获得最大的输出功率,往往使三极管工作在极限状态,但不应超过三极管的极限参数,如 P_{CM},I_{CM},$U_{(BR)CEO}$,并且要考虑失真问题。

2. 要有较高的效率

对输出功率较大的功率放大器来说,效率是很重要的问题。所谓效率是指负载得到的最大不失真输出功率与电源提供的功率的比值,即

$$\eta = \frac{P_{omax}}{P_E} \times 100\%$$

式中,P_{omax} 为三极管交流输出最大功率,P_E 为电源供给的直流功率。

为提高效率,可以从两方面着手:一方面是增加放大电路的动态工作范围来增加输出功率,另一方面是减小电源供给的功率。

根据功放管静态工作点设置不同,可分为甲类、乙类、甲乙类三种功率放大器。

（1）甲类功率放大器

功放管的静态工作点 Q 设置在交流负载线的中点附近，如图 2.32（a）所示，工作点动态范围限于放大区内 。这样可以获得最大的不失真输出电压，即获得最大的输出功率。在输入信号的整个周期内有集电极电流。

（2）乙类功率放大器

功放管的静态工作点 Q 设置在截止区的边缘上，如图 2.32（b）所示，在输入信号的半个周期内，才有集电极电流。

（3）甲乙类功率放大器

功放管的静态工作点 Q 设置在放大区并靠近截止区，如图 2.32（c）所示，在输入信号的多半个周期内，有集电极电流。

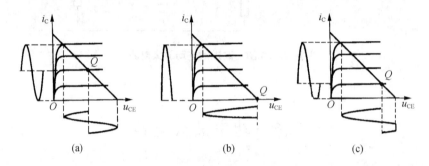

图 2.32　功率放大器三种工作状态

（a）甲类；（b）乙类；（c）甲乙类

在甲类工作状态，不论有无信号，电源供给的功率 $P_E = U_{CC} I_C$ 总是不变的。随着信号增大，输出功率也愈大。可以证明，在理想情况下，甲类功率放大器最高效率只能达到 50%，乙类和甲乙类功率放大器由于静态电流很小，功率损耗也很小，因而提高了效率，可以证明其最高效率为 78.5%。由图 2.32 可见，乙类和甲乙类放大器虽然提高了效率，但产生了严重的截止失真，为此这两类电路均采用互补对称的结构来实现正常的放大。

2.6.2　互补对称功率放大电路

1. OTL 互补对称功率放大电路

OTL（Output Transformer Less）是无输出变压器功率放大电路的简称，其原理电路如图 2.33 所示，由两个射极输出器组成，T_1，T_2 是两种不同类型的三极管，它们的特性基本一致。C_L 为耦合电容，容量要大，一般取 2 000 μF 或更大些。

静态时，发射极电位 $U_E = \frac{1}{2} U_{CC}$，耦合电容 $U_{C_L} = \frac{1}{2} U_{CC}$，因为每只三极管发射结电压均为零，只有很小的 I_{CEO} 通过，所以都处于截止状态，即两管工作于乙类状态。

动态时，在输入信号正半周，T_1 导通，T_2 截止，T_1 以射极输出的方式向负载 R_L 提供电流 $i_o = i_{C1}$，使负载 R_L 得到正半周输出电压，同时对电容 C_L 充电。在输入信号负半周，T_1 截止，T_2 导通，电容 C_L 通过 T_2、R_L 放电，T_2 也以射极输出方式向 R_L 提供电流 $i_o = i_{C2}$，在负载 R_L 上得到负半周输出电压。电容 C_L 在这时起到电源的作用。为了使输出波形对称，即 i_{C1} 与 i_{C2} 大

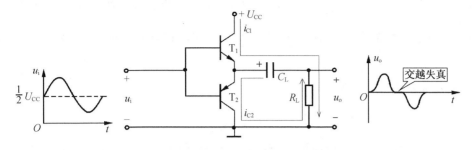

图 2.33 OTL 乙类互补对称功率放大电路

小相等,必须保持 C_L 上电压恒为 $\dfrac{U_{CC}}{2}$ 不变,也就是 C_L 在放电过程中其端电压不能下降过多,因此 C_L 的容量必须足够大。

忽略互补管的饱和压降,最大输出电压幅值为 $\dfrac{U_{CC}}{2}$,所以 OTL 最大不失真功率为

$$P_{om} = \frac{U_{CC}^2}{8R_L}$$

在乙类功放电路中,晶体管 T_1 和 T_2 都存在死区电压,当输入电压 u_i 低于死区电压时,T_1、T_2 都不导通,负载电流基本为 0,即输出电压正、负半周交界处产生失真,如图 2.33 所示,由于这种失真发生在两管交替工作的时刻,故称为交越失真。

为了克服交越失真,可给两互补管的发射结设置一个很小的偏置电压,使它们在静态时处于微导通状态,因而静态工作点很低,这样既消除了交越失真,又使功放电路工作在接近乙类的甲乙类状态,效率仍然很高。下面以 OCL 电路说明如何克服交越失真,如图 2.34 所示。

2. OCL 互补对称功率放大电路

OTL 互补对称放大电路中,需采用大容量的极性电容器 C_L 与负载耦合,因而影响电路的低频性能,并且无法实现集成化。为此可去掉电容,另加一路负电源来构成 OCL(Output Capacitor Less)无输出耦合电容互补对称功率放大电路。

图 2.34 所示电路工作于甲乙类状态。静态时,二极管 D_1、D_2 两端的压降加到 T_1、T_2 的基极之间,使两管处于微导通状态。由于电路对称,静态时两管的电流相等,负载 R_L 中无电流通过,两管的发射极电位 $V_A = 0$。

当信号输入时,D_1、D_2 对交流信号近似短路(其正向交流电阻很小),因此加到 T_1、T_2 两管基极正负半周信号的幅度相等。在输入电压 u_i 的正半周,晶体管 T_1 导通,T_2 截止,有电流流过负载电阻 R_L;在输入电压 u_i 的负半周,

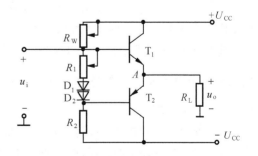

图 2.34 OCL 甲乙类互补对称功率放大电路

晶体管 T_1 截止,T_2 导通,有电流流过负载电阻 R_L,电流方向相反。由于电路对称,使之能向负载提供完整的输出波形,其性能指标可按照乙类互补电路进行近似计算。

由上述分析,OCL 电路的工作原理与 OTL 电路的工作原理相似,不同之处只是由于采用双电源供电,最大输出电压幅度由 $\dfrac{U_{CC}}{2}$ 变为 U_{CC},因而在电路计算时,只要将 $\dfrac{U_{CC}}{2}$ 改为 U_{CC} 即可。

OCL 最大不失真功率为

$$P_{om} = \frac{U_{CC}^2}{2R_L}$$

上述互补对称功率放大电路要求有一对特性相同的 NPN 和 PNP 型功率三极管,在输出功率较小时,可以选配这对晶体管,但在要求输出功率较大时,就难以配对,因此采用复合管。图 2.35 给出了两种类型的复合管。

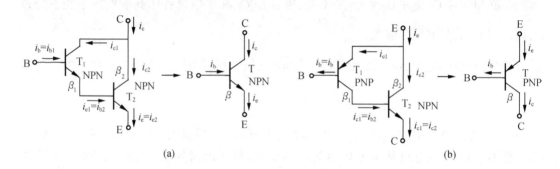

图 2.35 复合管电路及符号
(a)NPN 型;(b)PNP 型

以图 2.35(a)为例,可知

$$i_c = i_{c1} + i_{c2} = \beta_1 i_{b1} + \beta_2 i_{b2} = \beta_1 i_{b1} + \beta_2 i_{e1} = \beta_1 i_{b1} + \beta_2 (1 + \beta_1) i_{b1} \approx \beta_2 \beta_1 i_{b1} = \beta_2 \beta_1 i_b$$

通过分析可知,复合管的电流放大系数近似等于两个三极管电流放大系数的乘积;复合管的类型与第一个三极管的类型相同。如图 2.35(a)中的复合管等效为 $\beta \approx \beta_1 \beta_2$ 的 NPN 型的晶体管;图 2.35(b)中的复合管等效为 $\beta \approx \beta_1 \beta_2$ 的 PNP 型的晶体管。

3. 实际的互补对称功率放大电路 *

在一些只能采用单电源的场合,必须采用单电源的功率放大电路。图 2.36 为具有推动级的甲乙类 OTL 互补对称功率放大电路。

图 2.36 中采用 T_2、T_4 构成 NPN 型复合管,T_3、T_5 构成 PNP 型复合管。设两复合管特性相同,则调节电阻 R_1 可使静态时 A 点的电位为 $\dfrac{U_{CC}}{2}$,大电容 C_2 的直流电压也将为 $\dfrac{U_{CC}}{2}$,相当于 OCL 电路的负电源。

二极管 D_1、D_2 接在 T_2、T_3 两管基极之间,其压降为两管提供一定的偏压以克服交越失真。由于二极管的动态电阻很小,因此它的交流压降很小,可不用加旁路电容。

R_4 和 R_5 是把复合管中的第一个管子(T_2 和 T_3)的穿透电流 I_{CEO} 分流,不让其流入第二个管子(T_4 和 T_5)的基极,以减小总的穿透电流,提高温度稳定性。

R_6 和 R_7 是电流负反馈电阻,用于使功率放大器稳定工作。

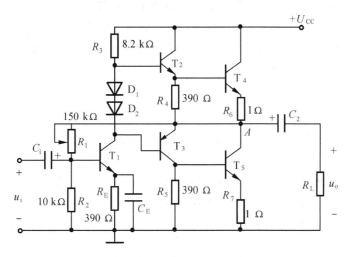

图 2.36　具有推动级的甲乙类 OTL 互补对称功率放大电路

推动级是分压式射极偏置工作点稳定电路。其静态点 A 的电位为 $\dfrac{U_{CC}}{2}$，推动级的静态偏置并没有取自电源电压 U_{CC}，而是取自 A 点。具有推动级的功率放大电路的优点是引入了一个交直流负反馈，既可以稳定静态工作点又可以使放大电路的指标得到改善。

2.6.3* 集成功率放大电路

集成功率放大电路的种类和型号繁多，它的内部结构大体包括以下四个部分：输入级、推动级、输出级及保护电路。如 LM386 是一种低电压集成功放，它具有增益可调（20 ～ 200 倍）、通频带宽（300 kHz）、低功耗（$U_{CC} = 6$ V 时静态功耗仅为 24 mW）等特点而得到广泛应用。它的输入级是双端输入单端输出的差分放大电路；推动级是共发射极放大电路；输出级是 OTL 互补对称放大电路，故为单电源供电，输出端外接耦合电容 C_L。

图 2.37 所示是由 LM386 组成的一种典型应用电路。集成功放有两个输入端，其中 2 是反

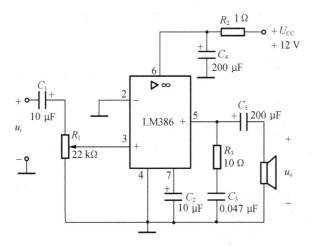

图 2.37　集成功率放大电路的应用

相输入端,3是同相输入端,4是公共端,5是输出端,6是电源端,7是去耦端,1和8是增益设定端(图中未画出),图中 R_2 和 C_4 是电源去耦电路,滤掉电源中的高频交流分量;R_3 和 C_3 是相位补偿电路,以消除自激振荡,并改善高频时的负载特性;C_2 也是防止电路产生自激振荡用的。

其他详细的应用可以查阅芯片数据手册。

思考题

2.6.1 根据功放管静态工作点设置不同,功率放大器可分为哪几类?各自有什么特点?

2.6.2 什么叫交越失真?产生的原因是什么?如何进行改善?

2.6.3 为什么乙功率放大器的效率比甲功率放大器的效率高?

2.6.4 OTL 电路采用大容量电容的作用是什么?OCL 电路为什么要采用双电源?

2.6.5 图 2.34 中,R_W 的作用是什么?调节 R_1 的作用是什么?输入 $u_i = 6\sin\omega t$ V,输出 u_o 为多少,如果 $u_i = 0.6\sin\omega t$ V 呢?

2.7 场效应管放大电路

我们知道,场效应管是电压控制元件,它的突出特点是输入电阻很高,因此它适用于作多级放大电路的输入级以提高放大电路的输入电阻。对于高内阻或不能提供电流的信号源,只有采用场效应管放大电路才能有效地放大。由于场效应管的噪声低,可在微小电流下工作,因此可用来作为低噪声、低功耗的微弱信号放大器。

场效应管和三极管有相似之处,有对应的电极。为保证场效应管正常放大,像三极管一样,也必须为它加上偏置电路而设置合适的静态工作点。所不同的是三极管要设置适当的基极电流 I_B 或集电极电流 I_C;而场效应管则要设置合适的栅压 U_{GS}。

2.7.1 偏置电路及静态工作点计算

为使场效应管正常放大,减少电源种类及提供适当的栅压,常采用自给偏压式偏置电路和分压式偏置电路。

1. 自给偏压式偏置电路

图 2.38 所示电路为耗尽型场效应管自给偏压式偏置电路。R_D 为漏极电阻,其阻值为几十千欧姆;R_S 为源极电阻,其阻值为几千欧姆;R_G 为栅极电阻,其阻值为 200 kΩ ~ 10 MΩ,它用于构成栅源间直流通路。

这种电路静态工作点建立过程为:接通电源 U_{DD}(对 N 沟道管,要求 $U_{DD} > 0$)后,便产生电流 I_D,流过源极电阻 R_S 产生压降 $R_S I_D$。因为栅流 $I_G = 0$,所以 $U_G = 0$,则栅源极之间的偏压

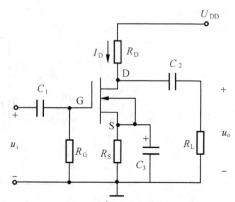

图 2.38 自给偏压式偏置放大电路

U_{GS} 为

$$U_{GS} = U_G - U_S = 0 - R_S I_D = -R_S I_D$$

由上式可知,确定静态工作点的偏压 U_{GS} 是依靠管子自身电流 I_D 产生的,因此这种提供偏压的方法称为自给式偏置电路。

对于增强型场效应管,由于工作时必须加一定的栅源电压,当 $U_{GS} = 0$ 时,$I_G = 0$,因此不能采用自给偏压式偏置电路。

2. 分压式偏置电路

图 2.39 是典型的分压式偏置电路,图中的 R_{G1} 和 R_{G2} 为分压电阻,R_G 为栅极电阻用以构成栅源间通路并增加放大电路的输入电阻。由于栅源电阻值很大,R_G 上无电流流过,因此

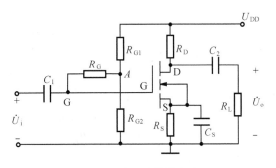

图 2.39　分压式偏置电路

$$U_G = U_A = \frac{R_{G2}}{R_{G1} + R_{G2}} U_{DD}$$

$$U_S = I_D R_S$$

则栅源电压为

$$U_{GS} = U_G - U_S = \frac{R_{G2}}{R_{G1} + R_{G2}} U_{DD} - I_D R_S$$

对不同类型的场效应管,要提供不同的偏压。如对 N 沟道结型场效应管要满足 $U_{GS} < 0$,即 $\frac{R_{G2}}{R_{G1} + R_{G2}} U_{DD} < I_D R_S$;对增强型场效应管要使 $U_{GS} > U_{GS(th)}$,即 $\frac{R_{G2}}{R_{G1} + R_{G2}} U_{DD} > I_D R_S + U_{GS(th)}$,通常是通过调节 R_{G1},R_{G2} 和 R_S 来实现的。

【例 2.6】 在图 2.39 中,$R_{G1} = 2\ \text{M}\Omega$,$R_{G2} = 47\ \text{k}\Omega$,$R_G = 10\ \text{M}\Omega$,$R_D = 30\ \text{k}\Omega$,$R_S = 2\ \text{k}\Omega$,$U_{DD} = 18\ \text{V}$,耗尽型场效应管 3D01 的 $U_{GS(off)} = -1\ \text{V}$,$I_{DSS} = 0.5\ \text{mA}$,试求静态工作点。

【解】 结型场效应管和耗尽型场效应管的转移特性有如下近似公式

$$i_D = I_{DSS} \left(1 - \frac{u_{GS}}{U_{GS(off)}} \right)^2$$

则通过求解如下联立方程组

$$\begin{cases} i_D = I_{DSS} \left(1 - \dfrac{u_{GS}}{U_{GS(off)}} \right)^2 \\ u_{GS} = u_G - u_S = u_G - R_S i_D \end{cases}$$

求出电路的静态工作点 U_{GS} 和 I_D 值。

栅极电压 U_G 为

$$U_G = \frac{R_{G2}}{R_{G1} + R_{G2}} U_{DD} = \frac{47 \times 18}{2\ 000 + 47} = 0.4\ \text{V}$$

把 $U_{GS(off)}$、I_{DSS} 及 U_G 值代入上述方程组得

$$\begin{cases} i_D = 0.5(1 + U_{GS})^2 \\ u_{GS} = 0.4 - 2i_D \end{cases}$$

整理得

$$i_D^2 - 1.9i_D + 0.49 = 0$$

解得

$$i_D = 0.95 \pm 0.64 \text{ mA}$$

即

$$i_{D1} = 1.59 \text{ mA}, \quad i_{D2} = 0.31 \text{ mA}$$

当 $i_{D1} = 1.59$ mA 时，$U_{GS} = -2.78$ V，显然与特性曲线矛盾，因此

$$I_D = i_{D2} = 0.31 \text{ mA}$$

由此可得

$$U_{GS} = 0.4 - 2i_{D2} = -0.22 \text{ V}$$

$$U_{DS} = U_{DD} - I_D(R_D + R_S) = 18 - 0.31 \times (30 + 2) = 8.1 \text{ V}$$

则静态工作点为

$$I_D = 0.31 \text{ mA}, U_{GS} = -0.22 \text{ V}, U_{DS} = 8.1 \text{ V}$$

自给偏压式和分压式偏置电路的静态工作点也可用图解法来确定，读者可参考有关书籍。

2.7.2 场效应管放大电路的动态分析

1. 场效应管的微变等效电路

和三极管一样，在小信号工作条件下，场效应管也可用线性电路来等效，其微变等效电路如图 2.40 所示。

因为栅源电阻很大，$I_G \approx 0$，所以场效应管输入端可用开路状态等效。在输出回路，当场效应管工作在恒流区即放大区时，漏极电流 I_D 仅受栅源电压 U_{GS} 的控制而与漏源电压 U_{DS} 无关，在小信号条件下，可认为 $\dfrac{\Delta i_D}{\Delta u_{GS}} = \dfrac{i_d}{u_{gs}}$ 为常数。因此输出端的漏流 i_d 可用一个电

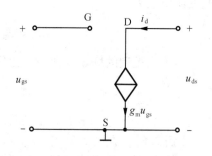

图 2.40 场效应管微变等效电路

压控制电流源 $i_d = g_m u_{gs}$ 来等效代替。其中 $g_m = i_d/u_{gs}$ 称为跨导，它是衡量场效应管栅源电压对漏极电流控制能力的一个重要参数，它的单位是微安每伏或毫安每伏，其值在 0.1 mA/V ~ 10 mA/V 范围内。

2. 动态参数 A_u，r_i 和 r_o 的计算

动态参数的求法与双极性的三极管放大电路相同，即先画出场效应管放大电路的微变等效电路，然后根据等效电路来求 A_u、r_i 和 r_o。

【例 2.7】 在图 2.39 所示的分压式偏置电路中，已知 $U_{DD} = 20$ V，$R_D = 10$ kΩ，$R_S = 10$ kΩ，$R_{G1} = 200$ kΩ，$R_{G2} = 50$ kΩ，$R_G = 1$ MΩ，负载电阻 $R_L = 15$ kΩ，管子的 $I_{DSS} = 0.9$ mA，$U_{GS(off)} = -4$ V，$g_m = 1.5$ mA/V，求电路的电压放大倍数 A_u、输入电阻 r_i 和输出电阻 r_o 值。

【解】 首先画出该放大电路的微变等效电路如图 2.41 所示，根据等效电路图得到

$$\dot{U} = -\dot{I}_d R_L' = -g_m \dot{U}_{gs} R_L'$$

则
$$A_u = \frac{\dot{U}_o}{\dot{U}_i} = \frac{\dot{U}_o}{\dot{U}_{gs}} = -g_m R'_L$$

式中，$R'_L = R_D /\!/ R_L$。代入数据得

$$A_u = -1.5 \times \frac{10 \times 15}{10 + 15} = -9$$

输入电阻为

$$r_i = R_G + R_{G1} /\!/ R_{G2}$$

代入数值得

$$r_i = 1 \times 10^3 + \frac{200 \times 50}{200 + 50} = 1\,040\ \text{k}\Omega = 1.04\ \text{M}\Omega$$

或 $R_G \gg R_{G1}, R_G \gg R_{G2}$

因此 　　　　　　　　　　　　　$r_i \approx R_G = 1\ \text{M}\Omega$

输出电阻 　　　　　　　　　　　$r_o \approx R_D = 10\ \text{k}\Omega$

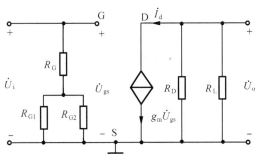

图 2.41　分压式偏置电路的微变等效电路

经计算可以看到，场效应管放大电路的输入电阻非常大，这是三极管放大电路无法相比的。因此，它常被用在多级放大电路的输入级。

思考题

2.7.1　如图 2.39 所示，电路中为什么加入电阻 R_G？

2.7.2　自给偏压式放大电路适用于何种类型的场效应管？

2.7.3　与三极管放大电路相比，场效应管放大电路有何优点？

2.8* 电子电路的 Multisim 仿真分析

Multisim 软件是专门用于电子电路仿真的虚拟电子工作台，内含丰富的元器件和各种常用的虚拟仪器仪表，用它可以方便搭建各种电工电子电路，准确地对电路进行仿真分析。

用 Multisim 软件分析步骤为：根据原理和设计需要，创建仿真电子线路原理图，然后根据实际情况设置好电路图选项，设定仿真分析方法，打开仿真开关，运行所设计好的电路，借助仿真仪器，即可得到所需仿真结果，同时结果还可以输出为文件和数据，以便进一步分

析处理。下面以分压式放大电路的分析为例简要说明 Multisim 的基本仿真方法。

1. 用 Multisim 软件建立电路

在虚拟仿真软件 Multisim10.1 中利用元件库及虚拟仪器构建如图 2.42 所示的分压式放大电路。其中三极管的电流放大系数设置为 40。电路参数同例 2.2。

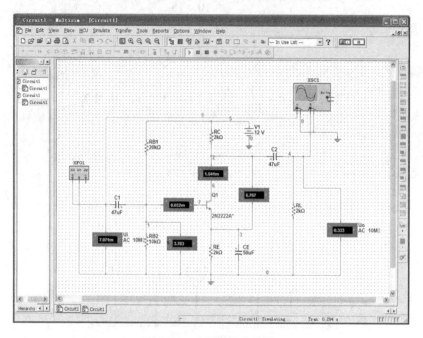

图 2.42 分压式放大电路

2. 静态分析

运行仿真可以测量电路的静态工作点。用直流电压表和直流电流表分别测得所关心的电压或电流量数据为:$U_B = 3.78$ V,$I_B = 0.033$ mA,$I_C = 1.54$ mA,$U_{CE} = 5.77$ V。

当然也可以利用 Multisim10.1 的直流工作点分析功能测量放大电路的静态工作点,即选择菜单 Simulate—Analysis—DC Operating-Point,分析结果如图 2.43 所示。

可知 $U_B = 3.76$ V,$U_C = 8.93$ V,$U_E = 3.13$ V。

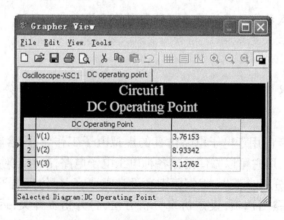

图 2.43 直流工作点分析结果

3. 动态分析

输入信号采用峰值为 15 mV、频率为 1 kHz 的虚拟正弦信号源,如图 2.44 所示。用虚拟示波器观察输入信号 U_i、输出信号 U_o。运行 Multisim 并双击示波器 XSC1,调整各通道显示比例,得到放大电路的输入／输出波形如图 2.45 所示。从图 2.45 可以看出,输出 u_o 与输入 u_i 反相,且波形不失真,说明放大电路很好地放大了输入信号。

用交流电压表分别测量输入及输出电压,$U_i = 7.07$ mV,$U_{OL} = 0.33$ V,负载开路时的输出电压 $U_\infty = 0.62$ V,

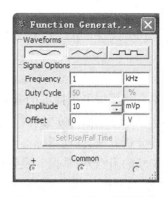

图 2.44　信号发生器的设置

也可计算出电压放大倍数 $A_u = -\dfrac{U_o}{U_i} = -46.7$,输出电阻 $r_o = \left(\dfrac{U_\infty}{U_{OL}} - 1\right) R_L = 1.76 \text{ k}\Omega$。

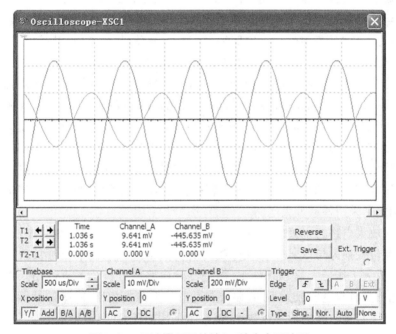

图 2.45　示波器显示的输入/输出电压波形

与例 2.2 题相比,以上仿真结果与理论分析计算一致。可见,电路参数计算值与仿真测量值基本一致。我们可以通过改变电路的元器件参数再次运行仿真,直至使单管放大器的设计达到所要求的性能指标。

在仿真中还可以进行失真分析、频率特性分析、瞬态分析等操作。有关 Multisim 软件的详细介绍请参阅哈尔滨工程大学出版社出版的禹永植主编的《电子技术实验教程》。

思考题

2.8.1　用 Multisim 仿真分析分压式放大电路静态工作点与波形失真的影响,并分析其动态输出范围。

2.8.2　用 Multisim 仿真分析典型差分放大电路对差模信号与共模信号的放大情况。

本 章 总 结

本章是模拟电子技术的基础,这一章的学习对于理解集成电路的工作及性能十分重要。本章研究了由分立元件构成的放大电路,主要学习放大电路的基本构成及特点,放大电路的分析方法、性能指标等。

本章的重点是:掌握共发射极放大电路、共集电极放大电路的电路构成及特点,电路的静态、动态分析;理解差动放大电路、功率放大电路(OTL、OCL 电路)的结构特点及性能特点。理解静态工作点设置的目的和意义,理解放大电路的性能指标的意义,如电压放大倍数、输入电阻、输出电阻、通频带、电源效率等。

本章的难点是:放大电路的动态图解分析法及非线性失真的分析。

1. 放大电路的核心元件是晶体三极管或场效应晶体管,主要是利用其电流控制作用(电流放大作用)或电压控制作用。电路形式有共发射极、共集电极、共基极、共源极放大电路等。不同电路因其构成组态不同或采用核心元件不同,因而具有不同的性能及特点。

2. 为了分析方便,在分析放大电路时,引入了直流通路和交流通路的概念。静态分析在直流通路进行,通过近似计算法或图解法分析电路的静态工作点,确保放大电路能实现正常的放大。动态分析在交流通路中进行,可以通过微变等效电路分析法或图解法来分析放大电路的性能。动态性能指标主要有电压放大倍数、输入电阻、输出电阻、通频带等。

3. 根据信号的交直流性质,放大电路可分为交流放大电路和直流放大电路。信号耦合时分别可采用阻容耦合和直接耦合。与阻容耦合不同,直接耦合的零点漂移是必须加以解决的问题,因此多采用差动放大电路。

4. 在多级放大电路的末级(及末前级)称为功率放大。它与电压放大本质相同,都是把直流电源的能量变换为与信号变化规律相同的较大电压或电流输出给负载。但与电压放大不同,功能放大工作于大信号条件下,微变等效电路的分析法不再适用。由于其特殊的作用,分析侧重点也与电压放大不同,如重点讨论最大输出功率、效率等性能。同时为了在不失真的情况下获得较高的功率及效率,电路常采用 OTL 和 OCL 形式。

习 题 2

2.1 选择题

2.1.1 放大电路 A,B 的放大倍数相同,但输入电阻、输出电阻不同,用它们对同一个具有内阻的信号源电压进行放大,在负载开路条件下测得 A 的输出电压小,这说明 A 的(　　　)。

A. 输入电阻大　　　　B. 输入电阻小　　　　C. 输出电阻大　　　　D. 输出电阻小

2.1.2 固定偏置放大电路中,晶体管的 $\beta = 50$,若将该管调换为 $\beta = 100$ 的另外一个晶体管,则该电路中晶体管集电极电流 I_C 将(　　)。

　　A. 增加　　　　　　B. 减少　　　　　　C. 基本不变

　　2.1.3　分压式放大电路中,晶体管的 $\beta = 50$,若将该管调换为 $\beta = 100$ 的另外一个晶体管,则该电路中晶体管集电极电流 I_C 将(　　)。

　　A. 增加　　　　　　B. 减少　　　　　　C. 基本不变

　　2.1.4　放大电路如图 2.17 所示,由于 R_{B1} 和 R_{B2} 阻值选取得不合适而产生了饱和失真,为了改善失真,正确的做法是(　　)。

　　A. 适当增加 R_{B2},减小 R_{B1}　　　　　　　　B. 保持 R_{B1} 不变,适当增加 R_{B2}

　　C. 适当增加 R_{B1},减小 R_{B2}　　　　　　　　D. 保持 R_{B2} 不变,适当减小 R_{B1}

　　2.1.5　如图 2.17 所示电路,若发射极交流旁路电容 C_E 因介质失效而导致电容值近似为零,此时电路(　　)。

　　A. 不能稳定静态工作点

　　B. 能稳定静态工作点,但电压放大倍数降低

　　C. 能稳定静态工作点,电压放大倍数升高

　　2.1.6　就放大作用而言,射极输出器是一种(　　)。

　　A. 有电流放大作用而无电压放大作用的电路

　　B. 有电压放大作用而无电流放大作用的电路

　　C. 电压和电流放大作用均没有的电路

　　2.1.7　两级共射阻容耦合放大电路,若将第二级换成射极输出器,则第一级的电压放大倍数将(　　)。

　　A. 提高　　　　　　B. 降低　　　　　　C. 不变

　　2.1.8　在差动放大电路中,单端输入 – 双端输出时的差模电压放大倍数(　　)。

　　A. 等于双端输入 – 双端输出的差模电压放大倍数

　　B. 是双端输入 – 双端输出的差模电压放大倍数的一半

　　C. 等于单端输入 – 单端输出时的差模电压放大倍数

　　2.1.9　在双端输入的差动放大电路中,知 $u_{i1} = 10\ \text{mV}$,$u_{i2} = -6\ \text{mV}$,则共模输入信号为(　　)。

　　A. 4 mV　　　　　　B. 8 mV　　　　　　C. 10 mV　　　　　　D. 2 mV

　　2.1.10　OTL 功率放大电路如图 2.33 所示,该电路输出的正弦波幅度最大约等于(　　)。

　　A. U_{CC}　　　　　　B. $\dfrac{1}{2} U_{CC}$　　　　　　C. $\dfrac{1}{4} U_{CC}$

2.2　分析、计算题

　　2.2.1　在题 2.2.1 图所示基本放大电路中,已知 $U_{CC} = 12\ \text{V}$,$R_B = 190\ \text{k}\Omega$,$R_C = 2\ \text{k}\Omega$,三极管的 $\beta = 50$。(1)试计算电路的静态工作点 I_{BQ},I_{CQ},U_{CEQ}(设 $U_{BE} = 0.6\ \text{V}$)。(2)若使 $U_{CE} = 3\ \text{V}$,R_B 应取多大值?

　　2.2.2　在题 2.2.1 图所示的基本放大电路中,若 $U_{CC} = 12\ \text{V}$,$R_B = 190\ \text{k}\Omega$,$R_C = 2\ \text{k}\Omega$,

三极管的输出特性曲线如题 2.2.2 图所示。(1)做出直流负载线,求出静态工作点 Q,确定 I_{BQ},I_{CQ},U_{CEQ}。(2)分别在图中标出当 R_C 由 2 kΩ 增加到 4 kΩ、U_{CC} 由 12 V 变成 6 V、R_B 由 190 kΩ 增加到 380 kΩ 三种情况下,静态工作点如何变化?(3)若 $R_L = 2$ kΩ,做出交流负载线,并求出该电路的最大不失真输出电压幅值 U_{OM},说明当逐渐增加输入信号 u_i 时,首先会出现何种失真?画出失真波形。若消除失真,应采取什么措施?

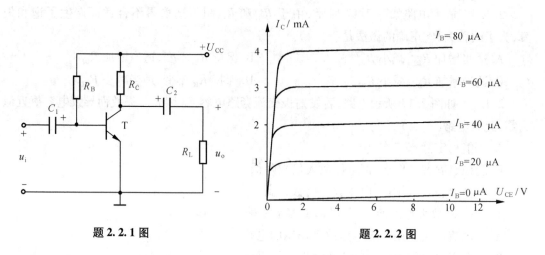

题 2.2.1 图   题 2.2.2 图

2.2.3　放大电路如题 2.2.3 图所示,已知 $U_{CC} = 15$ V,$R_C = 3.3$ kΩ,$R_E = 1.5$ kΩ,$R_{B1} = 33$ kΩ,$R_{B2} = 10$ kΩ,$R_L = 5.1$ kΩ,三极管的 $\beta = 60$,设 $U_{BE} = 0.6$ V。(1)求静态工作点 I_{BQ},I_{CQ},U_{CEQ}。(2)计算放大电路的输入电阻和输出电阻。(3)计算 $R_S = 0$ 时的 A_u 值。(4)若 $R_S = 1$ kΩ,计算此时的 A_{uS} 值。

2.2.4　如题 2.2.4 图所示放大电路中,已知 $U_{CC} = 20$ V,$R_{B1} = 150$ kΩ,$R_{B2} = 47$ kΩ,$R_C = 3.3$ kΩ,$R_{E2} = 1.3$ kΩ,$\beta = 80$,$R_L = 1.5$ kΩ。(1)画出当 $R_{E1} = 200$ Ω 时的微变等效电路,并求其输入电阻和输出电阻及电压放大倍数 A_u;(2)若参数 $\beta R_{E1} \gg r_{be}$ 时,试证明电路的电压放大倍数为 $A_u = -\dfrac{R_C // R_L}{R_{E1}}$。

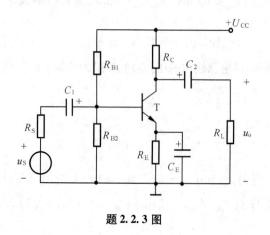

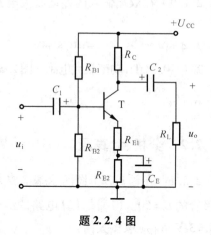

题 2.2.3 图   题 2.2.4 图

2.2.5 如题 2.2.5 图所示电路,已知晶体管的 $r_{be} = 2\ \text{k}\Omega, \beta = 75$,输入信号 $u_S = 5\sin\omega t\ \text{mV}$,$R_S = 6\ \text{k}\Omega, R_{B1} = 270\ \text{k}\Omega, R_{B2} = 100\ \text{k}\Omega, R_C = 5.1\ \text{k}\Omega, R_{E1} = 150\ \Omega, R_{E2} = 1\ \text{k}\Omega$。要求:(1)画出微变等效电路图;(2)求电路的输出电压有效值 U_o;(3)若调节电路参数使基极电流 $I_B = 16\ \mu\text{A}$,试分析当 $u_S = 50\sin\omega t\ \text{mV}$ 时,电路输出电压会不会出现截止失真,为什么?

2.2.6 放大电路如题 2.2.6 图所示,已知 $\beta = 20, U_{BE} = 0.6\ \text{V}$,稳压管的稳定电压 $U_Z = 6\ \text{V}$,要求:(1)计算静态工作点 I_B, I_C, U_{CE};(2)画出微变等效电路;(3)若接入负载 $R_L = 2\ \text{k}\Omega$,计算电压放大倍数 A_u,输入电阻 r_i,输出电阻 r_o。

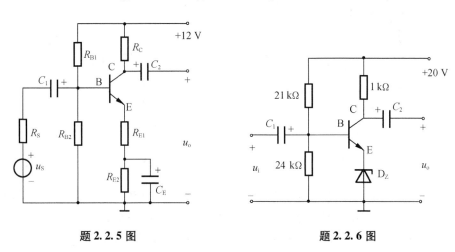

题 2.2.5 图   题 2.2.6 图

2.2.7 放大电路如题 2.2.7 图所示,已知晶体管 $\beta = 100, U_{BE} = 0.6\ \text{V}, R_B = 120\ \text{k}\Omega$,$R_C = 3\ \text{k}\Omega$,要求:(1)计算静态工作点 I_B, I_C, U_{CE};(2)如果要使集 – 射极电压 U_{CE} 达到 6.5 V,则 R_B 应调到多大的阻值?

2.2.8 如题 2.2.8 图所示电路,晶体管的 $\beta = 80, r_{be} = 1.5\ \text{k}\Omega, U_{BE} = 0.6\ \text{V}$,信号源为正弦交流,其有效值 $U_S = 200\ \text{mV}, R_S = 50\ \text{k}\Omega$,要求:(1)计算静态工作点 (I_B, I_C, U_{CE});(2)画出微变等效电路图;(3)计算交流量的有效值 U_i, I_b, I_c, U_o。

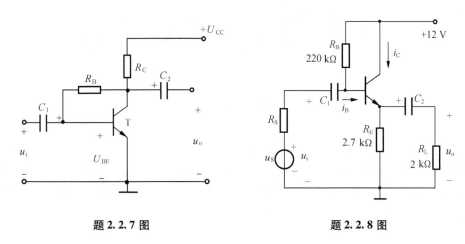

题 2.2.7 图   题 2.2.8 图

2.2.9 射极跟随器电路如题 2.2.9 图所示,晶体管 $\beta = 50$,$U_{BE} = 0.6$ V,试求其最大不失真输出电压幅度(峰值)。

2.2.10 放大电路如题 2.2.10 图所示,硅晶体管的 $\beta = 150$,$U_{BE} = 0.6$ V,$u_S = 2\sqrt{2}\sin\omega t$ mV,要求:(1)计算发射极静态电压 U_E;(2)画出微变等效电路;(3)计算输入电流和输出电压的有效值 I_i 和 U_o;(4)在同一坐标轴上画出 u_S 和 u_o 的波形。

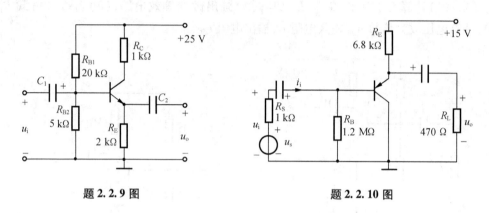

题 2.2.9 图　　　　　　　　　　题 2.2.10 图

2.2.11 电路如题 2.2.11 图(a)所示,已知晶体管的 $\beta = 50$,$U_{BE} = 0.6$ V,$R_{B1} = 24$ kΩ,$R_{B2} = 15$ kΩ,$R_C = 2$ kΩ,$R_L = 10$ kΩ,$R_E = 2$ kΩ,要求:(1)计算静态值 U_B,U_C,U_E;(2)分别求出自 M,N 两端输出时的电压放大倍数;(3)电路输出 u_{o2} 波形产生了如题 2.11 图(b)所示的失真,请判断是饱和失真还是截止失真? 消除该失真最有效的方法是什么? (4)比较自 M,N 输出时的输出电阻大小。

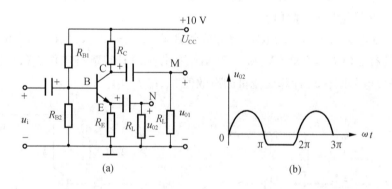

(a)　　　　　　　　　　　(b)

题 2.2.11 图

2.2.12 题 2.2.12 图所示两级放大电路,已知 $U_{CC} = 12$ V,$R_{B1} = 20$ kΩ,$R_{B2} = 15$ kΩ,$R_C = 3$ kΩ,$R_{E1} = 4$ kΩ,$R_B = 120$ kΩ,$R_{E2} = 3$ kΩ,$R_L = 1.5$ kΩ,三极管的 $\beta_1 = \beta_2 = 40$。要求:(1)计算前、后级放大电路的静态工作点(设 $U_{BE} = 0.6$ V)。(2)画出放大电路的微变等效电路,并计算 A_{u1},A_{u2},A_u。

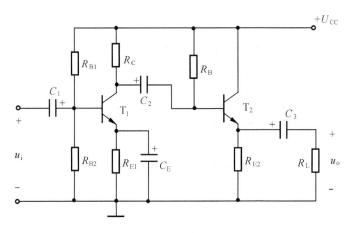

题 2.2.12 图

2.2.13 典型的差动电路如题 2.2.13 图。要求:(1)计算电路的静态工作点 I_{BQ}, I_{CQ}, U_{CEQ}(设 $U_{BE} = 0.6\ V$)。(2)求差模电压放大倍数(R_W 可忽略不计),设 $\beta_1 = \beta_2 = 30$。

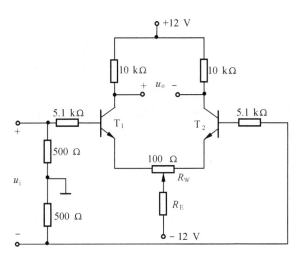

题 2.2.13 图

2.2.14 在图 2.31(a)所示电路中,已知 $U_{CC} = 12\ V$, $-U_{EE} = -6\ V$, $R_b = 1\ k\Omega$, $R_C = 12\ k\Omega$, $R_W = 200\ \Omega$, $R_E = 5.6\ k\Omega$,三极管的 $\beta_1 = \beta_2 = 50$。要求:(1)计算电路的静态工作点;(2)若输入电压为 10 mV,计算输出电压的数值;(3)若在两个集电极之间接入 $R_L = 4\ k\Omega$,求此时的电压放大倍数。

2.2.15 典型差模放大电路如图 2.29(b)所示,设 $u_{i1} = u_{i2} = u_i$,即加入共模输入信号。试证明单端输出时,共模电压放大倍数为 $A_C = \dfrac{u_{o1}}{u_i} = \dfrac{u_{o2}}{u_i} = -\dfrac{\beta R_C}{R_B + r_{be} + 2(1+\beta)R_E} \approx -\dfrac{R_C}{2R_E}$,在一般情况下,$R_B + r_{be} \ll 2(1+\beta)R_E$。

2.2.16 在题 2.2.16 图所示 OTL 功率放大电路中,(1)说明该电路静态时,电容 C 两端电压应该等于多少?是调哪个电阻实现的?(2)为消除交越失真,应调哪个电阻? (3)当忽略管压降时,负载得到的最大不失真功率是多少?

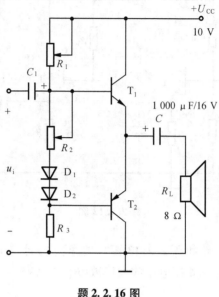

题 2. 2. 16 图

2.2.17 在图 2.34 所示的 OCL 互补对称功率放大电路中,若正负电源为 ±15 V,负载电阻 $R_L = 8\ \Omega$,试计算负载 R_L 获得的最大不失真功率是多少?(忽略管压降)

2.2.18 如题 2.2.18 图所示两级放大电路,已知 $U_{CC} = 20\ V$,$R_G = 1\ M\Omega$,$R_{G1} = 200\ k\Omega$,$R_{G2} = 60\ k\Omega$,$R_D = 10\ k\Omega$,$R_S = 10\ k\Omega$,场效应管的 $g_m = 1.5\ mA/V$,$R_{B1} = 150\ k\Omega$,$R_{B2} = 47\ k\Omega$,$R_C = 3.3\ k\Omega$,$R_{E1} = 200\ \Omega$,$R_{E2} = 1.3\ k\Omega$,$R_L = 1.5\ k\Omega$,三极管的 $\beta = 60$。要求:(1)计算前、后级放大电路的静态工作点(设 $U_{BE} = 0.6\ V$)。(2)画出放大电路的微变等效电路,并计算电压放大倍数 A_u。(3)计算放大电路的输入电阻、输出电阻。

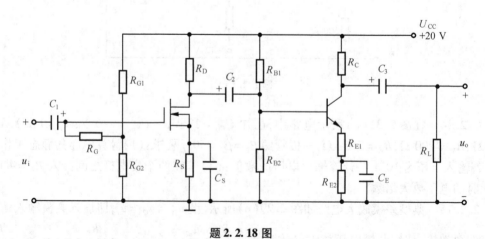

题 2. 2. 18 图

第3章

集成运算放大器

  集成运算放大器是高放大倍数的直接耦合放大器。它是利用特殊的半导体工艺把半导体器件和连线制作在一块半导体基片上,经管壳封装构成一个完整的具有高放大倍数的集成器件,因最初在模拟计算机中用于运算而得名。它具有体积小,成本低,性能稳定,使用非常方便等优点,所以在信号处理、自动控制、测量及其他电子设备等方面有极为广泛的应用。

  本章首先简要介绍集成运算放大器的基本结构,主要参数和理想运算放大器的电路模型及分析运算放大器电路的两条重要原则,然后介绍一些典型的信号运算和处理电路,最后给出一些应用举例。

3.1 集成运算放大器概述

3.1.1 集成运算放大器简介

  集成运算放大器种类很多,内部电路也不同,但从结构上它主要包括四部分,如图 3.1 所示。

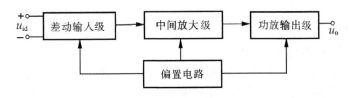

图 3.1 集成运算放大器组成框图

  差动输入级能有效抑制零点漂移,有很高的输入电阻、高电压增益和很高的共模抑制比;有同相和反相两个输入端。

  中间放大级要提供很高的电压增益,以保证运算精度。

  输出级采用互补对称功率放大电路从而提高带负载能力,输出电阻很小,此外还有一定的保护功能。

  偏置电路的作用是为各级提供稳定的偏置电流,以使各部分工作稳定且功耗低。

图 3.2 给出了典型器件 × ×741 的外观及电路接法图。

1 脚、5 脚:这两端用于外接调零电位器,以保证运算放大器零输入时输出电压也为零。电位器的移动端接在 4 脚上。

2 脚:运算放大器的反相输入端。若由此端输入信号,则输出信号与输入信号反相。

3 脚:运算放大器的同相输入端。若由此端输入信号,则输出信号与输入信号同相。

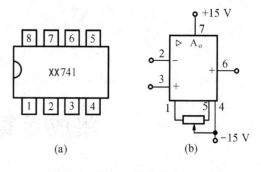

图 3.2 × ×741 管脚及电路接法

4 脚:负电源端,接 -15 V 电源负极。

6 脚:运算放大器的信号输出端,负载接在该端上。

7 脚:正电源端,接 +15 V 电源正极。

8 脚:空脚。

集成运算放大器的型号很多,管脚也有差别,在集成电路手册上都可以查到。集成运算放大器可统一用图 3.3 中的符号来表示。在符号中通常只标出反相输入端、同相输入端和输出端,隐去电源端、公共端(地)等。实际的集成运算放大器必须正确接电源和接地才能正常工作。图 3.3 只是一个简化符号图,在对其电路进行分析时均默认电源及地等其他端子已按理想要求设置完毕。

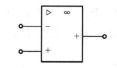

图 3.3 集成运放符号

3.1.2 集成运算放大器主要参数及传输特性

集成运算放大器种类非常多,主要分为通用型和特殊型,特殊型集成运算放大器在某些技术指标上有特殊要求,如高速、宽带、高精度、高输入阻抗、低功耗等。下文简要介绍一些常用参数。

(1)开环差模电压增益 A_{od}:集成运算放大器输出和输入之间没有外接元件时的差模电压放大倍数。一般 A_{od} 可达 $10^4 \sim 10^7$。

(2)差模电压范围 U_{idm}:集成运算放大器同、反相输入端间所能承受的最大电压范围。

(3)最大输出电压 U_{op-p}:集成运算放大器的最大不失真输出电压峰峰值。

(4)最大输出电流 I_{om}:在最大输出电压下,运放能输出的最大电流。

(5)输出失调电压 U_{OS}:运放输入级为差动电路,由于管子参数、电阻值不可能完全对称,因此在输入电压为零时输出电压并不为零,这种现象称为失调。一般来说,通过在输入端加适当的补偿电压或电流可以克服。使集成运算放大器输出电压为零而在输入端所加的补偿电压称为失调电压 U_{OS}。U_{OS} 一般在 1 mV ~ 10 mV 范围内。

输入失调电流 I_{OS}:为了使输出电压为零而在输入端所加的补偿电流称为输入失调电流。一般为微安数量级。

(6)共模抑制比 K_{CMRR} 或 K_{CMR}:运算放大器开环差模电压增益 A_{od} 与共模电压增益 A_{oc} 的

比值。它越大越好,反映运放对共模信号的抑制能力。

此外,还有最大输出电流值 I_{om},差模输入电阻 r_{id},输出电阻 r_{od},输入偏置电流 I_B,静态功耗等。表 3.1 列出了几种集成运算放大器的参数供参考。

表 3.1　几种集成运算放大器的参数表

类型	通用型		高速	高压	高阻	低功耗
国内外型号 参数及单位	F007 （μA741）	F324 四运放 （LM324）	F715 （μA715）	BG315	F081 （TL081）	F3078 （CA3078）
开环差模电压增益 A_{od}/dB	100 ~ 106	100	90	110	106	100
最大输出电压 U_{op-p}/V	±12	—	±13	52	±12	±5.3
电源电压 $U^- \sim U^+$/V	±（9 ~ 12）	±（1.5 ~ 15） 可单电源工作	±15	±60	±15	±6
输入差模电压范围 U_{idm}/V	±30	—	±15	—	±30	±6
输入共模电压范围 U_{icm}/V	±12	—	±12	±52	±12	±5.5
共模抑制比 K_{CMR}	70 ~ 80	70	92	100	86	115
差模输入电阻 r_{id}/MΩ	1		1	0.5	10^6	0.9
输出失调电压 U_{OS}/mV	1 ~ 10	2	2	10	6	0.7
输入失调电流 I_{OS}/nA	50 ~ 100	5		0.1	0.3	200
输入偏置电流 I_B/nA	200	45	400	500	1	7
U_{OS} 温漂 $\dfrac{dU_{OS}}{dT}$/(mV/℃)	10 ~ 30	—	—	10	10	6
I_{OS} 温漂 $\dfrac{dI_{OS}}{dT}$/(nA/℃)	5 ~ 50			0.5	—	0.07
单位增益带宽 f_C/MHz	1	1		1	3	2
静态功耗 P_C/mW	100 ~ 150	—	165		42	0.24
转换速率 S_R/(V/ms)	0.5		100	2	13	1.5

运算放大器输出电压 u_o 与输入电压 u_i 之间关系称为传输特性。记为 $u_o = f(u_i)$,这里 $u_i = u_+ - u_-$。

由于集成运算放大器的开环电压增益很高,而输出电压的最大值 $+U_{om}$ 或 $-U_{om}$ 又接近电源电压值,数值很低,因此运算放大器在开环应用时只在输入电压极小的范围内才工作在线性区,即 $u_o = A_{od}U_i$。以 ××741 为例,工作电压为 +12 V 与 −12 V,最大输出电压 $|U_{om}| = 12$ V,开环增益 $A_{od} = 100$ dB,即 $A_{od} = 10^5$,其线性开环工作区 -0.12 mV $\leqslant U_i \leqslant 0.12$ mV。可见,要保持其工作在线性状态,输入电压的变化范围非常小。

3.1.3　理想集成运算放大器

工程上,根据需要将运算放大器的参数理想化,得到了理想运算放大器,这样可以使电路分析简化。

理想运算放大器的主要参数包括:

开环电压增益 $A_{od} \to \infty$;

共模抑制比 $K_{\mathrm{CMR}} \to \infty$；

输入电阻 $r_{\mathrm{id}} \to \infty$；

输出电阻 $r_{\mathrm{o}} = 0$；

失调电压 $U_{\mathrm{OS}} = 0$，失调电压温漂 $\dfrac{\mathrm{d}U_{\mathrm{OS}}}{\mathrm{d}T} = 0$；

失调电流 $I_{\mathrm{OS}} = 0$，失调电流温漂 $\dfrac{\mathrm{d}I_{\mathrm{OS}}}{\mathrm{d}T} = 0$。

理想集成运算放大器的电压传输特性如图 3.4 所示，可以看出，集成运放可工作在线性区和非线性区，其特点如下。

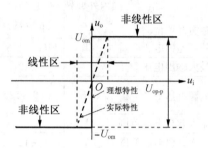

图 3.4 运算放大器开环
电压传输特性曲线

1. 工作于线性区

当集成运放工作于线性区时，其输出电压 u_{o} 与输入电压 $u_{\mathrm{i}} = u_{+} - u_{-}$ 是线性关系，即

$$u_{\mathrm{o}} = A_{\mathrm{od}}(u_{+} - u_{-})$$

由于理想的运算放大器开环电压增益 $A_{\mathrm{od}} \to \infty$，而输出电压为有限值，因此

$$u_{+} \approx u_{-} \tag{3.1}$$

上式说明，运算放大器两输入端的电位近似相等，也称为"虚短"。

另外，由于理想运放的输入电阻 $r_{\mathrm{id}} \to \infty$，因此两输入端的电流为零，即

$$i_{+} \approx i_{-} \approx 0 \tag{3.2}$$

上式说明运算放大器两输入端基本不取用电流，也称为"虚断"。

"虚短"和"虚断"也是分析集成运放工作于线性区电路的两条依据。

2. 工作于非线性区

集成运放工作于非线性区时，式(3.1)不能满足。这时输出电压 u_{o} 只有两种可能：

当 $u_{\mathrm{i}} = u_{+} - u_{-} > 0$，即 $u_{+} > u_{-}$ 时，$u_{\mathrm{o}} = +U_{\mathrm{om}} = U_{\mathrm{o}}^{+}$；

当 $u_{\mathrm{i}} = u_{+} - u_{-} < 0$，即 $u_{+} < u_{-}$ 时，$u_{\mathrm{o}} = -U_{\mathrm{om}} = U_{\mathrm{o}}^{-}$。

U_{o}^{+} 和 U_{o}^{-} 分别为集成运放的正、负向饱和输出电压。

当然，集成运放工作于非线性区时，其输入电流仍然为零。

思考题

3.1.1 什么是理想运算放大器？理想运算放大器工作于线性区和非线性区时各有什么特点？

3.1.2 若运算放大器的开环电压放大倍数 $A_{\mathrm{od}} = 10^{6}$，输出最大电压为 ±13 V。现分别在运算放大器中加入下列输入电压，求输出电压。(1) $u_{+} = 15\ \mu\mathrm{V}$，$u_{-} = -10\ \mu\mathrm{V}$；(2) $u_{+} = -5\ \mu\mathrm{V}$，$u_{-} = 10\ \mu\mathrm{V}$；(3) $u_{+} = 0\ \mu\mathrm{V}$，$u_{-} = 5\ \mathrm{mV}$。

3.2　放大电路中的负反馈

反馈技术在电子系统和自动控制系统中普遍应用。

3.2.1　反馈的基本概念及分类

反馈就是把放大电路输出端的信号的全部或一部分送回到输入回路,如图 3.5 所示。

图 3.5 中 $\dot{X}_i$ 表示原始输入信号,又称给定信号;$\dot{X}_o$ 为输出信号;$\dot{X}_f$ 为反馈回输入回路的信号,称为反馈信号;$\dot{X}_d$ 为放大电路的净输入信号;$\otimes$ 表示信号的比较点。反馈电路一般是用电阻、电容等无源元件构成的电路。图 3.5 所示的系统由基本放大电路与反馈电路组成一个闭合路径,称为环。所以有反馈的电路称为闭环,无反馈的电路称为开环。

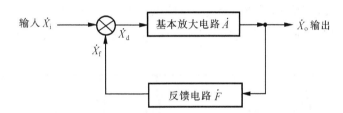

输入 $\dot{X}_i$ —— $\dot{X}_d$ 基本放大电路 $\dot{A}$ —— $\dot{X}_o$ 输出

$\dot{X}_f$

反馈电路 $\dot{F}$

图 3.5　反馈放大电路框图

由图 3.5 可知各个信号量之间有以下关系:

$$\dot{X}_o = \dot{A}\dot{X}_d, \quad \dot{X}_f = \dot{F}\dot{X}_o, \quad \dot{X}_d = \dot{X}_i - \dot{X}_f$$

式中,$\dot{A}$ 为开环放大倍数,$\dot{F}$ 为反馈系数。

闭环电路的放大系数为

$$\dot{A}_f = \frac{\dot{X}_o}{\dot{X}_i} = \frac{\dot{A}}{1 + \dot{A}\dot{F}} \tag{3.3}$$

从式(3.3)可以看出闭环放大倍数 $\dot{A}_f$ 与开环放大倍数 $\dot{A}$ 不同,这就是反馈的作用。如果反馈信号 $\dot{X}_f$ 使净输入信号 X_d 小于给定输入信号 X_i 则称为负反馈;如果反馈信号 $\dot{X}_f$ 使净输入信号 X_d 大于给定输入信号 X_i 则称为正反馈,在数量关系上:

(1)若 $|1 + \dot{A}\dot{F}| > 1$,则 $|\dot{A}_f| < |\dot{A}|$,即 $\left|\dfrac{\dot{X}_o}{\dot{X}_i}\right| < \left|\dfrac{\dot{X}_o}{\dot{X}_d}\right|$,这种反馈为负反馈,负反馈使放大倍数减小。

(2)若 $|1 + \dot{A}\dot{F}| < 1$,则 $|\dot{A}_f| > |\dot{A}|$,即 $\left|\dfrac{\dot{X}_o}{\dot{X}_i}\right| > \left|\dfrac{\dot{X}_o}{\dot{X}_d}\right|$,这种反馈为正反馈,正反馈使放大倍数提高,但也使放大电路输出发散,直至饱和值,故使放大电路性能不稳定,在信号放大电路中不能使用。

(3)若 $|1 + \dot{A}\dot{F}| = 0$,则 $|\dot{A}_f| \to \infty$,放大电路在没有输入信号时也会有输出信号,称为放大电路的自激振荡。

可见,$|1 + \dot{A}\dot{F}|$的值是区分反馈性质的一个重要指标,工程上称为反馈深度,它体现了负反馈对放大电路影响的程度。

3.2.2 负反馈的类型及判断

由于正反馈和负反馈的效果完全不同,所以分析反馈电路首先要判别反馈的性质,通常采用瞬时极性法判别。

瞬时极性法:先假定放大电路的输入信号 $\dot{X}_i$ 有一个正向的突变量,用 ⊕ 符号标记出,然后按照该突变信号被放大的过程,由输入端到输出端逐级标出每一级的放大结果,如果是同相放大级则放大后的结果依然是正突变信号,用 ⊕ 标记出,如果是反相放大级则放大后的结果是负突变信号,用 ⊖ 标记出;接着,沿反馈回路依次标记出反馈信号的极性,一般情况无源器件构成的电路不会改变突变信号的极性;将反馈信号 $\dot{X}_f$ 的极性与给定输入信号 $\dot{X}_i$ 的突变分量比较,如果使净输入信号减小,则为负反馈,反之为正反馈。

以图 3.6 为例,利用瞬时极性法标记出信号传递的正、负极性,可见反馈电压 $\dot{U}_f$ 使净输入电压 $|\dot{U}_{be}|$ 小于 $|\dot{U}_i|$,所以是负反馈电路(图中 ⊕、⊖ 极性的脚标代表标记时的顺序)。

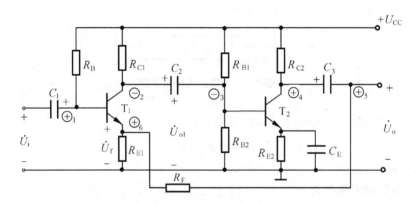

图 3.6　电压串联负反馈多级放大电路

根据反馈信号 $\dot{X}_f$ 与放大电路输出信号电压或者电流的关系,负反馈可分为电压型和电流型。

电压型负反馈:反馈信号取自输出电流,$\dot{X}_f$ 与输出电压 $\dot{U}_o$ 成正比,如果电压为零则反馈信号也消失。

电流型负反馈:反馈信号取自输出电压,$\dot{X}_f$ 与输出电流 $\dot{I}_o$ 成正比。

判别电压型反馈与电流型反馈的方法是把信号输出端短路,即令 $\dot{U}_o = 0$,如果反馈信号不存在,则为电压型反馈;如果反馈信号仍然存在,即 $\dot{X}_f \neq 0$,则为电流型反馈。对图 3.6 电路进行分析,将输出端与地短路,R_F 与 R_{E1} 成为并联,虽然并联电阻两端电压不为零,但与输出端已完全没有关系,也就是说,不能把输出级的变化回馈到输入级,由输出级反馈回的信号为 0,所以是电压型负反馈。

根据反馈支路在放大电路输入级连接方式的不同,可以将负反馈分为串联型和并联型。

并联型负反馈:反馈信号直接影响放大电路的净输入电流,给定信号电流 $\dot{I}_i$、净输入电流 $\dot{I}_d$ 与反馈电流 $\dot{I}_f$ 三者之间的关系为 $\dot{I}_i = \dot{I}_d + \dot{I}_f$。

串联型负反馈:反馈信号直接影响放大电路的净输入电压,给定信号电压 $\dot{U}_i$、净输入电压 $\dot{U}_d$ 与反馈电压 $\dot{U}_f$ 三者之间的关系为 $\dot{U}_i = \dot{U}_d + \dot{U}_f$。

用图形表示出串联型负反馈与并联型负反馈在放大电路输入级的连接形式,如图 3.7 所示。

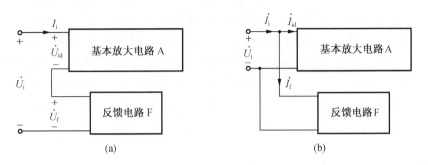

图 3.7　串联型负反馈与并联型负反馈结构框图

(a)串联反馈;(b)并联反馈

对图 3.6 电路进行分析,反馈支路接在 T_1 管的发射极,给定信号加在 T_1 管的基极,反馈电压直接影响 T_1 的净输入电压 U_{be}。所以,该电路是一个串联型负反馈。

根据反馈电路在输入端、输出端的不同形式,可以组合成电压串联型、电压并联型、电流串联型、电流并联型四种类型。

【例 3.1】　分析图 3.8 所示多级放大电路的反馈性质,并判断反馈的类型。

【解】　按照瞬时极性法,设在 T_1 管的基极 B_1 处,输入信号 $\dot{U}_i$ 有一个正突变分量,其极性以 ⊕ 标记于图中,突变信号经放大电路到达 T_2 管的发射极 E_2 时变为负极性,以 ⊖₅ 标记,其他各节点处信号极性均标于图中,如图 3.8 所示。

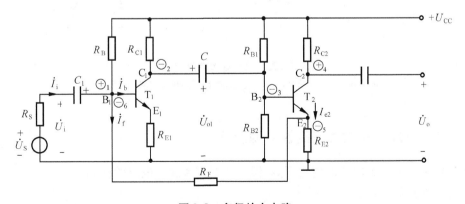

图 3.8　多级放大电路

分析可知,当输入信号有一个正突变分量出现后,净输入信号也随之产生正向突变增量。接着反馈支路 R_F 两端的电位差值加大,即电压增加,电流 $|\dot{I}_f|$ 增加,这样净输入电流

$|\dot{I}_{\mathrm{b}}|$将减小。对比闭环与开环(即无反馈支路)两种状态下的净输入电流$\dot{I}_{\mathrm{b}}$,可见,反馈支路使净输入电流变小,因此该电路是一个负反馈放大电路。

在明确该电路属于负反馈电路以后,再来判别反馈的类型。设$\dot{U}_{\mathrm{o}}=0$,即输出端短接,R_{F}依然能够将输出端的变化反馈回输出端,即$I_{\mathrm{f}}\neq 0$,因此是电流型反馈;再根据输入端的连接方式以及前面的分析有$\dot{i}_{\mathrm{b}}=\dot{i}_{\mathrm{i}}-\dot{i}_{\mathrm{f}}$,可见是并联型的。故该电路是电流并联型负反馈放大电路。

【例3.2】 分析图3.9所示集成运算放大器电路中反馈的性质及反馈的类型。

【解】 图3.9所示各电路中集成运算放大器为基本放大电路,从输出端引至运放反相输入端或者同相输入端的电阻支路为反馈电路。下面按照瞬时极性逐一对各电路进行分析。

图3.9(a)所示电路,输入信号加至反相输入端,所以从反相输入端开始,假设输入信号有正性突变分量,则输出端为负性,R_{f}两端电压增加,电流i_{f}增加,使得净输入电流i_{id}减小,故是负反馈。如果令$\dot{U}_{\mathrm{o}}=0$,即R_{L}短路,R_{f}不能再将输出端的变化反馈回输入端,因此属于电压型反馈。从输入端的连接方式来看,有$i_{\mathrm{id}}=i_{\mathrm{i}}-i_{\mathrm{f}}$,因此属于并联型负反馈。因此,图3.9(a)电路为电压并联型负反馈电路。

图3.9(b)所示电路,输入信号加至反相输入端,所以从反相输入端开始分析,将各节点的瞬时极性标于图中。当输入信号有一个正极性突变分量时,输出为负极性突变信号,反馈信号使净输入u_{id}增大,因此是正反馈。

图3.9(c)所示电路,输入信号加至同相输入端,所以从同相输入端开始分析,将各节点的瞬时极性标于图中。当输入信号有一个正性突变分量时,输出也为正极性,反馈信号使净输入电压u_{id}变小,因此是负反馈。进一步分析,可知该电路为串联型负反馈电路。

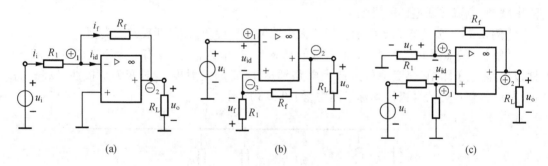

图3.9 集成运算放大器反馈电路
(a)电压并联型负反馈电路;(b)正反馈电路;(c)电压串联型负反馈电路

3.2.3 负反馈对放大电路性能的影响

负反馈虽然使放大电路的增益下降,但是却能改善放大电路的性能。

1. 提高增益的稳定性

根据图3.5所示的反馈系统框图,我们已经推导过式(3.3),这里重新写出以便进行分析。

$$\dot{A}_{\mathrm{f}}=\frac{\dot{A}}{1+\dot{A}\dot{F}}$$

在深度负反馈,即 $1 + \dot{A}\dot{F} \gg 0$ 的条件下,可得

$$\dot{A}_f \approx \frac{1}{\dot{F}} \tag{3.4}$$

此式说明,在深度反馈的条件下,闭环放大倍数仅与反馈电路的参数有关,基本不受外界因素变化的影响,放大电路工作很稳定。

在非深度负反馈的条件下,如温度变化、元件参数改变及电源电压波动时,放大倍数的相对变化量也比未引入负反馈时的相对变化量小得多。若只考虑放大倍数的大小并注意到 $\dot{A}\dot{F}$ 为正实数,则式(3.3)可写成

$$A_f = \frac{A}{1 + AF}$$

对 A 求导得

$$\frac{\mathrm{d}A_f}{\mathrm{d}A} = \frac{(1 + AF) - AF}{(1 + AF)^2} = \frac{A_f}{A} \cdot \frac{1}{1 + AF}$$

整理得

$$\frac{\mathrm{d}A_f}{A_f} = \frac{1}{1 + AF} \cdot \frac{\mathrm{d}A}{A}$$

即

$$\frac{\Delta A_f}{A_f} \approx \frac{1}{1 + AF} \cdot \frac{\Delta A}{A} \tag{3.5}$$

上式说明,引入负反馈后放大倍数从 A 下降到 A_f,减小为原来的 $\dfrac{1}{1 + AF}$,但是放大倍数的相对变化量只是未引入负反馈时相对变化量的 $\dfrac{1}{1 + AF}$,即稳定性提高了 $1 + AF$ 倍。

2. 减小非线性失真

在放大电路中,由于三极管是非线性元件,所以当静态工作点选择不当或者输入信号过大时将引起输出波形失真。采用负反馈会使输出信号的失真程度得到改善。

图 3.10 所示的电压串联负反馈电路框图说明了负反馈减小输出波形非线性失真的原理。设输入信号为 u_i,无负反馈时输出波形为 u_{o1},上半周大下半周小。加入负反馈时,经过线性反馈电路把 u_{o1} 的部分信号送到输入回路,则净输入信号 $u_d = u_i - u_f$,也是失真波形,为上半周小下半周大。因为 u_d 的失真恰好与 u_{o1} 的失真方向相反,所以经过放大后的波形 u_o

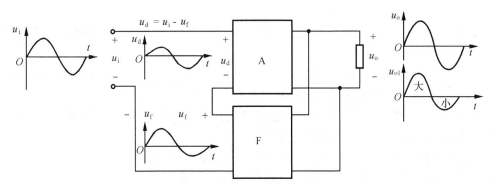

图 3.10　负反馈减小非线性失真原理框图

比原来的 u_{o1} 波形有所改善。

从本质上讲,负反馈时利用失真的波形来补偿放大电路的非线性失真,从而减小输出波形的失真。负反馈愈强,输出波形失真愈小,但是利用负反馈不能完全消除非线性失真。

3. 展宽通频带

负反馈能展宽放大电路的通频带。图 3.11 中的曲线①为阻容耦合放大电路无负反馈时的幅频特性。当引入负反馈后,中频段的反馈信号比高、低频段大得多,因此使闭环放大倍数 A_f 在中频段也下降得多,而在高频段和低频段下降得少。这样就使引入负反馈的放大电路的通频带明显展宽了,如图 3.11 中曲线②所示。

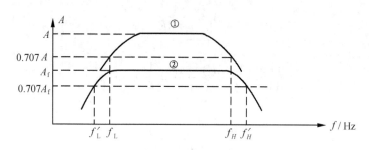

图 3.11　负反馈展宽通频带

4. 负反馈对输入电阻和输出电阻的影响

放大电路引入负反馈后,输入电阻和输出电阻都要发生变化。

输入电阻的改变只取决于输入回路是串联负反馈还是并联负反馈,而与输出回路是电压反馈还是电流反馈无关。对于图 3.7(a)所示的串联负反馈,有无负反馈基本放大电路的输入电阻 r_{ia} 都是固定不变的。无负反馈时放大电路的输入电阻 $r_i = r_{ia}$,有负反馈时,由于反馈信号使净输入电压 $u_{id} < u_i$,即加入负反馈后净输入电压减小,净输入电流 $I_i = \dfrac{U_{id}}{r_{ia}}$,所以 I_i 也减小,而给定信号 u_i 不变。因此,反馈电路总的输入电阻 $r_i > r_{ia}$。所以说,串联负反馈可以提高放大电路的输入电阻,反馈越深,输入电阻越大。

对于图 3.7(b)所示的并联负反馈,基本放大电路 A 的输入电阻 r_{ia} 是一个固定参数,在给定信号电压 u_i 下,由于反馈电路的分流作用,有反馈时输入电流比无反馈时大,因此有反馈时输入电阻 $r_i < r_{ia}$。所以说,并联负反馈使放大电路的输入电阻减小,反馈越深,输入电阻越小。

输出电阻的变化只取决于是电压负反馈还是电流负反馈,而与输入回路是串联或是并联反馈无关。

对于电压负反馈,由于具有使输出电压稳定的作用,因此相当于恒压源输出,而恒压源内阻很小,所以电压负反馈使放大电路的输出电阻减小。

对于电流负反馈,由于具有使输出电流稳定的作用,因此相当于恒流源输出,而恒流源内阻很高,故电流负反馈电路的输出电阻较高。

因此可以根据对输入和输出电阻的实际要求引入不同类型的负反馈。如要求输入电阻增加而输出电阻减小,可在电路中引入电压串联负反馈。

思考题

3.2.1　什么是负反馈? 放大电路中的负反馈有几种类型? 引入负反馈对放大器性能有何影响?

3.2.2　利用反馈的概念分析:在分压式放大电路中,接入发射极旁路电容 C_E 和除去旁路电容 C_E 对放大器性能的影响。

3.2.3　射极输出器引入了何种类型的负反馈? 为什么说它的负反馈很深?

3.3　集成运算电路

本节主要介绍几种由集成运算放大器构成的线性运算电路。所谓运算电路是指电路输出信号与输入信号之间具有某种数学运算关系,比如加法运算、减法运算、积分运算、微分运算等。用集成运算放大器可以构成很多种信号运算电路,实现各种数学运算,它们也是模拟式计算机的基本单元。

由于集成运放器件普遍具有很高的开环增益,而其最大的输出电压值又与电源电压相当,要使它保持在线性工作状态净输入电压就必须非常小,一般不足几毫伏,如此小的幅度,输入信号很难保持,所以用于构成信号线性运算的集成放大器电路都必须引入负反馈,使闭环增益减小到能够适应输入信号的幅度,而不至使输出达到饱和值。另一方面,为追求运算精度和电路稳定性,引入的都是深度负反馈。

3.3.1　比例运算电路

1. 反相比例电路

电路如图 3.12 所示,输入信号经电阻 R_1 从运算放大器的反相输入端引入,电阻 R_f 构成了电压并联负反馈。

由"虚断"原则,可知 $i_+ = i_- \approx 0$,于是有

$$u_+ = -i_+ R_2 \approx 0$$

由"虚短"原则,可知 $u_- \approx u_+$,即 $u_- \approx 0$。可见,运放的反相输入端电位与"地"基本相等,但反相端并未接地,所以把这种情况称为"虚地"。

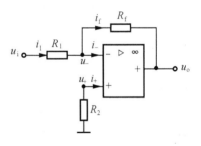

图 3.12　反相比例运算放大电路

对图 3.12 电路利用基尔霍夫定律进行分析,得

$$\begin{cases} i_1 = i_f + i_- \approx i_f \\[2mm] i_1 = \dfrac{u_i - u_-}{R_1} \approx \dfrac{u_i}{R_1} \\[2mm] i_f = \dfrac{u_- - u_o}{R_f} \approx -\dfrac{u_o}{R_f} \end{cases}$$

由此得到

$$\frac{u_i}{R_1} = -\frac{u_o}{R_f}$$

即

$$u_o = -\frac{R_f}{R_1}u_i \tag{3.6}$$

或

$$A_{u_f} = -\frac{R_f}{R_1} \tag{3.7}$$

式(3.6)表示,输出电压等于输入电压乘以比例系数 R_f/R_1,这就实现了比例运算。图 3.12 中 R_2 为平衡电阻,$R_2 = R_1//R_f$,其作用是消除静态基极电流对输出电压的影响。当 R_f、R_1 足够精确且 A_{od} 足够大时,就可以得到较高的运算精度。

当 $R_f = R_1$ 时

$$u_o = -u_i \tag{3.8}$$

这时运算放大电路称为反相器或反号器。

因运算放大器反相端为虚地点,因此从输入端看进去的输入电阻为

$$r_{if} \approx R_1$$

因电路构成电压负反馈,使输出电压稳定,因此其输出电阻很小,理想情况下

$$r_{of} = 0$$

【例 3.3】 电路如图 3.13 所示,求电压增益

$A_{u_f} = \dfrac{u_o}{u_i}$ 的数值,设集成运算放大器是理想的。

【解】 该电路为反相输入方式,运放反相端为虚地点。

在图 3.13 所示电流参考方向下,利用虚地概念可得

$$R_2 i_2 = R_4 i_4$$
$$u_i = R_1 i_1$$

由虚断可得

$$i_1 = i_2$$

输出电压为

$$u_o = -R_3 i_3 - R_2 i_2 = -R_3(i_2 + i_4) - R_2 i_2$$

整理得

$$u_o = -\left(R_2 + R_3 + \frac{R_2 R_3}{R_4}\right)i_2$$

则电压增益为

$$A_{u_f} = \frac{u_o}{u_i} = -\left(\frac{R_2}{R_1} + \frac{R_3}{R_1} + \frac{R_2 R_3}{R_1 R_4}\right)$$

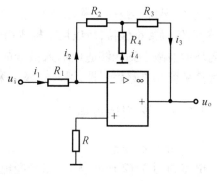

图 3.13 例 3.3 图

2. 同相比例电路

同相比例运算电路如图 3.14 所示。输入信号 u_i 经电阻 R_2,R_3 分压加到同相输入端。反馈电阻 R_f 接在输出端和反相端之间,因此引入了电压串联负反馈。

根据运算放大器虚短,即 $u_+ = u_-$ 的原则,有

$$\frac{R_1}{R_1 + R_f} u_o = \frac{R_3}{R_2 + R_3} u_i$$

由此得
$$u_o = \frac{R_1 + R_f}{R_1} \cdot \frac{R_3}{R_2 + R_3} u_i \qquad (3.9)$$

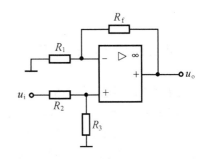

图 3.14　同相比例运算电路

上式说明了输出电压与输入电压为同相比例运算关系,其比例系数为$\left(1 + \dfrac{R_f}{R_1}\right)\dfrac{R_3}{R_2 + R_3}$。

当 $R_3 = \infty$ 时,则有
$$u_o = \left(1 + \frac{R_f}{R_1}\right) u_i \qquad (3.10)$$

上式说明,同相端只接 R_2 电阻时构成的比例电路的比例系数总大于1,这一点与反相比例运算放大电路不同。进一步考察式(3.10)发现,当 $R_f = 0$ 或 $R_1 = \infty$ 时,将有
$$u_o = u_i \qquad (3.11)$$

这个关系式,与之对应的电路如图 3.15 所示。

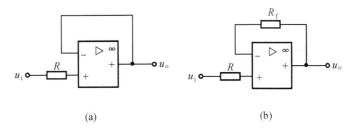

(a)　　　　　　　　　　　　(b)

图 3.15　电压跟随器

(a) $R_f = 0$;(b) $R_1 = \infty$

由式(3.11)可知,输出电压跟随输入电压的变化而变化,故称为电压跟随器。

就同相比例运算放大器来说,由于它构成的是电压串联负反馈,因此电路的输入电阻很高,输出电阻很低,理想情况下
$$r_{if} \approx \infty , \quad r_{of} \approx 0$$

3.3.2　加法运算电路

加法器可以由反相输出运算电路来构成,电路如图 3.16 所示。

输入电压 u_{i1},u_{i2} 经电阻 R_1,R_2 加到运算放大器的反相输入端。

因反相端为虚地,故
$$i_1 = \frac{u_{i1}}{R_1}, \quad i_2 = \frac{u_{i2}}{R_2}, \quad i_f = -\frac{u_o}{R_f}$$

根据虚断原则,得

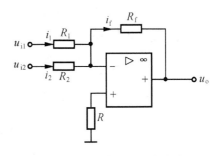

图 3.16　反相输入加法器

$$i_f = i_1 + i_2$$

则

$$u_o = -R_f i_f = -\left(\frac{R_f}{R_1}u_{i1} + \frac{R_f}{R_2}u_{i2}\right) \tag{3.12}$$

上式说明,信号 u_{i1} 和 u_{i2} 实现比例相加。若 $R_1 = R_2 = R_f$,则

$$u_o = -(u_{i1} + u_{i2}) \tag{3.13}$$

若要实现多个信号相加,可在反相端扩展多个外接电阻并加入相应的信号。

【例3.4】 有一个集成运算电路如图3.17所示,已知 $R_1 = 50$ kΩ,$R_2 = 120$ kΩ,$R_f = 75$ kΩ,$R = 60$ kΩ,$u_{i1} = 0.4$ V,$u_{i2} = 2\cos 1\,000t$ V,求输出电压 u_o 的大小。

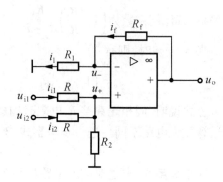

图3.17 同相加法运算电路

【解】 根据虚断的原则,可求得运放同相输入端电位为

$$u_+ = \frac{\dfrac{u_{i1}}{R} + \dfrac{u_{i2}}{R}}{\dfrac{1}{R} + \dfrac{1}{R} + \dfrac{1}{R_2}} = \frac{u_{i1} + u_{i2}}{2 + \dfrac{R}{R_2}}$$

再利用同相比例运算电路的运算关系,有

$$u_o = \left(1 + \frac{R_f}{R_1}\right)u_+ = \left(1 + \frac{R_f}{R_1}\right) \times \frac{R_2}{2R_2 + R} \times (u_{i1} + u_{i2})$$

代入已知数有

$$u_o = u_{i1} + u_{i2} = 0.4 + 2\cos 1\,000t \text{ V}$$

3.3.3 减法运算电路

减法运算电路的输入信号分别从运算放大器的两个输入端引入,这种输入方式又称为差动输入方式,如图3.18所示。电阻 R_f 对 u_{i1} 实现了电压并联负反馈,对 u_{i2} 实现了电压串联负反馈。

由虚断的原则及电路基本定律可求得:

同相端输入电压为

$$u_+ = \frac{R_3}{R_2 + R_3}u_{i2}$$

反相端输入电压为

$$u_- = u_{i1} - \frac{u_{i1} - u_o}{R_1 + R_f} \cdot R_1$$

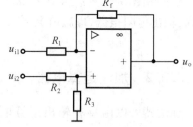

图3.18 差动输入运算电路

由于 $u_+ \approx u_-$,则从以上两式得到

$$u_o = \left(1 + \frac{R_f}{R_1}\right) \cdot \frac{R_3}{R_2 + R_3}u_{i2} - \frac{R_f}{R_1}u_{i1} \tag{3.14}$$

当 $R_1 = R_2$,$R_3 = R_f$ 时,则上式为

$$u_o = \frac{R_f}{R_1}(u_{i2} - u_{i1}) \tag{3.15}$$

当 $R_1 = R_f$ 时,则有

$$u_o = u_{i2} - u_{i1} \tag{3.16}$$

由以上两式可知,输出电压与两个输入电压之差成正比,即可做减法运算。当 $R_1 = R_2$,$R_3 = R_f$ 时,这种差动输入运算放大器的差模电压增益为

$$A_{u_f} = \frac{u_o}{u_{i2} - u_{i1}} = \frac{R_f}{R_1}$$

由于电路存在共模电压,为保证运算精度,应当选用高共模抑制比的运算放大器。

3.3.4 积分运算电路

图 3.19(a)电路是积分运算电路,电路采用反相输入方式,反馈元件是电容器。因反相端为虚地,则有

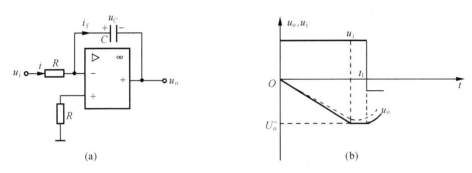

图 3.19 积分运算电路与其输入输出电压波形
(a)电路结构;(b)输入输出电压波形

$$i = \frac{u_i}{R}$$

而

$$i_f = C \frac{du_c}{dt} = -C \frac{du_o}{dt}$$

则有

$$-C \frac{du_o}{dt} = \frac{u_i}{R}$$

从上式得到积分关系为

$$u_o = -\frac{1}{RC} \int_{-\infty}^{t} u_i dt = -\frac{1}{RC} \left(\int_{-\infty}^{0} u_i dt + \int_{0}^{t} u_i dt \right)$$

即

$$u_o = U_o(0) - \frac{1}{RC} \int_{0}^{t} u_i dt \tag{3.17}$$

式中,$U_o(0) = -U_C(0)$,它是 u_i 加入前电容器上的电压初始值,其参考极性如图 3.19 所示。若电容器原来不带电荷,即 $U_o(0) = 0$,则有

$$u_o = -\frac{1}{RC} \int_{0}^{t} u_i dt \tag{3.18}$$

式(3.17)和式(3.18)说明输出电压 u_o 与输入电压 u_i 呈线性积分关系。

当输入信号为阶跃电压或恒定电压时,输出电压为

$$u_o = U_o(0) - \frac{u_i}{RC} t = U_o(0) - \frac{I_C}{C} t \tag{3.19}$$

式中，$I_C = \dfrac{u_i}{R}$，可见输入电压以恒流$\dfrac{u_i}{R}$给电容器充电，因此输出电压与时间呈线性关系，u_o 与 u_i 的波形如图3.19(b)所示，其中设 $U_o(0) = 0$，$u_i > 0$。当 u_o 负向增加到运算放大器的饱和电压值 U_o^- 时，运算放大器进入了非线性工作状态，u_o 与 u_i 之间的积分关系也不复存在了。在理想情况下，u_o 将保持 U_o^- 值不变。当 $t = t_1$，$u_i < 0$ 时，电容上的电压才由 U_o^- 值正向增加，输出电压为

$$u_o = U_o(t_1) - \frac{u_i}{RC}(t - t_1) = U_o^- + \frac{|u_i|}{RC}(t - t_1)，\quad (t > t_1)$$

即输出电压 u_o 由负向饱和值朝正方向增加。

需指出，上面讨论的积分电路被认为是理想的，但实际上运算放大器存在失调及漂移，电容器也有漏电流，因此积分曲线与理想积分曲线产生偏离；而且电压达到最大值即饱和值 U_o^- 或 U_o^+ 后不能维持不变，其幅度将渐渐下降，如图3.19(b)中虚线所示。

为了克服电压偏移而减少误差，应选择高输入阻抗、低漂移的运算放大器和漏电流很小的聚苯乙烯电容或云母电容。

【例3.5】 两级运算放大电路如图3.20所示。

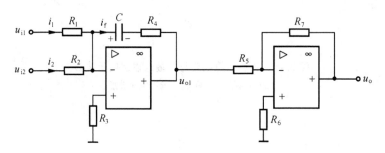

图3.20 两级运算放大电路图

(1)写出运算关系式 $u_o = f(u_{i1}, u_{i2})$；(2) $u_{i1} = u_{i2} = 2\,V$，$C = 10\,\mu F$，$R_1 = R_2 = R_4 = 10\,k\Omega$，$R_3 = 5\,k\Omega$，$R_6 = 10\,k\Omega$，$R_5 = R_7 = 20\,k\Omega$，求加入信号后 u_o 达到9 V时所需要的时间。设电容器原来不带电荷。

【解】 由图看到，两级都是反相输入方式。第二级运放的输入信号就是第一级的输出信号。因此应首先求出第一级输出电压 u_{o1} 与 u_{i1}，u_{i2} 之间的关系式，然后再求输出电压 u_o 与 u_{o1} 之间的关系式，则由此得到 u_o 与 u_{i1}，u_{i2} 之间的关系式。

(1)对于第一级运算放大电路，先标出电流 i_1，i_2 和 i_f 的参考方向，则

$$i_1 = \frac{u_{i1}}{R_1}，\quad i_2 = \frac{u_{i2}}{R_2}$$

而

$$-u_{o1} = u_C + u_{R_4} = \frac{1}{C}\int_{-\infty}^{t} i_f \mathrm{d}t + R_4 i_f$$

由于

$$i_f = i_1 + i_2 = \frac{u_{i1}}{R_1} + \frac{u_{i2}}{R_2}$$

代入 $-u_{o1}$ 式得

$$- u_{o1} = \frac{R_4}{R_1}u_{i1} + \frac{R_4}{R_2}u_{i2} + \frac{1}{C}\int_{-\infty}^{t}\left(\frac{u_{i1}}{R_1} + \frac{u_{i2}}{R_2}\right)dt$$

即

$$- u_{o1} = U_o(0) + \frac{R_4}{R_1}u_{i1} + \frac{R_4}{R_2}u_{i2} + \frac{1}{C}\int_{0}^{t}\left(\frac{u_{i1}}{R_1} + \frac{u_{i2}}{R_2}\right)dt$$

式中，$U_o(0) = U_C(0)$，$U_C(0)$ 为电容原来带电的电压值。

对于第二级运算放大电路有

$$u_o = -\frac{R_7}{R_5}u_{o1}$$

把 u_{o1} 值代入上式得

$$u_o = -\frac{R_7}{R_5}U_o(0) + \frac{R_7}{R_5 C}\int_{0}^{t}\left(\frac{u_{i1}}{R_1} + \frac{u_{i2}}{R_2}\right)dt + \frac{R_7 R_4}{R_5 R_1}u_{i1} + \frac{R_7 R_4}{R_5 R_1}u_{i2}$$

上式即为所求 $u_o = f(u_{i1}, u_{i2})$ 的关系式。

（2）若电容器原来不带电，即 $U_C(0) = 0$，则把数据代入 u_o 表达式后，可得

$$u_o = 2u_i + \frac{2u_i}{RC}t$$

式中，$u_i = u_{i1} = u_{i2}$，求得

$$t = -\frac{u_o - 2u_i}{2u_i}RC$$

代入数据得

$$t = \frac{9 - 2 \times 2}{2 \times 2} \times 10 \times 10^3 \times 100 \times 10^{-6} = 1.25\ \text{s}$$

即加入 u_{i1}，u_{i2} 后 1.25 s，输出电压 u_o 达到 9 V。

3.3.5　微分运算电路

当把积分电路中反馈支路电容和反相输入端的电阻互换，就构成了图 3.21（a）所示的微分运算电路。

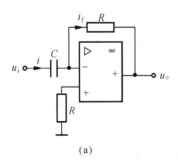
(a)

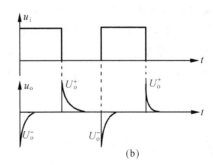
(b)

图 3.21　微分运算电路及其输入输出电压波形

（a）微分运算电路；（b）输入输出电压波形

由图 3.21 可知

$$i = C\frac{du_c}{dt} = C\frac{du_i}{dt},\ i_f = -\frac{u_o}{R}$$

由于 $i = i_f$，则得

$$u_o = -RC\frac{du_i}{dt} \tag{3.20}$$

图 3.21(b)给出了微分电路对阶跃信号的响应曲线。当 u_i 发生突变时,输出为尖脉冲电压,其幅度由 RC 和 $\frac{du_i}{dt}$ 来决定,但最大值由集成运算放大器的正、负向峰值即正、负向饱和电压值 U_o^+ 和 U_o^- 来限定。当 u_i 不变时,u_o 保持零值。

【例 3.6】 电路如图 3.22 所示,求 $u_o = f(u_i)$ 关系式。

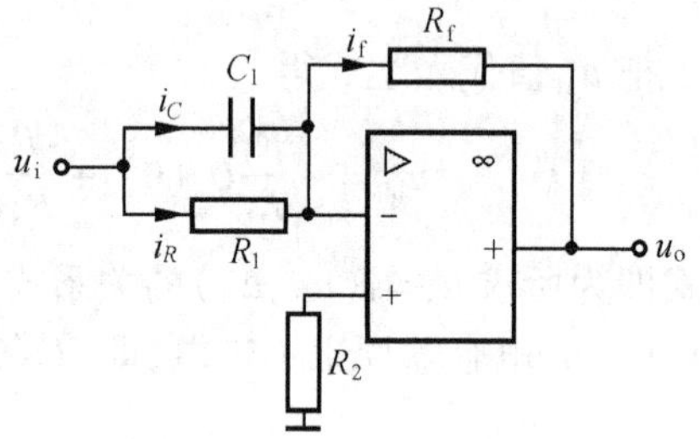

【解】 各电流的参考方向如图 3.22 所示,则

$$i_R = \frac{u_i}{R_1}, \quad i_C = C_1\frac{du_C}{dt}$$

由于 $i_f = i_R + i_C$,因此

$$-u_o = R_f i_f = \frac{R_f u_i}{R_1} + R_f C_1\frac{du_i}{dt}$$

图 3.22 比例微分调节器

可见,输出电压 u_o 是输入电压比例运算和微分运算的组合,因此这种电路称为比例 – 微分调节器,简称 PD 调节器。PD 调节器主要用于控制系统中,使调节过程起加速作用。此外还有比例 – 积分调节器,简称 PI 调节器和比例 – 积分 – 微分调节器,即 PID 调节器。

思考题

3.3.1 反相比例、同相比例运算电路各引入什么反馈? 与开环理想运放相比,其性能指标如何?

3.3.2 以反相比例运算电路为例说明平衡电阻有什么作用,其大小如何选取?

3.3.3 A/D 变换器要求其输入电压的幅度为 $0 \sim 5$ V,现有信号变化范围为 $-5 \sim 5$ V。试设计一电平抬高电路,将其变化范围变为 $0 \sim 5$ V。

3.3.4 用运算放大器可以组成测量电压和电流的电路,如题 3.3.4 图所示。设电压表满量程为 5 V,试根据图中标定的电压、电流量程,计算电阻 R_1, $R_2 R_3$, R_4, R_5, R_{f1}, R_{f2}, R_{f3}, R_{f4}, R_{f5} 的阻值。其中 U_i 为被测电压,I_i 为被测电流。

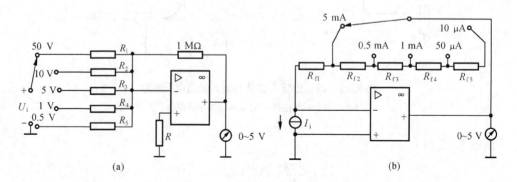

题 3.3.4 图

3.3.5 电路如题 3.3.5 图所示,利用叠加原理写出输出电压与输入电压之间的运算关系。

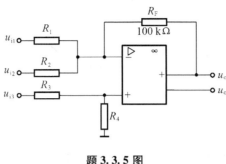

题 3.3.5 图

3.4 信号处理电路

在检测或自动控制系统中,在信号处理方面常见的电路有信号滤波、信号比较电路等,本节将一一介绍。

3.4.1 有源滤波器

滤波器是具有选频作用的电路。电子电路的输入信号中含有多种频率成分,滤波器是能使信号中有用的频率成分通过而抑制无用的频率成分通过的电路。单纯由 R,L,C 元件构成的滤波器称为无源滤波器。由集成运算放大器和 R,C 元件构成的滤波器称为有源滤波器。有源滤波器具有体积小、质量轻、精度高等优点。此外,由集成运放构成的滤波器还具有输入阻抗高,输出阻抗低,有一定电压放大的作用,特别适合电子电路中弱信号的处理,所以应用很广泛。

滤波器根据其频率选择的范围,分为低通、高通、带通和带阻滤波器。它们的典型特性如图 3.23,其中 $|\dot{A}_{uf}|$ 是滤波器放大倍数的幅值。

图 3.24(a)为一个一阶有源低通滤波器电路。如果按照瞬时函数分析法,可以推导出这个电路输出电压 u_o 与输入电压 u_i 的函数关系。不过,由于滤波器是专门用来处理不同频率信号的,所以采用相量分析法会更方便。

反馈支路总阻抗为

$$Z_f = \frac{R_F \dfrac{1}{j\omega C_F}}{R_F + \dfrac{1}{j\omega C_F}} = \frac{R_F}{1 + j\omega R_F C_F}$$

利用反相输入比例运算电路的结果得到

$$-\dot{U}_o = \frac{Z_f}{Z}\dot{U}_i = \frac{Z_f}{R}\dot{U}_i = \frac{\dfrac{R_F}{R}}{1 + j\omega R_F C_F}\dot{U}_i$$

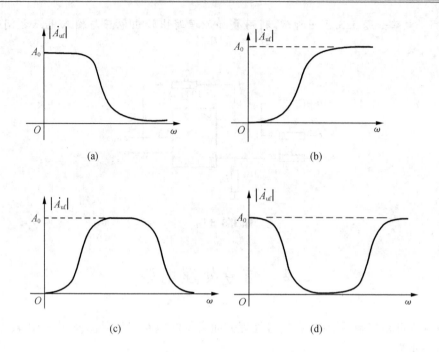

图 3.23　滤波器幅频特性曲线

(a)低通滤波器;(b)高通滤波器;(c)带通滤波器;(d)带阻滤波器

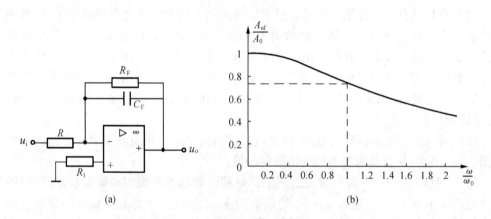

图 3.24　一阶低通滤波器电路及幅频特性曲线

(a)一阶有源低通滤波电路;(b)一阶低通滤波器幅频特性曲线

电压增益为

$$\dot{A}_{uf} = \frac{\dot{U}_o}{\dot{U}_i} = -\frac{\dfrac{R_F}{R}}{1 + j\dfrac{\omega}{\omega_0}} \tag{3.21}$$

式中,$\omega_0 = \dfrac{1}{R_F C_F}$,$\omega_0$ 称为截止频率。

电路的幅频特性为

$$A_{uf} = \frac{\dfrac{R_F}{R}}{\sqrt{1 + \left(\dfrac{\omega}{\omega_0}\right)^2}} = \frac{A_0}{\sqrt{1 + \left(\dfrac{\omega}{\omega_0}\right)^2}} \tag{3.22}$$

由上式得到电路的幅频特性曲线如图 3.24(b) 所示。曲线中 $\dfrac{\omega}{\omega_0} = 1$，即 $\omega = \omega_0$ 处为半功率点。此时 $A_{uf} = \dfrac{1}{\sqrt{2}}A_0$，即输出信号的功率只有最大增益 A_0 时信号功率的一半。$\omega \in [0, \omega_0]$ 就是这个低通滤波器的通频带。从图 3.24(b) 曲线可以看出一阶低通滤波器的特性曲线与图 3.23(a) 所示典型低通特性曲线相去甚远。图 3.24(a) 所示的滤波器虽然对低频信号增益较大，对高频信号增益较小，起到了一定抑制作用，但在 $w = w_0$ 附近增益差别不大，故其滤波效果并不理想。一般需要高阶滤波器才会有比较理想的滤波效果。由集成运算放大器构成的有源滤波器的种类非常多，读者可自行参阅相关书籍，这里不再赘述。

图 3.25(a) 为一个二阶低通滤波器，它的电压增益为

$$\dot{A}_{uf} = \frac{-\dfrac{1}{R_1 R_3 C_1 C_2}}{-w^2 + jw\left(\dfrac{1}{R_1} + \dfrac{1}{R_2} + \dfrac{1}{R_3}\right)\dfrac{1}{C_1} + \dfrac{1}{R_2 R_3 C_1 C_2}} \tag{3.23}$$

幅频特性为

$$A_{uf} = \frac{\dfrac{1}{R_1 R_3 C_1 C_2}}{\sqrt{\left(\dfrac{1}{R_2 R_3 C_1 C_2} - w^2\right)^2 + \left[w\left(\dfrac{1}{R_1} + \dfrac{1}{R_2} + \dfrac{1}{R_3}\right)\dfrac{1}{C_1}\right]^2}} \tag{3.24}$$

截止频率 $w_0 = \dfrac{1}{\sqrt{R_2 R_3 C_1 C_2}}$，$w = 0$ 时，增益 $A_{ufo} = \dfrac{R_2}{R_1}$。

当满足条件 $\left(\dfrac{1}{R_1} + \dfrac{1}{R_2} + \dfrac{1}{R_3}\right)\dfrac{1}{C_1} = \sqrt{2}\,w_0$ 时，幅频特性如图 3.25(b) 所示。

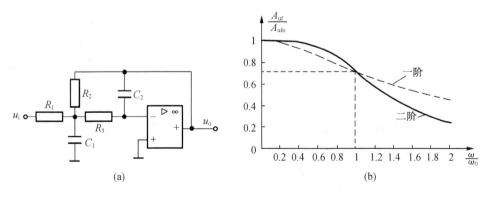

(a)　　　　　　　　　　　(b)

图 3.25　二阶低通滤波器电路与幅频特性曲线

(a) 二阶低通滤波器电路图；(b) 二阶低通滤波器幅频特性曲线

3.4.2 电压比较器

电压比较器是运算放大器的非线性应用,其结构特点是没有线性负反馈。因此,由于运放自身很大的电压增益,其输出总是处于饱和值,即 $+U_{om}$ 或 $-U_{om}$。

电压比较器的基本功能是比较两个模拟输入信号,用输出电平高低来表示比较结果。它多用在模拟和数字信号的转换、控制及测量电路中。

1. 单限电压比较器

图 3.26(a)所示电路是基本的单限电压比较器。参考电压 U_R 加在反相端,模拟信号 u_i 加在同相端。

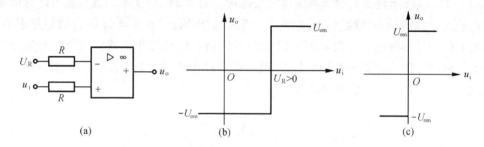

图 3.26 单限电压比较器及传输特性曲线

当 $u_i = U_R$ 时,输出电压 $U_o = 0$。

当 $u_i > U_R$ 时,即 $u_i - U_R > 0$ 时,由于运算放大器开环电压增益很高,输出电压 u_o 达到正向饱和值,即 $u_o = U_{om}$。

当 $u_i < U_R$ 时,即 $u_i - U_R < 0$ 时,输出电压 u_o 达到负向饱和值,即 $u_o = -U_{om}$。

由以上分析得到图 3.26(b)所示的电压传输特性曲线,即

$$u_o = \begin{cases} U_{om}, & u_i > U_R \\ 0, & u_i = U_R \\ -U_{om}, & u_i < U_R \end{cases} \tag{3.25}$$

参考电压 U_R 又称为比较器的门限电压或门限电平。由图 3.26 看到,只要模拟信号大于门限电平,输出就为高电平;只要模拟信号小于门限电平,输出就为低电平。

在电压比较器中,当 $U_R = 0$,即反相端经电阻接地时,其电压传输特性如图 3.26(c)所示。当输入信号在零电压附近即正负变动时,输出电压发生跃变,因此称这种比较器为过零电压比较器。

如果要求输出电压较低或者为获得标准的逻辑高、低电平以便和数字电路连接,可以在比较器中加入限幅或钳位电路,如图 3.27 所示。此时运算放大器的输出电压由稳压管 D_z 的稳压值 U_z 限定,R_o 为限流电阻。

图 3.28(a)为一个输出双向限幅的电压比较器。根据电路结构可知,反相输入端:

$$U_- = \frac{U_R - u_i}{R_1 + R_2} \times R_2 + u_i = \frac{R_2}{R_1 + R_2} U_R + \frac{R_1}{R_1 + R_2} u_i$$

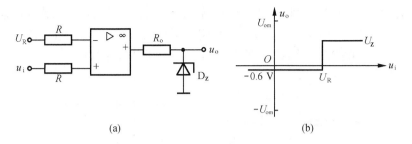

图 3.27　输出单向限幅电压比较器传输特性曲线

(a)比较器电路;(b)传输特性曲线

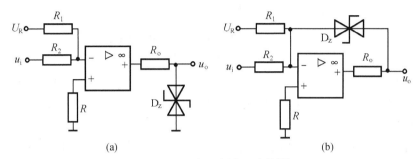

图 3.28　双向限幅电压比较器

(a)输出双向限幅电压比较器;(b)反馈钳位的双向限幅电压比较器

而同相输入电位 $U_+ \approx 0$。当 $U_- > 0$ 时,即

$$u_i > -\frac{R_2}{R_1}U_R$$

运算放大器输出电压为负饱和值,电路输出电压为

$$u_o \approx U_Z$$

当 $U_- < 0$ 时,即

$$u_i < -\frac{R_2}{R_1}U_R$$

运算放大器输出电压为正向饱和值,电路输出电压为

$$u_o \approx U_Z$$

这里忽略了稳压管正向导通时的管压降 0.6 V。

因此电压传输特性为

$$u_o = \begin{cases} -U_Z, & u_i > -\dfrac{R_2}{R_1}U_R \\[3mm] U_Z, & u_i < -\dfrac{R_2}{R_1}U_R \end{cases} \tag{3.26}$$

可见,门限电平为 $-\dfrac{R_2}{R_1}U_R$。改变 R_1,R_2 或 U_R 的数值就能很方便地调节门限电平的大小。

图 3.28(b)电路与图 3.28(a)电路具有完全相同的电压传输特性。只是双向稳压管接在反馈电路中,这个电路虽然有负反馈,但不是线性反馈,所以运放仍然工作在非线性状态,其自身的输出总是正饱和值或负饱和值,而反相输入端的电位 $V_- \approx V_+ = 0$。

【例 3.7】 图 3.29 为由两个单限电压比较器构成的窗口比较器,其作用是监视输入电压 u_i 是否超过规定的上限电压 U_{RH} 或低于规定的下限电压 U_{RL},一旦越限,输出立即给出相应的信号,使 R_L 所代表的报警或指示电器动作。试分析其传输特性。

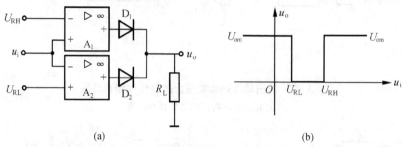

(a)   (b)

图 3.29 窗口比较器电路与传输特性曲线

(a)窗口比较器电路;(b)传输特性曲线

【解】 从图 3.29(a)电路结构可以看出,A_1 为同相输入信号,A_2 为反相输入信号。

(1)当信号电压 $u_i < U_{RL}$ 时,A_2 输出电压为 $+U_{om}$,A_1 输出电压为 $-U_{om}$,于是 D_2 经 R_L 对地导通,使输出 $u_o = +U_{om}$。

(2)当信号电压 $U_{RL} < u_i < U_{RH}$,A_1 输出电压为 $-U_{om}$,A_2 输出电压也为 $-U_{om}$,D_1,D_2 均不会导通,U_{RL} 上无电流流过,$u_0 = 0$。

(3)当信号电压 $u_i > U_{RH}$ 时,A_1 输出电压为 $+U_{om}$,A_2 输出电压为 $-U_{om}$,D_1 导通,D_2 截止,输出 $u_o = +U_{om}$。

故其传输特性为

$$u_o = \begin{cases} +U_{om}, & u_i > U_{RH} \text{ 或 } u_i < U_{RL} \\ 0, & U_{RL} < u_i < U_{RH} \end{cases}$$

其传输特性曲线如图 3.29(b)所示。

2. 迟滞型电压比较器

迟滞型电压比较器是一种具有与磁滞回线相类似的电压传输特性电路,因此得名迟滞型电压比较器,图 3.30 给出了这种比较器及其特性曲线。参考电压 U_R 接在同相端,比较信号接在反相端,输出电压 U_o 经电阻 R_F 反馈到同相端因而构成正反馈。

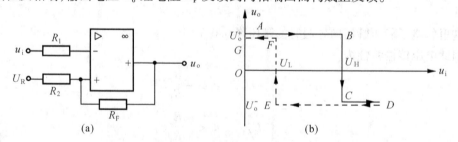

(a)   (b)

图 3.30 迟滞型电压比较器电路及其传输特性曲线

(a)迟滞电压比较器电路;(b)传输特性曲线

同相端的电压为

$$u_+ = U_R - \frac{U_R - u_o}{R_2 + R_F} R_2 = \frac{R_F}{R_2 + R_F} U_R + \frac{R_2}{R_2 + R_F} u_o$$

当 U_o 为正向饱和值 U_om 时, 同相端电压为

$$u_+ = \frac{R_F}{R_2 + R_F}U_R + \frac{R_2}{R_2 + R_F}U_\text{om} = U_H = U_{RM} + \frac{R_2}{R_2 + R_F}U_\text{om} \tag{3.27}$$

U_H 称为门限高电平。

当 U_o 为负向饱和值 $-U_\text{om}$ 时, 同相端电位为

$$u_+ = \frac{R_F}{R_1 + R_F}U_R + \frac{R_2}{R_2 + R_F}U_\text{om} = U_L = U_{RM} - \frac{R_2}{R_2 + R_F}U_\text{om} \tag{3.28}$$

U_L 称为门限低电平, 显然 $U_L < U_H$。

为了能够分析得出迟滞型比较器的传输特性, 这里不妨假设输入信号 u_i 从 $-\infty$ 至 $+\infty$ 递增, 或 u_i 从 $+\infty$ 至 $-\infty$ 递减变化, 然后分段分析。

(1)当 u_i 从 $-\infty$ 开始递增时, 无论初始时刻运放同相输入端是高门限电平还是低门限电平, 必然有 $u_\text{i} < u_+$, 输出 $u_\text{o} = +U_\text{om}$, 于是同相输入端电压将保持为高门限(或变为高门限)U_H, 只要 $U_\text{i} < U_H$, 比较器输出持续为 $+U_\text{om}$。

(2)当 u_i 增加至 $u_\text{i} > U_H$ 后, 运放反相输入端电位高于同相输入端, 于是输出变为 $-U_\text{om}$, 同时其同相输入端电位也相应变为低门限电平 U_L。虽然比较器门限发生了变化, 但是因为 $U_H > U_L$, 而 $u_\text{i} > U_H$, 所以不会导致输出改变, 即 $u_\text{o} = -U_\text{om}$ 将随 u_i 的增加一直持续下去。

根据以上的分析可以绘出曲线 $ABCD$, 如图3.30(b)所示。

(3)当 u_i 从 $+\infty$ 开始递减时, 无论同相输入端是高门限电平还是低门限电平, 必有 $u_\text{i} > u_+$, 输出 $u_\text{o} = -U_\text{om}$, 于是同相输入端电位只能保持在 $u_+ = U_L$, 只要 $u_\text{i} > U_L$, 输出电压与门限电平均保持不变。

(4)当 u_i 减小至 $u_\text{i} < U_L$ 后, 运放反相输入端电位低于同相输入端电位, 输出变为 $u_\text{o} = +U_\text{om}$, 接着同相输入端电位也相应变为高门限值 U_H, 这时由于 $u_\text{i} < U_L$, 而 $U_L < U_H$, 所以比较器门限的变化不会引起输出改变, 即随着 u_i 的继续减小, 输出 $u_\text{o} = +U_\text{om}$ 将持续下去。

综上分析, 可以绘出曲线 $DEFG$, 如图3.30(b)所示。

从传输特性曲线可以看出, 当 $u_\text{i} < U_L$ 时, 输出总是 $-U_\text{om}$, 当 $u_\text{i} > U_H$ 时, 输出总是 $+U_\text{om}$, 而当 $U_L < u_\text{i} < U_H$ 时, 比较器输出到底是 $+U_\text{om}$ 还是 $-U_\text{om}$, 要根据 u_i 的变化历程来决定。图3.30(b)中两个门限值之间的宽度 $\Delta U = U_H - U_L$, 称为回差电压。

由于有两个门限电平, 即存在回差电压, 因而使这种电压比较器有较强的抗干扰能力而不可发生错误翻转, 这一点可从单限比较器看到。若输入信号接近门限电平 U_{RM}, 在其上叠加很小的干扰信号时就有可能达到门限电平, 单限比较器就可能发生误翻转, 因而对干扰特别灵敏。而迟滞比较器的输入信号必须超过或小于 U_{RM} 一定值时, 比较器输出才能发生翻转。

从式(3.27)和式(3.28)看到, 通过改变电阻值和参考电压值可以调节回差电压。

电压比较器常用于波形整形、变换及对信号进行鉴幅、检测等。作为例子, 图3.31示出了将不规则信号 u_i 利用电压比较器转换成规则整齐方波 u_o 的过程。

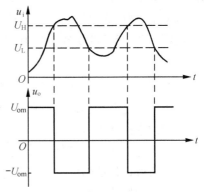

图3.31 整形过程波形图

思考题

3.4.1 以一阶有源低通滤波器和无源 *RC* 低通滤波器对比，说明有源滤波器有什么特点。

3.4.2 图 3.28 所示输出双向限幅电压比较器中的运算放大器是工作于线性区还是非线性区？并分析其电压传输特性。

3.5 信号产生电路

工程中需要很多种特定形态的信号，比如正弦波、方波、锯齿波、尖脉冲等。本节将介绍集成运算放大器在信号产生电路中的应用。

3.5.1 正弦信号产生电路

正弦波信号广泛应用于工业、农业、生物医学等领域，如高频感应加热、熔炼、超声波焊接、超声诊断、核磁共振成像等，都需要功率或大或小，频率或高或低的正弦信号。正弦波信号产生电路可以在没有输入信号的情况下，通过电路自身的振荡产生正弦信号输出，所以又称为正弦波振荡电路。

1. 自激振荡

对于一个电路，不外加输入信号就能输出一定频率和幅度的正弦波的现象称为自激振荡，这样的电路放大倍数为无穷大。在 3.2 节讨论反馈系统时，我们已经知道，当反馈深度为零时，闭环系统增益无穷大，这就是自激振荡。

我们把自激振荡时的闭环系统框图重新画出，如图 3.32 所示。图 3.32 中，如果 $\dot{X}_o$ 为一个持续稳定的信号，必须有 $\dot{X}_f = \dot{X}_d$。在这样的反馈系统中，反馈信号没有使净输入减小，所以不是负反馈，而是正反馈。不过，反馈也没有使净输入信号增加，所以它是满足特定条件的正反馈系统。

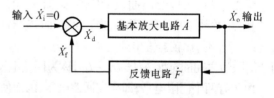

图 3.32　自激振荡系统框图

在图 3.32 所示的闭环系统中，由于 $\dot{X}_o = \dot{A}\dot{X}_d, \dot{X}_f = \dot{F}\dot{X}_o, \dot{X}_f = \dot{X}_d$，于是可推知

$$\dot{A}\dot{F} = 1 \tag{3.29}$$

式(3.29)就是保持自激振荡的基本条件。从幅度和相位两方面分别论述，即

①幅度平衡条件：$AF = 1$，或反馈信号 $\dot{X}_f$ 与输入信号 $\dot{X}_d$ 幅度相等。

②相位平衡条件：反馈信号与输入信号同相位。

只要满足上述两个条件，反馈系统就会在 $\dot{X}_i = 0$ 时有持续稳定的信号输出。

下面来谈谈振荡器的起振与稳定。

一个自激振荡的电路，开始时是怎样有输出的呢？实际上，当电路通电的一瞬间，会有各种频率成分的扰动和冲击存在，输出端也会有微小的电扰动。而反馈电路一般都是由 *R*、

C 元件或 L、C 元件构成,这样的电路具有频率选择性,会使某一频率的信号最小衰减地通过(比如 L、C 电路谐振频率所对应的信号),而其他频率的小信号则被大幅度衰减。这样被选频电路确定的某一频率的正弦波反馈信号最强。经放大电路放大、反馈、再放大、再反馈的循环之后,输出信号不断增大,振荡也就建立起来了。因此,在起振的过程中这一特定频率的信号有 $X_o = AX_d, X_f = FX_i, X_f > X_d$,于是有

$$AF > 1 \tag{3.30}$$

式(3.30)称为起振条件。由此条件可以看出,起振过程是典型的正反馈过程。

电路起振后,特定频率的正弦波信号输出不断增大,在其幅度达到一定值时,应当改变电路的参数,使其满足稳定振荡时的幅度平衡条件,这样自激振荡电路就会在 $\dot{X}_i = 0$ 的情况下,产生持续稳定的正弦波输出。

2. RC 自激振荡电路

图 3.33(a)是一个由集成运算放大器构成的 RC 自激振荡电路。R_1,R_2 与运放构成了同相放大电路,起到系统框图中基本放大电路 $\dot{A}$ 的作用。R_1,R_2 实现了电压串联负反馈。RC 串并联网络则构成了正反馈兼选频网络。图 3.33(b)是该电路的另一种画法,可以看出桥式结构,所以这个电路又称 RC 桥式振荡电路。

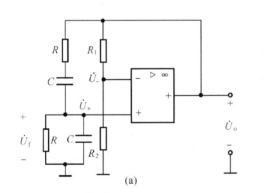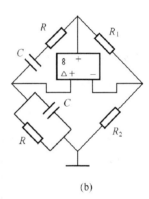

图 3.33　RC 自激振荡电路

下面分析选频网络的选频作用。

反馈系数为

$$\dot{F} = \frac{\dot{U}_f}{\dot{U}_o} = \frac{R /\!/ \dfrac{1}{jwC}}{\left(R + \dfrac{1}{jwC}\right) + \left(R /\!/ \dfrac{1}{jwC}\right)} = \frac{jwRC}{1 + 3jwRC + (j\omega RC)^2}$$

令 $w_0 = \dfrac{1}{RC}$,则

$$\dot{F} = \frac{j\dfrac{w}{w_0}}{1 + 3j\dfrac{w}{w_0} - \dfrac{w^2}{w_0^2}} = \frac{1}{3 + j\left(\dfrac{w}{w_0} - \dfrac{w_0}{w}\right)}$$

由此可得选频网络的幅频函数与相频函数分别为

$$F = \frac{1}{\sqrt{3^2 + \left(\dfrac{w}{w_0} - \dfrac{w_0}{w} \right)^2}} \qquad (3.31)$$

$$\varphi_F = -\arctan \frac{\dfrac{w}{w_0} - \dfrac{w_0}{w}}{3} \qquad (3.32)$$

进一步可推知,当 $w = w_0 = \dfrac{1}{RC}$ 时,反馈增益的幅值达到最大值, $F_{max} = \dfrac{1}{3}$,而此时恰好相位 $\varphi_F = 0$,即角频率为 w_0 或频率为 $f_0 = \dfrac{1}{2\pi RC}$ 的信号既满足自激振荡的相位平衡条件,同时其反馈系数也是最大的。这时,只要使放大电路的放大倍数 $A > 3$,这个电路就可以起振。

图 3.34 是一个具有稳幅措施的 RC 桥式振荡电路。这个电路在起振过程中,由于输出电压 u_o 很小,不足以使二极管 D_1 , D_2 导通,所以 D_1 , D_2 相当于开路,同相放大电路的放大倍数为

$$\dot{A} = 1 + \frac{R_2 + R_3}{R_1} > 3$$

当输出 u_o 足够大时使 D_1 , D_2 交替导通,于是 R_3 相当于被短路,放大倍数为

$$\dot{A} = 1 + \frac{R_2 + R_3}{R_1} = 3$$

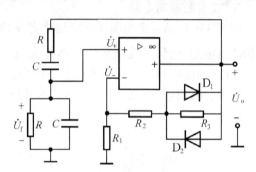

图 3.34　有稳幅措施的自激振荡电路

这样,幅度平衡条件和相位平衡条件同时满足,振荡电路进入稳幅过程。

为使自激振荡电路能够起振并稳幅,也可以在图 3.33 所示电路的运放负反馈回路里采用非线性元件来自动调节反馈的强弱。例如,将 R_2 用负温度系数的热敏电阻代替,起振过程,随输出电压逐渐增加,流过 R_2 的电流也随之增加,温度升高,热敏电阻阻值变小,同相放大倍数 $\left(1 + \dfrac{R_2}{R_1} \right)$ 也随之变小,稳幅过程保持 $\left(1 + \dfrac{R_2}{R_1} \right) = 3$ 即可,这时流过 R_2 的电流大小也是稳定的, R_2 阻值也不再变化。

3. LC 振荡电路*

图 3.35(a) 是变压器反馈式 LC 振荡电路。它由放大电路、选频电路和反馈电路组成的。电感 L_1 和电容 C 组成的 LC 谐振回路作为晶体管的集电极负载, LC 谐振回路又是选频电路,其谐振频率 $f_o = \dfrac{1}{2\pi \sqrt{LC}}$ 。变压器次级绕组 N_2 即电感 L_2 为正反馈电路,由它向输入端提供正反馈电压 $\dot{U}_f$ 。电容 C_1 起隔直作用;次级绕组 N_3 即电感 L_3 作为输出端向负载提供正弦电压。图 3.35(b) 为振荡器的交流通路。

接通电源瞬间,电路中出现了基极电流 i_b 和集电极电流 i_c 的变化量并为电容器 C 充电。集电极电路的电流包括一系列不同频率的正弦分量,其中也有与谐振频率 f_o 相等的分量,因此 LC 回路对 f_o 频率的正弦分量产生并联谐振,此时 LC 并联电路呈电阻性且阻抗最大。对 f_o 这一频率的正弦波来说,放大电路的电压放大倍数最大,因为满足正反馈和幅度条件而产

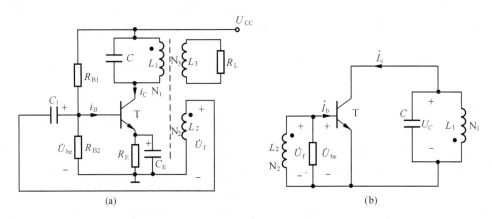

图 3.35　变压器反馈式 *LC* 振荡电路

生自激振荡。由于其他频率的正弦量,不能使 *LC* 回路产生谐振而不被放大,这就起到了选频作用。

为了产生正反馈,反馈线圈 N_2 和原绕组的同名端如图 3.35 中"·"所示,实际调整时不用判断同名端,可用对调 N_2 两端的方法产生正反馈。该电路的振荡频率为

$$f_o = \frac{1}{2\pi\sqrt{LC}} \tag{3.33}$$

一般 f_o 能达到几十千赫兹至几兆赫兹。通过改变电容 *C* 的大小来改变输出电压的频率。

3.5.2　非正弦信号产生电路

1. 矩形波产生电路

图 3.36(a)是一种矩形波产生电路,图中 R_F、*C* 与运放构成负反馈环,而由双向稳压管与 R_1、R_2 以及运放又构成正反馈环,可以看出后一部分电路是双向限幅的迟滞性比较器。

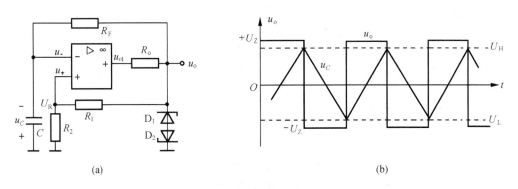

图 3.36　矩形波产生电路及其波形图

(a)电路;(b)波形图

这个电路的起振基本不需要时间,通电瞬间,由于随机电扰动的作用,输出 u_o 可能为一个正电压,也可能为一个负电压,于是门限 U_R 也会是与 u_o 极性相同的一个小电压,而电容

电压不能跃变,故 $u_c = 0$,由于理想运放极高放大倍数的作用,输出 u_{o1} 立即达到饱和值,u_o 也达到稳压管的稳压值,且极性都保持不变。这样电路进入稳定振荡过程。

稳定振荡时,运放同相输入端的比较电压 $u_+ = U_R = \pm \dfrac{R_2}{R_1 + R_2} U_Z$。因此,门限高电平 $U_H = \dfrac{R_2}{R_1 + R_2} U_Z$,门限低电平 $U_L = -\dfrac{R_2}{R_1 + R_2} U_Z$。

电路稳定工作后,设 $u_o = U_Z$,则 $U_R = U_H$,即同相端为门限高电平,此时 $u_c < U_R$,输出电压 U_Z 通过 R_F 对电容 C 充电,u_c 按指数规律上升。当 u_c 增长到门限高电平 U_H 时,u_o 则由 $+U_Z$ 下跳为 $-U_Z$,同相端的参考电压 U_R 也由 U_H 变为 U_L。接着电容 C 开始通过 R_F 放电,而后反向充电。当充电使 u_c 等于负值即 U_L 值时,u_o 则由 $-U_Z$ 变为 $+U_Z$。如此周期性地变化,在输出端得到了矩形波电压,在电容两端产生的是三角波电压,如图 3.36(b)所示。

经分析求得矩形波和三角波的周期和频率分别为

$$\begin{cases} T = 2R_F C \ln\left(1 + 2\dfrac{R_2}{R_1}\right) \\ f = \dfrac{1}{T} \end{cases} \quad (3.34)$$

改变参数 R_F、C 或 R_1、R_2 值,都可以改变波形的频率。

2. 三角波和锯齿波产生电路

上述的电路中,R_F、C 构成一积分电路,矩形波电压 u_o 经积分后,得到三角波 u_c。将此三角波作为输出信号,即为三角波发生器,但其带负载能力较差。

如图 3.37 所示将矩形波发生器的输出端接一积分电路,代替图 3.36 中的 R_F、C,并将积分输出通过电阻 R_2 接到矩形波发生器的同相输入端,构成比较器。这样可以提高三角波发生器的带负载能力。

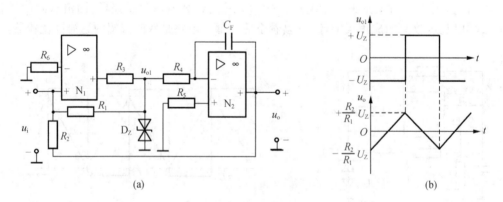

图 3.37 三角波发生器及其波形图
(a)电路;(b)波形图

如图 3.38(a)所示改变积分电路的充放电时间常数,便可得到锯齿波发生器,其波形如图 3.38(b)所示。

锯齿波电压信号在示波器、数字仪表等电子电路中常用作扫描电压信号。

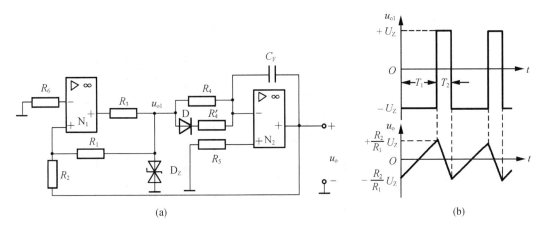

图 3.38　锯齿波发生器电路及其波形图
(a)电路;(b)波形图

思考题

3.5.1　比较在本节介绍的正弦波发生器与非正弦波发生器中,集成运放的工作特点。

3.5.2　正弦波发生器的信号频率取决于什么? 非正弦波发生器的信号频率取决于什么?

3.6* 集成运算放大器的应用

集成运算放大器的应用非常多,前文各节介绍的电路都是其应用,本节再介绍几种比较常见的用法。

1. 单电源使用

大多数集成运算放大器都采用正、负对称的双电源供电,但是有些场合为了方便采用单电源供电,可以选用允许单电源工作的集成运放,如表 3.1 中的 F324。双电源的集成运放有时也可以工作在单电源供电的情况,不过这时运放的输出只能是单极性的,不能直接用来放大交流信号,或者反极性输出的直流信号。

工程中常用的单电源供电方法是将运放的两个输入端电位抬高,比如抬高至电源电压的一半,即抬高后的这个电位将是运放输出动态范围的中间值,相当于双电源供电时的"地",这样单电源供电的运放电路输出电压动态范围最大为 $\pm\frac{1}{2}U_{om}$。图 3.39 为一个采用单电源供电的双源集成运算放大器电路,这是一个反相比例放大器,图中电容 C 是一个去噪元件,以保证同相输入端电平不受噪声影响。

由于电路输出的基准电平被抬高,所以图 3.39 所示放大电路与输入、输出电路连接时,需要考虑基准电平转换的问题。一般信号源电压或放大电路输出电压都是对系统的地而言的。

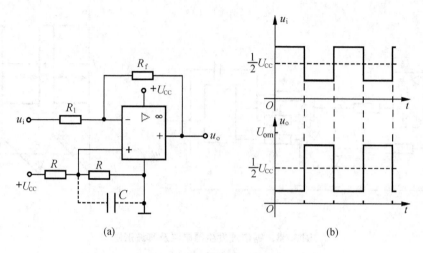

图 3.39　单电源供电的双源集成运算放大器及波形图

(a)电路结构;(b)输入输出波形图

图 3.40 为采用交流耦合方式的单电源供电反相比例放大器，C_1、C_2 为耦合电容，静态时 $U_+ = U_- = \frac{1}{2}U_{CC}$，$C_1$、$C_2$ 已充电，C_1 将输入以地为参考的信号抬高，C_2 将输出信号的直流分量滤掉，最终获得对地的交流信号。

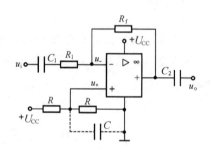

2. 测量放大器

测量放大器又称仪用放大器，是专门用于高精度仪器输入电路的，可适应信号源内阻变化和共模干扰信号很强的场合。常用的测量放大器原理电路如图

图 3.40　交流耦合单电源供电反相比例放大器电路图

3.41 所示。第一级放大电路由 A_1、A_2 组成，它们都是同相输出，因此输入电阻高。电路结构对称，可抑制零点漂移。第二级由 A_3 组成差动放大电路。

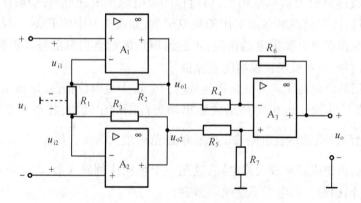

图 3.41　测量放大器原理电路图

由于信号 u_i 由 A_1 和 A_2 的同相端输入,因此加给两同相端的电压极性相反,如果

$R_2 = R_3$, 则 R_1 的中点相当于地电位。

A_1 的输出电压为

$$u_{o1} = \left(1 + \frac{2R_2}{R_1}\right)u_{i1}$$

A_2 的输出电压为

$$u_{o2} = \left(1 + \frac{2R_2}{R_1}\right)u_{i2}$$

则

$$u_{o1} - u_{o2} = \left(1 + \frac{2R_2}{R_1}\right)(u_{i1} - u_{i2})$$

由此得到第一级放大电路的电压放大倍数为

$$A_{u1} = \frac{u_{o1} - u_{o2}}{u_{i1} - u_{i2}} = \frac{u_{o1} - u_{o2}}{u_i} = \left(1 + \frac{2R_2}{R_1}\right)$$

第二级的输出电压为

$$u_o = \frac{R_7}{R_5 + R_7} \cdot \frac{R_6 + R_4}{R_4}u_{o2} - \frac{R_6}{R_4}u_{o1}$$

如果取 $R_4 = R_5$, $R_6 = R_7$, 则上式为

$$u_o = \frac{R_6}{R_4}(u_{o2} - u_{o1})$$

则电压放大倍数为

$$A_{u2} = \frac{u_o}{u_{o2} - u_{o1}} = \frac{R_6}{R_4}$$

或

$$A_{u2} = \frac{u_o}{u_{o1} - u_{o2}} = -\frac{R_6}{R_4}$$

两级放大电路总的放大倍数为

$$A_u = \frac{u_o}{u_i} = A_{u1}A_{u2} = -\frac{R_6}{R_4}\left(1 + \frac{2R_2}{R_1}\right)$$

为提高测量精度,测量放大器必须具有很高的共模抑制比,可用高精度型的运算放大器。此外要求电阻元件的精密度很高,输入端的进线要用绞合线以抑制干扰。

值得注意的是,在使用集成运放过程中,根据实际技术指标的要求我们可以选取不同类型的集成运放,如通用型、高速型、高阻型等,选好元件后,根据引脚图和电路图连接外部电路,包括电源、消振电路、调零电路、保护电路等,这部分可查阅相关资料。

本 章 总 结

集成运算放大器是利用集成电路工艺制成的高增益直接耦合放大器。在对集成运算放大器进行分析时,常将运算放大器理想化。

当运算放大器工作于线性区时

$$u_+ \approx u_-，\quad \text{"虚短"}$$
$$i_+ \approx i_- \approx 0，\quad \text{"虚断"}$$

当运算放大器工作于非线性区时

$$\text{如果 } u_+ > u_-，\text{则 } u_o = +U_{OM}$$
$$\text{如果 } u_+ < u_-，\text{则 } u_o = -U_{OM}$$

一般在工作于线性区时,需引入深度负反馈。在振荡电路中,通常引入正反馈。

负反馈有电压串联负反馈、电压并联负反馈、电流串联负反馈、电流并联负反馈四种类型;不同的反馈类型对放大器的性能有着不同的影响。

集成运放的应用很广,按其工作区分,有线性应用和非线性应用;按其功能分有模拟运算电路、信号处理电路、信号产生电路等。

1. 模拟运算电路

模拟运算电路中的运算放大器引入深度负反馈,工作于线性区。按输入与输出的关系,常用的运算电路有反相比例、同相比例、加法、减法、积分、微分运算电路等。

2. 信号处理电路

有源滤波器电路是利用无源 RC 滤波电路和集成运算放大器组合而成的。按其工作频率范围可分为低通、高通、带通、带阻等类型。

电压比较器是将输入信号和参考电压进行比较,比较器的输入是模拟信号,而输出是高电平或低电平。常用的比较器有过零比较器、任意电压比较器、滞回比较器等。

3. 信号产生电路

信号产生电路有正弦波振荡电路和非正弦波振荡电路。

正弦波发生器有 RC 振荡器、LC 振荡器等,其电路是由放大电路、正反馈电路、选频电路等几部分构成的。

正弦波发生器产生振荡的条件是:$\dot{A}\dot{F} = 1$。

要满足:

$$\begin{cases} \text{幅值条件为 } \dot{A}\dot{F} = 1 \\ \text{相位条件为 } \varphi_A + \varphi_F = 2k\pi, k \in Z \end{cases}$$

而电路的起振条件为 $|\dot{A}\dot{F}| > 1$。

非正弦波发生器有方波发生器、三角波发生器、锯齿波发生器等。与正弦波振荡器不同,非正弦波振荡电路无需选频电路。本章介绍的几种非正弦波振荡电路的核心电路是迟滞型比较器。

习　题　3

3.1　选择题

3.1.1　理想运算放大器的两个输入端的输入电流等于零,其原因是(　　)。

A. 同相端和反相端的输入电流相等而相位相反

B. 运放的差模输入电阻接近无穷大

C. 运放的开环电压放大倍数接近无穷大

3.1.2　理想运放的开环电压放大倍数 A_{od}、差模输入电阻 r_{id} 和输出电阻 r_o 分别为（　　）

A. $A_{od}=0, r_{id}=0, r_o=0$　　　　　　B. $A_{od}=\infty, r_{id}=0, r_o=\infty$

C. $A_{od}=\infty, r_{id}=\infty, r_o=0$　　　　D. $A_{od}=\infty, r_{id}=\infty, r_o=\infty$

3.1.3　若要求负载变化时放大电路的输出电压比较稳定，并且取用信号源的电流尽可能小，应选用（　　）。

A. 串联电压负反馈　　　　　　　　B. 串联电流负反馈

C. 并联电压负反馈　　　　　　　　D. 并联电流正反馈

3.1.4　一个由理想运算放大器组成的同相比例运算电路，其输入输出电阻是（　　）。

A. 输入电阻高，输出电阻低　　　　B. 输入、输出电阻均很高

C. 输入、输出电阻均很低　　　　　D. 输入电阻低，输出电阻高

3.1.5　如题 3.1.5 图所示电路中，能够实现 $u_o=u_i$ 运算关系的电路是（　　）。

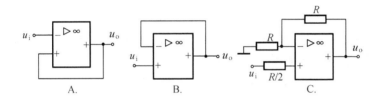

题 3.1.5 图

3.1.6　电路如题 3.1.6 图所示，若输入电压 $u_i = -10$ V，则 u_o 约等于（　　）。

A. 50 V　　　　　　B. -50 V　　　　　　C. 15 V　　　　　　D. -15 V

3.1.7　电路如题 3.1.7 图所示，D 为理想二极管，若输入电压 $u_i = 1$ V，$R_1 = 1$ kΩ，$R_2 = R_3 = 10$ kΩ，则输出电压 u_o 为（　　）。

A. 10 V　　　　　　B. 5 V　　　　　　C. -10 V　　　　　　D. -5 V

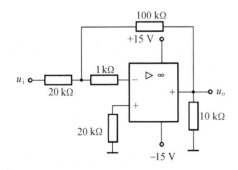

题 3.1.6 图

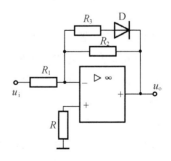

题 3.1.7 图

3.1.8 电路如题 3.1.8 图所示,负载电流 i_L 与负载电阻 R_L 的关系为(　　)。

A. R_L 增加, i_L 减小　　B. i_L 的大小与 R_L 的阻值无关　　C. i_L 随 R_L 增加而增大

3.1.9 微分电路如题 3.1.9 图所示,若输入 $u_i = \sin\omega t$ V,则输出 u_o 为(　　)。

A. $R_F \omega C \cos\omega t$ V　　　　B. $-R_F \omega C \cos\omega t$ V　　　　C. $-R_F C \sin\omega t$ V

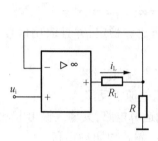　　　　　　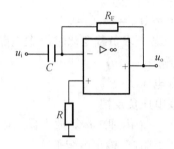

题 3.1.8 图　　　　　　　　　　题 3.1.9 图

3.1.10 电路如题 3.1.10 图所示,其电压放大倍数 $A_u = u_o/u_i = $ (　　)。

A. 1　　　　B. $-R_F/R_1$　　　　C. R_F/R_1　　　　D. R_1/R_F

3.1.11 电路如题 3.1.11 图所示,运算放大器的饱和电压为 ±12 V,晶体管 T 的 $\beta = 50$,为了使灯 HL 亮,则输入电压 u_i 应满足(　　)。

A. $u_i > 0$　　　　B. $u_i = 0$　　　　C. $u_i < 0$

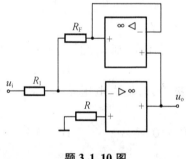　　　　　　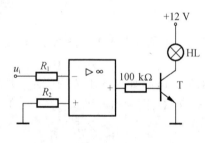

题 3.1.10 图　　　　　　　　　　题 3.1.11 图

3.1.12 电路如题 3.1.12 图所示,运算放大器的饱和电压为 ±15 V,稳压管的稳定电压为 10 V,设正向压降为零,当输入电压 $u_i = 5\sin\omega t$ V 时,输出电压 u_o 应为(　　)。

A. 最大值为 10 V,最小值为零的矩形波

B. 幅值为 ±15 V 的矩形波

C. 幅值为 ±15 V 的正弦波

3.1.13 双限比较器电路如题 3.1.13 图所示,运算放大器 A_1 和 A_2 的饱和电压值大于双向稳压管的稳定电压值 U_Z,D_1 和 D_2 为理想二极管,当 $u_i < U_{R_2}$ 时, u_o 等于(　　)。

A. 零　　　　　　B. $+U_Z$　　　　　　C. $-U_Z$

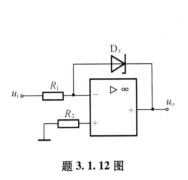

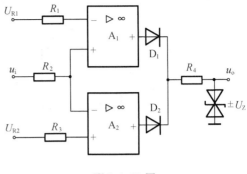

题 3.1.12 图　　　　　　　　　　题 3.1.13 图

3.2　分析、计算题

3.2.1　有一个差分电桥放大电路如题 3.2.1 图所示,设集成运算放大电路的开环差模放大倍数为 A_o,试计算放大电路的输出电压。

3.2.2　运算电路如题 3.2.2 图所示,(1)计算平衡电阻 R_3 的数值;(2)求运算关系式 $u_o = f(u_{i1}, u_{i2})$;(3)若设 $R_1 = R_2 = R_F = R$,u_{i1},u_{i2} 分别为方波和三角波且周期相等,试画出输出电压 u_o 的波形图。要求 u_o 波形图与 u_{i1},u_{i2} 波形相对应。

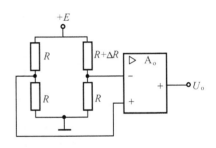

题 3.2.1 图

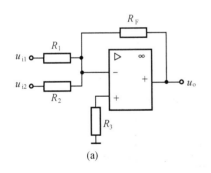

(a)

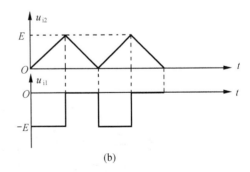

(b)

题 3.2.2 图

(a)电路图;(b)输入信号

3.2.3　试画出能实现下列运算关系的运算放大电路:

(1) $u_o = -5u_i$;(2) $u_o = 2u_{i1} - u_{i2}$;(3) $u_o = -3u_{i1} - u_{i2} + 0.2u_{i3}$(给定 $R_f = 100$ kΩ)。

3.2.4　电路如题 3.2.4 图所示,试写出输出电压 u_o 的表达式。若 $u_i = 2$ V,$R_f = 100$ kΩ,$R_1 = 10$ kΩ,$R = 20$ kΩ,求输出电压 u_o 的数值。

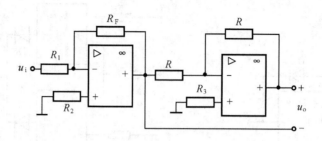

题 3. 2. 4 图

3. 2. 5 电路如题 3. 2. 5 图所示,写出输出电压与输入电压之间的运算关系。

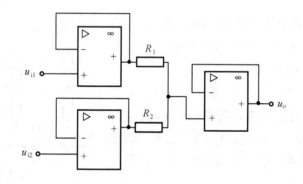

题 3. 2. 5 图

3. 2. 6 求题 3. 2. 6 图所示的运算放大电路 u_o 与 u_{i1},u_{i2} 之间的运算关系。

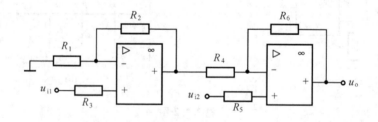

题 3. 2. 6 图

3. 2. 7 电路如题 3. 2. 7 图所示,试求输出电压 u_o 与输入电压 u_i 之间关系的表达式。

3. 2. 8 电路如题 3. 2. 8 图所示,写出 u_o 与 u_Z 之间的运算关系式。当 R_L 改变时,u_o 有无变化? R_F 起什么作用?

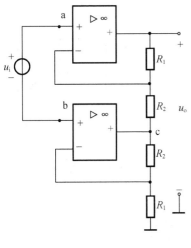

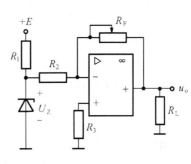

题 **3.2.7** 图　　　　　　　　　　题 **3.2.8** 图

3.2.9　题 3.2.9 图所示电路是产生基准电压的电路。若设稳压管的稳定电压 $u_Z = 5.4\ \text{V}$,管压降 $u_D = 0.7\ \text{V}$,电阻 $R_1 = R_2 = 2\ \text{k}\Omega$,$R_W = 1\ \text{k}\Omega$,$R_3 = 2.5\ \text{k}\Omega$,试计算输出电压的变化范围。

3.2.10　电路如题 3.2.10 图所示:(1)若设 $R_f \gg R_4$,试证明 $A_{uf} = \dfrac{u_o}{u_i} = -\dfrac{R_f}{R_1}\left(1 + \dfrac{R_3}{R_4}\right)$;(2)若 $R_1 = 50\ \text{k}\Omega$,$R_2 = 33\ \text{k}\Omega$,$R_3 = 3\ \text{k}\Omega$,$R_4 = 2\ \text{k}\Omega$,$R_f = 100\ \text{k}\Omega$,求 A_{uf};(3)若 $R_3 = 0$,要得到(2)中的 A_{uf} 值,电阻 R_f 应为何值?

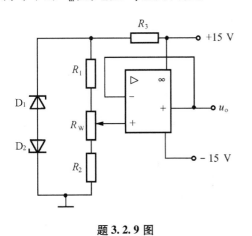

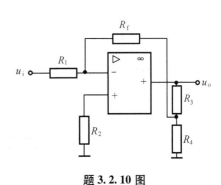

题 **3.2.9** 图　　　　　　　　　　题 **3.2.10** 图

3.2.11　题 3.2.11 图所示电路为电压 - 电流变换电路。R_L 是负载电阻,一般 $R \ll R_f$,求负载电流 i_o 与输入电压 u_i 的关系式。说明该电路为何种负反馈。

3.2.12　题 3.2.12 图所示电路为电压 - 电流变换电路,试分析引入反馈的类型,并写出输出电流 i_o 与 u_i 之间的关系表达式。若 $u_i = E$ 为一恒压源。当负载电阻 R_L 改变时,输出电流 i_o 有无改变? 说明电路具有什么功能?

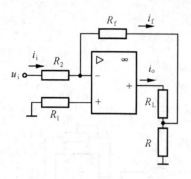

题 3. 2. 11 图

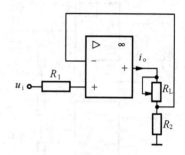

题 3. 2. 12 图

3. 2. 13　电路如题 3. 2. 13 图所示,要求:

(1)指出图中的反馈电路,判断反馈极性(正、负反馈)和类型;

(2)写出 u_o 与 u_i 之间运算关系表达式;

(3)求出该电路的输入和输出电阻。

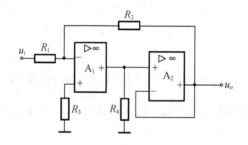

题 3. 2. 13 图

3. 2. 14　试用运算放大器实现下列运算关系并画出电路图。

（1）$u_o = -10\int u_{i1}dt - 2\int u_{i2}dt$,给定 $C = 1\ \mu F, u_C(0) = 0$;（2）$u_o = -0.1\dfrac{du_i}{dt}$。

3. 2. 15 电路如题 3. 2. 15 图所示,求输出电压 u_o 与输入电压 u_i 之间的关系表达式。

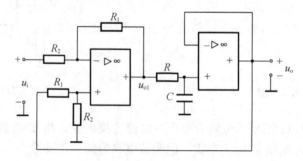

题 3. 2. 15 图

3. 2. 16　写出题 3. 2. 16 图所示电路输出电压 u_o 与输入电压 u_i 之间的运算关系。若设

$u_C(0) = 0$，$u_i = \begin{cases} 0, & t < 0 \\ 1\ \text{V}, & t \geqslant 0 \end{cases}$，$R_f = 100\ \text{k}\Omega$，$R_1 = 20\ \text{k}\Omega$，$C = 20\ \mu\text{F}$，试画出 u_o 的波形图。

3.2.17　题 3.2.17 图所示电路是一种比例积分微分（PID）运算电路，试求 u_o 和 u_i 之间的运算关系。

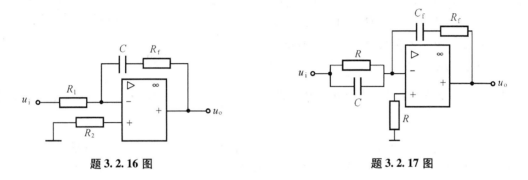

题 3.2.16 图　　　　　　　　　　题 3.2.17 图

3.2.18　电路如题 3.2.18 图所示，试证明：输出与输入电压之间的关系为 $u_o = \dfrac{2}{RC}\displaystyle\int u_i \mathrm{d}t$。

3.2.19　电路如题 3.2.19 图所示，试画出它的电压传输特性曲线。

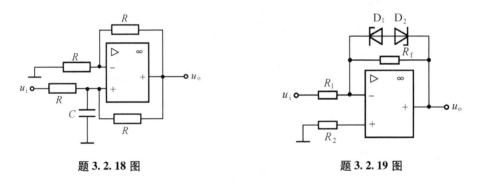

题 3.2.18 图　　　　　　　　　　题 3.2.19 图

3.2.20　由运算放大器组成的模拟运算电路如题 3.2.20 图所示，参数标在图中，试写出 u_o 与 u_i 之间的微分方程。

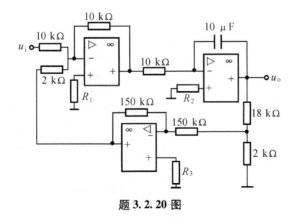

题 3.2.20 图

3.2.21 用运算放大器和电压表可以组成欧姆表测量电阻值,其电路如题 3.2.21 图所示。设电压表满量程为 5 V,被测电阻 R_x 接在运放的反相端和输出端之间,当 R_x 的测量范围规定为 0 ~ 200 kΩ 时,电阻 R 值如何选取?

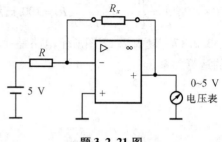

题 3.2.21 图

3.2.22 题 3.2.22 图所示电路是由运算放大器组成的可遥控温度报警器。高频低噪声晶体管 T 作为温度传感器,它的发射结电压的温度系数为 – 2.2 mV/℃,选用 $\beta \geqslant 200$,则 $U_\alpha = \dfrac{R_1 + R_2}{R_1} U_{BE}$;LED 为发光二极管,用于发光报警。

(1)说明 R_4,R_5 的作用是什么? (2)说明电路在什么情况下能报警? 说明原因。(3)若把传感器电压改接到同相输入端,电路还能报警吗? 此时 R_4,R_5 也改接到反相端,R_f 不变。

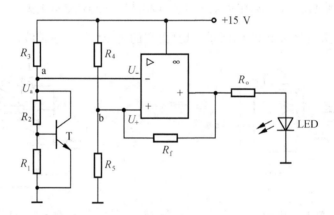

题 3.2.22 图

3.2.23 电路如题 3.2.23 图所示,求 $\dot{A}_f = (j\omega) = \dfrac{\dot{U}_o}{\dot{U}_i}$ 表达式。

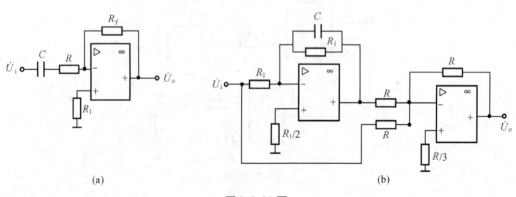

(a)   (b)

题 3.2.23 图

3.2.24　题 3.2.24 图所示电路为高通滤波器,u_i 为正弦量,求 $\dot{A}_f(j\omega) = \dfrac{\dot{U}_o}{\dot{U}_i}$,并分析其幅频特性。

3.2.25　电路如题 3.2.25 图所示,稳压管 D_{Z1},D_{Z2} 的稳定电压 $U_Z = 6$ V,正向压降忽略不计,输入电压 $u_i = 5\sin\omega t$ V,参考电压 $U_R = 1$ V,画出输出电压 u_o 的波形。

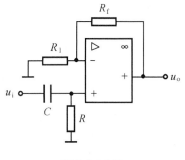

题 3.2.24 图

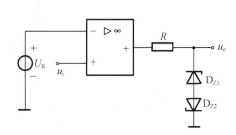

题 3.2.25 图

3.2.26　电路如题 3.2.26 图所示,稳压管 D_Z 的稳定电压 $U_Z = 6$ V,正向压降忽略不计,输入电压 $u_i = 6\sin\omega t$ V,要求:(1)画出 $R_1 = R_2$ 时 u_o 的波形;(2)若 $R_2 = 2R_1$,u_o 波形将如何变化?

3.2.27　题 3.2.27 图所示电路中,运放为理想器件,其最大输出电压 $U_{om} = \pm 14$ V,稳压管的稳压值 $U_Z = \pm 6$ V,$t = 0$ 时刻电容 C 两端电压 $u_C = 0$ V,试求开关 S 闭合后电压 u_{o1},u_{o2},u_{o3} 的表达式。

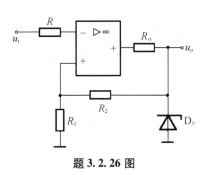

题 3.2.26 图

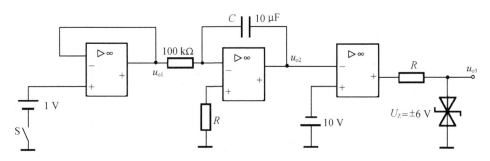

题 3.2.27 图

3.2.28　电路如题 3.2.28 图所示,已知运算放大器的最大输出电压幅度为 ± 12 V,稳压管稳定电压为 6 V,正向压降为 0.7 V,要求:(1)运算放大器 A_1,A_2,A_3 各组成何种基本应用电路;(2)若输入信号 $u_i = 10\sin\omega t$ V,试画出相应的 u_{o1},u_{o2},u_{o3} 的波形,并在图中标出有关电压的幅值。

3.2.29　电路如题 3.2.29 图所示。(1)R_1 大致调到多大才能起振,并说明图中二极管的作用。(2)R_P 为双联电位器,可在 $0 \sim 14.4$ kΩ 间可调。试求振荡频率的调节范围。

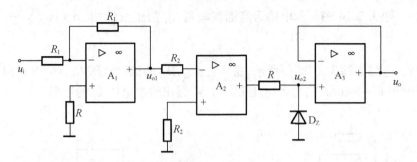

题 3.2.28 图

3.2.30 在变压器反馈式振荡电路图 3.35 中,(1)若电容 $C = 2\ 500$ pF,线圈 N_1 电感 $L_1 = 0.4$ mH,则产生的正弦波频率是多少?(2)在调试该振荡电路时,若原来并不起振,当对调反馈线圈 N_2 的两个接头后就能起振,这是什么原因?若调整 R_{B1},R_{B2} 或 R_E 值,或改用 β 值大的晶体管,或适当增加 N_2 的匝数后就能起振,各是什么原因?

3.2.31 如题 3.2.31 图为电容三点式振荡电路及其交流通路,试用相位条件分析判断它们是否能产生自激振荡,并指出反馈电压。

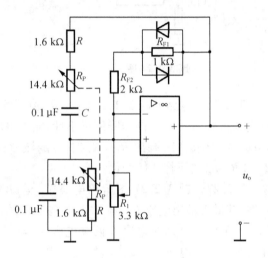

题 3.2.29

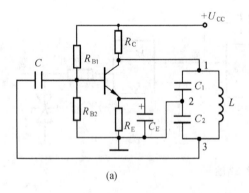

(a)

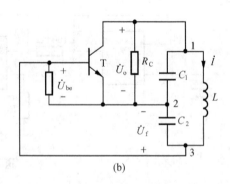

(b)

题 3.2.31 图

第4章

直 流 电 源

在科研和生产中,经常需要稳定的直流电源,由于电网电压提供的是交流电,因此需将交流电转换为直流电。将交流电压转换成稳定的直流电压的电子设备,称为直流稳压电源。图4.1为其原理方框图。

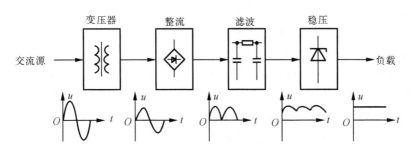

图4.1 直流稳压电源的原理方框图

直流稳压电源的原理方框图中各环节的主要功能如下。

电源变压器:将电网交流电压变换成符合整流电路所需要的交流电压。

整流电路:将交流电压变换为单向脉动电压(利用整流元件的单向导电性)。

滤波器:减小整流电压的脉动程度,以适应负载的需要。

稳压环节:在交流电源电压波动或负载变动时,使直流输出电压稳定。

4.1 整 流 电 路

4.1.1 单相半波整流电路

图4.2(a)是单相半波整流电路,由电源变压器 T_r、整流元件 D(半导体二极管)及负载电阻 R_L 组成。

设变压器副边的交流电压为

$$u_2 = \sqrt{2} U_2 \sin\omega t$$

其波形如图4.2(b)所示。

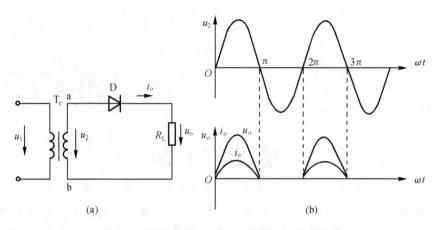

图 4.2 单相半波整流电路及其电压电流的波形

因为二极管 D 具有单向导电性,所以只有当它的阳极电位高于阴极电位时才能导通。在变压器副边电压 u_2 的正半周时,其极性为上正下负,如图 4.2(a)所示,即 a 点的电位高于 b 点,二极管因承受正向电压而导通,电流通过负载电阻。因为二极管的正向电阻很小,二极管的正向压降也很小,可忽略不计,所以负载电阻 R_L 上的电压 $u_o(t) = u_2(t)$。在电压 u_2 负半周时,a 点的电位低于 b 点,二极管因承受反向电压而截止,没有电流通过负载,输出电压 $u_o(t) = 0$。因此,在负载电阻 R_L 上得到的是半波整流电压 $u_o(t) = 0$,其大小是变化的,而且极性一定,即所谓单向脉动电压如图 4.2(b)所示。

这种脉动直流电压的大小用它的平均值表示,即

$$U_o = \frac{1}{2\pi} \int_0^\pi \sqrt{2} U_2 \sin\omega t \mathrm{d}(\omega t) = \frac{\sqrt{2}}{\pi} U_2 = 0.45 U_2 \qquad (4.1)$$

式中,U_2 为变压器副边电压的有效值。

负载电流 i_o 的平均值为

$$I_o = \frac{U_o}{R_L} = 0.45 \frac{U_2}{R_L} \qquad (4.2)$$

在整流电路中,整流二极管的正向电流和反向电压是选择整流二极管的依据。

半波整流电路中,二极管与负载 R_L 串联,因此流过二极管的平均电流等于负载电流的平均值,即

$$I_D = I_o = 0.45 \frac{U_2}{R_L} \qquad (4.3)$$

当二极管不导通时,承受的最高反向电压就是变压器副边交流电压 u_2 的最大值 U_{2m},即

$$U_{DRM} = U_{2m} = \sqrt{2} U_2 \qquad (4.4)$$

4.1.2 单相桥式整流电路

单相半波整流的缺点是只利用了电源的半个周期,同时整流电压的脉动较大。为了克服这些缺点,常采用单相桥式整流电路。

图 4.3 是单相桥式整流电路,它由电源变压器 T_r、整流二极管 D(共四个)和负载电阻 R_L 组成。因四个整流二极管接成一个电桥,故称为桥式整流电路。图 4.3(a)(b)(c)是桥式整流电路不同的表示形式。

下面我们按照图 4.3(a)来分析桥式整流电路的工作过程。为了分析方便,假设电源变压器和整流二极管为理想器件,即忽略变压器绕组阻抗上的电压降、二极管的正向电压和反向电流。

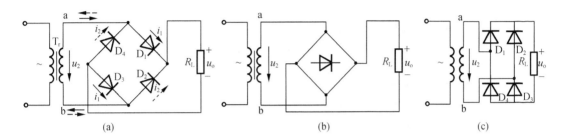

图 4.3　单相桥式整流电路

设变压器副边电压波形如图 4.4(a)所示。在变压器副边电压 u_2 的正半周时,其极性为上正下负如图 4.3(a)所示,即 a 点的电位高于 b 点,二极管 D_1 和 D_3 导通,D_2 和 D_4 截止,电流 i_1 的通路是 a→D_1→R_L→D_3→b。这时负载电阻 R_L 上得到一个半波电压,$u_o(t) = u_2(t)$。

在电压 u_2 的负半周时,变压器副边的极性为上负下正,即 b 点的电位高于 a 点。因此,D_1 和 D_3 截止,D_2 和 D_4 导通,电流 i_2 的通路是 b→D_2→R_L→D_4→a。同样,在 R_L 上得到另一半波电压,即 $u_o(t) = -u_2(t)$,并且在两个半周内流经 R_L 的电流方向一致如图 4.4(b)所示。

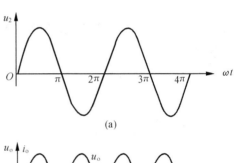

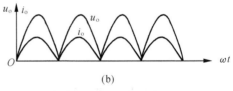

图 4.4　单相桥式整流电路的电压与电流波形

显然,全波整流电路的整流电压的平均值 U_o 比半波整流时增加了一倍,即

$$U_o = 2 \times 0.45 U_2 = 0.9 U_2 \tag{4.5}$$

流经 R_L 的直流电流,即输出的直流电流平均值为

$$I_o = \frac{U_o}{R_L} = 0.9 \frac{U_2}{R_L} \tag{4.6}$$

每两个二极管串联导电半周,因此每个二极管中流过的平均电流只有负载电流的一半,即

$$I_D = \frac{1}{2} I_o = 0.45 \frac{U_2}{R_L} \tag{4.7}$$

二极管截止时所承受的最高反向电压,可以从图 4.3(a)分析得出。当 D_1 和 D_3 导通时,

如果忽略二极管的正向压降,截止二极管 D_2 和 D_4 的阴极电位就等于 a 点的电位,阳极电位就等于 b 点的电位。因此截止二极管所承受的最高反向电压就是电源电压的最大值,即

$$U_{DRM} = \sqrt{2}\,U_2 \tag{4.8}$$

这一点与半波整流电路相同。

【例 4.1】 设一台直流电源采用单相桥式整流电路,交流电源电压为 380 V,负载要求输出直流电压 $U_o = 110$ V,直流电流 $I_o = 3$ A。(1)如何选用晶体二极管? (2)求整流变压器的变比及容量。

【解】 (1)通过二极管的平均电流为

$$I_D = \frac{1}{2}I_o = 0.5 \times 3 = 1.5 \text{ A}$$

变压器副边电压的有效值为

$$U_2 = U_o/0.9 = 110/0.9 \approx 122 \text{ V}$$

考虑到变压器副边绕组及管子上的压降,变压器的副边电压大约要高出理论值 10%,即取 $U_2 = 122 \times 1.1 \approx 134$ V,于是二极管承受的最高反向电压为

$$U_{DRM} = \sqrt{2} \times 134 \approx 190 \text{ V}$$

因此可选用 2CZ12F 晶体二极管,其最大整流电流为 3 A,最高反向电压为 400 V(由附表 A.4 查得)。为了使用安全,在选择二极管的反向耐压和最大整流电流时都要留一定的安全裕量。

(2)变压器的变比为

$$k = \frac{380}{134} \approx 2.8$$

变压器副边电流的有效值为

$$I_2 = I_o/0.9 = 3/0.9 \approx 3.3 \text{ A}$$

变压器的容量为

$$S = U_2 I_2 = 134 \times 3.3 \approx 442 \text{ VA}$$

4.1.3* 倍压整流电路

无论是半波整流电路还是桥式整流电路,整流输出电压的最大值都是 U_2。若要得到较高的输出电压,可以采用倍压整流电路。图 4.5(a)是常用的三倍压整流电路。

当交流电压 u_2 为正半周时,D_1 导通,电容 C_1 被充电到 U_2,极性如图 4.5(b)所示。

当交流电压 u_2 为负半周时,D_1 截止,D_2 导通,u_2 与电容 C_1 上的电压串联在一起,经 D_2 对电容 C_2 充电,使 C_2 上的电压达到 $2U_2$,极性如图 4.5(c)所示。

当交流电压 u_2 为下一个正半周时,D_1、D_2 截止,D_3 导通,u_2 与电容 C_1、C_2 上的电压串联在一起,经 D_3 对电容 C_3 充电,使 C_3 上的电压达到 $2U_2$,极性如图 4.5(d)所示。

由上述分析可知,在 1、3 两端(C_1、C_3 上的电压串联)就等于 $3U_2$,从而实现了三倍压整流。

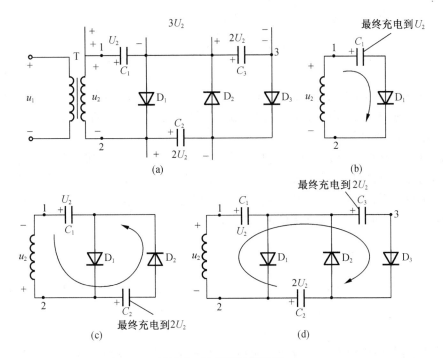

图 4.5　三倍压整流电路

(a)三倍压整流电路;(b)1 端为正,2 端为负;(c)1 端为负,2 端为正;(d)第三个半周时

思考题

4.1.1　如图 4.2(a)所示电路,用直流表测得输出电流为 12 V,如果用交流电流表测量为多少?

4.1.2　图 4.3(a)所示电路中,如发生下述各种情况,会有什么问题?

(1)二极管 D_1 接反;(2)二极管 D_1 被短路;(3)二极管 D_2 极性接反;(4)二极管 D_1、D_2 极性都接反;(5)二极管 D_1 开路、D_2 被短路。

4.1.3　整流电路如图 4.3(a)所示,分析 u_o 的波形。并分别说明其输出电压 u_o 的平均值、有效值与 u_2 有效值的关系。

4.1.4*　电路如题 4.1.4 图所示,二极管为理想元件,已知 $u_2 = 30\sin314t$ V。

(1)试分析 u_{C_1} 和 u_{C_2} 的实际极性。

(2)求 $U_{C_1} = ?$　$U_{C_2} = ?$

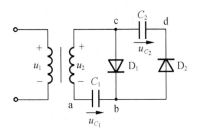

题 4.1.4 图

4.2 滤波电路

整流后的单向脉动直流电压除了含有直流分量,还含有纹波即交流分量。因此通常都要采取一定措施,尽量降低输出电压的交流成分,同时尽量保留其直流成分,得到比较平稳的直流电压波形,即滤波。

滤波电路通常采用的滤波元件有电容和电感。由于电容和电感对不同频率正弦信号的阻抗不同,因此可以把电容与负载并联、电感与负载串联构成不同形式的滤波电路。或者从另一个角度看,电容和电感是储能元件,它们在二极管导通时储存一部分能量,然后再逐渐释放出来,从而得到比较平滑的输出波形。

4.2.1 电容滤波电路

将整流电路的输出端与负载并联一个电容 C,就组成一个简单的电容滤波电路。图4.6(a)是具有电容滤波的单相桥式整流电路。它依靠电容器充放电来降低负载电压和电流的脉动。

没接电容时,整流电路输出电压 u_o 的波形如图4.6(b)中虚线所示。并联电容后,在 u_2 的正半周,通过 D_1、D_3 一方面向负载 R_L 提供电流,另一方面向电容充电,电容电压 u_C 的极性上正下负。如果忽略二极管正向压降,则在二极管导通时,u_C(即输出电压 u_o)等于变压器副边电压 u_2。当 u_2 达到最大值开始下降,电容电压 u_C 也将由于放电而逐渐下降。当 $u_2 < u_C$ 时,二极管 D_1、D_3 处于反向偏置而截止,电容 C 向负载 R_L 放电,则 u_C 将按时间常数 $R_L C$ 的指数规律下降,直到下一个半周,当 $|u_2| > u_C$ 时,D_2、D_4 导通。输出电压波形如图4.6(b)中实线所示。

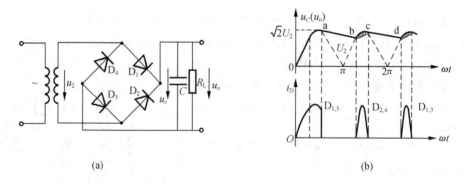

图4.6　单相桥式整流电容滤波电路及其波形图

对比并联电容前后的输出电压波形,可总结电容滤波电路具有如下特点。

(1)输出电压的脉动程度降低

电容的滤波效果与电容放电的时间常数 $\tau = R_L C$ 有关系,τ 越大,电容放电越慢,输出电压的脉动越小。为得到比较好的滤波效果,一般要求

$$R_L C \geqslant (3 \sim 5) \frac{T}{2} \qquad (4.9)$$

式中, T 为 u_2 的周期。

（2）输出电压的平均值增大

滤波效果越好,输出电压越大。在满足式(4.9)的条件下,输出电压平均值近似为

$$U_o \approx 1.2 U_2 \qquad (4.10)$$

（3）输出电压受负载影响较大

当 $R_L = \infty$ 时,电容没有放电回路,输出电压最大, $U_o = \sqrt{2} U_2$ 。随着 R_L 的减小,电容放电加快, U_o 急剧下降,输出脉动增大。因此,电容滤波电路适用于负载较大且负载变化不大的场合。

由于滤波电容在一周期内的充电电荷等于放电电荷,即电容电流的平均值为零,因此流过每个二极管的平均电流仍然等于负载平均电流的一半。截止时二极管承受的最大反向电压就是电源电压的最大值。

从图 4.6(b)可以看出,二极管的导通时间很短,通过管子的电流 i_D 是周期性的脉动电流。在实际应用中,由于滤波电容很大,而整流电路的内阻又很小,在接通电源瞬间,二极管将承受很大的冲击电流,容易造成损坏。因此,在选择管子的最大整流电流时,还应留有一定的余量。

【例 4.2】 已知负载电阻 $R_L = 100\ \Omega$,负载电压 $U_o = 120\ V$,交流电源频率 $f = 50\ Hz$,今采用单相桥式整流电路,试选择整流二极管及滤波电容器。

【解】 （1）选择整流二极管

流过二极管的电流为

$$I_D = \frac{1}{2} I_o = \frac{1}{2} \frac{U_o}{R_L} = \frac{1}{2} \times \frac{120}{100} = 0.6\ A = 600\ mA$$

变压器副边电压的有效值为

$$U_2 = \frac{U_o}{1.2} = \frac{120}{1.2} = 100\ V$$

二极管所承受的最高反向电压为

$$U_{DRM} = \sqrt{2} U_2 = \sqrt{2} \times 100 = 141\ V$$

因此可选用 2CZ11C,其最大整流电流为 1 000 mA,最高反向电压为 300 V。

（2）选择滤波电容器

由公式(4.9),取系数为 5 时,

$$R_L C = 5 \times \frac{T}{2} = 5 \times \frac{1/50}{2} = 0.05\ s$$

$$C = \frac{0.05}{R_L} = \frac{0.05}{100} = 500 \times 10^{-6}\ F = 500\ \mu F$$

因此可选用 $C = 500\ \mu F$ 、耐压为 300 V 的电解电容器。

4.2.2　电感滤波电路

在整流电路的输出端和负载电阻 R_L 之间串联一个电感量较大的铁芯线圈 L ,就构成了

电感滤波电路,如图 4.7 所示。

电感滤波作用可以从两方面理解:一方面,当电感中流过的电流发生变化时,线圈中产生的自感电动势阻碍电流的变化,使得负载电流和负载电压的脉动大为减小;另一方面,经整流后的脉动直流电压既含有直流分量,又含有各次谐波的交流分量。由于电感的直流电阻很小,交流阻抗很大,因此当电感 L 与负载 R_L 串联时,直流分量大部分降在 R_L 上,而交流分量大部分降在电感上,这样负载 R_L 得到比较平坦的电压波形。

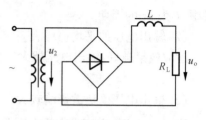

图 4.7　电感滤波电路

电感滤波电路的特点:由于滤波电感的自感作用,使二极管导通时间比电容滤波电路的时间增长,流过二极管的峰值电流减小;负载改变时外特性好,带负载能力较强,因此电感滤波适用于负载电流变化比较大的场合。但电感滤波因采用铁芯线圈,体积大,比较笨重,电感自身的电阻不容忽视,会带来一定的直流压降和功率损耗。

为了进一步减小输出电压的脉动,可在电感滤波之后再加一电容 C 与 R_L 并联,组成 LC 滤波,如图 4.8 所示。经电容进一步滤波,可得到更为理想的直流电压。

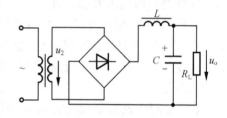

图 4.8　LC 滤波电路

4.2.3　π 型滤波电路

如果要求输出电压的脉动更小,可以采用 CLC - π 型滤波电路或 CRC - π 型滤波电路,如图 4.9 所示。

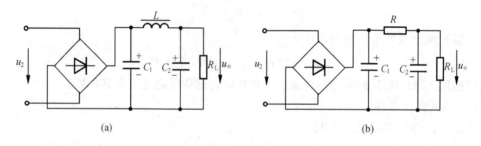

(a)　　　　　　　　　　　　　　　　(b)

图 4.9　π 型滤波电路

(a)CLC - π 型滤波电路;(b)CRC - π 型滤波电路

图 4.9(a)是在 LC 滤波前面再并接一个滤波电容,便构成 CLC - π 型滤波电路。它的滤波效果比 LC 滤波电路更好,但整流二极管的冲击电流较大。

电感的体积大,成本高,所以在小功率电子设备中,常用电阻 R 代替图 4.9(a)中的电感,构成 CRC - π 型滤波电路,如图 4.9(b)所示。整流电压先经电容 C_1 滤波后,又经 RC_2 进一步滤波,使输出电压更为平滑。电阻对于交直流电流都具有同样的降压作用,脉动压的交流分量较多地降落在电阻两端(因为电容 C_2 的交流阻抗很小),而较小地降落在负载上,从而起到了滤波作用。电阻 R 越大,滤波效果越好。但 R 太大,将使直流电压 U_o 下降。π 型滤波电路的性能和应用场合与电容滤波电路相似。该电路适用于负载电流小,输出电压脉动很小的场合。

思考题

4.2.1　如题 4.2.1 图所示电路,分析哪一个电路在电源电路中可以起到滤波作用?

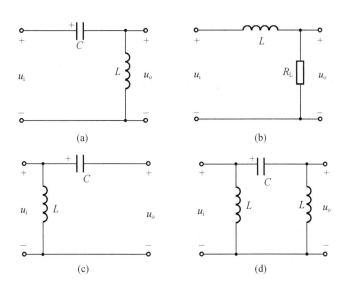

(a)　　　　　　　　　(b)

(c)　　　　　　　　　(d)

题 **4.2.1** 图

4.2.2　整流电路带电容滤波与不带电容滤波有何区别,各具有什么样的特点?

4.2.3　在电容滤波电路中,为了使输出电压的脉动程度较小,则应选取什么样的滤波电容、负载电阻?在电感滤波电路中,如何选取滤波电感、负载电阻?

4.3　稳　压　电　路

电子测量仪器、自动控制、计算装置等都要求有很稳定的直流电源供电。但是,通过整流滤波所获得的直流电压往往会随交流电源电压的波动和负载的变化而变化。电压不稳定导致电路工作不稳定,甚至根本无法正常工作。为此,必须在整流滤波电路之后加入稳压环节,以提高输出直流电压的稳定度。

4.3.1　稳压电路的主要性能指标

衡量稳压电路的性能指标有稳压系数、输出电阻、纹波电压、温度系数等,具体含义如下。

1. 稳压系数 S_γ

S_γ 指通过负载的电流和环境温度保持不变时,稳压电路输出电压的相对变化量与输入

电压的相对变化量之比,即

$$S_\gamma = \frac{\Delta U_o/U_o}{\Delta U_i/U_i}\bigg|_{\Delta I_L=0,\,\Delta T=0} \tag{4.11}$$

式中,U_i 为稳压电源输入直流电压;U_o 为稳压电源输出直流电压;S_γ 数值越小,输出电压的稳定性越好。

2. 输出电阻 R_o

当输入电压和环境温度不变时,输出电阻 R_o 为输出电压的变化量与输出电流变化量之比,即

$$R_o = \frac{\Delta U_o}{\Delta I_o}\bigg|_{\Delta U_i=0,\,\Delta T=0} \tag{4.12}$$

3. 纹波电压 S

纹波电压 S 指稳压电路输出端中含有的交流分量,通常用有效值或峰值表示,S 值越小越好。

4. 温度系数 S_T

温度系数 S_T 指在 U_i 和 I_o 都不变的情况下,环境温度 T 变化所引起的输出电压的变化,即

$$S_T = \frac{\Delta U_o}{\Delta T}\bigg|_{\Delta U_i=0,\,\Delta I_o=0} \tag{4.13}$$

S_T 越小,漂移越小,稳压电路受温度影响越小。

4.3.2 稳压管稳压电路

图 4.10 是一种稳压管稳压电路,经过桥式整流电路整流和电容滤波器滤波得到直流电压 U_i,再经过限流电阻 R 及稳压管 D_Z 组成稳压电路,这样负载 R_L 上得到的就是一个比较稳定的电压。

引起电压不稳定的原因是交流电源电压的波动和负载电流的变化。下面分析在这两种情况下稳压电路的作用。

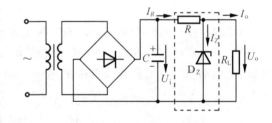

图 4.10 稳压管稳压电路

当交流电源电压增加而使整流输出电压 U_i 随着增加时,负载电压 U_o(即稳压管两端的反向电压)也要增加。同时稳压管 D_Z 的电流大大增加,于是 $I_R(=I_Z+I_o)$ 增加很多,因此电阻 R 上的压降增加,使得输入电压 U_i 的增量绝大部分降落在 R 上,从而使负载电压 U_o 保持近似不变。反之,当 U_i 下降时,U_o 也将下降,I_Z 大大减小,电阻 R 上的压降也减小,仍然保持负载电压 U_o 近似不变。

当输入电压 U_i 不变时,负载电流 I_o 增大(R_L 变小),总电流 I_R 增大,电阻 R 上的压降增大,负载电压 U_o 因而下降,从而引起 I_Z 大大减小,因此 I_o 增加的部分几乎被 I_Z 减小部分所抵消,使总电流基本不变,因而也保持输出电压基本稳定。当负载电流减小时,稳压过程相反。

选择稳压管时,一般取

$$U_Z = U_o \tag{4.14}$$

$$I_{Zmax} = (1.5 \sim 3) I_{omax} \tag{4.15}$$

$$U_i = (2 \sim 3) U_o \tag{4.16}$$

选取限流电阻 R 时,应满足以下两种极端情况:

①当整流滤波后的电压为最高值 U_{imax},负载电流为最小值 I_{omin},此时流过稳压管电流最大,但应小于稳压管的最大稳定电流 I_{Zmax},即

$$\frac{U_{imax} - U_o}{R} - I_{omin} < I_{Zmax}$$

$$R > \frac{U_{imax} - U_o}{I_{Zmax} + I_{omin}}$$

②当整流滤波后的电压为最小值 U_{imin},负载电流为最大值 I_{omax} 时,流过稳压管的电流应大于稳压管的最小稳定电流 I_{Zmin},即

$$\frac{U_{imin} - U_o}{R} - I_{omax} > I_{Zmin}$$

$$R < \frac{U_{imin} - U_o}{I_{Zmin} + I_{omax}}$$

综合起来,限流电阻阻值应满足下式

$$\frac{U_{imax} - U_o}{I_{Zmax} + I_{omin}} < R < \frac{U_{imin} - U_o}{I_{Zmin} + I_{omax}} \tag{4.17}$$

限流电阻 R 的额定功率选为

$$P_R = (2 \sim 3) \frac{(U_{imax} - U_o)^2}{R} \tag{4.18}$$

【例 4.3】 如图 4.10 所示的稳压管稳压电路,已知负载电阻 R_L 由开路变到 2 kΩ,整流滤波后的电压 $U_i = 30$ V(假定电网电压变化 ±10%),负载电压 $U_o = 10$ V,试选取稳压二极管和限流电阻 R。

【解】 负载电流最大值为

$$I_{omax} = \frac{U_o}{R_L} = \frac{10}{2} = 5 \text{ mA}$$

由式(4.15)选取系数为 3,则

$$I_{Zmax} = 3 I_{omax} = 15 \text{ mA}$$

$$U_Z = U_o = 10 \text{ V}$$

依据手册,选 2CW18 型稳压二极管($U_Z = 10 \sim 12$ V, $I_Z = 5$ mA, $I_{Zmax} = 20$ mA)。

电网电压变化为 ±10%,因此 U_i 也变化 ±10%,则

$$U_{imax} = 1.1 \times 30 = 33 \text{ V}$$

$$U_{imin} = 0.9 \times 30 = 27 \text{ V}$$

由式(4.17)得

$$\frac{33 - 10}{20 + 0} \text{ kΩ} < R < \frac{27 - 10}{5 + 5} \text{ kΩ}$$

$$1.15 \text{ kΩ} < R < 1.7 \text{ kΩ}$$

选取标称值 $R = 1.5$ kΩ。

额定功率为

$$P_R = 2.5 \times \frac{(33-10)^2}{1.5 \times 10^3} = 0.88 \text{ W}$$

因此选取限流电阻 R 为 1.5 kΩ,1 W。

4.3.3　串联型稳压电路

稳压管稳压电路稳压效果不够理想,带负载能力较差,电压不能调节,而串联型晶体管稳压电路能较好地解决以上问题。

1. 串联型稳压电路的组成

串联型稳压电路包括以下四个部分,如图 4.11 所示。

(1)采样环节

采样环节是由 R_1,R_2,R_P 组成的电阻分压器,它将输出电压 U_o 的一部分取出送到放大环节。

(2)基准电压

由稳压管 D_Z 和电阻 R_3 提供,其基准电压值为 U_Z,R_3 是稳压管的限流电阻。

(3)电压放大器

采样电压接至放大器的输入端,由三极管 T_1 构成。

(4)调节环节

调节环节由功率管 T_2 组成,运算放大器输出信号控制 T_2 的基极电流 I_B,从而改变集电极电流 I_C 和集-射极电压 U_{CE},达到调整输出电压 U_o 的目的。

2. 稳压原理

当输出电压 U_o 升高时,采样电压 U_f 就增大,T_1 的基-射极电压 U_{BE1} 增大,其基极电流 I_{B1} 增大,集电极电流 I_{C1} 上升,电极电压 U_{CE1} 下降。因此,T_2 的 U_{BE2} 减小,I_{C2} 减小,U_{CE2} 增大,输出电压 U_o 下降,使输出电压保持稳定。当输出电压降低时,调整过程相反。上述稳压过程可表示如下:

$$U_o \uparrow \rightarrow U_f \uparrow \rightarrow U_{BE1} \uparrow \rightarrow I_{B1} \uparrow \rightarrow I_{C1} \uparrow \rightarrow U_{CE1} \downarrow \rightarrow U_{BE2} \downarrow \rightarrow I_{B2} \downarrow \rightarrow I_{C2} \downarrow \rightarrow U_{CE2} \uparrow \rightarrow U_o \downarrow$$

从调整过程来看,图 4.11 所示的串联型稳压电路是一种串联型电压负反馈电路。

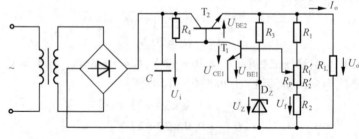

图 4.11　串联型稳压电路

3. 输出电压的调节范围

串联型稳压电路的输出电压可在一定范围内进行调节,这种调节可以通过调整电位器 R_P 来实现。

假定流过 R_2 的电流比 I_{B1} 大得多,即略去 I_{B1} 的分流作用,T_1 管基极对地电位为

$$U_{B1} = \frac{R_2 + R_2'}{R_1 + R_P + R_2} \cdot U_o。$$

则

$$U_o = \frac{R_1 + R_P + R_2}{R_2 + R_2'} U_{B1} = \frac{R_1 + R_P + R_2}{R_2 + R_2'}(U_Z + U_{BE1}) \tag{4.19}$$

当电位器 R_P 的滑点置最下端时,$R_2' = 0$,U_o 最大,即

$$U_{omax} = \frac{R_1 + R_P + R_2}{R_2}(U_Z + U_{BE1})$$

当电位器 R_P 的滑点置上端时,$R_2' = R_P$,U_o 最小,即

$$U_{omin} = \frac{R_1 + R_P + R_2}{R_2 + R_P}(U_Z + U_{BE1})$$

4.3.4 集成稳压电路

把稳压电路集成在一个芯片内,就构成集成稳压器。集成稳压器具有体积小、可靠性高、性能指标好、使用简单灵活及价格便宜等优点。特别是三端集成稳压器,芯片只引出三个端子,分别接输入端、输出端和公共端,内部有限流、过热和过压保护,使用更加安全、方便。

三端集成稳压器有固定输出和可调输出两种类型。固定输出的直流电压是固定不变的几个电压等级,又可分为正压和负压两类。

下面以 W7800 和 W7900 系列三端固定式集成稳压器为例,介绍集成稳压器的应用。

W7800 和 W7900 系列三端集成稳压器外形如图 4.12 所示。其中 W7800 系列 1 脚为输入,2 脚为输出,3 脚为公共端;W7900 系列 1 脚为公共端,3 脚为输入,2 脚为输出。W7800 系列输出正电压,W7900 系列输出负电压,电压等级为 5 V,6 V,8 V,12 V,15 V,18 V,24 V 等。使用时将它接在整流滤波电路之后,最高输入电压为 35 V,稳压器输入、输出间电压差最小为 2~3 V。

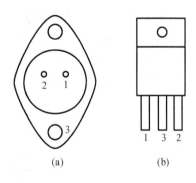

图 4.12 W7800 和 W7900 集成稳压器外形

(a)金属封装;(b)塑料封装

1. 固定输出的正、负稳压电路

图 4.13(a)是正电压稳压电路。输入端电容 C_1 用来改善纹波和抑制过电压,输出端电容 C_2 用来改善暂态响应;为避免输入端对地短路,输入滤波电容开路造成的输出瞬时过电压,在输入和输出端之间可接保护二极管,如图 4.13 中虚线所示。

需要负电压输出时,选用 W7900 系列,如图 4.13(b)所示。

选择 W7800 和 W7900 两个稳压器连接在一起,就构成了正负电压同时输出的稳压电路。

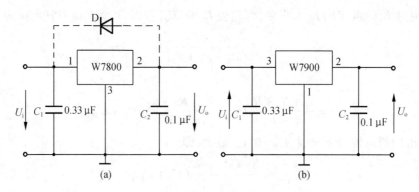

图 4.13 固定输出的稳压电路

(a)正电压稳压电路;(b)负电压稳压电路

2. 提高输出电压的稳压电路

如果需要的直流稳压电源的输出电压高于集成稳压器的稳压值,可以外接元件提高输出电压,如图 4.14 所示。

稳压电路输出电压为

$$U_o = U_{××} + U_Z \qquad (4.20)$$

式中,$U_{××} = 5$ V。

3. 扩大输出电流的稳压电路

当负载所需电流大于集成稳压器输出电流时,可采用外接功率管 T 的方法,扩大输出电流,如图 4.15 所示。

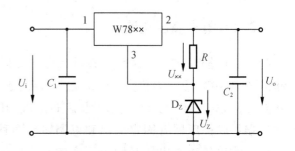

图 4.14 提高输出电压的稳压电路

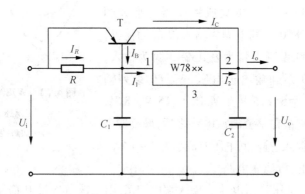

图 4.15 扩大输出电流的稳压电路

稳压电路输出电流为

$$I_o = I_2 + I_c$$

式中,I_2 为 W78×× 的输出电流值。

如果希望得到可调的输出电压,可以选用可调试集成稳压器。

国产的三端可调式集成稳压器的外形与固定式集成稳压器相似,不同之处是有调节端而无公共端。CW117 系列的 1 引脚为调节端,2 引脚为输出端,3 引脚为输入端;CW137 系

列的 1 引脚为调节端,2 引脚为输入端,3
引脚为输出端。

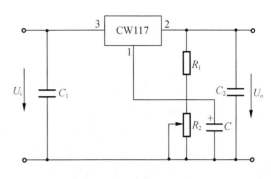

图 4.16　可调输出电压的稳压电路

三端可调式集成稳压器的输出端和
调节端之间基准电压为 ±1.25 V。若将
调节端接地,就相当于一个输出电压为
1.25 V 的三端固定式集成稳压器;若按
图 4.16 接线,就构成了可调输出电压的
稳压电路,图中 C 的作用是滤除 R_2 两端
的纹波电压,一般取 10 μF。

稳压电路输出电压为

$$U_o = 1.25\left(1 + \frac{R_2}{R_1}\right) \tag{4.21}$$

可见,改变 R_2 的阻值就可以调节输出电压 U_o 的大小。一般 R_1 为 240 Ω 的电阻,R_2 为
6.8 kΩ 电位器,U_o 可调范围为 1.25 ~ 37 V。

思考题

4.3.1　电路如题 4.3.1(a)图所示,变压器副边电压 u_2 的波形如题 4.3.1(b)图所示,
试定性画出下面各种情况下 u_i 和 u_o 波形图。(1)开关 S_1,S_2 均断开;(2)开关 S_1,S_2 均闭
合;(3)开关 S_1 断开,S_2 闭合。

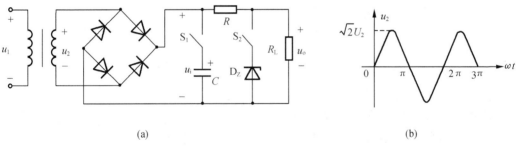

(a)　　　　　　　　　　　　　　　　　(b)

题 4.3.1 图

4.3.2　电路如题 4.3.2 图所示,$R_1 = R_2 = R_P = 3$ kΩ,试分析输出电压 U_o 的可调范围是多少?

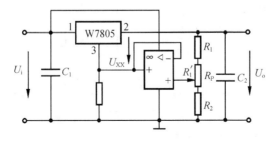

题 4.3.2 图

4.4* 开关型稳压电源

串联反馈式稳压电路由于调整管工作在线性放大区,电流持续通过,调整管的功率损耗($P_C = U_{CE}I_c$)相当大,电源效率较低,有时还要配备一定的散热装置,而且这种稳压电路还需要电源变压器。为了克服上述缺点,可采用串联开关式稳压电路,这种电路中的调整管工作在开关状态,即工作在饱和导通与截止两种状态。由于管子饱和导通时管压降 U_{CES} 和截止时管子的电流 I_{CEO} 都很小,管耗主要发生在状态转换过程中。如选用转换过程快的调整管,电源效率可提高到 70%~80%,并且体积小,质量少。它的缺点是输出电压所含纹波较大。

图 4.17 所示为开关型稳压电路的原理图。开关调整管 T、LC 滤波器和续流二极管 D 构成 DC/DC 变换器,它是开关电路的核心。PWM 占空比控制电路由比较器 C 和三角波振荡器组成;A 为误差放大器,它的两个输入端分别为基准电压 U_{REF} 和输出取样电压 U_F,其输出电压 U_A 接至比较器 C 的同相输入端。

U_A 为负值时,U_T,U_B,U_E 的波形如图 4.18 所示。

当三角波瞬时电压 $U_T < U_A$ 时,比较器 C 输出高电平,调整管 T 导通,输出电流通过电感储存能量,若忽略调整管 T 的饱和管压降,则调整管发射极电位 $U_E = U_I - U_{CES} \approx U_I$,此时二极管 D 反偏截止,负载电阻 R_L 中有电流流过。

当三角波瞬时电压 $U_T > U_A$ 时,比较器 C 输出低电平,调整管 T 截止,电感上产生的感应电势极性相反,使二极管 D 导通,电感中储存的能量通过 D 向负载释放,使负载电阻 R_L 中连续流过电流。因为二极管的存在,使调整管 T 截止时不中断负载电流,故常称 D 为续流二极管。如果忽略二极管 D 的导通管压降,则调整二极管发射极对地电压 $U_E = -U_D \approx 0$,其波形如图 4.18 所示。

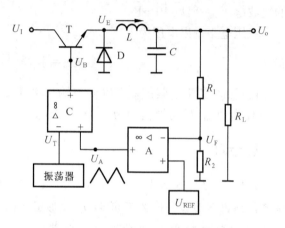

图 4.17 开关型稳压电路的原理图

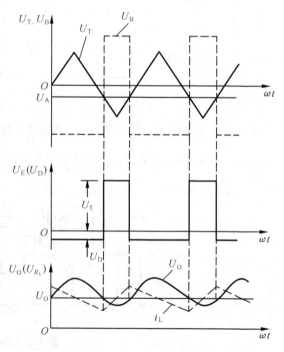

图 4.18 U_A 为负值时,U_T,U_B,U_E 的波形图

忽略在电感中的直流压降,此电压在一周期内的平均值就是电路的输出电压 U_o,即

$$U_o = \frac{t_{on}}{T}(U_1 - U_{CES}) + \frac{t_{off}}{T}(-U_D) \approx \frac{t_{on}}{T}U_1 = DU_1 \qquad (4.22)$$

式中　T——调整管开关转换周期,$T = t_{on} + t_{off}$;

$\quad\quad\ D$——脉冲波形占空比,$D = \frac{t_{on}}{T}$。

由上式可见,当 U_1 一定时,调节占空比 D,就可以改变输出电压值。

脉冲波形占空比的控制方式有三种:

①开关周期 T 保持不变,改变导通时间 t_{on},即改变脉冲的宽度,称为脉冲宽带调制 PWM。

②t_{on} 保持不变,改变 T,即改变开关频率,称为脉冲频率调制 PFM。

③t_{on} 和 T 同时改变,称为混合调制。

图 4.17 所示开关型稳压电路为脉冲宽度调制方式,U_A 增加,t_{on} 增大,而 U_A 与采样电压 U_F 有关,即与 R_1,R_2 的阻值有关。

整个稳压器的自调整过程如下:

电压稳定输出时为 U_o,则 $U_F = FU_o = U_{REF}$,误差放大器输出电压 U_A 为零,比较器 C 输出脉冲电压 U_B 占空比为 50%,调整管 T 导通、截止时间相同,从而维持稳定输出。

当输出电压 U_o 上升时,即 $U_F = FU_o > U_{REF}$,误差放大器输出电压 U_A 为负,与 U_T 相比,U_B 的占空比相应减小,致使调整管导通时间减小,输出电压下降到稳定值 U_o。

当输出电压 U_o 下降时,即 $U_F = FU_o < U_{REF}$,误差放大器输出电压 U_A 为正,与 U_T 相比,U_B 的占空比相应增大,致使调整管导通时间增加,输出电压上升到稳定值 U_o。

总之,负载变动或 U_1 变化使 U_o 变化时,电路可以自动控制调整管的导通、截止时间,并且经过滤波电路后使输出电压稳定。此电路中,开关信号由单独的振荡器产生,因而称为他激式开关稳压电路。实际上还有一种开关信号由稳压电路本身产生,称自激式开关稳压电路。

由于开关型稳压电源的效率高,越来越多的电子仪器、电视机中的直流电源采用开关型稳压电源。目前,用于开关电源的集成化控制器已大量问世,其功能也十分完善,价格日趋低廉,大大提高了开关电源工作的稳定性和可靠性,有力地促进了开关电源的应用和发展。常见的开关电源集成控制器一般为脉宽调制型,如 SG1524/3524,TL494,TL1451 等。

思考题

4.4.1　试说明开关型稳压电路通常有哪几个组成部分,简述各部分的作用。

4.4.2　试说明开关型稳压电路的优缺点。

4.5　可控硅及可控整流电路

在4.1节我们介绍了用二极管构成的整流电路,因为它的输出电压是不可调的,故称为不可控整流电路。在生产和科学实验中,常需要输出电压可调的整流电源,通常称为可控

整流电源,构成可控整流电路的主要元件是晶闸管。晶闸管是一种用硅材料制成的半导体元件,因此又称为可控硅。由于可控硅具有体积小、质量轻、控制灵敏、效率高、使用维护方便等优点,应用范围很广。其缺点是过载能力差,抗干扰能力差。

4.5.1 可控硅

1. 基本结构

可控硅的内部结构如图4.19(a)所示,它由 P—N—P—N 四层半导体构成,中间形成三个 PN 结,三个电极分别为阳极 A,阴极 K 和控制极 G。图4.19(b)是可控硅的表示符号。图4.20(a)是可控硅的结构示意图,图4.20(b)是可控硅的外形。由图4.20(b)看出,可控硅的一端是一个螺柱,这是阳极引出端,同时可以利用它固定散热片;另一端有两根引出线,其中粗的一根是阴极引线,细的是控制极引线。

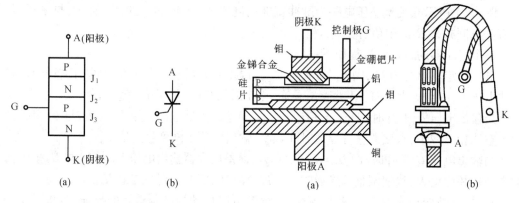

图 4.19 可控硅的内部结构及符号　　　图 4.20 可控硅的结构和外形

2. 工作原理

可控硅可看成由 PNP(T_1) 和 NPN(T_2) 两个三极管组合而成,图4.21(a)是可控硅的双晶体管结构模型,图4.21(b)是其等效电路。

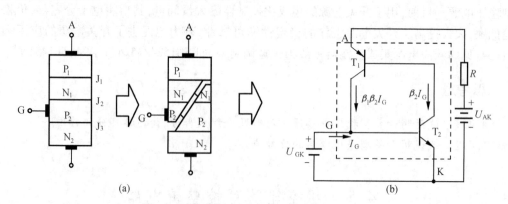

图 4.21 可控硅的原理示意图

当可控硅的阳极 - 阴极间加上正向电压 U_{AK},控制极 - 阴极间加上正向电压 U_{GK} 时,T_2

工作在放大状态,产生的控制极电流 I_G(即 I_{B2})经 T_2 放大后,形成集电极电流 $I_{C2} = \beta_2 I_{B2}$,而 I_{C2} 又是 T_1 的基极电流 I_{B1},同样经工作在放大状态的 T_1 放大后,产生集电极电流 $I_{C1} = \beta_1\beta_2 I_{B2}$,此电流又流入 T_2 的基极再一次放大。如此循环往复,形成强烈的正反馈:

$$I_G \rightarrow I_{B2} \uparrow \xrightarrow{\text{放大}} (I_{C2} = I_{B1}) \uparrow \xrightarrow{\text{放大}} I_{C1} \uparrow$$

两个三极管很快饱和导通,即可控硅完全导通。导通后,其压降很小,电源电压几乎全部加在负载上,因此可控硅中电流的大小完全由电源电压和负载电阻决定。这个导通过程是在极短的时间内完成的,一般不超过几微秒,这个过程称为触发导通过程。可控硅导通后,它的导通状态完全依靠管子本身的正反馈作用来维持,即使控制极电流 I_G 消失,可控硅仍然处于导通状态。因此,控制极的工作仅仅起触发导通的作用,一经触发后,不管 U_{GK} 存在与否,可控硅仍将导通。要想关断可控硅,必须将阳极电流减小(负载电阻增加)到使之不能维持正反馈过程,当然,也可将可控硅的外加电压 U_{AK} 降到零或加反向电压。

综上所述,可控硅导通的条件为:在阳极 – 阴极间加上一定大小的正向电压;在控制极 – 阴极间加正向触发电压。

3. 伏安特性

可控硅阳极电压(即阳极 – 阴极间电压)和阳极电流之间的关系曲线称为可控硅伏安特性曲线。阳极电流不仅受阳极电压的影响,同时还受控制极电压(或电流)的影响,图 4.22 是可控硅在不同控制极电流时的伏安特性。

当 $I_G = 0$ 时,J_2 结处于反向偏置,可控硅只有很小的正向漏电流,即特性曲线的 OA 段。此时可控硅阳极 – 阴极间呈现很大的电阻,处于正向阻断状态,若不断增加阳极电压 U_{AK},则可控硅的漏电流必然增大,亦即图 4.21(b)中的 PNP 和 NPN 两管的基极电流不断增大。当基极电流增大到一定程度时,也会使两管建立正反馈,达到

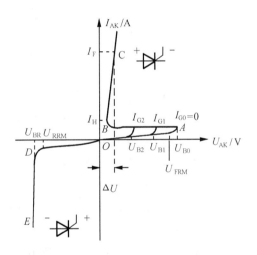

图 4.22 可控硅的伏安特性曲线

饱和导通,相应的阳极电压称为正向转折电压,以 U_{B0} 表示。如果在控制极加电压 U_{GK},相应的电流为 I_G,则转折电压就会降低。这时由于 I_G 流入 NPN 管的基极,因此 I_{B2} 相应增大,I_{C2} 也相应增大,在可控硅内部产生正反馈,使转折电压降低。在图 4.22 中 $I_{G2} > I_{G1} > I_{G0}$,相应的转折电压 $U_{B2} < U_{B1} < U_{B0}$。当外加电压达到转折电压时,可控硅由阻断状态突然转变为导通状态,即特性曲线的 A 点迅速跨过 B 点而转向 C 点。通过可控硅的电流较大而其本身的管压降很小,如将阳极电流减小到某一数值(即维持电流 I_H)后,可控硅又从导通状态转为阻断状态。

当可控硅加反向电压时,不论控制极加正向电压还是反向电压或不加电压,J_1 和 J_3 结均处于反向偏置,可控硅只有很小的反向漏电流,即特性曲线的 OD 段,可控硅处于反向阻断状态。当反向电压增加到反向转折电压 U_{BR} 时,使可控硅反向击穿,造成永久性损坏。

从正向伏安特性曲线可见,当阳极正向电压高于转折电压 U_{B0} 时元件将导通,实际上是不允许的,这种导通方法很容易造成可控硅的击穿而使元件损坏。通常应使可控硅在正向阻断状态下,将正向触发电压(或电流)加到控制极而使其导通,控制极电流愈大,正向转折电压愈小。

4. 主要参数

(1)正向重复峰值电压 U_{FRM}

在控制极断路和正向阻断的条件下,可以重复加在可控硅两端的正向峰值电压,按规定其为正向转折电压 U_{B0} 的 80%。

(2)反向峰值电压 U_{RRM}

在控制极断路条件下,可以重复加在可控硅元件上的反向峰值电压,按规定此电压为反向转折电压 U_{BR} 的 80%。

(3)正向平均电流 I_F

在环境温度不大于 40 ℃、标准散热和全导通条件下,可控硅可以连续通过的工频正弦半波电流的平均值,称为正向平均电流 I_F,简称正向电流。通常所说多少安的晶闸管,就是指这个电流。如果正弦半波电流的最大值为 I_m,则

$$I_F = \frac{1}{2\pi}\int_0^\pi I_m \sin\omega t \cdot \mathrm{d}(\omega t) = \frac{I_m}{\pi} \tag{4.23}$$

而正弦半波电流的有效值 I_t 为

$$I_t = \sqrt{\frac{1}{2\pi}\int_0^\pi (I_m\sin\omega t)^2 \mathrm{d}(\omega t)} = \frac{I_m}{2} \tag{4.24}$$

(4)维持电流 I_H

在规定的环境温度和控制极断路时,维持元件继续导通的最小电流称为维持电流 I_H。当可控硅的正向电流小于这个电流时,可控硅将自动关断。

目前国产的可控硅的型号及其含义如下:

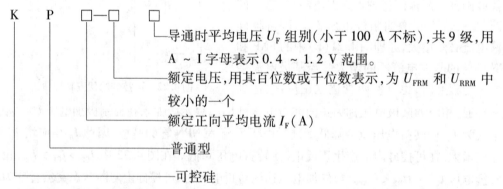

例如,KP200 – 18PF 表示 $U_F = 0.9$ V,$U_K = 1\,800$ V,$I_F = 200$ A 的普通可控硅。

4.5.2　可控整流电路

目前,可控硅的主要用途是组成可控整流电路,其作用是将交流电转换成电压大小可调的直流电。可控硅与二极管的本质区别在于它的可控性。如果改变加入控制极触发信号的时间,就改变了可控硅导电的范围,即改变了可控硅阳极电路的电流大小,从而实现对

可控整流电路的输出电流和电压的调节。为简化分析,假设可控硅为理想器件,认为其正向压降、正向漏电流和反向漏电流均为零。

1. 单相半波可控整流电路

把不可控的单相半波整流电路中的二极管用可控硅代替,就构成了单相半波可控整流电路。为简化分析,假设可控硅为理想器件,认为其正向压降、正向漏电流和反向漏电流均为零。

(1)电阻性负载

单相半波可控整流电路如图 4.23(a)所示,R_L 为负载电阻。

在电源电压 u_2 的正半周,可控硅承受正向电压。如果在 t_1 时刻,给控制极加入触发 U_G,可控硅导通,电压全部加到电阻 R_L 两端。

在 u_2 的负半周,可控硅因承受反向电压而阻断,负载 R_L 上的电压和电流均为零。在第二个正半周内,再在相应的时刻 t_2 加入触发脉冲,可控硅再次导通。这样在负载 R_L 上就可以得到一个脉动式的直流电压,如图 4.23(d)所示。图 4.23(e)所示为可控硅所承受的电压,其最高正向和反向电压均为 $\sqrt{2}\,U_2$。

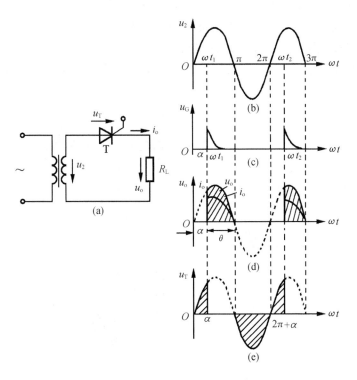

图 4.23　接电阻性负载单相半波可控整流电路及波形

加入控制电压使可控硅开始导通的角度 α 称为控制角,而导通范围 $\theta = \pi - \alpha$ 称为导通角。改变加入触发脉冲的时刻以改变控制角 α,称为触发脉冲的移相,控制角 α 的变化范围称为移相范围。在单相半波可控整流电路中,可控硅的移相范围是 $0 \sim \pi$。

显然,只要改变加入触发脉冲的时刻,导通角 θ 就随之改变,θ 愈大,输出电压愈高,从而达到可控整流的目的。负载电压的平均值为

$$U_o = \frac{1}{2\pi}\int_0^\pi \sqrt{2}U_2\sin\omega t\,d(\omega t) = \frac{\sqrt{2}}{2\pi}U_2(1+\cos\alpha) = 0.45U_2\frac{1+\cos\alpha}{2} \qquad (4.25)$$

从上式看出,当 $\alpha = 0$ 时($\theta = \pi$),可控硅全导通,$U_o = 0.45U_2$,相当于单相不可控半波整流电路;当 $\alpha = \pi(\theta = 0)$ 时,$U_o = 0$,可控硅全关断。

电阻负载中整流电流的平均值为

$$I_o = \frac{U_o}{R_L} = 0.45\frac{U_2}{R_L}\frac{1+\cos\alpha}{2} \qquad (4.26)$$

此电流即为通过可控硅的平均电流。

(2)感性负载与续流二极管

在生产实际中,遇到较多的是电感性负载,如各种电机的励磁绕组,这些负载既有电阻,又含有电感。电感性负载可用串联的电感 L 和电阻 R 表示,如图 4.24(a)所示。

在电压 u_2 的正半周,加入触发脉冲,可控硅刚触发导通时,电感元件中产生阻碍电流变化的感应电势 e_L(其极性为上正下负,此时 $U_L = e_L$),使电路中电流不能跃变,将由零逐渐上升。当电流达到最大值时,感应电压 $u_L = e_L$ 为零。而后,电流减小,感应电势 e_L 也改变极性(上负下正,此时 $U_L = -e_L$),阻碍电流减小。此后,在电压 u_2 到达零值之前,e_L 与 u_2 极性相同,可控硅仍然导通。即使 u_2 经过零值变负之后,只要 e_L 大于 u_2,可控硅继续流通,如图 4.24(b)所示(只要电流大于维持电流,可控硅就不能关断),负载上出现了负电压。当电流下降到维持电流以下时,可控硅才能关断,并且立即承受反向电压,如图 4.24(d)所示。

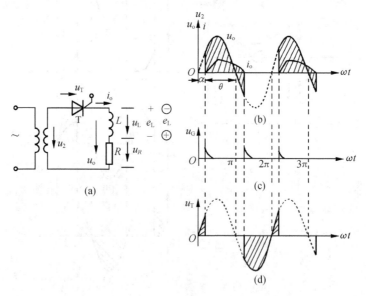

图 4.24 接电感性负载单相半波可控整流电路及波形

由此可见,在单相半波可控整流电路中接电感性负载时,可控硅导通角将大于 $180° - \alpha$,负载电感愈大,导通角 θ 愈大,在一个周期中负载的负电压所占的比重就愈大,整流输出电压和电流平均值就愈小。

为了克服上述缺点,使可控硅在电源电压 u_2 降到零值时能及时阻断,使负载上不至出现负电压,可在电感性负载两端并联一个二极管 D,如图 4.25 所示。

当可控硅导通时,若电源电压 u_2 为正,二极管 D 截止,负载上电压波形与不加二极管时相同。当电源电压 u_2 过零值变负时,二极管承受正向电压而导通,于是负载上由感应电势 e_L 产生的电流流经二极管 D 形成回路,此二极管称为续流二极管。这时负载电阻上消耗的能量是电感元件释放的能量。

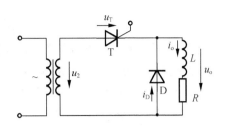

图 4.25　电感性负载并联续流二极管

2. 单相桥式可控整流电路

单相半波可控整流电路虽然电路简单,但输出直流电压低,脉动大,为了克服这个缺点,可采用单相桥式可控整流电路。单相桥式可控整流电路是将不可控单相桥式整流电路中的两个二极管用两个可控硅代替后组成的,如图 4.26(a)所示。

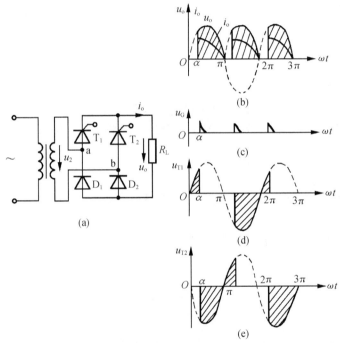

图 4.26　单相半波桥式整流电路及波形

在电源电压 u_2 的正半周(a 端为正)时,T_1 和 D_2 承受正向电压。若给 T_1 的控制极加上触发脉冲,则 T_1 和 D_2 导通,电流的通路为 $a \rightarrow T_1 \rightarrow R_L \rightarrow D_2 \rightarrow b$,这时 T_2 和 D_1 因承受反向电压而截止。

在 u_2 的负半周 T_2 和 D_1 承受正向电压。若给 T_2 的控制极加上触发脉冲,则 T_2 和 D_1 导通,电流的通路为 $b \rightarrow T_2 \rightarrow R_L \rightarrow D_1 \rightarrow a$,这时 T_1 和 D_2 因承受反向电压而截止。

当整流电路接电阻性负载时,其电压与电流的波形如图 4.26(b)所示。其输出电压的平均值要比单相半波整流电路大一倍,即

$$U_o = 0.9 U_2 \frac{1 + \cos\alpha}{2} \tag{4.27}$$

输出电流的平均值为

$$I_o = \frac{U_o}{R_L} = 0.9 \frac{U_2}{R_L} \frac{1 + \cos\alpha}{2}$$ (4.28)

【例 4.4】 有一纯电阻负载,需要可调的直流电源:电压 $U_o = 0 \sim 180$ V,电流 $I_o = 0 \sim 6$ A。现采用单相桥式可控整流电路,如图 4.26(a)所示,试求交流电压的有效值,并选择可控硅。

【解】 设可控硅导通角 $\theta = 180°(\alpha = 0°)$ 时,$U_o = 180$ V,$I_o = 6$ A。

交流电压有效值为

$$U_2 = \frac{U_o}{0.9} = \frac{180}{0.9} = 200 \text{ V}$$

实际上还要考虑电网电压波动,导通角很难做到 180° 等因素,取 $U_2 = 200 \times 10\% = 220$ V。

可控硅承受的最高反向电压为

$$U_{RM} = \sqrt{2} U_2 = 1.414 \times 220 = 311 \text{ V}$$

流过可控硅的平均电流为

$$I_T = \frac{1}{2} I_o = \frac{6}{2} = 3 \text{ A}$$

考虑到安全系数,则

$$U_{RRM} \geqslant (2 \sim 3) U_{RM} = 622 \sim 933 \text{ V}$$

根据以上计算,可选用 KP5 −7 型可控硅,其额定正向平均电流为 5 A,额定电压为 700 V。

思考题

4.5.1 可控硅在什么条件下才能导通? 导通时,通过它的阳极电流的大小由什么因素决定?

4.5.2 可控整流电路在感性负载时为何要加续流二极管?

本 章 总 结

直流稳压电源由变压器、整流电路、滤波电路、稳压电路四部分组成。

1. 整流电路:是利用整流元件的单向导电性,将交流电压变换为单向脉动电压。整流电路有半波整流、桥式整流、倍压整流等。

2. 滤波电路:是利用储能元件滤掉脉动直流电压中的交流成分,使其输出电压比较平稳,电容滤波适用于负载电流较小且负载变化不大的场合,电感滤波适用于低电压、大电流场合。

3. 稳压电路:当输入电压或负载在一定范围变化时,保证输出电压稳定。稳压电路有稳压管稳压电路、串联型稳压电路、集成稳压电路等。

4. 晶闸管:是一种大功率半导体器件,具有可控的单向导电性。晶闸管导通条件是阳极与阴极间加正向电压,控制极与阴极间加正向触发电压。晶闸管导通后,控制极便失去作用。要使晶闸管关断,必须去掉或降低阳极电压,或者在阳极加反向电压,使阳极电流小于维持电流。用晶闸管代替整流电路中的二极管,可构成输出电压可调的可控整流电路。

习 题 4

4.1 选择题

4.1.1 整流电路如题 4.1.1 图所示,设变压器副边电压有效值为 U_2,输出电流平均值为 I_o,二极管承受最高反向电压为 $\sqrt{2}U_2$,通过二极管的电流平均值为 $\frac{1}{2}I_o$,能正常工作的整流电路是( )。

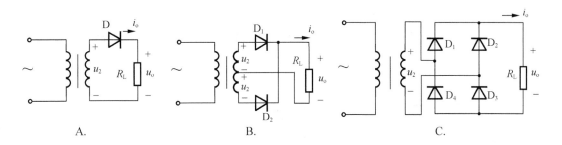

题 **4.1.1** 图

4.1.2 用万用表测量交流电压的整流电路(Ⓜ为万用表头)如题 4.1.2 图所示,当被测正弦交流电压 u 的有效值为 200 V 时,指针满偏转,此满偏直流电流为 100 μA,设二极管为理想元件,且忽略表头内阻,则电阻 R 的阻值为( )。

A. 900 kΩ   B. 1 980 kΩ

C. 2 200 kΩ   D. 2 640 kΩ

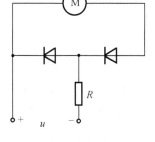

题 **4.1.2** 图

4.1.3 桥式整流电路中流过负载电流的平均值为 I_o,忽略二极管的正向压降,则变压器副边电流的有效值为( )。

A. $0.79I_o$ B. $1.11I_o$ C. $1.57I_o$ D. $0.82I_o$

4.1.4 整流电路带电容滤波与不带电容滤波两者相比,具有( )。

A. 前者输出电压平均值较高,脉动程度也较大

B. 前者输出电压平均值较低,脉动程度也较小

C. 前者输出电压平均值较高,脉动程度也较小

4.1.5 单相半波整流滤波电路如题 4.1.5 图所示,其中 $C = 100$ μF,当开关 S 闭合时,直流电压表 Ⓥ 的读数是 10 V,开关断开后,电压表的读数是( )(设电压表的内阻为无穷大)。

A. 10 V   B. 12 V   C. 14.1 V   D. 4.5 V

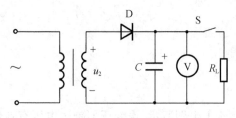

题 **4.1.5** 图

4.1.6 单相半波整流滤波电路如题 4.1.5 图所示,如果变压器副边电压有效值为 10 V,二极管 D 承受的最高反向电压 U_{DRM} 约为(   )。

A. 10 V   B. 12 V   C. 14.1 V   D. 28.3 V

4.1.7 三种滤波电路如题 4.1.7 图所示,各电路参数合理,滤波效果最好的电路是图(   )。

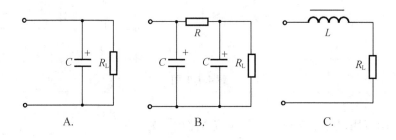

题 **4.1.7** 图

4.1.8 整流滤波电路如题 4.1.8 图所示,I_o' 为开关 S 打开后通过负载的电流平均值,I_o'' 为开关 S 闭合后通过负载的电流平均值,两者大小的关系是(   )。

A. $I_o' < I_o''$ B. $I_o' = I_o''$ C. $I_o' > I_o''$

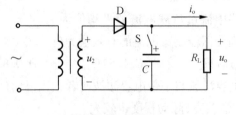

题 **4.1.8** 图

4.1.9 直流电源电路如题 4.1.9 图所示,用虚线将它分成了五个部分,其中稳压环节是指图中(   )。

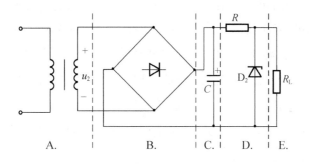

题 **4.1.9** 图

4.1.10 三端集成稳压器的应用电路如题4.1.10图所示,外加稳压管 D_Z 的作用是( )。

A. 提高输出电压   B. 提高输出电流   C. 提高输入电压

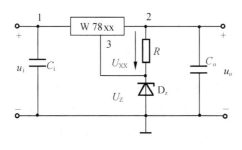

题 **4.1.10** 图

4.2 分析计算题

4.2.1 有一单相半波整流电路,如图 4.2(a)所示。已知负载电阻 $R_L = 750\ \Omega$,变压器副边电压 $U_2 = 20$ V,试求 U_o,I_o,U_{DRM} 及 I_D。

4.2.2 整流电路如题4.2.2图所示,二极管为理想元件,已知负载电阻 $R_L = 40\ \Omega$,直流电压表 V_2 的读数为 100 V,试求:(1)直流电流表 A_2 的读数;(2)整流电流的最大值;(3)交流电压表 V_1、交流电流表 A_1 的读数(设电流表内阻为零,电压表的内阻为无穷大)。

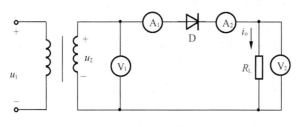

题 **4.2.2** 图

4.2.3 试证明单相半波整流电路,其变压器二次电流的有效值 I 与输出电流平均值 I_o 的关系为 $I = 1.57 I_o$。

4.2.4 有一电压为 110 V,电阻为 55 Ω 的直流负载,采用单相桥式整流电路供电,试求:(1)变压器副边电压和电流的有效值;(2)每个二极管中流过的平均电流和承受的最高反向电压。

4.2.5 整流电路如题 4.2.5 图所示,二极管为理想元件,已知直流电压表 $\text{\textcircled{V}}$ 的读数为 45 V,负载电阻 $R_L = 5$ kΩ,整流变压器的变比 $k = 10$,要求:(1)说明电压表 V 的极性;(2)计算变压器原边电压有效值 U_1;(3)计算直流电流表 $\text{\textcircled{A}}$ 的读数(设电流表的内阻为零,电压表的内阻为无穷大);(4)画出 u_2,u_o 及电压表两端的电压波形。

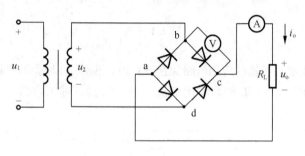

题 4.2.5 图

4.2.6 整流电路如题 4.2.6 图所示,二极管为理想元件且忽略变压器副绕组上的压降,变压器原边电压有效值 $U_1 = 220$ V,负载电阻 $R_L = 75$ Ω,负载两端的直流电压 $U_o = 100$ V。要求:

(1)求二极管的实际通态平均电流和承受的最高反向电压;

(2)在题 4.2.6 表中选出合适型号的二极管;

(3)计算整流变压器的容量 S 和变比 k。

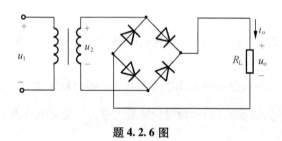

题 4.2.6 图

题 4.2.6 表

型号	最大整流电路平均值/mA	最大反向峰值电压/V
2CZ11A	1 000	100
2CZ12B	3 000	100
2CZ11C	1 000	300

4.2.7 整流电路如题 4.2.7 图所示,它能够提供两种整流电压。二极管是理想元件,变压器副边电压有效值分别为 $U_{21} = 70$ V 和 $U_{22} = U_{23} = 30$ V,负载电阻 $R_{L1} = 2.5$ kΩ,$R_{12} = 5$ kΩ,试求:(1)R_{L1},R_{L2} 上的电压平均值 u_{o1} 和 u_{o2};(2)每个二极管中的平均电流及其所承受的最高反向电压。

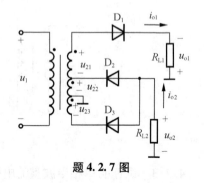

题 4.2.7 图

4.2.8 要求负载电压 $U_o = 30$ V,负载电流 $I_o = 150$ mA。采用单相桥式整流电路,带电容滤波器。已知交流频率为 50 Hz,试选择管子型号和滤波电容器,并与单相半波整流电路相比较,带电容滤波后,管子承受的最高反向电压是否相同?

4.2.9 整流滤波电路如题4.2.9图所示,二极管为理想元件,已知负载电阻 $R_L = 400\ \Omega$,负载两端直流电压 $U_o = 60\ V$,交流电源频率 $f = 50\ Hz$。要求:(1)在题4.2.9表中选出合适型号的二极管;(2)计算出滤波电容器的电容;(3)定性画出输出电压 u_o 的波形。

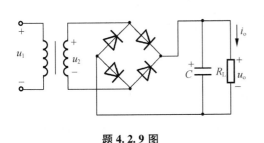

题 4.2.9 图

题 4.2.9 表

型号	最大整流电流平均值/mA	最大反向峰值电压/V
2CP11	100	50
2CP12	100	100
2CP13	100	350

4.2.10 整流滤波电路如题4.2.10图所示,二极管是理想元件,已知滤波电容 $C = 500\ \mu F$,负载电阻 $R_L = 100\ \Omega$,交流电压表 Ⓥ 的读数为 10 V,试求:(1)开关 S_1 闭合、S_2 断开,直流电流表 Ⓐ 的读数和二极管承受的最高反向电压;(2)开关 S_1 断开、S_2 闭合,直流电流表 Ⓐ 的读数和二极管承受的最高反向电压;(3)开关 S_1、S_2 均闭合,直流电流表 Ⓐ 的读数和二极管承受的最高反向电压(设 Ⓥ 内阻为无穷大,Ⓐ 内阻为零)。

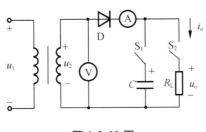

题 4.2.10 图

4.2.11 各整流滤波电路如题4.2.11图所示,变压器副边电压有效值均为 10 V,试求:(1)当开关 S 断开和闭合时各电路中负载获得的直流电压;(2)各整流二极管所承受的最高反向电压是多少?

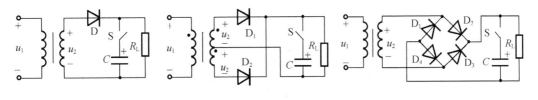

题 4.2.11 图

4.2.12 整流、滤波和稳压电路各部分如题4.2.12图所示,已知 $U_1 = 16\ V$,$R = 100\ \Omega$,$R_L = 1.2\ k\Omega$,稳压管的稳定电压 $U_Z = 12\ V$,要求:(1)将给出的部分电路图绘制成一个完整的整流滤波稳压电路;(2)求开关 S 未闭合时的 U_o 值;(3)开关 S 闭合后,求 I_o 及 I_R 值。

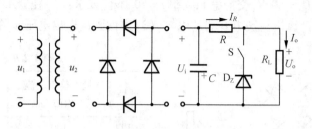

题 4. 2. 12 图

4.2.13 电路如题 4.2.13 图所示,已知 $U_I = 30$ V,稳压管 D_Z(2CW18)的稳定电压 $U_Z = 10$ V,最小稳定电流 $I_{Zmin} = 5$ mA,最大稳定电流 $I_{Zmax} = 20$ mA,负载电阻 $R_L = 2$ kΩ。

(1)当 U_I 变化为 ±10% 时,求电阻 R 的取值范围;(2)求变压器变比 $k = 6$ 时,变压器原边电压有效值 U_1。

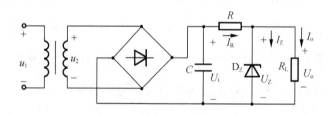

题 4. 2. 13 图

4.2.14 电路如题 4.2.13 图所示,已知 $U_i = 30$ V,$U_o = 12$ V,$R = 2$ kΩ,$R_L = 4$ kΩ,稳压管的稳定电流 $I_{Zmin} = 5$ mA,$I_{Zmax} = 18$ mA,试求:

(1)通过负载和稳压管的电流;

(2)变压器副边电压的有效值;

(3)通过二极管的平均电流和二极管承受的最高反向电压。

4.2.15 电路如图 4.11 所示。已知 $U_Z = 5.3$ V,$R_1 = R_2 = R_P = 3$ kΩ,电源电压为 220 V,电路输出端接负载电阻 R_L,要求负载电流 $I_o = 0$ mA ~ 50 mA。(1)计算电压输出范围;(2)若 T_2 管的最低管压降为 3 V,计算变压器副边电压的有效值 U_2。

4.2.16 串联型稳压电路如题 4.2.16 图所示。已知 $U_Z = 6$ V,$I_{Zmin} = 10$ mA,试指出电路存在的错误。

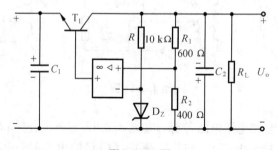

题 4. 2. 16 图

4.2.17 W7805 组成的恒流电路如题 4.2.17 图所示。已知 $I_Q = 5$ mA, $R = 200$ Ω, R_L 变化范围为 100~200 Ω,试计算:(1)负载 R_L 上的电流 I_o 值;(2)输出电压 U_o 的大小。

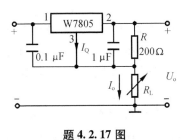

题 4.2.17 图

4.2.18 三端集成稳压器 W7815 和 W7915 组成的直流稳压电源如题 4.2.18 图所示, 已知变压器副边电压 $u_{21} = u_{22} = 20\sqrt{2}\sin\omega t$ V。

(1)分析电路整流后 U_{o1} 和 U_{o2} 的波形(无滤波和稳压电路时),并计算电压平均值。

(2)在图中标明电容的极性。

(3)确定 U_{o1} 和 U_{o2} 的值。

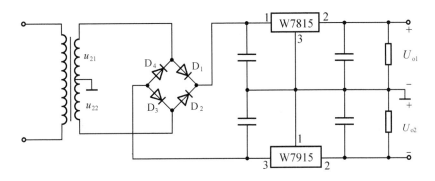

题 4.2.18 图

4.2.19 用三端可调式集成稳压器 CW117 构成输出电压可调的稳压电路,已知 CW117 输出端 2 与调节端 1 之间电压为 1.25 V, $U_i = 10$ V, $R_1 = 220$ Ω, $R_2 = 50$ Ω, $R_P = 220$ Ω,求输出电压的最大值和最小值。

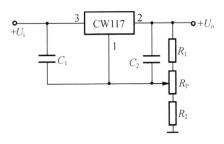

题 4.2.19 图

4.2.20　有一单相半波可控整流电路,设其负载为电阻性的。如果电路直接由 220 V 电网供电,输出的直流平均电压 $U_o = 100$ V,输出电流平均值 $I_o = 3$ A,计算可控硅的控制角、电流有效值。

4.2.21　有一电感性负载采用单相可控桥式带续流二极管(与负载并联)的整流电路来供电,负载电阻为 15 Ω,输入交流电压为 220 V,可控硅控制角 $\alpha = 60°$,试求:

(1)整流输出电压和电流的平均值;(2)整流元件和续流二极管每周期的导通角;(3)流过整流元件的平均电流;(4)说明如何选择整流元件。

4.2.22　有一电阻性负载,它需要可调的直流电压 $U_o = 0 \sim 60$ V,电流 $I_o = 0 \sim 10$ A。现采用单相可控桥式整流电路,试计算电源变压器副边的电压,并选用整流元件。

第5章

数字电路基础

前面介绍的放大电路及集成运算放大器是模拟电路,从本章开始介绍数字电路,本章主要介绍数字信号、数字电路的形式和特征、基本的数制;基本逻辑关系、逻辑函数的表示方法及化简。

5.1 数字电路概述

5.1.1 数字电路及数字信号

数字电路的特征是电路中的信号都是在时间上和数值上不连续的信号,也就是所谓的离散信号,这种信号实际上就是一个脉冲序列。以脉冲的高电平代表二进制数"1",低电平代表二进制数"0",一个脉冲序列就可以用一个多位的二进制数来表示,数字信号因此而得名。数字信号作用下的电路就称为数字电路。

数字电路与模拟电路相比,具有标准化、通用、高可靠性、高精度和快速的特点,因此被广泛采用,尤其是在计算机和计算机控制系统中更是必不可少。正是由于数字电路具有这些突出的优点,才使得数字电子技术发展速度已经远远超过了模拟电子技术,近年来在很多方面数字系统正在取代模拟系统所起的作用。也正是由于这些突出的优点,数字电路才可以集成,即将若干作用不同的数字电路集中制造在一块半导体芯片上作为一个器件来使用。在20世纪70年代中期还只有集成几十个器件的小规模集成电路,现在已经有了集成数十万个器件的超大规模集成电路,单片机就是把一个小型的计算机集成在一块硅片上。现在数字集成器件的种类越来越多,功能越来越完善,体积越来越小,速度越来越快,成本却越来越低。今天的计算机运行速度大大加快,存储容量成倍增长,成本价格不断降低正是得益于数字集成电路的发展。

除了在计算机领域应用外,数字电路在数字控制系统、工业逻辑系统、数字显示仪表等方面应用也相当广泛,因此,作为一个科技工作者应该学习和掌握数字电路的知识。

下面以一个测量电动机转速的数字转速表的原理框图来说明数字电路的组成。在图5.1中,电动机的转速经光电传感器转变成一连串微弱的电压脉冲,一个脉冲代表电动机转动一圈,这一连串脉冲可以视为模拟量。为了把单位时间内电压脉冲的个数用数字直接显示出来,首先要把它们送入脉冲放大和整形电路,变成等幅的矩形脉冲,这就是数字信号了。然后再把矩形脉冲送入到门电路。门电路是用来控制信号通过的开关电路,它的开通与关断是由加到其另一输入端的秒脉冲控制的,由秒脉冲把门电路打开一秒钟使矩形脉冲通过门电路进入计数器,计数器将一秒钟内输入的脉冲个数累计起来,这也就是电动机一秒钟内的转速。最后再通过译码、显示等电路将计数器累计的数用数字直接显示出来。

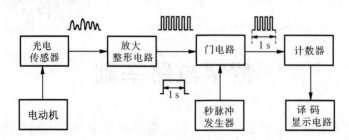

图 5.1　数字转速表的原理框图

由此可见,数字电路主要包括信号的产生、整形、传送、控制、记忆、计数、译码和显示等单元电路。在这些单元电路之间传递的都是一组组等幅、有序的脉冲序列。

5.1.2　数字电路的组成

数字电路通常由分立元件部分和若干集成芯片组成。分立元件部分也就是由半导体器件构成的数字电路。集成芯片的种类非常多,按集成度分为以下几种:

①小规模集成电路(Small Scale Integration,SSI)——在一块硅片上有 10 ~ 100 个元件。

②中规模集成电路(Medium Scale Integration,MSI)——在一块硅片上有 100 ~ 1 000 个元件。

③大规模集成电路(Large Scale Integration,LSI)——在一块硅片上有 1 000 个以上元件。

④超大规模集成电路(Very Large Scale Integration,VLSI)——在一块硅片上有 10 万个以上元件。

近年来,又迅速出现了大规模可编程序逻辑器件和可编程序逻辑阵列,并且迅速普及开来,大有取代分立元件和集成芯片连接的数字电路的趋势。可编程逻辑器件以其灵活多用而著称,硬件为多用的实体,通过软件编程将其设置为某种功能的数字器件或一个完整电路。目前,已有上百万"门"的可编程逻辑器件,其中每个"门"就相当于一个小规模集成电路。

思考题

5.1.1　试举出几个在日常生活中数字电路应用的例子。

5.1.2　模拟电子电路与数字电子电路究竟有什么区别?

5.2 数 制 与 码 制

在日常生活中,人们已经习惯使用十进制,但在数字电路中都采用二进制数。这是因为二进制只有 0 和 1 两个数码,数字器件只需对代表两个数码的两种电平状态的不同处理结果进行输出就可以了,而且输出的结果也是二进制,也只有两种电平状态。如果采用十进制,要反映 0 ~ 9 十个数码,数据信号就要有十个不同的状态,数字器件要针对十种不同的状态有不同的处理结果,这样实现起来就很困难。采用二进制后,通常用低电平代表 0,高电平代表 1。任何一个二进制数都可以用一串特定顺序的脉冲序列来表示,这就是 5.1.1 节中介绍的数字信号。由于采用了二进制,数字器件的输入和输出都是标准的高电平或低电平,所以数字电路的标准化程度很高,调试也比模拟电路容易,集成度也提高了。

虽然数字电路都采用二进制计数,但一个数值比较大的数据用二进制表示时,数据位数比较多,人们不容易书写,也不容易记住,所以也常常使用八进制和十六进制。

5.2.1 十进制

所谓十进制就是“逢十进一”的计数体制。这种进位计数制的书写形式又叫“位置记数法”。例如,一个十进制数 222,第一个“2”处在百位上,则代表“200”;第二个“2”处在十位上,则代表“20”;第三个“2”处在个位上仅代表“2”,即

$$222 = 200 + 20 + 2 = 2 \times 10^2 + 2 \times 10^1 + 2 \times 10^0$$

任意一个位置记数法表示的十进制数 $N_{10} = a_{n-1} a_{n-2} \cdots a_1 a_0 a_{-1} a_{-2} \cdots a_{-m}$ 都可以按其每位数所在的位置表示成如下形式:

$$\begin{aligned} N_{10} &= a_{n-1} a_{n-2} \cdots a_1 a_0 a_{-1} a_{-2} \cdots a_{-m} \\ &= a_{n-1} \times 10^{n-1} + a_{n-2} \times 10^{n-2} + \cdots + a_1 \times 10^1 + a_0 \times 10^0 + a_{-1} \times 10^{-1} + \\ &\quad a_{-2} \times 10^{-2} + \cdots + a_{-m} \times 10^{-m} \end{aligned} \tag{5.1}$$

式(5.1)所表示的记数形式称为“权值记数法”,其中 $10^i (i = n-1, n-2, \cdots, 1, 0, -1, -2, \cdots, -m)$ 称为“权”。

5.2.2 二进制

二进制数同样也可以用“位置记数法”和“权值记数法”来表示,不过二进制的计数特点是“逢二进一”,其权值是 2^i。

二进制数与十进制数的对应关系见表 5.1 所示,任意一个二进制数如 11010101 都可以按权值记数法等值地变换成十进制数:

$$(11010101)_2 = 1 \times 2^7 + 1 \times 2^6 + 0 \times 2^5 + 1 \times 2^4 + 0 \times 2^3 + 1 \times 2^2 + 0 \times 2^1 + 1 \times 2^0$$

表 5.1　数制对照表

十进制	二进制	八进制	十六进制
0	0	0	0
1	1	1	1
2	10	2	2
3	11	3	3
4	100	4	4
5	101	5	5
6	110	6	6
7	111	7	7
8	1000	10	8
9	1001	11	9
10	1010	12	A
11	1011	13	B
12	1100	14	C
13	1101	15	D
14	1110	16	E
15	1111	17	F
16	10000	20	10

5.2.3　八进制和十六进制

八进制和十六进制就是"逢八进一"和"逢十六进一"的计数体制。八进制数采用 0~7 共八个基本数码按位置记数的方式表示出来。要表示十六进制数,需要 16 个基本数码,这 16 个基本数码是:取 0~9 共 10 个基本数码,再补充 A,B,C,D,E,F 六个字符,这样恰好 16 个不同的数码符号构成了十六进制的基本数码。

十六进制、八进制、十进制与二进制的对应关系见表 5.1 所示。

十六进制数、八进制数也可以按权值记数法等值地变换成十进制数,例如:

$$(7AC)_{16} = 7 \times 16^2 + 10 \times 16^1 + 12 \times 16^0 = 1\ 792 + 160 + 12 = (1\ 964)_{10}$$

$$(457)_8 = 4 \times 8^2 + 5 \times 8^1 + 7 \times 8^0 = 256 + 40 + 7 = (303)_{10}$$

十六进制和八进制之所以被采用,是因其能与二进制方便地进行转换,即八进制、十六进制能很方便地转换成二进制,二进制也可以很方便地转换成八进制、十六进制。这是因为 8 和 16 都恰好是 2 的整数次幂。转换方法下面举例说明,例如:

$$(7AC)_{16} = 7 \times 16^2 + 10 \times 16^1 + 12 \times 16^0 = 7 \times (2^4)^2 + 10 \times (2^4)^1 + 12 \times (2^4)^0$$
$$= 7 \times 2^8 + 10 \times 2^4 + 12 \times 2^0$$

其中,权 2^8 表示成二进制数为 100000000,权 2^4 表示成二进制数为 10000;权 2^0 表示成二进制数为 1。

将上式等值地变换成二进制数,则

$$(7AC)_{16} = 0111 \times 100000000 + 1010 \times 10000 + 1100 \times 1 = (0111,1010,1100)_2$$

对比上例中十六进制数与二进制数可以发现,十六进制数转换成二进制数时,只需将原十六进制数逐位等值地转换成二进制数即可。比如上例中 $(7)_{16} \rightarrow (0111)_2$，$(A)_{16} \rightarrow (1010)_2$，$(C)_{16} \rightarrow (1100)_2$。同理，二进制表示的数转换成十六进制数时也可以采用类似的方法。只是要特别注意的是，每四位二进制数对应一个十六进制数，逐位转换应从最低位开始逐渐向高位推进。

【例 5.1】　将下列二进制数转换成十六进制数，十六进制数转换成二进制数。

(1) $(5E3)_{16}$；(2) $(1010110100100)_2$。

【解】　(1) 因为 $(3)_{16} = (0011)_2$，$(E)_{16} = (1110)_2$，$(5)_{16} = (0101)_2$，则

$$(5E3)_{16} = (0101,1110,0011)_2$$

(2) 在 $(1010110100100)_2$ 中从低位开始，每四位数为一组则有 $(0100)_2 = (4)_{16}$；$(1010)_2 = (A)_{16}$；$(0101)_2 = (5)_{16}$；$(1)_2 = (1)_{16}$，因此 $(1,0101,1010,0100)_2 = (15A4)_{16}$

同样道理，对于八进制而言，因为 $8 = 2^3$，所以要表示一个八进制数（0～7），需要三位二进制数。要把一个八进制数转换成二进制数，只需逐位将每一个数等值地转换成相应的三位二进制数就可以了，比如 $(257)_8 = (010,101,111)_2$；要把一个二进制数转换成八进制数，则需从低位开始，每三位二进制数为一组，再等值地转换成相应的八进制数，比如 $(1010110100100)_2 = (1,010,110,100,100)_2 = (12644)_8$。

5.2.4　十进制数转换成二进制数

前面我们介绍了如何将二进制数转变成十进制数，如何实现二进制和八进制、十六进制数之间的相互转换。在实际中还有许多场合需要将人们常用的十进制数转换成数字电路采用的二进制数。下面举例说明十进制数如何转换成二进制数。

【例 5.2】　已知一个十进制数 17，试将其转换成二进制形式表示。

【解】　设 17 转换成的二进制数为 $(b_{n-1}b_{n-2}\cdots b_1 b_0)_2$，将二进制数按权值形式表示，则

$$17 = b_{n-1} \times 2^{n-1} + b_{n-2} \times 2^{n-2} + \cdots + b_1 \times 2^1 + b_0 \times 2^0$$

将等式两边同除以基数"2"，结果应有"商" = "商"，"余数" = "余数"，即

$$\frac{17}{2} = 8 \text{ 余 } 1$$

$$\frac{b_{n-1} \times 2^{n-1} + b_{n-2} \times 2^{n-2} + \cdots + b_1 \times 2^1 + b_0 \times 2^0}{2} = (b_{n-1} \times 2^{n-2} + b_{n-2} \times 2^{n-3} + \cdots + b_1) \text{ 余 } b_0$$

则　$b_0 = 1$

$$8 = b_{n-1} \times 2^{n-2} + b_{n-2} \times 2^{n-3} + \cdots + b_1$$

这样我们就首先确定了二进制表达式的最低位为 $b_0 = 1$。如果再将所得的商除以基数"2"，于是有

$$\frac{8}{2} = 4 \text{ 余 } 0$$

$$\frac{b_{n-1} \times 2^{n-2} + b_{n-2} 2^{n-3} + \cdots + b_1}{2} = (b_{n-1} \times 2^{n-3} + b_{n-2} \times 2^{n-4} + \cdots + b_2) \text{ 余 } b_1$$

则　$b_1 = 0$

$$4 = b_{n-1} \times 2^{n-3} + b_{n-2} \times 2^{n-4} + \cdots + b_2$$

这样又确定了二进制表达式的次低位 $b_1 = 0$。再将所得的商除以基数"2",并且一直除下去又有

$$\frac{4}{2} = 2 \text{ 余 } 0$$

$$\frac{b_{n-1} \times 2^{n-3} + b_{n-2} \times 2^{n-4} + \cdots + b_2}{2} = (b_{n-1} \times 2^{n-4} + b_{n-2} \times 2^{n-5} + \cdots + b_3) \text{ 余 } b_2$$

则　　$b_2 = 0$

$$2 = b_{n-1} \times 2^{n-4} + b_{n-2} \times 2^{n-5} + \cdots + b_3$$

又因为

$$\frac{2}{2} = 1 \text{ 余 } 0$$

$$\frac{b_{n-1} \times 2^{n-4} + b_{n-2} \times 2^{n-5} + \cdots + b_3}{2} = (b_{n-1} \times 2^{n-5} + b_{n-2} \times 2^{n-6} + \cdots + b_4) \text{ 余 } b_3$$

则　　$b_3 = 0$

$$1 = b_{n-1} \times 2^{n-5} + b_{n-2} \times 2^{n-6} + \cdots + b_4$$

因为

$$\frac{1}{2} = 0 \text{ 余 } 1$$

$$\frac{b_{n-1} \times 2^{n-5} + b_{n-2} \times 2^{n-6} + \cdots + b_4}{2} = (b_{n-1} \times 2^{n-6} + b_{n-2} \times 2^{n-7} + \cdots + b_5) \text{ 余 } b_4$$

则　　$b_4 = 1$

$$b_{n-1} \times 2^{n-6} + b_{n-2} \times 2^{n-7} + \cdots + b_5 = 0$$

即　　$b_{n-1} = b_{n-2} = \cdots = b_5 = 0$

最后得出 $17 = (b_4 b_3 b_2 b_1 b_0)_2 = (10001)_2$。

总结上例所述的方法可知:将十进制数转换成二进制形式时,只要将十进制数除以基数"2",将除得的余数保留,商继续除以基数"2",余数仍保留,一直除到商等于"0"为止,最后将每次除法计算所得的余数按照先低位后高位的顺序排列起来,就得到了二进制表示形式,这种方法称为"基数除法",也称为"余数法"。

为了书写方便,基数除法又采用以下简例形式:

```
2 | 17    …… 1      低位
2 | 8     …… 0
2 | 4     …… 0      ↑
2 | 2     …… 0
2 | 1     …… 1      高位
    0
```

通过学习"基数除法"的基本规律,读者不难理解,采用基数除法还可以将十进制数转化成八进制、十六进制及其他任意进制数,只是每次除以的"基数"不再是"2",而是将要转换成的进制数 8、16 或其他数值。

5.2.5　码制

不同的数码不仅可以表示数量的大小,而且还能用来表示不同的事物。在后一种情况下,这些数码已没有表示数量大小的含意,只是表示不同事物的代号而已。这些数码称为代码。

例如,在举行长跑比赛时,为便于识别运动员,通常给每个运动员编一个号码。显然,这些号码仅仅表示不同的运动员,已失去了数量大小的含意。

为便于记忆和处理,在编制代码时总要遵循一定的规则,这些规则就称为码制。

例如,在用四位二进制数码表示一位十进制数的 0 ~ 9 这十个状态时,就有多种不同的码制。通常将这些代码称为二 - 十进制代码,简称 BCD(Binary Coded Decimal)代码。表 5.2 列出了几种常见的 BCD 代码,它们的编码规则各不相同。

表 5.2　几种常见的 BCD 代码

编码种类　　　十进制数	8421 码	余 3 码	2421 码	5211 码	余 3 循环码
0	0000	0011	0000	0000	0010
1	0001	0100	0001	0001	0100
2	0010	0101	0010	0100	0111
3	0011	0110	0011	0101	0101
4	0100	0111	0100	0111	0100
5	0101	1000	1011	1000	1100
6	0110	1001	1100	1001	1101
7	0111	1010	1101	1100	1111
8	1000	1011	1110	1101	1110
9	1001	1100	1111	1111	1010
权	8421		2421	5211	

8421 码是 BCD 代码中最常用的一种。在这种编码方式中每一位二进制代码的"1"都代表一个固定数值,把每一位的"1"代表的十进制数加起来,得到的结果就是它所代表的十进制数码。由于这种代码从左到右每一位的"1"分别表示 8,4,2,1,所以把这种代码称为 8421 码。每一位的"1"代表的十进制数称为这一位的权。8421 码中每一位的权是固定不变的,它属于恒权代码。

余 3 码的编码规则与 8421 码不同,如果把每一个余 3 码看作四位二进制数,则它的数值要比它所表示的十进制数码多 3,故而将这种代码称为余 3 码。

如果将两个余 3 码相加,所得的和将比十进制数和所对应的二进制数多 6。因此,在用余 3 码作十进制加法运算时,若两数之和为 10,正好等于二进制数的 16,于是便从高位自动产生进位信号。

此外,从表 5.2 中还可以看出,0 和 9,1 和 8,2 和 7,3 和 6,4 和 5 的余 3 码互为反码,这对于求取恒权 10 的补码是很方便的。

余 3 码不是恒权代码。如果试图把每个代码视为二进制数,并使它等效的十进制数与所表示的代码相等那么代码中每一位的 1 所代表的十进制数在各个代码中不能是固定的。

2421 码是一种恒权代码,它的 0 和 9,1 和 8,2 和 7,3 和 6,4 和 5 也互为反码,这个特点和余 3 码相仿。

5211 码是另一种恒权代码。待学了第 7 章中计数器的分频作用后可以发现,如果按 8421 码接成十进制计数器,则连续输入计数脉冲的 4 个触发器输出脉冲对于计数脉冲的分频比从低位到高位依次为 5:2:1:1。可见,5211 码每一位的权正好与 8421 码十进制计数器 4 个触发器输出脉冲的分频比相对应。这种对应关系在构成某些数字系统时很有用。

余 3 循环码是一种变权码,每一位的 1 在不同代码中并不代表固定的数值。它的主要特点是相邻的两个代码之间仅有一位的状态不同。因此,按余 3 循环码接成计数器时,每次状态转换过程中只有一个触发器翻转,译码时不会发生竞争 – 冒险现象。

思考题

5.2.1　将下列二进制数转换为十进制数。
(1)1011;(2)1010101
5.2.2　将二进制数 1101011101 转换成八进制和十六进制形式。
5.2.3　将十进制数 127 转换成二进制数,然后再转换成十六进制数。
5.2.4　将十进制数 127 采用基数除法直接转换成十六进制数。

5.3　基本逻辑关系与逻辑代数

在介绍逻辑关系之前,我们需要了解数字电路的一个重要概念:正负逻辑赋值。

在数字电路中二进制有 0 和 1 两个数码,所进行的运算是以二进制运算为基础的,且二进制数中每一位均有 1 或 0 两种可能的取值,在电路中用高低两种电平与之相对应。若用 1 表示高电平,用 0 表示低电平,则称为正逻辑赋值,简称正逻辑;反之,若用 0 表示高电平,用 1 表示低电平,称为负逻辑赋值,简称负逻辑。分析一个数字电路时,可采用正逻辑,也可采用负逻辑。根据所用正负逻辑的不同,同一电路也可有不同的逻辑关系。

若无特殊说明在本书中采用正逻辑。

1849 年,英国数学家乔治·布尔(George Boole)首先提出了描述客观事物逻辑关系的数学方法——布尔代数。后来,由于布尔代数被广泛地应用于解决开关电路和数字逻辑电路的分析与设计上,所以也把布尔代数称为开关代数或逻辑代数。逻辑代数中也用字母表示变量,这种变量称为逻辑变量。在二值逻辑中,每个逻辑变量的取值只有 0 和 1 两种可能。这里的 0 和 1 已不再表示数量的大小,只代表两种不同的逻辑状态。

逻辑代数的基本运算有与、或、非三种。

5.3.1　与逻辑关系和与运算

仅当决定一个事件的全部条件都具备时,这个事件才会发生的因果关系称为与逻辑关系。实际中反映与逻辑关系的例子很多,如图 5.2 所示的照明电路就是一例。电灯 L 和两

个开关 S_1、S_2 串联后与电源相接,要使灯 L 亮,S_1 与 S_2 都闭合。所以,开关 S_1 与 S_2 的"接通"与灯 L"亮"这一事件呈现"与"的逻辑关系。

若以 A、B 表示开关的状态,并以 1 表示开关闭合,以 0 表示开关断开;以 L 表示指示灯的状态,并以 1 表示灯亮,以 0 表示不亮;则可以列出以 0 和 1 表示的与逻辑关系的图表,如表 5.3 所示。这种图表称为逻辑真值表,或简称为真值表。

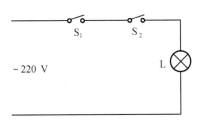

图 5.2　与逻辑关系举例

表 5.3　与逻辑运算的真值表

A	B	L
0	0	0
0	1	0
1	0	0
1	1	1

在逻辑代数中,把与看作逻辑变量 A 与 B 间的一种最基本的逻辑运算,并以"·"表示与运算。因此,A 和 B 进行与逻辑运算时可写成

$$L = A \cdot B \qquad (5.2)$$

为简化书写,允许将 $A \cdot B$ 简写成 AB,略去逻辑相乘的运算符号"·"。

在数字电路系统中,实现与运算逻辑的电路是与门,其电路符号如图 5.3 所示。

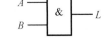

图 5.3　与门电路的逻辑符号

5.3.2　或逻辑关系和或运算

当决定一个事件的所有条件中,只要具备一个或几个条件时,这个事件就会发生——这种因果关系就是"或逻辑"。例如,图 5.4 所示电路,开关 S_1 与 S_2 并联,当 S_1 与 S_2 中只要有一个是闭合的,灯 L 就会亮,只有一种情况,那就是开关 S_1 与 S_2 都打开时,"灯亮"这件事情才不会发生。因此,"灯亮"这一结果与条件 S_1 与 S_2 闭合是"或"逻辑关系。

若以 A 和 B 表示开关的状态,并以 1 表示开关闭合,以 0 表示开关断开;以 L 表示指示灯的状态,并以 1 表示灯亮,以 0 表示不亮,则可以列出以 0 和 1 表示的或逻辑关系的真值表,如表 5.4 所示。

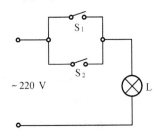

图 5.4　或逻辑关系举例

表 5.4　或逻辑运算的真值表

A	B	L
0	0	0
0	1	1
1	0	1
1	1	1

在逻辑代数中,把或看作逻辑变量 A 与 B 间的一种最基本的逻辑运算,并以"+"表示或运算。因此,A 和 B 进行或逻辑运算时可写成

$$L = A + B \qquad (5.3)$$

在数字电路系统中,实现或逻辑运算的电路是或门,其电路符号如图 5.5 所示。

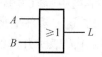

图 5.5 或门电路的逻辑符号

5.3.3 非逻辑关系和非运算

非逻辑关系就是指事件的结果和决定事件的条件总是相反的因果关系。在如图 5.6 所示的电路中,开关 S"接通",则灯 L"不亮",开关 S"不接通",则灯 L"亮",因此这种"灯亮"和"开关接通"之间的关系就是非逻辑关系。

若以 A 表示开关的状态,并以 1 表示开关闭合,以 0 表示开关断开;以 L 表示指示灯的状态,并以 1 表示灯亮,以 0 表示灯不亮,则可以列出以 0 和 1 表示的非逻辑关系的真值表,如表 5.5 所示。

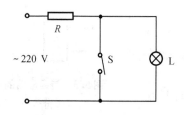

图 5.6 非逻辑关系举例

表 5.5 非逻辑运算的真值表

A	L
0	1
1	0

在逻辑代数中,把非看作逻辑变量 A 的一种最基本的逻辑运算,并以变量上边的"—"表示非运算。因此,变量 A 的非逻辑运算可写成

$$L = \overline{A} \qquad (5.4)$$

在数字电路系统中,实现非逻辑运算的电路是非门,其电路符号如图 5.7 所示。

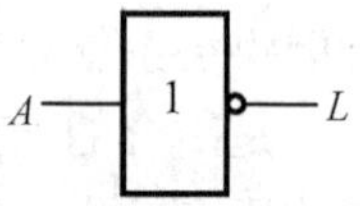

图 5.7 非门电路的逻辑符号

5.3.4 复合逻辑运算

实际的逻辑问题往往比与、或、非复杂得多,不过它们都可以用与、或、非的组合来实现。最常见的复合逻辑运算有与非、或非、与或非、异或、同或等,实现相应复合逻辑功能的电路称为与非门、或非门、与或非门、异或门、同或门等,这种复合逻辑器件由于集成度较高,往往比单纯的与门、或门、非门还要常用。下面简单介绍一些常用的复合逻辑运算。

1. 与非逻辑运算

与非逻辑运算的表达式为

$$L = \overline{A \cdot B} = \overline{AB} \qquad (5.5)$$

其真值如表 5.6 所示,由表 5.6 可知,将 A,B 先进行与运算,然后将结果求反,最后得到的即 A,B 的与非运算结果。即当输入有低电平时,输出为高电平;只有当输入全为高电平时,输出才为低电平。简言之,输入有低,输出为高;输入全高,输出为低。

2. 或非逻辑运算

或非逻辑运算的表达式为

$$L = \overline{A + B} \qquad (5.6)$$

其真值如表 5.7 所示,由表 5.7 可知,将 A,B 先进行或运算,然后将结果求反,最后得到的即 A,B 的或非运算结果。即当输入全为低电平时,输出为高电平;而当输入有高电平时,输出就为低电平。为便于记忆,可简述为输入全低,输出为高;输入有高,输出为低。

3. 与或非逻辑运算

与或非逻辑运算的表达式为

$$L = \overline{AB + CD} \qquad (5.7)$$

其真值表如表 5.8 所示,由表 5.8 可知,在与或非逻辑中,A 与 B 之间以及 C 与 D 之间都是与的关系,只要 A 与 B 或 C 与 D 任何一组同时为 1,输出 L 就是 0。只有当每一组输入都不全是 1 时,输出 L 才是 1。

表 5.6　与非逻辑运算的真值表

A	B	L
0	0	1
0	1	1
1	0	1
1	1	0

表 5.7　或非逻辑运算的真值表

A	B	L
0	0	1
0	1	0
1	0	0
1	1	0

表 5.8　与或非逻辑运算的真值表

A	B	C	D	L
0	0	0	0	1
0	0	0	1	1
0	0	1	0	1
0	0	1	1	0
0	1	0	0	1
0	1	0	1	1
0	1	1	0	1
0	1	1	1	0
1	0	0	0	1
1	0	0	1	1
1	0	1	0	1
1	0	1	1	0
1	1	0	0	0
1	1	0	1	0
1	1	1	0	0
1	1	1	1	0

4. 异或逻辑运算

异或是这样一种逻辑关系:当 A 与 B 不同时,输出 L 为 1;而 A 与 B 相同时,输出 L 为 0,如表 5.9 所示。异或也可以用与、或、非的组合表示,即

$$L = A\bar{B} + \bar{A}B = A \oplus B \qquad (5.8)$$

5. 同或逻辑运算

同或和异或相反,当 A 与 B 相同时,L 等于 1,A 与 B 不同时,L 等于 0,如表 5.10 所示。同或也可以写成与、或、非的组合形式,即

$$L = AB + \bar{A}\,\bar{B} = \overline{A \oplus B} = A \cdot B \qquad (5.9)$$

表 5.11 汇总了各复合逻辑运算电路、符号及逻辑表达式。

表 5.9　异或逻辑运算的真值表

A	B	L
0	0	0
0	1	1
1	0	1
1	1	0

表 5.10　同或逻辑运算的真值表

A	B	L
0	0	1
0	1	0
1	0	0
1	1	1

表 5.11　复合逻辑运算电路、符号及逻辑表达式

复合逻辑关系	电路	符号	表达式
与非			$L = \overline{A \cdot B} = \overline{AB}$
或非			$L = \overline{A + B}$
与或非			$L = \overline{AB + CD}$
异或			$L = A\bar{B} + \bar{A}B = A \oplus B$
同或			$L = AB + \bar{A}\,\bar{B} = \overline{A \oplus B} = A \odot B$

思考题

5.3.1　逻辑代数与普通代数的区别？

5.3.2　分别由 $AB=AC,A+B=A+C,A+AB=A+AC$ 能否得到 $B=C$？请举例说明。反之是否成立？

5.3.3　已知逻辑门电路及其输入波形如题5.3.3图所示，试画出输出 F_1,F_2,F_3 的波形，并写出逻辑表达式。

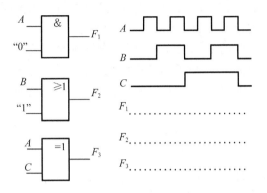

题5.3.3图

5.3.4　两逻辑门电路如题5.3.4图(a)所示，其输入波形如题5.3.4图(b)所示，试分别画出输出 F_1,F_2 的波形，并写出逻辑表达式。

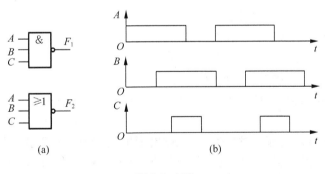

题5.3.4图

5.4　逻辑函数的化简

从上面讲过的各种逻辑关系中可以看到，如果以逻辑变量作为输入，以运算结果作为输出，那么当输入变量的取值确定之后，输出的取值便随之而定。因此，输出与输入之间是一种函数关系。这种函数关系称为逻辑函数，写作

$$L=F(A,B,C,\cdots)$$

由于输入变量和输出变量(函数)的取值只有 0 和 1 两种状态,所以我们所讨论的都是二值逻辑函数。任何一个具体的因果关系都可以用一个逻辑函数描述。

5.4.1 逻辑函数的表示方法

逻辑函数有多种表示方法。其中,最常用的就是前面多次用到的真值表、逻辑代数式和逻辑图等。现对它们的特点、列写、绘制、内在关系和转换方法简述如下。

1. 真值表

逻辑函数用真值表表示,即将自变量(输入变量)的所有取值组合与对应的函数值(输出变量)列成表格形式,优点是直观、清楚。

要求分析一个逻辑电路的逻辑功能时,可以直接根据电路列写出反映其功能的真值表。要求从一个实际的逻辑问题,概括出逻辑函数时,使用真值表最方便。步骤是:首先分析实际问题的逻辑要求,确定输入和输出变量,然后按它们之间确定的逻辑关系列写真值表。

列写真值表时,为防止输入变量取值组合可能遗漏或重复,较好的办法是把输入变量的取值组合按二进制数递增的顺序列写。

【例 5.3】 有一供三人使用的表决电路。表决时,每人若表示赞成,按下各自的按钮。若不赞成就不按。表决结果用指示灯表示,多数赞成,灯亮;反之,灯不亮。试列出该表决电路的真值表。

【解】 用输入变量 A,B,C 代表三人各自的按钮。表示赞成,按下按钮,取值为 1;反之取值为 0。用输出变量 L 代表指示灯,$L=1$ 表示多数赞成,灯亮;$L=0$,则表示相反情况。

根据题意,列出真值表,如表 5.12 所示。

表 5.12 三人表决电路的真值表

输入			输出
A	B	C	L
0	0	0	0
0	0	1	0
0	1	0	0
0	1	1	1
1	0	0	0
1	0	1	1
1	1	0	1
1	1	1	1

2. 逻辑代数式

逻辑代数式是按照对应的逻辑关系,把输出变量表示为输入变量的与、或、非运算组合表达式。例如式(5.2)~式(5.7)就是与、或、非、与非、或非、与或非逻辑关系的逻辑代数式,又称逻辑表达式,简称逻辑式。逻辑式的优点是,具有一定的抽象性和概括性,便于用逻辑代数的公式和规则进行运算、变换和化简,便于画出逻辑图。

由于真值表和逻辑式是逻辑函数的两种不同表示方法,因此两者间可以互相转换。

要求从一个函数的逻辑式列出它的真值表时,只要把输入变量的全部取值组合,依次代入表达式进行逻辑运算,求出函数值,然后把它们列成表格即可。

【例 5.4】 列出逻辑表达式 $L = A\bar{B} + \bar{A}B$ 的真值表。

【解】 逻辑表达式中共有两个输入变量 A 与 B,应有 2^2 共四种取值组合,即 00,01,10,11,依次代入表达式,求得相应的函数值为 0,1,1,0,把它们列成表格,如表 5.13 所示。本例所给的逻辑式就是异或的与、或、非复合式。

当由真值表写出逻辑表达式时,也有如下简捷的方法。

①对真值表中输出 $L=1$ 的各项列写逻辑表达式。在 $L=1$ 的输入变量组合中,各输入变量之间是与逻辑关系;而使 $L=1$ 的各输入量组合之间则是或逻辑关系。

②输入变量取值为 1,则用输入变量本身表示(如 A,B);若输入变量取值为 0,则用其反变量表示(如 $\overline{A},\overline{B}$),然后把输入变量组合写成与逻辑式。

③然后把上面 $L=1$ 的各个与逻辑式相加。

在表 5.13 中,$L=1$ 对应的 AB 输入组合为 01 和 10,则对应的与逻辑式分别为 $\overline{A}B$ 和 $A\overline{B}$,而 $\overline{A}B$ 和 $A\overline{B}$ 之间又是或逻辑关系,因此表 5.13 对应的逻辑表达式为

$$L = \overline{A}B + A\overline{B} \qquad (5.10)$$

表 5.13　例 5.4 的真值表

A	B	L
0	0	0
0	1	1
1	0	1
1	1	0

【**例 5.5**】　列写出三人表决电路的逻辑表达式。

【**解**】　三人表决电路的真值表如表 5.12 所示,对于表中 $L=1$ 的各项列写逻辑表达式。在表中输出 $L=1$ 所对应的 A,B,C 输入组合为 011,101,110,111。这四组输入组合对应的与逻辑式分别为 $\overline{A}BC,A\overline{B}C,AB\overline{C},ABC$,因此

$$L = \overline{A}BC + A\overline{B}C + AB\overline{C} + ABC \qquad (5.11)$$

3. 逻辑图

在数字电路中,用逻辑符号组成的图称为逻辑图。各种门电路的逻辑符号就是最简单的逻辑图。逻辑图是一种更接近于实际工程的逻辑函数表示法。

在分析逻辑电路时,都是给定逻辑图,要求列写出它的逻辑表达式和真值表,这时可根据电路输入和输出的关系先写出逻辑式,再由逻辑式列出真值表。在设计逻辑电路时,都是根据逻辑要求列出真值表,得出逻辑式,再将逻辑式化简变换后画出逻辑电路图。

【**例 5.6**】　列写出图 5.8 所示逻辑电路的逻辑式和真值表。

【**解**】　先求逻辑表达式。

由所给逻辑图,采用从输入端至输出端,逐级推写的方法(反之亦可)得

$$L = AB + \overline{A}\ \overline{B}$$

逻辑图中共有两个输入变量 A 与 B,应有四种取值组合,即 00,01,10,11。依次把它们代入逻辑图或逻辑表达式,求出相应函数值,列成表格,即得如表 5.14 所示的真值表。

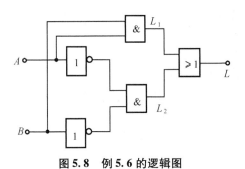

图 5.8　例 5.6 的逻辑图

表 5.14　例 5.6 的真值表

A	B	L
0	0	1
0	1	0
1	0	0
1	1	1

5.4.2 逻辑代数的基本公式及法则

下面给出逻辑代数的基本公式。这些公式的正确性都能通过真值表加以验证。利用这些公式,可以对复杂的逻辑表达式进行化简和变换,应熟记之。

为便于记忆和清楚起见,把这些公式归并成如下几类。

1. 变量和常量的关系

0 – 1 律	$A + 1 = 1$	任何变量"或"1 恒等于 1
	$A \cdot 0 = 0$	任何变量"与"0 恒等于 0
自等律	$A + 0 = A$	任何变量"或"0 仍等于变量本身
	$A \cdot 1 = A$	任何变量"与"1 仍等于变量本身
互补律	$A + \overline{A} = 1$	任何变量与其反变量之"或"等于 1
	$A \cdot \overline{A} = 0$	任何变量与其反变量之"与"等于 0

2. 与普通代数相似的规律

交换律	$A + B = B + A$
	$A \cdot B = B \cdot A$
结合律	$(A + B) + C = A + (B + C) = (A + C) + B$
	$(A \cdot B) \cdot C = A \cdot (B \cdot C) = (A \cdot C) \cdot B$
分配律	$A(B + C) = AB + AC$
	$A + BC = (A + B)(A + C)$

3. 一些特殊的规律

反演律(摩根定律)	$\overline{A + B} = \overline{A} \cdot \overline{B}$ $\overline{A \cdot B} = \overline{A} + \overline{B}$ 可以扩展到三个以上的变量
还原律	$\overline{\overline{A}} = A$
重叠律	$A + A = A$ $A \cdot A = A$ 可以扩展到三个以上的变量

4. 若干常用公式

吸收律	$A + AB = A$
	$A \cdot (A + B) = A$
	$A + \overline{A}B = A + B$
	$A \cdot (\overline{A} + B) = AB$
包含律	$AB + \overline{A}C + BC = AB + \overline{A}C$
	$(A + B)(\overline{A} + C)(B + C) = (A + B)(\overline{A} + C)$

除上述公式外,还有一些公式和运算法则,这里就不再介绍了。读者如有需要,可参考有关书籍。

5.4.3 逻辑函数的化简

一般而言,逻辑表达式越简单,实现其逻辑功能的电路也就越简单。这既可节省器件,又能提高电路工作的可靠性。通常,从实际逻辑问题概括出来的逻辑函数不一定是最简的,这就需要对其进行化简,找出最简的表达式。

常用的逻辑函数化简方法有代数化简法和卡诺图化简法,现分别叙述如下。

1. 代数化简法

代数化简法就是利用逻辑代数公式对逻辑表达式进行化简的方法。下面举例说明这种方法的化简过程。

【例 5.7】　写出例 5.3 中表 5.12 所示真值表的最简逻辑表达式。

【解】　前面例 5.5 中已求得表 5.12 所示真值表的逻辑表达式为式(5.11),即

$$L = \overline{A}BC + A\overline{B}C + AB\overline{C} + ABC$$

利用有关公式,上述表达式化简过程为

$$L = \overline{A}BC + A\overline{B}C + AB\overline{C} + ABC = (\overline{A}BC + ABC) + (A\overline{B}C + ABC) + (AB\overline{C} + ABC)$$

$$= BC(A + \overline{A}) + AC(B + \overline{B}) + AB(C + \overline{C}) = BC + AC + AB$$

由此看到,逻辑表达式化简后要简单得多。

公式化简法的原理就是反复使用逻辑代数的基本公式和常用公式消去函数式中多余的乘积项和多余的因子,以求得函数式的最简形式。

公式化简法没有固定的步骤,现将经常使用的方法归纳如下。

(1)并项法

利用公式 $AB + A\overline{B} = A$ 可以将两项合并为一项,并消去 B 和 $\overline{B}$ 这一对因子。而且 A 和 B 都可以是任何复杂的逻辑式。

【例 5.8】　试用并项法化简下列逻辑函数:

$$L_1 = A\overline{\overline{BCD}} + A\overline{BCD}; \quad L_2 = A\overline{B} + ACD + \overline{A}\,\overline{B} + \overline{A}CD; \quad L_3 = \overline{A}B\overline{C} + A\overline{C} + \overline{B}\,\overline{C};$$

$$L_4 = B\overline{C}D + BC\overline{D} + B\,\overline{C}\,\overline{D} + BCD$$

【解】　$L_1 = A(\overline{\overline{BCD}} + \overline{BCD}) = A$

　　　　$L_2 = A(\overline{B} + CD) + \overline{A}(\overline{B} + CD) = \overline{B} + CD$

　　　　$L_3 = \overline{A}\,B\,\overline{C} + (A + \overline{B})\overline{C} = (\overline{A}B)\overline{C} + (\overline{\overline{A}B})\overline{C} = \overline{C}$

　　　　$L_4 = B(\overline{C}D + C\overline{D}) + B(\overline{C}\,\overline{D} + CD) = B(C \oplus D) + B(\overline{C \oplus D}) = B$

(2)吸收法

利用公式 $A + AB = A$ 可将 AB 项消去,或利用 $AB + \overline{A}C + BC = AB + \overline{A}C$。$A,B$ 和 C 同样也可以是任何一个复杂的逻辑式。

【例 5.9】　试用吸收法化简下列逻辑函数:

$$L_1 = \overline{AB} + \overline{A}D + \overline{B}E; \quad L_2 = \overline{AB} + \overline{A}CD + \overline{B}CD; \quad L_3 = AC + \overline{C}D + ADE + ADG$$

【解】　$L_1 = \overline{A} + \overline{B} + \overline{A}D + \overline{B}E = \overline{A} + \overline{B}$

　　　　$L_2 = \overline{AB} + (\overline{A} + \overline{B})CD = \overline{AB} + \overline{AB}CD = \overline{A} + \overline{B}$

　　　　$L_3 = AC + \overline{C}D + AD(E + G) = AC + \overline{C}D$

(3)消去法

利用 $A + \overline{A}B = A + B$ 可将 $\overline{A}B$ 中的 A 消去,A 与 B 均可以是任何复杂的逻辑式。

【例 5.10】 试用消去法化简下列逻辑函数

$$L_1 = \bar{B} + ABC; \quad L_2 = AB + \bar{A}C + \bar{B}C$$

【解】 $L_1 = \bar{B} + AC$

$L_2 = AB + (\bar{A} + \bar{B})C = AB + \overline{AB}C = AB + C$

（4）配项法

①根据 $A + A = A$ 可以在逻辑函数式中重复写入某一项,有时能获得更加简单的化简结果。

【例 5.11】 试化简逻辑函数 $L = \bar{A}\bar{B}\bar{C} + \bar{A}BC + ABC$。

【解】 若在式中重复写入 $\bar{A}BC$,则可得到

$$L = (\bar{A}\bar{B}\bar{C} + \bar{A}BC) + (ABC + \bar{A}BC) = \bar{A}B(\bar{C} + C) + BC(\bar{A} + A) = \bar{A}B + BC$$

②根据 $A + \bar{A} = 1$ 可以在函数式中的某一项上乘以 $(A + \bar{A})$,然后拆成两项分别与其他项合并,有时能得到更加简单的化简结果。

【例 5.12】 试化简逻辑函数 $L = A\bar{B} + \bar{A}B + B\bar{C} + \bar{B}C$。

【解】 利用配项法可将 L 写成

$$L = A\bar{B} + \bar{A}B(C + \bar{C}) + B\bar{C} + (A + \bar{A})\bar{B}C = A\bar{B} + \bar{A}BC + \bar{A}B\bar{C} + B\bar{C} + A\bar{B}C + \bar{A}\bar{B}C$$
$$= (A\bar{B} + A\bar{B}C) + (\bar{A}B\bar{C} + B\bar{C}) + (\bar{A}BC + \bar{A}\bar{B}C) = A\bar{B} + B\bar{C} + \bar{A}C$$

在化简复杂的逻辑函数时,往往需要灵活、交替地综合运用上述方法,才能得到最后的化简结果。

2. 卡诺图化简法

公式化简法技巧性强,要求对逻辑代数公式运用熟练。有时对化简结果是否为最简形式,也难以确定。下面要介绍的卡诺图化简法,简便直观,容易掌握,也容易化得最简结果。

卡诺图就是最小项方格图,这是因为每个方格和一个最小项相对应,因此两个输入变量的函数共有 4 个最小项,卡诺图有 4 个小方格;三个输入变量的函数共有 8 个最小项,卡诺图就有 8 个小方格;四个输入变量的函数共有 16 个最小项,卡诺图就有 16 个小方格。二至四个变量的卡诺图示于图 5.9 至图 5.11 中。

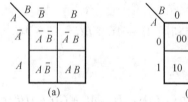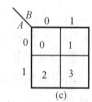

图 5.9 两个变量的卡诺图

（a）每格标注最小项;（b）每格标注变量取值;（c）每格标注最小项序号

最小项的序号是为了叙述方便,是对所有最小项进行编号所得到的。编号方法:把最小项变量取值组合的二进制数转换成相应的十进制数,这个十进制数就是该最小项的序号。例如,最小项 $\bar{A}B\bar{C}D$ 的变量取值是 1010,对应十进制数 10,则其最小项序号为第 10 号,用 m_{10} 简记。

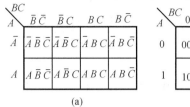

图 5.10　三个变量的卡诺图

（a）每格标最小项；（b）每格标变量取值；（c）每格标最小项序号

图 5.11　四个变量的卡诺图

（a）每格标最小项；（b）每格标变量取值；（c）每格标最小项序号

在卡诺图中，小方格的排列顺序应遵循逻辑相邻的原则，即在任意两个几何位置相邻的小方格中，它们的变量组合只允许有一个变量不同（即互为反变量），其余变量均相同，这样的两个小方格对应的最小项被称为逻辑相邻，简称相邻。例如图 5.11 中的第 12 号和第 4 号最小项，$AB\overline{C}D$ 与 $\overline{A}BC\overline{D}$ 只有 A 与 $\overline{A}$ 不同。需要说明，卡诺图中有些几何位置"相对"的最小项也是逻辑相邻的，例如图 5.11 中最上面一行与最下面一行、最左边一列与最右边一列对应位置的最小项，也是只有一个逻辑变量互为反，其他均相同，像 $\overline{A}\,\overline{B}\,CD(m_1)$ 与 $A\,\overline{B}\,C D(m_9)$，$\overline{A}\,B\,\overline{C}\,\overline{D}(m_4)$ 与 $\overline{A}BC\overline{D}(m_6)$ 等，读者可以自己列举。

利用卡诺图对逻辑函数进行化简时，两个逻辑相邻的最小项可以合并成一项，合并时能消去互为反的那个变量。

例如，图 5.11 中 m_{12} 与 m_{14} 合并，有

$$ABC\overline{D} + ABC\overline{D} = AB\overline{D}(C + \overline{C}) = AB\overline{D}$$

四个彼此相邻的最小项也可以两两合并后再合并成一项，并消去两个互为反的变量，例如图 5.10 中

$$\overline{A}\,\overline{B}C + \overline{A}BC + A\overline{B}C + ABC = \overline{A}C(\overline{B} + B) + AC(\overline{B} + B)$$
$$= \overline{A}C + AC = (\overline{A} + A)C$$
$$= C$$

再对照图 5.10(b)和(c),可以发现,这四个最小项所对应的 A,B,C 的取值只有 C 的取值始终为"1",A、B 都或"0"或"1"有所变化,所以最后合并的结果只剩下 C。

8 个彼此相邻的最小项同样可以合并成一项,例如图 5.11(a)中最上面一行和最下面一行的 8 个最小项合并后有

$$\overline{A}\,\overline{B}\,\overline{C}\,\overline{D} + \overline{A}\,\overline{B}\,C\,\overline{D} + \overline{A}\,\overline{B}\,C\,D + \overline{A}\,\overline{B}\,\overline{C}\,D + A\overline{B}\,\overline{C}\,\overline{D} + A\overline{B}\,C\,\overline{D} + A\overline{B}\,C\,D + A\overline{B}\,\overline{C}\,D$$

$$= \overline{A}\,\overline{B}\,\overline{C} + \overline{A}\,\overline{B}\,C + A\overline{B}\,\overline{C} + A\overline{B}\,C$$

$$= \overline{A}\,\overline{B} + A\overline{B}$$

$$= \overline{B}$$

再对照图 5.11(b)和(c),这 8 个最小项中只有 B 的取值为"0",始终没有变化,A,C,D 的取值都有变化,所以最后合并的结果只剩下 $\overline{B}$。

需要说明的是:这种"合并"必须是 2^n 个彼此相邻的最小项之间才可进行。

【例5.13】 利用卡诺图将例 5.3 得出的逻辑式化为最简单形式。

【解】 首先,将例 5.3 中三人表决电路的表达式填画到卡诺图中,由于 $L = \overline{A}BC + A\overline{B}C + AB\overline{C} + ABC$ 是三变量函数,所以采用三变量函数卡诺图 5.12。且 L 是由第 3,5,6,7 号最小项相或而成,将这些最小项以序号为标记示于图中,未标记的空格对应的最小项不包含于 L 中。

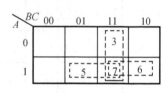

图 5.12 例 5.13 的卡诺图

由卡诺图可以看出第 3,7 号最小项可以合并成 BC,第 5,7 号最小项可以合并成 AC,第 6,7 号最小项可以合并成 AB,所以

$$L = AB + AC + BC$$

结果与例 5.7 相同。

【例5.14】 用卡诺图化简逻辑函数 $L = \overline{A}\,\overline{B}D + \overline{B}CD + CD + \overline{A}BC\overline{D}$。

【解】 首先画出函数的卡诺图。

因所给函数未写成最小项表达式,故应先把它换写成最小项表达式,即

$$L = \overline{A}\,\overline{B}D(C + \overline{C}) + \overline{B}CD(A + \overline{A}) + CD(A + \overline{A})(B + \overline{B}) + \overline{A}BC\overline{D}$$

$$= \overline{A}\,\overline{B}\,\overline{C}D + \overline{A}\,\overline{B}CD + \overline{A}\overline{B}CD + A\overline{B}CD +$$

$$ABCD + \overline{A}BCD + \overline{A}\,\overline{B}CD + \overline{A}BC\overline{D}$$

由此画出函数的卡诺团,如图 5.13 所示。

然后对图中标出的最小项寻找相邻项进行合并,图 5.13(a)(b)(c)分别示出了三种不同的相邻项选项,要合并的最小项都被圈画在一个包围圈内。

对图 5.13(a)化简得 $L = \overline{A}D + BD + A\overline{B}C$

对图 5.13(b)化简得 $L = \overline{A}D + ABD + A\overline{B}C$

对图 5.13(c)化简得 $L = \overline{A}D + CD + A\overline{B}C + \overline{B}C\overline{D}$

比较后可知图 5.13(a)化简得到的最简单的结果。

由此可见,在选择、合并相邻的最小项时,一方面应使每一个"包围圈"的最小项尽可能

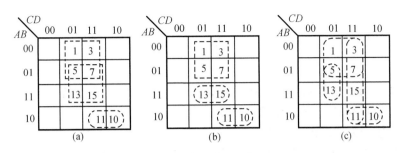

图 5.13　例 5.14 的卡诺图

多,这样化简消掉的变量就多,化简后所得的与式也就越简单;另一方面,还应使化简所得的与项数目尽可能少,也就是说"圈"的个数要少。

思考题

5.4.1　逻辑函数的几种表示方法之间是如何转换的?如何理解逻辑函数的真值表或卡诺图是唯一的?

5.4.2　什么是最小项?如何表示一个最小项?如何将一个逻辑表达式转换成最小项之和的形式?

5.4.3　证明:(1) $A \odot B = \overline{A \oplus B}$;(2) $A \odot B \odot C = A \oplus B \oplus C$

5.4.4　写出如题 5.4.4 图所示卡诺图的化简结果。

AB\CD	00	01	11	10
00	0	1	0	0
01	0	1	1	1
11	1	1	1	1
10	0	0	1	0

AB\CD	00	01	11	10
00	1	0	0	1
01	1	1	0	0
11	1	1	1	1
10	1	1	1	1

AB\CD	00	01	11	10
00	1	0	0	0
01	1	1	0	0
11	1	1	1	1
10	1	1	1	1

题 5.4.4 图

5.4.5　(填空题)题 5.4.5 图是某函数 F 的卡诺图,其最简与或式为(　　),最简与非式为(　　)。

AB\CD	00	01	11	10
00	1	1	1	1
01	1	1	0	1
11	1	1	1	1
10	1	1	1	1

题 5.4.5 图

本 章 总 结

本章主要介绍了数制和码制方面的有关概念和运算方法、三种基本逻辑运算、逻辑代数的基本公式和基本定理、逻辑函数的化简法等。

本章所讲述的内容提供了一些基本的数学工具,这些内容为数字电子技术奠定了数码运算和逻辑运算的基础。对本章中的一些基本公式和运算方法,读者应熟练掌握,灵活运用。

本章重点是逻辑函数的化简方法。先后介绍了两种化简方法——代数化简法和卡诺图化简法,代数化简法的使用不受任何条件的限制,这是它的优点。这种方法的缺点是,它没有固定的步骤可循,对计算者要求较高,计算人员需要熟练地运用各种公式和定理,需要有一定的运算技巧和经验。

简单、直观是卡诺图化简法的优点,卡诺图化简法有一定的化简步骤可循,初学者容易掌握这种方法。但在逻辑变量超过五个以上时,一般不宜采用这种方法。

习 题 5

5.1 选择题

5.1.1 比较下列各数,找出最大数(　　　)和最小数(　　　)。

A. $(302)_8$　　　　　B. $(F8)_{16}$　　　　　C. $(1001001)_2$　　　　　D. $(105)_{10}$

5.1.2 由开关组成的逻辑电路如题 5.1.2 图所示,设开关 A 和 B 分别有"0"和"1"两个状态,则电灯 HL 亮的逻辑式为(　　　)。

A. $F = AB + \bar{A}\bar{B}$　　　　B. $F = A\bar{B} + AB$　　　　C. $F = \bar{A}B + A\bar{B}$

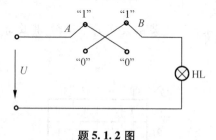

题 5.1.2 图

5.1.3 欲正确区别 2 输入与门和 2 输入同或门,其输入 X_1X_2 的测试码应选用(　　　)。

A. 00　　　　　B. 01　　　　　C. 10　　　　　D. 11

5.1.4 已知某门电路的输入及输出波形如题 5.1.4 图所示,试按正逻辑判断该门是(　　　)。

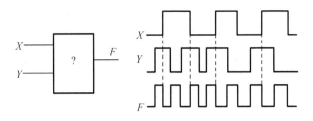

题 5.1.4 图

A. 与门　　　　　　　B. 或门　　　　　　　C. 异或门　　　　　　　D. 同或门

5.1.5　在题 5.1.5 图右下所列四种门电路中,与图示或非门相等效的电路是(　　　)。

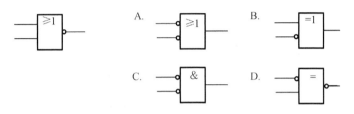

题 5.1.5 图

5.1.6　逻辑式 $F = A + B + C$ 可变换为(　　　)。

A. $F = C + B + A$　　　　　　B. $F - A = B + C$　　　　　　C. $F - C = A + B$

5.1.7　逻辑式 $F = A\bar{B} + \bar{B}C + A\bar{B}\bar{C} + AB\bar{C}D$ 化简后为(　　　)。

A. $F = \bar{A}B + \bar{B}C$　　　　　B. $F = A\bar{B} + \bar{C}D$　　　　　C. $F = A\bar{B} + \bar{B}C$

5.1.8　$F = AB + BC + CA$ 的"与非"逻辑式为(　　　)。

A. $F = \overline{\bar{A}\bar{B}} + \overline{\bar{B}\bar{C}} + \overline{\bar{C}\bar{A}}$　　　B. $F = \overline{\overline{AB}\ \overline{BC}\ \overline{CA}}$　　　C. $F = \overline{AB} + \overline{BC} + \overline{CA}$

5.1.9　对逻辑函数 F_1、F_2 及 P 有下述三种推论:

(1)若 $P + F_1 = P + F_2$,说明在变量的各种情况下,都有 $F_1 = F_2$;

(2)若 $F_1 = F_2$,说明在变量的各种情况下,都有 $P + F_1 = P + F_2$;

(3)若 $PF_1 = PF_2$,说明在变量的各种情况下,都有 $F_1 = F_2$。

可以发现,这三种推论(　　　)。

A. 都不正确　　　　　B. 有一个正确　　　　　C. 有两个正确　　　　　D. 全都正确

5.1.10　试考察函数 $P = (X + Y)(X + \bar{Y} + \bar{Z})(\bar{Y} + Z) + YZ$,在它的真值表中,输出 $P = 0$ 的个数应是(　　　)。

A. 2 个　　　　　　B. 3 个　　　　　　C. 4 个　　　　　　D. 5 个

5.1.11　在 4 变量函数 $F(W,X,Y,Z)$ 中,和最小项 $W\bar{X}Y\bar{Z}$ 相邻的项是(　　　)。

A. $\bar{W}\bar{X}\bar{Y}\bar{Z}$　　　　　B. $W\bar{X}\bar{Y}\bar{Z}$　　　　　C. m_5　　　　　D. m_{15}

5.2　分析计算题

5.2.1　试写出题 5.2.1 图所示各逻辑图的逻辑表达式。

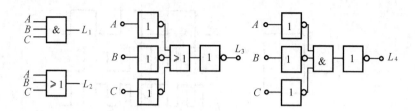

题 5.2.1 图

5.2.2 列出题 5.2.1 图中各逻辑图的真值表。

5.2.3 若题 5.2.1 图中各逻辑门的输入波形如题 5.2.3 图所示,试画出它们的输出波形。

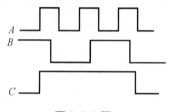

题 5.2.3 图

5.2.4 已知函数 L 的表达式如下,试列写出 L 的真值表。

(1) $L = A(\overline{A} + B)$;(2) $L = AB + A\overline{B} + \overline{A}B + \overline{A}\,\overline{B}$;(3) $L = \overline{A}\,\overline{B}\,C + \overline{A}B\,\overline{C} + A\,\overline{B}\,\overline{C} + AB\,\overline{C}$;

(4) $L = \overline{A}\,\overline{B}C + \overline{A}BC + AB + A\overline{B}$;(5) $L = A + \overline{\overline{B} + \overline{CD}} + \overline{\overline{AD} \cdot \overline{B}}$

5.2.5 利用代数化简法将第 5.2.4 题中的逻辑函数 L 化为最简单表示形式。

5.2.6 利用卡诺图化简法将第 5.2.4 题所示的逻辑函数化为最简。

5.2.7 利用卡诺图将下列函数化简

(1) $L = \overline{A}BC + \overline{A}B\overline{C} + A\overline{C}$;(2) $L = \Sigma m(0,1,2,3,4,5,6,8,9)$;

(3) $L = A\overline{B} + B\overline{C}\,\overline{D} + AB\,\overline{D} + \overline{A}B\,C\,D$;(4) $L = A\,\overline{B}\,C\,\overline{D} + \overline{A}B + \overline{A}\,\overline{B}\,\overline{D} + D\,\overline{C} + BCD$

5.2.8 逻辑电路如题 5.2.8 图所示,试写出各逻辑图所代表的逻辑函数式,并化简。

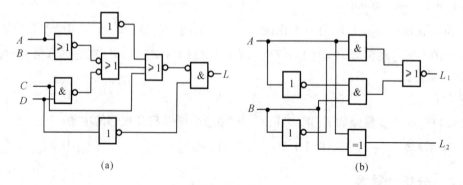

(a)　　　　　　　　　(b)

题 5.2.8 图

5.2.9　已知逻辑图和输入 A,B,C 的波形如题 5.2.9 图所示,试画出输出 F 的波形,写出其逻辑式并化简之。

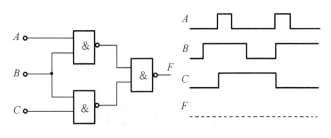

题 5.2.9 图

5.2.10　已知逻辑图和输入 A,B,C 的波形如题 5.2.10 图所示,试写出输出 F 的逻辑式,并画出其波形。

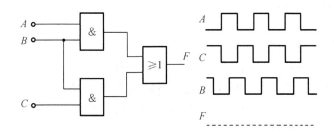

题 5.2.10 图

第 6 章

组合逻辑电路

数字电路不仅能够进行数字运算,而且能进行逻辑运算,即具有逻辑思维能力,因此数字电路又称为数字逻辑电路,简称逻辑电路。逻辑电路按其工作方式、组成器件的不同,又分为组合逻辑电路和时序逻辑电路两种类型。时序逻辑电路在下一章中予以介绍,本章主要介绍组合逻辑电路的基本组成单元——门电路和组合逻辑电路的逻辑关系及其分析方法。

所谓组合逻辑电路是将门电路按照数字信号由输入至输出单方向传递的工作方式组合起来而构成的逻辑电路,这种电路反映的是输入与输出之间一一对应的因果关系。用电路的输入信号代表因果关系的"条件",用电路的输出信号代表因果关系的"结果",一旦"条件"确定,"结果"便确定了,而且结果是唯一解。结果的确定只依赖于条件,与其他因素无关——这就是组合逻辑电路的特征。

6.1 分立逻辑门电路

用来实现基本逻辑关系的电子电路,称为逻辑门电路,简称门电路。与第 5 章所学的基本逻辑关系相对应,常用的逻辑门电路在逻辑功能上有与门、或门、非门(反相器)、与非门、或非门、异或门、与或非门等。

门电路按照电路结构组成的不同,有分立元件门电路和集成门电路之分。分立元件门电路是由半导体器件和电阻元件连接而成的,目前已很少采用,这里只介绍其基本原理。

6.1.1 二极管与门电路和或门电路

1. 二极管与门

用电路实现逻辑关系时,通常是用输入端和输出端对地的高、低电位(或称电平)来表示逻辑状态。电路的输入变量和输出变量之间满足与逻辑关系时称为与门电路,简称与门。

由二极管组成的两输入与门电路如图 6.1(a)所示,与门电路的逻辑符号如图 6.1(b)所示,图中 A、B 为输入端,L 为输出端,而且,从 A、B 端输入的是低电平为 0,高电平为 5 V 的标准数字信号。如果用逻辑 1 表示高电平(电压值大于 3.6 V),逻辑 0 表示低电平(电压值小于 1 V),这种规定下的逻辑关系称为正逻辑。反之,用逻辑 1 表示低电平,逻辑 0 表示高电平,就是负逻辑。本教材中采用正逻辑,并且认为二极管为理想器件。下面按输入信号可能的组合情况,分析其电路的工作原理和输出状态。

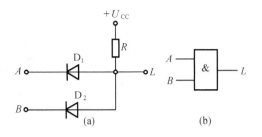

①A、B 输入都是低电平时,简记为 $A=0$,$B=0$,二极管 D_1、D_2 都导通,使 L 端电位与 A、B 端相同都为低电平,记为 $L=0$。

图 6.1　二极管与门电路及其逻辑符号

②A 端输入低电平,B 端输入高电平,即 $A=0$,$B=1$ 时,二极管 D_1 导通,D_2 截止,L 端被导通的二极管 D_1 嵌位在低电位,因此 $L=0$。

③A 端输入为高电平,B 端输入为低电平时,即 $A=1$,$B=0$,二极管 D_1 截止,D_2 导通,L 端被 D_2 嵌位在低电位,因此 $L=0$。

④A、B 输入都是高电平,即 $A=B=1$ 时,二极管 D_1、D_2 全都截止,因此电阻 R 中没有电流,R 上也没有压降,即 L 端电位与电源 U_{CC} 等电位为 5 V 高电平,则 $L=1$。

综合以上分析可以看出,要使输出 L 为高电平,其条件是输入 A 与 B 必须都是高电平,A、B 的输入中只要有一个是低电平,输出 L 就不能为高电平,因此输出 L 与输入 A 和 B 之间是与逻辑关系。

2. 二极管或门

电路的输入变量和输出变量之间满足或逻辑关系时称为或门电路,简称或门。

用二极管组成的或门电路如图 6.2(a)所示,图 6.2(b)是它的逻辑符号。其中 A、B 为输入端,L 为输出端,与前面介绍的与门电路一样,从 A、B 端输入的是低电平为 0,高电平为 5 V 的标准数字信号,二极管仍当作理想元件看待。

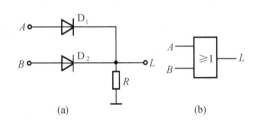

图 6.2　二极管或门电路及其逻辑符号

从或门电路图中可以看到,L 端经过电阻 R 接地,当二极管 D_1、D_2 都不导通时,R 中电流为零,L 端与“地”等电位都是 0 V;而二极管 D_1、D_2 都不导通的唯一条件是 A、B 端都输入低电平,即 $A=B=0$ 时。当 A、B 端只要有一个输入高电平或者两端都输入高电平时,与高电平端所连的二极管必然导通,从而将高电位转移到 L 端,使 L 端为高电平,与低输入电平端所连的二极管截止,将低电平与 L 端隔离开,从而保证了 L 端输出的高电平与输入的高电平相同。如仍用“1”代表高电平,“0”代表低电平,即采用正逻辑表示,以上电路为或门电路。

6.1.2　三极管非门电路

图 6.3(a)是一个由 NPN 型硅管组成的非门电路,也称三极管反相器。U_D、D 支路($U_{DD}<U_{CC}$)起钳制输出高电平和改善输出波形的作用,$-U_{BB}$,R_2 支路的作用是保证当输入为低电平时,使三极管可靠截止,从而提高电路的抗干扰能力。电路只有一个输入端 A,L 为输出端。图 6.3(b)是它的逻辑符号。

在 A 端加入输入信号 u_i 后,三极管 T 就工作在开关状态。

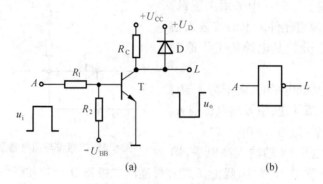

(a)   (b)

图 6.3 三极管非门电路及其逻辑符号

当输入为低电平时,基极处于负电位,T 截止,集电极为高电位,D 因受正向偏置而导通,输出高电平被钳制在钳位电源 U_D。

当输入为高电平时,由 R_1、R_2 保证 i_B 满足式 $i_B > i_C/\beta$,使 T 饱和导通,输出为低电平 U_{CES}（$\leqslant 0.3 \text{ V}$）。因此输出 L 与输入 A 之间是非逻辑关系。

6.1.3 MOS 管非门

图 6.4 所示是 N 沟道增强型 MOS 三极管非门的电路和符号,其中 u_i 是输入电压,其低电平为 0 V,高电平为 10 V,u_o 是输出电压,U_{DD} 是电源电压。

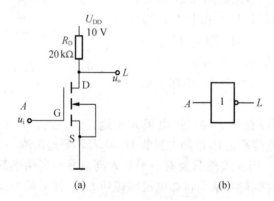

(a)   (b)

图 6.4 MOS 三极管非门电路及其逻辑符号
(a)电路图;(b)逻辑符号

当 $u_i = U_{IL} = 0 \text{ V}$ 时,由于 $u_{GS} = 0 \text{ V}$,小于开启电压 $U_{TN} = 2 \text{ V}$,所以 MOS 管是截止的,故
$$u_o = U_{OH} = U_{DD} = 10 \text{ V}$$

当 $u_i = U_{IH} = 10 \text{ V}$ 时,由于 $u_{GS} = 10 \text{ V}$,大于开启电压 $U_{TN} = 2 \text{ V}$,所以 MOS 管导通且工作在可变电阻区,导通电阻 R_{ON} 很小,只有几百欧,故
$$u_o = U_{OL} = \frac{R_{ON}}{R_{ON} + R_D} U_{DD} \approx 0 \text{ V}$$

综合以上分析可以看出,输出 L 与输入 A 之间是非逻辑关系。

思考题

6.1.1　在图 6.1 中,二极管的正向导通压降为 0.7 V,试问:(1)A 端接 3 V,B 端接 0.3 V 时,输出电压为多少?(2)A、B 端均接 3 V 时,输出电压为多少?

6.1.2　在图 6.2 中,二极管的正向导通压降为 0.7 V,试问:(1)A 端接 3 V,B 端接 0.3 V 时,输出电压为多少?(2)A、B 端均接 0.3 V 时,输出电压为多少?

6.1.3　在图 6.3 中,$R_1 = 5$ kΩ,$R_2 = 30$ kΩ,$R_C = 1.5$ kΩ,$U_{CC} = 6$ V,$-U_{BB} = -6$ V,$U_D = 3$ V,$\beta = 25$,试问:(1)A 端接 3.6 V 时,输出电压为多少? (2)A 端接 0.3 V 时,输出电压为多少?

6.1.4　在图 6.4 中,$U_{DD} = 5$ V,$R_D = 10$ kΩ,MOS 管的导通阻抗 $R_{ON} = 500$ Ω,开启电压 $U_{TN} = 2$ V,试问:(1)A 端接 5 V 时,输出电压为多少? (2)A 端接 0 V 时,输出电压为多少?

6.2　集成逻辑门电路

6.2.1　TTL 门电路

TTL 门电路属于集成电路。TTL 门电路的输入端和输出端均为三极管结构,所以称作三极管 – 三极管逻辑电路(Transistor-Transistor Logic),简称 TTL 电路。由于集成电路(Integrated Circuit,IC)体积小、质量轻、可靠性好,因而在大多数领域里迅速取代了分立器件电路。按照集成度(即每一片硅片中所含元器件数)的高低,人们将集成电路分为 SSI,MSI,LSI,VLSI。根据制造工艺的不同,集成电路又分为双极型和单极型两大类。常见的双极型集成电路有 TTL、二极管 – 三极管逻辑电路(Diode-Transistor Logic,DTL)、高阈值逻辑电路(High Threshold Logic,HTL)、发射极耦合逻辑电路(Emitter Coupled Logic,ECL)和集成注入逻辑电路(Integrated Injection Logic,I^2L)。TTL 电路是目前双极型数字集成电路中用得最多的一种。下面对 TTL 门电路重点加以讨论。

1. TTL 型与非门电路

如图 6.5 是一个 T1000 型四 – 二输入与非门 TTL 集成电路的示意图,(a)图是引脚排列图,第 14 和 7 引脚为四个与非门共用的电源和地端,第 3,6,8,11 引脚为四个与非门的输出,其余为四个门各自的输入端。

(1)与非门的内部结构

图 6.5(b)是与非门的内部电路结构图,图中 T_1 为多发射极管构成的输入级;R_2,R_3,T_2 构成倒相放大的中间驱动级;R_4,T_3,D_3,T_4 构成推拉式输出级,当 T_3 导通时,L 端被切换到 +5 V 电源端,此时 L 取得 1 逻辑电平,因此称 T_3 为上拉晶体管,相反 T_4 导通时,L 端被切换到地端,此时 L 取得 0 电平,因此称 T_4 为下拉晶体管。

D_1、D_2 为输入保护二极管,当输入端 A、B 为 1 电平时,二极管 D_1、D_2 反偏而截止;当 A、B 为 0 电平,且发生高频振荡而产生负脉冲时,负脉冲达到一定数值而使 D_1、D_2 导通,这样可避免逻辑混乱,同时,也保护了输入晶体管 T_1。

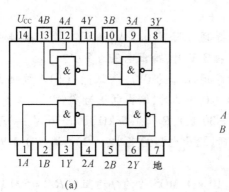 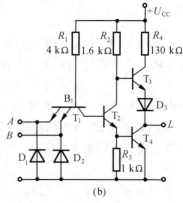

(a)   (b)

图 6.5 T1000 型四－二输入与非门引脚及其电路图

(a)引脚排列图;(b)电路图

①输出为低电平时的工作情况

当两个输入端 A、B 都接高电平 3.6 V 时,T_1 的发射结均反向偏置。这时,电源通过 R_1、T_1 的集电结给 T_2 提供基极电流,使 T_2、T_4 导通,输出为低电平 0.3 V,从而实现了与非门的逻辑关系;输入都是高电平,输出为低电平。

由于 T_2、T_4 饱和导通,因而 $U_{B4} = 0.7$ V,$U_{CES} = 0.3$ V,则 T_2 的集电极电压为

$$U_{C2} = U_{B4} + U_{CES} = 0.7 + 0.3 = 1 \text{ V}$$

此电压即为 T_3 的基极电压,它不足以使 T_3 导通,可见二极管 D_3 的作用就是保证 T_3 可靠截止;由于 T_3 截止,静态时不会有电流通过 T_3,因而减少了功耗。

当接负载时,电源通过负载向 T_4 管集电极灌入电流,电流流入 T_4 管的集电极,因此称此电流为灌电流。

②输出为高电平时的工作情况

当两个输入端 A、B 中,任意一个或两个接低电平 0.3 V,如 A 接低电平 0.3 V,B 接高电平 3.6 V,这时 T_1 的 B_1A 发射结正偏,电源给 R_1、T_1 提供的基极电流为

$$I_{B1} = \frac{U_{CC} - U_{BE1} - U_{iL}}{R_1} = \frac{5 - 0.7 - 0.3}{4} = 1 \text{ mA}$$

式中,U_{iL} 为输入低电平。

T_1 虽有基极电流,但集电极电流很小,这是因为 T_1 的集电极 C_1 通过一个很大的电阻(为 T_2 的基集间反向电阻和 R_2 之和)接到电源 U_{CC} 上,因为 I_{C1} 很小,T_1 处于深度饱和状态,所以 U_{CE1S} 很小,接近 0.1 V,因此有

$$U_{C1} = U_{iL} + U_{CE1S} = 0.3 + 0.1 = 0.4 \text{ V}$$

因为 $U_{B2} = U_{C1} = 0.4$ V,所以 T_2、T_4 截止,T_2 的集电极电位接近 U_{CC},迫使 T_3 导通,其输出电压为

$$U_o = U_{CC} - I_{BS}R_2 - U_{BE3} - U_{E3}$$

式中,U_{E3} 为 D_3 的正向压降。

考虑到 I_{BS} 很小,可以忽略不计,于是

$$U_o = 5 - 0.7 - 0.7 = 3.6 \text{ V}$$

这就实现了与非逻辑关系:当输入端只要有一个或一个以上为低电平时,输出就为高电平。

当在输出端接负载时,电源通过 T_3、D_3 供给负载电流,即由 T_3 的发射极流出,称此电流为拉电流。

(2)TTL 与非门的特性及参数

①电压传输特性

与非门输出电压与输入电压的关系常用电压传输特性来描述,它表示与非门某一输入端的电压由零逐渐增大,而其余输入端接高电平,这样得出的输出电压与输入电压的关系曲线称为电压传输特性,如图 6.6 所示。通过传输特性可以更好地理解参数的意义。

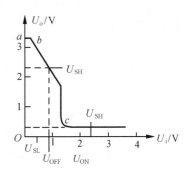

图 6.6　TTL 与非门的传输特性曲线

②输出高电平 U_{OH}

输出高电平 U_{OH} 是指一个(或几个)输出端接"地",其余输入端开路时的输出电平,这就是图 6.6 上 ab 段的输出电压值。U_{OH} 的典型值是 3.4 V,产品规范值 $U_{OH} \geqslant 2.4$ V,标准高电平 $U_{SH} = 2.4$ V。若 U_{OH} 低于 2.4 V,将导致数字电路逻辑混乱。

③输出低电平 U_{OL}

输出低电平 U_{OL} 是指在额定负载下,输入端全为"1"时的输出电平,它对应于图 6.6 中 c 点右边的平坦部分的电压值。其典型值为 0.2 V,产品规范值 $U_{OL} \leqslant 0.4$ V,标准低电平 $U_{SL} = 0.4$ V。若 U_{OL} 大于 0.4 V,将导致逻辑混乱。

④开门电平 U_{ON}

开门电平 U_{ON} 是指在额定负载条件下,使输出电平达到标准低电平 U_{SL}(为 0.4 V)时的输入电平。它表示使与非门开通的最小输入电平,此值宜小些,才能利于提高开门时的抗干扰能力,一般规定为 2 V。

⑤关门电平 U_{OFF}

关门电平 U_{OFF} 是指输出电平上升到标准高电平时,所允许的输入电平。它表示使与非门关断所需的最大输入电平,此值宜大些,才有利于提高"关门"时的抗干扰能力,产品规范值为 0.8 V。

开门电平和关门电平分别反映输入高、低电平时的抗干扰能力,我们经常以噪声容限的数值来定量地说明门电路的抗干扰能力的大小。

在逻辑电路里,一个与非门 G_1 的输出信号往往是另一个与非门 G_2 的输入信号,G_1 输出 0,G_2 输出 1,如图 6.7(a)所示。

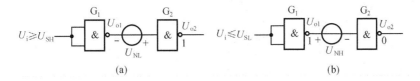

图 6.7　抗干扰能力示意图

(a)输入低电平噪声容限;(b)输入高电平噪声容限

由于各种因素的影响,G_1的输出电压往往偏离标准值,若有一个噪声电压(干扰电压)U_{NL}叠加在U_{SL}上,则G_2的输入电压为$U_{SL} + U_{NL}$,只要这个值不超过U_{OFF},从传输特性可见,这时G_2的输出电压U_{O2}仍保持高电平,逻辑关系仍然是正确的。

因此,我们把G_2门输入低电平所允许的最大值U_{OFF}与标准低电平之差,称为输入低电平噪声容限,即

$$U_{NL} = U_{OFF} - U_{SL} = 0.8 - 0.4 = 0.4 \text{ V}$$

同理,可将输入标准高电平U_{SH}与开门电平U_{ON}的差值,称为输入高电平噪声容限,即

$$U_{NH} = U_{SH} - U_{ON} = 2.4 - 2 = 0.4 \text{ V}$$

⑥输入短路电流I_{iS}

当某一输入端接地,而其余输入端悬空时流过这个输入端的电流,称为输入短路电流I_{iS}。在实际电路中,I_{iS}就是流入前级的灌电流,因此希望此值小些,产品规范值$I_{iS} \leqslant 1.6 \text{ mA}$。

⑦扇出系数N

扇出系数N表示与非门输出端最多能带几个同类的与非门,产品规范值$N \leqslant 10$。

⑧平均延迟时间t_{pd}

在与非门输入端加上一个脉冲电压,则输出电压将有一定的时间延迟,如图6.8所示。从输入脉冲上升沿的50%处起到输出脉冲的下降沿的50%处的时间称为上升延迟时间t_{pd1};从输入脉冲下降沿的50%处到输出脉冲上升沿的50%处的时间称为下降延迟时间t_{pd2}。t_{pd2}和t_{pd1}的平均值称为平均延迟时间t_{pd},即

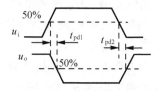

图 6.8　延迟时间示意图

$$t_{pd} = (t_{pd1} + t_{pd2})/2$$

此值愈小愈好。

2. TTL 型集电极开路与非门电路

将图6.5(b)中的TTL与非门输出级中的R_4,T_3,D去掉,便可得到集电极开路门。即电路输出级三极管T_4的集电极是开路的,故称集电极开路门(Open Collector Gate),简称OC门。图6.9(a)所示是集电极开路与非门,图6.9(b)是其逻辑符号。需要特别强调的是,OC门必须外接负载电阻R_L和电源U_{CC}才能正常工作。

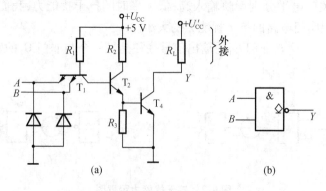

图 6.9　TTL 型集电极开路与非门电路及其逻辑符号

(a)电路原理图;(b)逻辑符号

OC 门特点：

①OC 门工作时必须外接电阻 R_L 和电源 U_{CC}，电路才能工作，如图 6.10 中实现 $Y = \overline{AB}$；否则不能工作。

②可以实现线与功能，即可以把几个 OC 门的输出端，用导线连接起来实现与运算，如图 6.10，$Y = \overline{A_1 B_1} \cdot \overline{A_2 B_2}$。

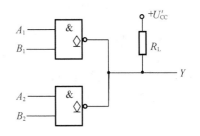

图 6.10　OC 门实现线与功能电路图

除此以外，OC 门还具有可以实现逻辑电平变换，带负载能力强等特点。具有 OC 结构的 TTL 门电路，除与非门外，还有非门（反相器）、与门、或非门、异或门等。而且在许多中规模及大规模集成的 TTL 电路中，输出级也采用 OC 结构。

3. TTL 型三态与非门电路

三态门的输出除了可以有高电平和低电平两种状态外，还具有输出相当于断开的第三种状态，常称为高阻态或禁止态。图 6.11（a）是一个典型的三态输出与非门电路，A、B 是逻辑输入端，L 为输出端，E 为状态控制端，又叫使能端（Enable）。

当 E 端为低电平时，三态门处于工作状态或使能态，T_6 饱和导通，T_7 截止。三态与非门的输出完全取决于 A、B 端的输入状态，电路和一般与非门相同，实现与非逻辑功能。

当 E 端为高电平时，T_6 处在倒置状态，T_7 饱和。T_7 的集电极电压 U_{C7} 为低电平，一方面使 T_1 饱和，T_2 和 T_5 截止；另一方面使 D 导通，T_2 的集电极电压 U_{C2} 被钳制在低电平，T_3 和 T_4 也截止，从而使输出端处在第三种状态（高阻态或禁止态），相当于该门脱离输出点，用 $L = Z$ 表示，Z 代表高阻值。图 6.11（b）为低电平使能的三态与非门逻辑符号；图 6.11（c）为高电平使能的三态与非门逻辑符号。

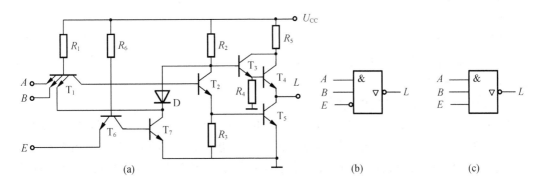

图 6.11　三态与非门电路及其逻辑符号

（a）三态输出与非门电路；（b）低电平使能的三态与非门逻辑符号；
（c）高电平使能的三态与非门逻辑符号

图 6.12 是三态门应用的几个例子，这些例子对 CMOS 型三态门也适用。

在图 6.12（a）中，两个三态输出的反相器是并联的，$\overline{EN}$ 是整个电路的使能端。当 $\overline{EN} = 0$ 时，G_1 使能，G_2 禁止，$Y = \overline{A_1}$；当 $\overline{EN} = 1$ 时，G_1 禁止，G_2 使能，$Y = \overline{A_2}$。G_1、G_2 构成两个开关，根据需要可以将 A_1 或 A_2 反相后送到输出端。

在图6.12(b)中,两个三态输出的反相器是反向并联起来构成的双向开关。当$\overline{EN} = 0$时,信号向右传送,$A_2 = \overline{A_1}$;当$\overline{EN} = 1$时,信号向左传送,$A_1 = \overline{A_2}$。

在图6.12(c)中,n个三态门输出的反相器的输出端都连接到一根信号传输线上,构成单向总线。n路信号都可以通过总线进行传输,但任何时刻,只允许一个三态门使能,即处于工作状态,其他的三态门均应被禁止。

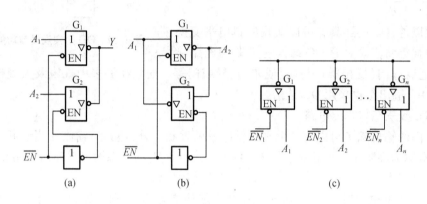

图6.12　三态门应用举例

(a)多路开关;(b)双向传输;(c)单向总线

4. 使用 TTL 门电路时的几个具体问题

使用 TTL 门电路时,常遇到一些实际问题,如怎样识别门电路的产品型号和引脚排列,怎样检查它的好坏,如何处理多余输入端或输入端不够等。了解这些实际问题的处理方法,对正确使用门电路是必要的。

(1)关于门电路产品的名称、型号和引脚排列问题

由于一个具体门电路产品,随着它的型号、种类和包含门电路数不同,它的引脚数目和排列次序也就不同。因此,在使用前,首先应该查阅产品目录手册,弄清它的输入端、输出端、电源端和接地端等。

(2)TTL 门电路好坏的简单判断

用万用表可粗略判断一些 TTL 门电路的好坏。现以 TTL 与非门为例,判断方法如下。

首先,将与非门的电源端和接地端分别接至 5 V 电源的正、负极,输入端全部悬空(相当于接高电平)。用表测量输出电压,若小于 0.4 V,则说明它能实现"全高出低"的逻辑功能。

然后,将一个输入端接地,其余仍悬空。若测得输出电压大于 3 V,由"有低出高"的逻辑功能,可知该输入端是好的。如此逐个检查输入端,就能确定该与非门的好坏。

(3)多余输入端的处理

实际使用中,随门电路的种类不同,对多余输入端的处理方也不同。仍以与非门为例,常把多余输入端或接电源正极,或与其他输入端并联使用。一般不采用悬空的办法,以免引入干扰信号影响电路正常工作。

(4)输入端的扩展

一个门电路产品,它的输入端数,总是有限的。实际使用中,当遇到输入端数不够用

时,可以用与扩展器和与或扩展器进行扩展。但需指出,只有带扩展端的门电路产品才能和扩展器连接。

(5)输入端的接地

TTL 门电路的输入端通过电阻接地,一般电阻小于 0.7 kΩ 时,相当于接地;而电阻大于 2.5 kΩ 时,相当于接高电平。

6.2.2 CMOS 门电路

MOS 型集成逻辑门电路就是由 MOS 管做开关元件构成的门电路。其具有制造工艺简单、功耗低、集成度高等优点,宜于制造大规模集成电路;缺点是工作速度要比 TTL 电路低。

MOS 型门电路又分为 NMOS 型、PMOS 型和 CMOS 型。所谓 NMOS 型就是由 N 沟道 MOS 管构成的门电路;而 PMOS 型就是由 P 沟道 MOS 管构成的门电路;CMOS 型门电路是利用 NMOS 和 PMOS 的互补特性,复合而成的门电路。CMOS 型门电路与前两种相比具有功耗低、工作电源电压范围宽、输出电压波形失真度小、抗干扰能力和驱动能力强等优点,因而越来越被重视。

1. CMOS 非门

图 6.13 是 CMOS 非门的结构图,图中 T_1 为驱动管,采用 N 沟道增强型 MOS 管,它的负载电阻不用大阻值漏极电阻 R_D,而用负载管 T_2 代替,以便提高集成度。T_2 采用 P 沟道增强型 MOS 管。

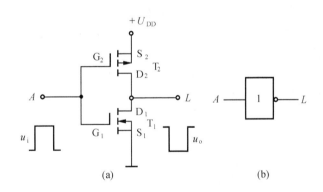

图 6.13 CMOS 非门电路及其逻辑符号

(a)电路原理图;(b)逻辑符号

工作时,T_2 的源极接电源的正极,T_1 的源极接电源负极。当输入为高电平时,T_1 导通,T_2 截止,输出为低电平。当输入为低电平时,T_1 截止,T_2 导通,输出为高电平。显然电路的输出与输入满足非逻辑关系,即 $L = \overline{A}$。

由分析看到,电路工作时,不管输出是低电平还是高电平,总有一管导通,另一管截止。这使电路具有静态电流小、直流功耗低和输出波形好等优点,因此 CMOS 电路获得了广泛应用。

2. CMOS 与非门

图 6.14 是一个 CMOS 与非门电路结构图,图中两个 NMOS 管 T_1、T_2 串联构成驱动管,两个 PMOS 管 T_3、T_4 并联构成负载管。

显而易见,只有在输入端 A、B 全为高电平时,T_1、T_2 全部导通(T_3、T_4 截止),输出端 L 才为低电平 0;当输入端 A、B 中有一端为低电平时,则 T_1、T_2 两管中必有一管截止,T_3、T_4 管中必有一管导通,L 输出为高电平,即实现了 $L = \overline{AB}$ 的逻辑功能。

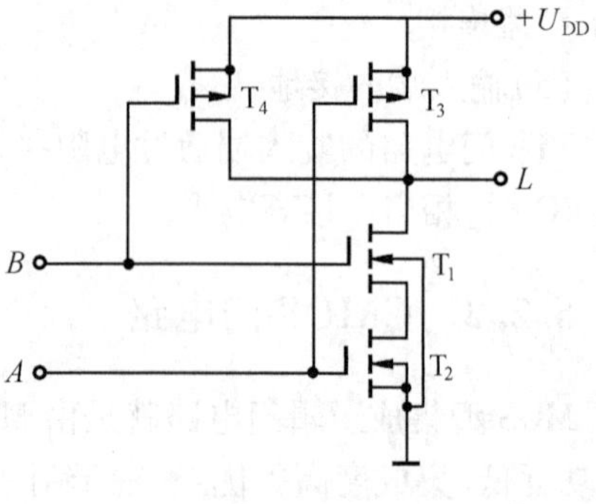

3. CMOS 或非门

图 6.15 是 CMOS 或非门的电路结构图,图中 T_1、T_2 管并联构成驱动级,采用 NMOS 管,T_3、T_4 采用 PMOS 管串联构成负载管。显然,只有 A、B 输入为低电平时,T_3、T_4 管才能全导通,输出 L 才可能为高电平,此时 T_1、T_2 截止,保证了输出高电平;其他情况下 T_3、T_4 中至少有一管截止,而 T_1、T_2 中至少有一管导通,因此输出 L 为低电平,即实现 $L = \overline{A + B}$ 的逻辑功能。

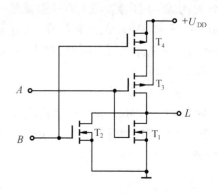

图 6.14   CMOS 与非门电路结构图

需指出,在 CMOS 电路中,或非门的使用比与非门更为广泛。这是因为 MOS 在与非门中,驱动管是串联的,当输入端数增加,亦即驱动管数增加时,会产生输出低电平向上偏移现象;而在 MOS 或非门中,驱动管是并联的,因此就不会产生这种情况。

图 6.15   CMOS 或非门电路结构图

4. CMOS 传输门

在数字系统中,传输门 TG(Transmision Gate)是一种传输信号可控的开关。其中,应用较多的是 CMOS 传输门,它的电路和符号如图 6.16 所示。

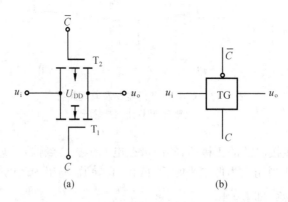

(a)   (b)

图 6.16   CMOS 传输门电路及其逻辑符号

(a)电路图;(b)逻辑符号

如图 6.16 所示,电路中 T_1 是 NMOS 管,T_2 是 PMOS 管,T_1 和 T_2 的源极以及漏极分别连接在一起,作为 TG 的输入端和输出端,T_1 和 T_2 的栅极作为控制端,加入互为相反的控制信号 C 和 $\overline{C}$。

下面简述传输门的工作原理。为分析方便,设两管特性对称,开启电压 $U_{T1} = -U_{T2} = 2$ V, 输入信号的变化范围为 $0 \sim 10$ V。

当两管栅极加控制信号 $C = 10$ V,$\bar{C} = 0$ V 时,TG 开启。u_i 传送到输出端,即 $u_o \approx u_i$。这是因为,当 u_i 在 $0 \sim 8$ V 范围内,T_1 导通;当 u_i 在 $2 \sim 10$ V 范围内,T_2 导通。因此,u_i 在 $0 \sim 10$ V 范围内变化时,至少有一管通,使 TG 呈现低阻,相当于开关接通。

当控制信号改为 $C = 0$ V,$\bar{C} = 10$ V 时,显然 T_1 和 T_2 都截止,TG 呈高阻,相当于开关断开。

由此可见,CMOS 传输门的开启和关断,取决于控制端所加信号。当 C 为高电平($\bar{C}$ 为低电平)时,TG 开启;反之则 TG 断开。

其他 CMOS 三态门、CMOS 漏极开路门(OD 门)等,本书将不再赘述,其功能特点与 TTL 相应门电路一致。

5. 使用 CMOS 门电路时的几个具体问题

①CMOS 集成电路的工作电压一般在 $3 \sim 18$ V,CMOS 集成电路的电源电压必须在规定范围内,不能超压,也不能反接。一旦电源电压过高或电压极性接反,就会使电路产生损坏。CMOS 逻辑高电平电压接近于电源电压,低电平电压接近于 0 V,而且具有很宽的噪声容限。

②虽然实际的 CMOS 集成电路的输入端已经加入保护电路,但它们所能承受的静电电压及输入电流仍有一定限制,如限制输入电流一般不超过 1 mA。因此在输入端接有大电容或输入端接长线时,应有输入端串接保护电阻。

③输入端的静电防护。在存储和运输 CMOS 器件时不要使用易产生静电高压的化工材料或化纤织物包装。组装、调试时,工具、仪表、工作台等均应良好接地。操作人员的服装应选用无静电材料。

④多余输入端的处理。CMOS 电路的输入端不允许悬空,因为悬空会使电位不定,破坏正常的逻辑关系。另外,悬空时输入阻抗高,易受外界噪声干扰,使电路产生误动作,而且也极易造成栅极感应静电而击穿。所以"与门"和"与非门"的多余输入端要接高电平,"或门"和"或非门"的多余输入端要接低电平。若电路的工作速度不高,功耗也不需特别考虑时,则可以将多余输入端与使用端并联。

6.2.3　TTL 与 CMOS 的接口

在实际使用中,会遇到一种门电路需要配用另一种门电路或分立元件的情况,这些不同类型门的负载能力及所使用的电源电压等级可能不同。例如,使用的电源电压,TTL 门为 5 V,CMOS 门为 $3 \sim 18$ V 等。且逻辑电平各异,即存在电平转移问题。为了解决电平移动,需要在两种类型门之间插入接口。由于 TTL 门和 CMOS 门应用最广泛,因此只讨论这两类门的接口问题,至于其他门的接口问题可仿照处理。

TTL 门和 CMOS 门的接口有两种情况,一种为 TTL 门驱动 CMOS 门,另一种为 CMOS 门驱动 TTL 门。由于 TTL 门使用 5 V 电源电压工作,我们对 CMOS 门也选用 5 V 电源工作。这样,可以把这两类门电路的输入和输出电平比较,如表 6.1 所示。

表 6.1 TTL 和 CMOS 输入与输出电平比较

门 / 电平	最大 0 态输出 电平 U_{OLmax} /V	最小 1 态输出 电平 U_{OHmin} /V	最大 0 态输入 电平 U_{ILmax} /V	最小 1 态输入 电平 U_{ILmin} /V
TTL	0.4	2.4	0.8	2.0
CMOS	0.05	4.95	1.5	3.5

1. TTL 门驱动 CMOS 门

在使用 TTL(简写 T)驱动 CMOS(简写 C)时,如果扇出数为 N,则必须满足如下条件,即

$$I_{OH(T)} \geq NI_{IH(C)} \quad (电流从 TTL 门拉出)$$

$$I_{OL(T)} \geq NI_{IL(C)} \quad (电流灌入 TTL 门)$$

$$U_{OL(T)} \leq U_{IL(C)}$$

$$U_{OH(T)} \geq U_{IH(C)}$$

由于 CMOS 门电路的输入电阻很大,在扇出数不太大的情况下,上面两个电流条件一般能满足。由表 6.1 可见,第三个条件也满足。至于第四个条件,如果不采取措施就无法满足,这是因为 TTL 门输出高电平 U_{OH} 的规范值为 2.4 V,而 CMOS 门的输入高电平 U_{IH} 却为 3.5 V。为了将 $U_{OH(T)}$ 提升到 3.5 V,一种常用的接口如图 6.17 所示,图中 R_X 是用于提高 TTL 门的输出电平,称为上拉电阻,它的阻值可以估算为

$$R_X = \frac{U_{CC} - U_{IH(min)(C)}}{I_{CEX} + nI_{IH(C)}} \approx \frac{U_{CC} - U_{IH(min)(C)}}{I_{CEX}}$$

式中,I_{CEX} 是 T_5 截止时输出的漏电流,$I_{IH(C)}$ 是 CMOS 在 T_5 高电平时所取的电流,$I_{CEX} \gg I_{IH(C)}$。

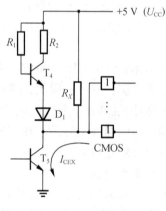

图 6.17 TTL 门驱动 CMOS 门

若 I_{CEX} 的最大值为 250 μA,在 R_X 上的电压降为 $5 - 3.5 = 1.5$ V,因此,$R_X = 1.5$ V/0.25 mA = 6 kΩ,实际选用的 R_X 值比计算值小,例如 T1000,T2000,T3000 系列,选 $R_X = 4.7$ kΩ。

2. CMOS 门驱动 TTL 门

同理,在 CMOS 门驱动 TTL 门时,应满足如下条件,即

$$I_{OH(C)} \geq NI_{IH(T)}$$

$$I_{OL(C)} \geq NI_{IL(T)}$$

$$U_{OL(C)} \leq U_{IL(T)}$$

$$U_{OH(C)} \geq U_{IH(T)}$$

根据表 6.1 可见,$U_{OL(C)} \leq U_{IL(T)}$ 及 $U_{OH(C)} \geq U_{IH(T)}$ 两条件能满足,由于一般 CMOS 门电路的 $I_{OH} = 0.51$ mA(当电源电压 $U_{DD} = 5$ V 时),故 $I_{OH(C)} \geq NI_{IH(T)}$ 这条也能满足。可是 $I_{OL(C)} \geq NI_{IL(T)}$ 这条一般不能满足,这是因为 $I_{OL(C)} = 0.51$ mA(当电源电压 $U_{DD} = 5$ V 时),而 TTL 电路除 T4000 系列外,输入低电平电流 $I_{IL(T)} \leq 1.6$ mA(或 ≤ 2 mA)。为此,当 CMOS 门驱动 TTL 门时必须在其中接入一个缓冲驱动级,以提高驱动能力。缓冲级可用晶体管或 CMOS 缓冲器 CC4049 等。它们的连接电路如图 6.18 及图 6.19 所示。

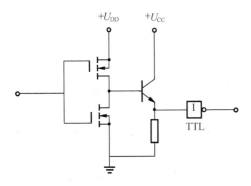

图 6.18 CMOS 电路驱动 TTL 电路图

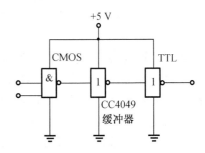

图 6.19 CMOS 缓冲器驱动 TTL 电路图

思考题

6.2.1 TTL 和 CMOS 门电路有哪些异同点?

6.2.2 题 6.2.2 图中 TTL 门电路对多余端的处理是否正确?

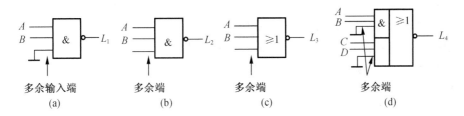

题 6.2.2 图

6.2.3 试分析题 6.2.3 图所示各 CMOS 门电路能否正常工作,如能,写出输出信号的逻辑表达式。

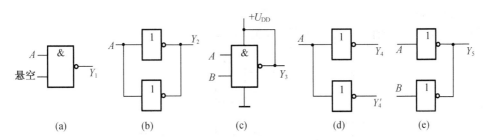

题 6.2.3 图

6.3 组合逻辑电路的分析和设计方法

数字逻辑电路按其逻辑功能的特点,可分为两大类:组合逻辑电路和时序逻辑电路。

组合逻辑电路的特点是:电路中任一时刻的稳态输出仅仅取决于该时刻的输入,而与电路原来的状态无关。组合电路没有记忆功能,只有从输入到输出的通路,没有从输出到输入的回路。

组合逻辑电路有两大任务:一是组合逻辑电路的分析;二是组合逻辑电路的设计。所谓分析,就是对给定的组合逻辑电路,找出其输入与输出的逻辑关系,或者描述其逻辑功能、评价其电路是否为最佳设计方案。

6.3.1 组合逻辑电路的分析方法

由给定组合逻辑电路的逻辑图出发,分析其逻辑功能所要遵循的基本步骤,称之为组合逻辑电路的分析方法。一般情况下,在得到组合逻辑电路的真值表(真值表是组合逻辑电路逻辑功能最基本的描述方法)后,还需要做简单文字说明,指出其功能特点。

1. 分析方法

对组合逻辑电路进行分析的一般步骤如下。

①根据给定的逻辑图写出输出函数的逻辑表达式。

②进行化简,求出输出函数的最简表达式。

③列出输出函数的真值表。

④说明给定电路的基本功能。

应该指出:以上步骤应视具体情况灵活处理,不要生搬硬套。在许多情况下,分析的目的或者是为了确定输入变量不同取值时功能是否满足要求;或者是为了变换电路的结构形式,例如将与或结构变换成与非结构等;或者是为了得到输出函数的标准与或表达式(最小项之和的形式),以便用中、大规模集成电路实现。

2. 分析举例

【例 6.1】 试分析图 6.20 所示逻辑电路的逻辑功能。

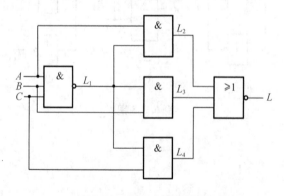

图 6.20 例 6.1 的逻辑图

【解】　(1)写出输出函数 L 的逻辑表达式

$L_1 = \overline{ABC}, L_2 = A\,\overline{ABC}, L_3 = B\,\overline{ABC}, L_4 = C\,\overline{ABC}, L = \overline{A\,\overline{ABC} + B\,\overline{ABC} + C\,\overline{ABC}}$

(2)对输出函数 L 进行化简

$$L = \overline{A\,\overline{ABC} + B\,\overline{ABC} + C\,\overline{ABC}} = ABC + \overline{A}\,\overline{B}\,\overline{C}$$

(3)列出真值表

由逻辑表达式列出真值表,如表 6.2 所示。

表 6.2　例 6.1 的真值表

输入			输出
A	B	C	L
0	0	0	1
0	0	1	0
0	1	0	0
0	1	1	0
1	0	0	0
1	0	1	0
1	1	0	0
1	1	1	1

(4)功能分析

由表 6.2 可知,只有当输入变量 A, B, C 相同时,即全为 0 或全为 1 时,输出 L 才为 1,输入变量不一致时输出 L 为 0。故可用这个电路来判别输入信号是否一致,一般称为"一致电路"。

通过分析可知,原来电路用 5 个门实现,经化简后可用 3 个门实现,如图 6.21 所示。

【例 6.2】　试分析图 6.22 所示逻辑电路的逻辑功能。

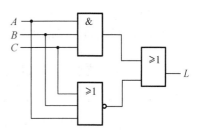

图 6.21　例 6.1 的简化逻辑图

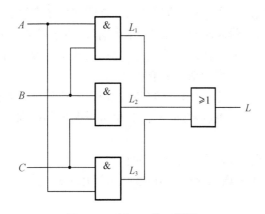

图 6.22　例 6.2 的逻辑图

【解】 （1）写出输出函数 L 的逻辑表达式

$$L_1 = AB, L_2 = BC, L_3 = AC, L = L_1 + L_2 + L_3 = AB + BC + AC$$

（2）输出函数 L 已为最简，无须再化简

（3）列出真值表

由逻辑表达式列出真值表，如表 6.3 所示。

表 6.3　例 6.2 的真值表

输入			输出
A	B	C	L
0	0	0	0
0	0	1	0
0	1	0	0
0	1	1	1
1	0	0	0
1	0	1	1
1	1	0	1
1	1	1	1

（4）功能分析

由表 6.3 可知，该逻辑电路的功能为三人表决电路。

6.3.2　组合逻辑电路的设计

组合逻辑电路的设计是分析的逆过程，设计是根据给出的实际逻辑问题，经过逻辑抽象，找出用最少的逻辑门实现逻辑功能的方案，并画出逻辑电路图。

1. 设计过程

根据要求，设计出符合需要的组合逻辑电路，设计过程包括以下几个步骤。

（1）进行逻辑抽象

①分析设计要求，确定输入、输出信号及它们之间的因果关系；

②设定变量，用英文字母表示有关输入、输出信号，表示输入信号者称为输入变量也简称为变量，表示输出信号者称为输出变量，有时也称为输出函数或简称为函数；

③状态赋值，即用 0 和 1 表示信号的有关状态；

④列真值表，根据因果关系，把变量的各种取值和相应的函数值，以表格形式一一列出，而变量取值顺序则常按二进制数递增排列，也可按循环码排列。

（2）进行化简

①输入变量比较少时，可以用卡诺图化简；

②输入变量比较多用卡诺图化简不方便时，可以用公式化简。

（3）画逻辑图

①将逻辑函数变换成最简的"与非"或者"与或"表达式；

②根据最简式画出逻辑图。

2. 设计举例

【例 6.3】　用与非门设计一个一位十进制数的数值范围指示器,设这个一位十进制数为 Y,电路输入为 $A,B,C,D,Y=8A+4B+2C+D$,要求当 $Y\geqslant5$ 时输出 L 为 1,否则为 0,该电路实现了四舍五入功能。

【解】　(1)根据题意,列出表 6.4 所示的真值表

表 6.4　例 6.3 的真值表

A	B	C	D	L
0	0	0	0	0
0	0	0	1	0
0	0	1	0	0
0	0	1	1	0
0	1	0	0	0
0	1	0	1	1
0	1	1	0	1
0	1	1	1	1
1	0	0	0	1
1	0	0	1	1
1	0	1	0	×
1	0	1	1	×
1	1	0	0	×
1	1	0	1	×
1	1	1	0	×
1	1	1	1	×

当输入变量 A,B,C,D 取值为 0000 ~ 0100(即 $Y\leqslant4$)时,函数 L 值为 0;当 A,B,C,D 取值为 0101 ~ 1001(即 $Y\geqslant5$)时,函数 L 值为 1;1010 ~ 1111 的 6 种输入是不允许出现的,可做任意状态处理(可当作 1,也可当作 0),用"×"表示。

(2)根据真值表,写出逻辑表达式

由真值表可写出函数的最小项表达式为

$$L = \overline{A}B\,\overline{C}D + \overline{A}BC\,\overline{D} + \overline{A}BCD + A\,\overline{B}\,\overline{C}\,\overline{D} + A\,\overline{B}\,\overline{C}D$$

(3)化简逻辑表达式,并转换成适当形式

化简得到的函数最简与或表达式为

$$L = A + BD + BC$$

根据题意,要用与非门设计,将上述逻辑表达式变换成与非门表达式为

$$L = \overline{\overline{A} \cdot \overline{BD} \cdot \overline{BC}}$$

(4)画出逻辑电路图

根据与非逻辑表达式,可画出逻辑电路图如图 6.23 所示。

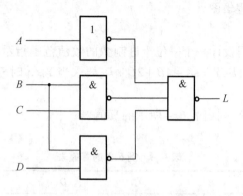

图 6.23　例 6.3 的逻辑电路图

思考题

6.3.1　什么是组合逻辑电路? 请总结分析和设计组合逻辑电路的一般方法。

6.3.1　(填空题)将表达式 $F = A\overline{B} + B\overline{C} + C\overline{A}$ 化成与非形式为(　　　),再化成与或非形式为(　　　)。

6.4　典型集成组合电路

　　典型集成组合电路包括加法器、编码器、译码器、数据选择器、数据比较器、函数发生器、奇偶校验器等。下面就分别介绍这些电路的工作原理和使用方法。

6.4.1　加法器

　　数字电子计算机能进行各种信息处理,其中最常用的是各种算术运算。因为算术中的加、减、乘、除四则运算,在数字电路中往往是将其转化为加法运算来实现的,所以加法运算是运算电路的核心。能实现二进制加法运算的逻辑电路称为加法器。不考虑进位的加法运算电路称为半加器。

　　1. 半加器

　　能对两个一位二进制数进行相加而求和及进位的逻辑电路称为半加器。

　　设两个加数分别用 A_i、B_i 表示,和用 S_i 表示,向高位进位用 C_i 表示,根据半加器的功能及二进制加法运算规则,可以列出半加器的真值表,如表 6.5 所示。

表 6.5　半加器真值表

A_i	B_i	S_i	C_i
1	0	0	0
0	1	1	0
1	0	1	0
1	1	0	1

由表 6.5 可得半加器的逻辑表达式为

$$S_i = A_i \overline{B_i} + \overline{A_i} B_i = A_i \oplus B_i$$

$$C_i = A_i B_i$$

半加器电路的逻辑图和符号如图 6.24 所示。

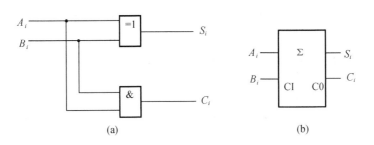

(a)　　　　　　　　　　　　(b)

图 6.24　半加器电路的逻辑图及符号

（a）电路的逻辑图；（b）符号

2. 全加器

图 6.25 是一个一次完成三个一位二进制数加法运算的逻辑电路,这种电路又被称为全加器,其中 A_i, B_i, C_{i-1} 为输入, S_i 和 C_i 是输出。

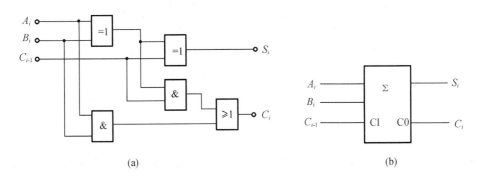

(a)　　　　　　　　　　　　(b)

图 6.25　全加器电路的逻辑图及符号

（a）电路的逻辑图；（b）符号

由逻辑图写出 S_i 和 C_i 的逻辑表达式,并转变成最小项表达式:

$$S_i = A_i \oplus B_i \oplus C_{i-1} = (\overline{A_i} B_i + A_i \overline{B_i}) \oplus C_{i-1}$$

$$= \overline{\overline{A_i} B_i + A_i \overline{B_i}} \, C_{i-1} + (\overline{A_i} B_i + A_i \overline{B_i}) \overline{C_{i-1}}$$

$$= \overline{A_i} \, \overline{B_i} C_{i-1} + \overline{A_i} B_i \overline{C_{i-1}} + A_i \overline{B_i} \, \overline{C_{i-1}} + A_i B_i C_{i-1} \tag{6.1}$$

$$C_i = (A_i \oplus B_i) C_{i-1} + A_i B_i = \overline{A_i} B_i C_{i-1} + A_i \overline{B_i} C_{i-1} + A_i B_i$$

$$= \overline{A_i} B_i C_{i-1} + A_i \overline{B_i} C_{i-1} + A_i B_i \overline{C_{i-1}} + A_i B_i C_{i-1} \tag{6.2}$$

由最小项表达式直接列出真值表如表 6.6 所示。

表 6.6　全加器真值表

A_i	B_i	C_{i-1}	C_i	S_i
0	0	0	0	0
0	0	1	0	1
0	1	0	0	1
0	1	1	1	0
1	0	0	0	1
1	0	1	1	0
1	1	0	1	0
1	1	1	1	1

从表 6.6 中可以看出，C_i，S_i 恰好是 A_i，B_i，C_{i-1} 相加的结果，S_i 是和位，C_i 是进位。因此可以利用多个全加器组成二进制加法器。例如，图 6.26 所示是一个四位二进制数的加法器，完成 $A_3A_2A_1A_0 + B_3B_2B_1B_0$ 运算，加得的结果为 $C_3S_3S_2S_1S_0$，共五位。

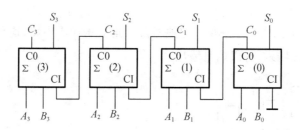

图 6.26　四位二进制数加法器

6.4.2　比较器

图 6.27 是一位二进制数的比较器逻辑电路图，A 和 B 是待比较的两个二进制数，$A < B$，$A = B$ 及 $A > B$ 是三种可能的输出结果。

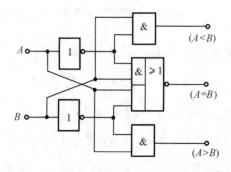

图 6.27　一位二进制数的比较器逻辑电路图

由逻辑图 6.27 可得出输出的逻辑表达式为

$$(A < B) = \overline{A}B$$

$$(A = B) = \overline{\overline{AB} + \overline{\overline{A}\overline{B}}} = AB + \overline{A}\,\overline{B}$$

$$(A > B) = A\overline{B}$$

再由逻辑表达式写出真值表,如表 6.7 所示。对于表中各种取值下的结果读者不难分析其正确性。

表 6.7　一位二进制数比较器真值表

A	B	$A < B$	$A = B$	$A > B$
0	0	0	1	0
0	1	1	0	0
1	0	0	0	1
1	1	0	1	0

我们还可以将一位数的比较器扩展成多位的,图 6.28 是一个两位数的比较器逻辑电路图,待比较的两个数 $A = A_1A_0$,$B = B_1B_0$,比较结果仍有 $A < B$,$A = B$,$A > B$ 三种情况。

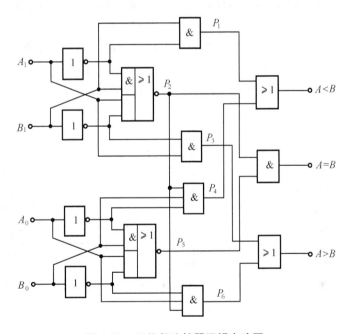

图 6.28　两位数比较器逻辑电路图

由逻辑图 6.28 可得出输出的逻辑表达式为

$$(A < B) = \overline{A}_1B_1 + P_2\overline{A}_0B_0$$

$$(A = B) = P_2P_5$$

$$(A > B) = A_1\overline{B}_1 + P_2A_0\overline{B}_0$$

其中，$P_2 = A_1 B_1 + \overline{A_0}\,\overline{B_1}$，$P_5 = A_0 B_0 + \overline{A_0}\,\overline{B_0}$。

读者可以根据逻辑式自己列写出真值表，这里我们就不再列写了。下面对逻辑电路的工作原理侧重分析一下，以此来说明电路的功能。

由一位比较器电路可以推知：P_1，P_2，P_3 是 A_1 和 B_1 的比较结果，P_4，P_5，P_6 应当是 A_0 和 B_0 的比较结果。由数学知识可以知道，A 和 B 比较可以有以下几种情况：

①若高位已有 $A_1 > B_1$，则必有 $A > B$，低位 A_0 和 B_0 无需再比。

②若高位已有 $A_1 < B_1$，则必有 $A < B$，低位 A_0 和 B_0 无需再比。

③若高位 $A_1 = B_1$，比较结果需由低位 A_0 和 B_0 的比较才可确定，且最终的结果与 A_0 和 B_0 比较结果相同。

从电路的逻辑关系可以看出，当 $A_1 < B_1$ 时，$P_1 = 1$，$P_2 = P_3 = 0$，因为 $P_2 = 0$，P_4，P_6 的与门被封锁 $P_4 = P_6 = 0$，A_0、B_0 的比较不会影响最终的输出，所以有 $(A < B) = 1$，$(A = B) = 0$，$(A > B) = 0$，与前面分析的第①种情况一致。同样道理，当 $A_1 > B_1$ 时，$P_1 = 0$，$P_2 = 0$，$P_3 = 1$，$P_4 = 0$，$P_6 = 0$，最终 $(A < B) = 0$，$(A = B) = 0$，$(A > B) = 1$，与第②种情况相同。只有当 $A_1 = B_1$ 时，$P_1 = 0$，$P_2 = 1$，$P_3 = 0$，P_4，P_6 及 $(A = B)$ 的与门才被打开，A_0、B_0 的比较结果才会经 P_4，P_5，P_6 送至最终的输出门，最终决定比较的结果。这个逻辑电路正好体现了前面数学比较的思路。

图 6.29 是 74LS85 型中规模集成四位数字比较器的逻辑符号，它有 8 个输入端 $a_3 \sim a_0$，$b_3 \sim b_0$，三个输出端 $(A < B)$，$(A = B)$，$(A > B)$，另外附设三个串联输入端 $(a < b)$，$(a = b)$，$(a > b)$。这三个串联输入端是供各片集成比较器串行连接而设，以扩展比较位数。例如要比较两个 8 位字长的二进制时，可以用两片 74LS85 串行连接来实现，逻辑图如图 6.30 所示，按照这种连接方式还可以扩展成 12 位比较、16 位比较等。

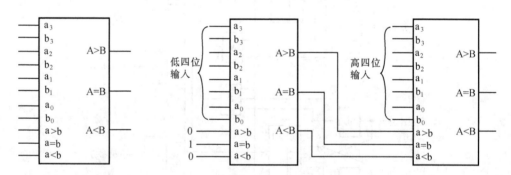

图 6.29　74LS85 逻辑符号　　　图 6.30　两片 74LS85 组成的 8 位比较器

6.4.3　编码器

在数字系统中，把若干个 0、1 数码按照一定规则，编排成不同的二进制代码，用来表示不同信息（数字、字母、符号等）的过程称为编码。具有编码功能的逻辑电路称为编码器。8421BCD 码编码器和优先编码器是数字电路常用的编码器。

图 6.31 是一个键控式 8421BCD 码编码器原理图,这个电路将 $0 \sim 9$ 按键所指示的数值 (以 $\bar{I}_0 \sim \bar{I}_9$ 分别表示 $0 \sim 9$ 这十个数)转换为二进制代码输出。

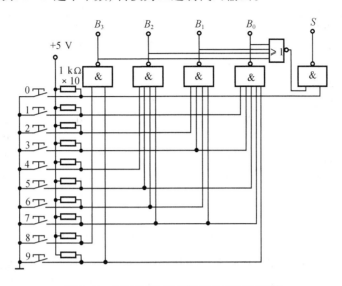

图 6.31　8421BCD 码编码器的逻辑电路图

在图 6.31 中,B_3,B_2,B_1,B_0 是二进制代码的输出端,S 是使用标志位,由图可写出输出端和使用标志位的逻辑表达式分别为

$$
\begin{cases}
B_3 = \overline{\overline{I_8} \cdot \overline{I_9}} \\
B_2 = \overline{\overline{I_4} \cdot \overline{I_5} \cdot \overline{I_6} \cdot \overline{I_7}} \\
B_1 = \overline{\overline{I_2} \cdot \overline{I_3} \cdot \overline{I_6} \cdot \overline{I_7}} \\
B_0 = \overline{\overline{I_1} \cdot \overline{I_3} \cdot \overline{I_5} \cdot \overline{I_7} \cdot \overline{I_9}} \\
S = B_3 + B_2 + B_1 + B_0 + \overline{I_0}
\end{cases}
$$

当按下某个数字键时,就相当于输入这个十进制数,相应的输入端为低电平,而其余输入端为高电平,这样有低电平输入的与非门会有高电平输出,其他与非门仍保持输出低电平。8421BCD 码编码器真值表如表 6.8 所示。当十个数字键任意一个被按下时,标志位 $S = 1$,表示有输入,输出有效;否则 $S = 0$,表示无输入,输出无效。这样就可以区分按下"0"键时 $B_3 B_2 B_1 B_0 = 0$ 和不按任何键时 $B_3 B_2 B_1 B_0 = 0$ 的不同情况。

上述 8421BCD 码编码器在使用时,若同时按下两个以上数字键时,输出混乱,无法实现正确的编码。而在实际中又经常遇到有多个信号同时输入的情况,为此需要一种特殊的编码器,当有多个信号同时输入时,它能按事先约定的优先权次序,识别出优先权最高的信号进行编码。具有这种编码功能的编码器称为优先权编码器。

表 6.8 8421BCD 码编码器真值表

十进制数输入	8421BCD 码输出			
	B_3	B_2	B_1	B_0
$0(\bar{I}_0)$	0	0	0	0
$1(\bar{I}_1)$	0	0	0	1
$2(\bar{I}_2)$	0	0	1	0
$3(\bar{I}_3)$	0	0	1	1
$4(\bar{I}_4)$	0	1	0	0
$5(\bar{I}_5)$	0	1	0	1
$6(\bar{I}_6)$	0	1	1	0
$7(\bar{I}_7)$	0	1	1	1
$8(\bar{I}_8)$	1	0	0	0
$9(\bar{I}_9)$	1	0	0	1

图 6.32 是 74LS148 型 8 - 3 线优先权编码器。它的输入为低电平为效。$\bar{I}_7 \cdots \bar{I}_0$ 为输入端,$\bar{I}_7$ 为最高优先权位,$\bar{I}_0$ 为最低优先权位,即按位的高低依次排队编码,优先权编码器的某一位输入为 0,比它优先权高的位均为 1,而比它优先权低的位不管是 0 还是 1,这一位就享有优先权,如 $\bar{I}_7\bar{I}_6\bar{I}_5\bar{I}_4\bar{I}_3\bar{I}_2\bar{I}_1\bar{I}_0 = 11001010$,则 $\bar{I}_5$ 享有优先权,这时输出代码为 1010,即反码输出。

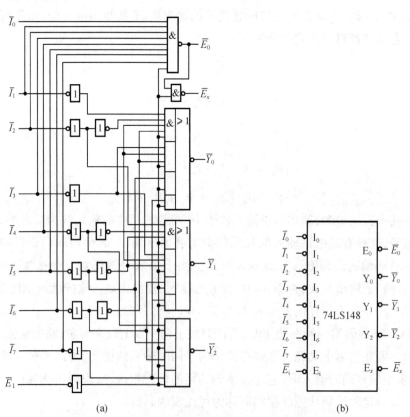

(a)   (b)

图 6.32 74LS148 优先权编码器逻辑图及其逻辑符号

(a)逻辑图;(b)逻辑符号

为了便于多级连接,74LS148 设有使能输入端 $\overline{E_i}$、使能输出端 $\overline{E_0}$、优先输出扩展端 $\overline{E_x}$。74LS148 的真值表如表 6.9 所示。

表 6.9　74LS148 优先权编码器的真值表

输入									输出				
$\overline{E_i}$	$\overline{I_0}$	$\overline{I_1}$	$\overline{I_2}$	$\overline{I_3}$	$\overline{I_4}$	$\overline{I_5}$	$\overline{I_6}$	$\overline{I_7}$	$\overline{Y_2}$	$\overline{Y_1}$	$\overline{Y_0}$	$\overline{E_x}$	$\overline{E_0}$
1	×	×	×	×	×	×	×	×	1	1	1	1	1
0	1	1	1	1	1	1	1	1	1	1	1	1	0
0	×	×	×	×	×	×	×	0	0	0	0	0	1
0	×	×	×	×	×	×	0	1	0	0	1	0	1
0	×	×	×	×	×	0	1	1	0	1	0	0	1
0	×	×	×	×	0	1	1	1	0	1	1	0	1
0	×	×	×	0	1	1	1	1	1	0	0	0	1
0	×	×	0	1	1	1	1	1	1	0	1	0	1
0	×	0	1	1	1	1	1	1	1	1	0	0	1
0	0	1	1	1	1	1	1	1	1	1	1	0	1

当使能输入端(Enable)$\overline{E_i}=1$ 时,对应于真值表的第一行,无论 $\overline{I_0} \sim \overline{I_7}$ 输入怎样,输出全部为 1,表示编码器不工作,输出 $\overline{Y_2}\,\overline{Y_1}\,\overline{Y_0}=111$ 无效,同时使能输出 $\overline{E_0}=1$,使与本片所连的下级编码器不能工作。当输入 $\overline{E_i}=0$(低电平有效)时,本片可以工作,若 $\overline{I_0} \sim \overline{I_7}$ 有输入,则将优先权最高的数符转换成二进制数输出,同时,优先标志 $\overline{E_x}=0$,指示本片有数符输入,输出 $\overline{Y_2}\,\overline{Y_1}\,\overline{Y_0}$ 为有效数字(反码输出),$\overline{E_0}=1$,使下级编码器不能工作,这些情况对应于真值表的第三至十行。当 $\overline{E_i}=0$,但 $\overline{I_0} \sim \overline{I_7}$ 无输入时,对应真值表的第二行,输出 $\overline{E_0}=0$,使下级编码器可以工作,同时优先标志 $\overline{E_x}=1$,指示 $\overline{Y_2}\,\overline{Y_1}\,\overline{Y_0}$ 无效输出。

图 6.33 是利用两个 74LS148 芯片扩展成 16 位优先权编码器的连接图。$\overline{I_0} \sim \overline{I_{15}}$ 为输入,$Y_3 \sim Y_0$ 是四位二进制输出,E_x 是优先标志,以区分 $\overline{I_0} \sim \overline{I_{15}}$ 有输入时的 $Y_3Y_2Y_1Y_0=0000$ 和无输入时的 $Y_3Y_2Y_1Y_0=0000$。

6.4.4　译码器

译码是编码的逆过程,即把原来赋予二进制代码的不同信息"翻译"出来的过程。具有译码功能的逻辑电路称为译码器。译码器种类很多,用途不一。作为典型例子,这里介绍二进制译码器和 8421BCD 码显示译码器。

1. 二进制译码器

图 6.34(a)是 74LS138 型 3 – 8 线译码器的逻辑图。A_2, A_1, A_0 是三位二进制输入,$\overline{Y_0} \sim$

$\overline{Y}_7$是相应的译码器输出,E_0,$\overline{E}_1$,$\overline{E}_2$是本片的选通控制端,为扩展电路功能而设定,只存在E_0 $=1$,$\overline{E}_1+\overline{E}_2=0$(即$E=1$)时译码器才工作,有译码输出。

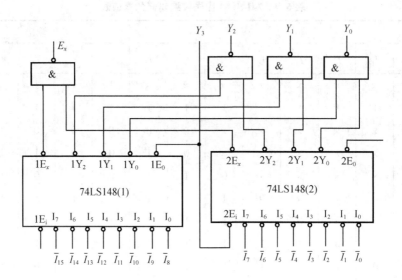

图6.33 两个74LS148芯片的连接方式图

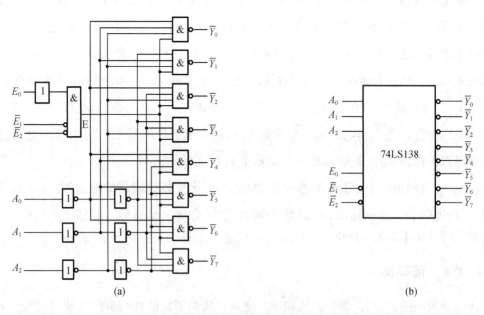

图6.34 74LS138型3−8线译码器逻辑图及符号

(a)逻辑图;(b)符号

由逻辑图,可以列出逻辑表达式(当 $E=1$ 时),即

$$\begin{cases} \overline{Y_0} = \overline{\overline{A_2} \cdot \overline{A_1} \cdot \overline{A_0}} = \overline{m_0} \\ \overline{Y_1} = \overline{\overline{A_2} \cdot \overline{A_1} \cdot A_0} = \overline{m_1} \\ \overline{Y_2} = \overline{\overline{A_2} \cdot A_1 \cdot \overline{A_0}} = \overline{m_2} \\ \overline{Y_3} = \overline{\overline{A_2} \cdot A_1 \cdot A_0} = \overline{m_3} \\ \overline{Y_4} = \overline{A_2 \cdot \overline{A_1} \cdot \overline{A_0}} = \overline{m_4} \\ \overline{Y_5} = \overline{A_2 \cdot \overline{A_1} \cdot A_0} = \overline{m_5} \\ \overline{Y_6} = \overline{A_2 \cdot A_1 \cdot \overline{A_0}} = \overline{m_6} \\ \overline{Y_7} = \overline{A_2 \cdot A_1 \cdot A_0} = \overline{m_7} \end{cases} \tag{6.3}$$

根据逻辑式,可进一步列写出真值表,如表 6.10 所示。

表 6.10　74LS138 真值表

输入					输出							
E_0	$\overline{E_1}+\overline{E_2}$	A_2	A_1	A_0	$\overline{Y_0}$	$\overline{Y_1}$	$\overline{Y_2}$	$\overline{Y_3}$	$\overline{Y_4}$	$\overline{Y_5}$	$\overline{Y_6}$	$\overline{Y_7}$
1	0	0	0	0	0	1	1	1	1	1	1	1
1	0	0	0	1	1	0	1	1	1	1	1	1
1	0	0	1	0	1	1	0	1	1	1	1	1
1	0	0	1	1	1	1	1	0	1	1	1	1
1	0	1	0	0	1	1	1	1	0	1	1	1
1	0	1	0	1	1	1	1	1	1	0	1	1
1	0	1	1	0	1	1	1	1	1	1	0	1
1	0	1	1	1	1	1	1	1	1	1	1	0
0	×	×	×	×	1	1	1	1	1	1	1	1
×	1	×	×	×	1	1	1	1	1	1	1	1

从真值表可以看出,当 $E_0=1$,$\overline{E_1}+\overline{E_2}=0$,本片被选通工作时,$A_2A_1A_0$ 每输入一组二进制数,就有相应的一路输出为 0(即低电平),其他路均为 1(即高电平),则低电平的这一路称为译中,其他路称为未译中。二进制译码器就是将输入的二进制数转换成唯一的一路译中信号去驱动后续逻辑电路或指示电路等。74LS138 是低电平为译中信号的芯片,也有高电平为译中信号的二进制译码器。

用三片 74LS138 可以构成一个 5 - 24 线译码器,而不用任何附加电路,其扩展连线如图 6.35 所示。

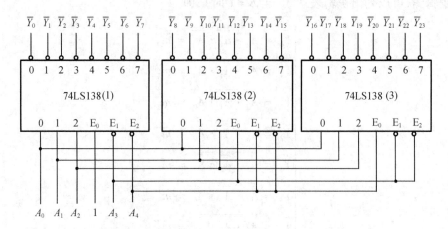

图 6.35　用三片 74LS138 扩展成的 5 – 24 线译码器

【例 6.4】　试用 74LS138 集成译码器设计一个全加器。

【分析】　由式(6.3)可知,当 74LS138 集成译码器 $E_0 = 1$, $\overline{E_1} + \overline{E_2} = 0$ 时, $\overline{Y_0} = \overline{\overline{A_2} \cdot \overline{A_1} \cdot \overline{A_0}}$ = $\overline{m_0}$, 同理, $\overline{Y_1} = \overline{m_1}$, $\overline{Y_2} = \overline{m_2}$, $\cdots$, $\overline{Y_7} = \overline{m_7}$。

【解】　求全加器有三个输入端 A_i, B_i, C_{i-1}, 两个输出端 S_i 和 C_i。

(1)求全加器逻辑表达式最小项形式

$$S_i = \overline{A_i}\,\overline{B_i}C_{i-1} + \overline{A_i}B_i\overline{C_{i-1}} + A_i\overline{B_i}\,\overline{C_{i-1}} + A_iB_iC_{i-1}$$
$$= m_1 + m_2 + m_4 + m_7$$
$$= \overline{\overline{m_1}\,\overline{m_2}\,\overline{m_4}\,\overline{m_7}}$$
$$C_i = \overline{A_i}B_iC_{i-1} + A_i\overline{B_i}C_{i-1} + A_iB_i\overline{C_{i-1}} + A_iB_iC_{i-1}$$
$$= m_3 + m_5 + m_6 + m_7$$
$$= \overline{\overline{m_3}\,\overline{m_5}\,\overline{m_6}\,\overline{m_7}}$$

(2)确认表达式

当 $A_2 = A_i$, $A_2 = B_i$, $A_0 = C_{i-1}$ 时

$$S_i = \overline{\overline{Y_1}\,\overline{Y_2}\,\overline{Y_4}\,\overline{Y_7}}, \quad C_i = \overline{\overline{Y_3}\,\overline{Y_5}\,\overline{Y_6}\,\overline{Y_7}}$$

(3)画出连线图

全加器连线图如图 6.36 所示。

2.8421BCD 码显示译码器

在数字电路中,经常需要将二进制数以人们习惯的十进制数形式显示出来,这就需要用到数码显示器和显示译码器。当然,显示器件不同,相应的译码器也就不同,这里我们只介绍一种适用于七段式 LED 数码管的 8421BCD 七段显示译码器。

首先,我们了解一下七段式 LED 数码管。用砷化锌等特殊半导体材料制成的二极管,当加正向电压

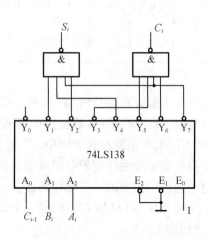

图 6.36　例 6.4 全加器连线图

导通时,由于电子和空穴的复合放出能量,因而发出一定波长的光。光的波长不同,颜色也不同。常见的有红色、绿色和黄色。所以这种二极管被称为发光二极管LED。用七个LED制成的七段式数码管的段形布置,如图6.37(a)所示,图6.37(b)是通过控制有关各段LED发光所显示的0至9这十个数字。

七段LED数码管有共阳极和共阴极两种类型。共阴极型是七个LED的阴极连在一起,工作时接地,七个阳极接译码器的输出,译码器输出为高电平有效,使LED发光,如图6.37(c)所示。共阳极型与之相反。

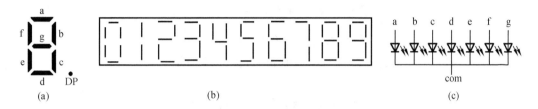

图6.37　七段LED显示器

(a)段的标号;(b)0~9的数字形式;(c)共阴极连接LED

数字显示器件除上述LED数码管外,还有荧光数码管和液晶显示器等。荧光数码管也制成段式结构,但属于电真空器件,工作时需要较高的电源电压。液晶显示器是一种被动式显示器件,液晶本身不发光,是利用其透明度或颜色随外加电压变化的特性制成的。这种显示器虽然不够清晰,但具有工作电压低、功耗小的优点,多用于电子仪表和计算器等。

图6.38是七段LED显示译码器逻辑图。

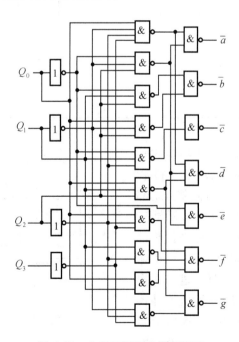

图6.38　七段显示译码器逻辑图

由逻辑图,可以列出逻辑表达式,即

$$\begin{cases} \overline{a} = \overline{Q_3}\overline{Q_2}\overline{Q_1}Q_0 + Q_2\overline{Q_1}\overline{Q_0} \\ \overline{b} = Q_2\overline{Q_1}Q_0 + Q_2Q_1\overline{Q_0} \\ \overline{c} = \overline{Q_2}Q_1\overline{Q_0} \\ \overline{d} = \overline{Q_3}\overline{Q_2}\overline{Q_1}Q_0 + Q_2\overline{Q_1}\overline{Q_0} + Q_2Q_1Q_0 \\ \overline{e} = Q_2\overline{Q_1}\overline{Q_0} + Q_0 \\ \overline{f} = \overline{Q_3}\overline{Q_2}Q_0 + \overline{Q_2}Q_1 + Q_1Q_0 \\ \overline{g} = \overline{Q_3}\overline{Q_2}\overline{Q_1} + Q_2Q_1Q_0 \end{cases}$$

根据逻辑表达式,可进一步列写出真值表,如表 6.11 所示。

表 6.11　七段显示译码器真值表

数字 \ 编码	Q_3	Q_2	Q_1	Q_0	a	b	c	d	e	f	g
0	0	0	0	0	1	1	1	1	1	1	0
1	0	0	0	1	0	1	1	0	0	0	0
2	0	0	1	0	1	1	0	1	1	0	1
3	0	0	1	1	1	1	1	1	0	0	1
4	0	1	0	0	0	1	1	0	0	1	1
5	0	1	0	1	1	0	1	1	0	1	1
6	0	1	1	0	1	0	1	1	1	1	1
7	0	1	1	1	1	1	1	0	0	0	0
8	1	0	0	0	1	1	1	1	1	1	1
9	1	0	0	1	1	1	1	1	0	1	1

　　国产 CL002 型 CMOS – LED 功能块是一种将 CMOS 逻辑电路和发光二极管(LED)数码显示管组合为一体的功能部件,它包含锁存器、译码器、LED 显示器三个部分。用这种三合一的组合件来代替译码器、显示器分立的显示电路,将方便整体系统的设计,使仪器仪表小型化,进一步提高了系统的可靠性,因而这种新型器件得到越来越广泛的应用。图 6.39 示出了它的内部结构框图,括号中的数字为外引脚号,功能表如表 6.12 所示,由表可见其引脚功能如下。

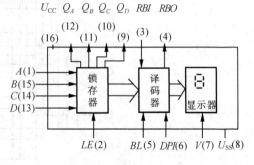

图 6.39　CL002 结构框图

表 6.12 CL002 控制功能表

输入	状态	功能
LE	1	锁存
（锁存控制端）	0	送数
BL	1	显示
（消隐控制端）	0	消隐
DPI	1	小数点显示
（小数点消隐控制端）	0	小数点消隐

（1）锁存控制端 LE

当 $LE=0$ 时,将输入端 A,B,C,D 的状态打入锁存器,并同时译码、显示;当 $LE=1$ 时,已打入的数被锁存,此时 Q_A,Q_B,Q_C,Q_D 的输出状态及显示的数将不受输入端 A,B,C,D 状态变化的影响。

（2）小数点消隐控制端 DPI

$DPI=1$,小数点可点亮,反之则熄灭。

（3）数码显示及熄灭控制端 BL

当 $BL=0$ 时,数码管显示;反之数码管及小数点无条件熄灭。

（4）灭零输出端 RBO 及灭零输入端 RBI

RBO 用于控制低一位数字的无效零值消隐,RBI 用于本位无效零值的消隐,消隐的条件是 $RBI=0$、$DPI=0$、锁存器内容为 0,假若上述诸条件中有一个不满足,则数码管点亮,且 RBO 输出为高电平。

（5）BCD 数码输入端 A,B,C,D 和输出端 Q_A,Q_B,Q_C,Q_D

输入端可接任意进制计数器和可逆计数器,输出端供打印或作数控用。

（6）亮度调整端 V

在 V 和地之间串联电阻或稳压管,可以借此来调整数码管的电流,一般使工作电流 I_F 大致调整在 40 mA ~ 60 mA 范围内,实际上 V 是 LED 的公共阴极端。

图 6.40 所示为五位数字显示电路,小数点前有三位,小数点后有两位,最高两位和小数点后第二位为零时,相应位熄灭。图 6.40 中,S_1,S_2,S_4,S_5 的 DPI 端接"0"电平,不显示小数点。S_1 的 RBI 接"0"电平,RBO 接至 S_2 的 RBI,因此,当 S_1 位的数字为零时,熄灭(满足无效零消息的三个条件),且 RBO 为"0"电平,这时 S_2 位的数字零也熄灭,数字 1 ~ 9 则显示;当 S_1 位的数字为 1 ~ 9 时,显示,且 RBO 为"1"电平,这时 S_2 位对数字 0 ~ 9 均显示,由于 S_3 和 S_4 的 RBI 接"1"电平,因此 S_3 和 S_4 位对所有数字 0 ~ 9 均显示,因为小数点前、后的一位数字总是有效的。

6.4.5 数据选择器和数据分配器

1.数据选择器

能够实现从多路数字信号通道中,选择指定的一路信号进行传输的逻辑部件称为多路数据选择器。图 6.41(a)所示为一个四路数据选择器的逻辑图,(b)图是它的逻辑符号,其

中 $D_0 \sim D_3$ 是四路数字信号输入,A 和 B 是地址变量输入,由 A 和 B 输入的组值来决定选择四路数字信号中的哪一路送至输出端,$L,\bar{L}$ 是数字信号的反码输出。

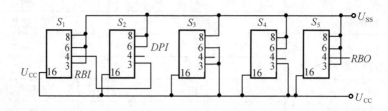

图 6.40　无效零熄灭控制电路

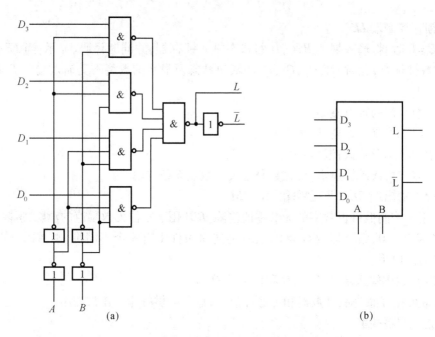

(a)　　　　　　　　　　　　　　　　　　(b)

图 6.41　四路数据选择器逻辑电路及其逻辑符号

(a)逻辑电路;(b)逻辑符号

根据逻辑图 6.41(a)可以写出数据选择器的逻辑表达式为

$$L = \overline{\overline{\overline{AB}D_3} \cdot \overline{\overline{A}\overline{B}D_2} \cdot \overline{\overline{A}BD_1} \cdot \overline{\overline{A}\,\overline{B}D_0}} = \overline{A}\overline{B}D_3 + A\overline{B}D_2 + \overline{A}BD_1 + \overline{A}\,\overline{B}D_0 \qquad (6.4)$$

并可列出表 6.13 所示真值表。

表 6.13　四路数据选择器真值表

地址变量		输出
A	B	L
0	0	D_0
0	1	D_1
1	0	D_2
1	1	D_3

数据选择器的型号有多种,常用的如四选一数据选择器(74153,74LS153,74253,74LS253)和八选一中规模集成数据选择器(74151,74LS151,74251,74LS251)。图 6.42 是 74151 型数据选择器的逻辑符号。A,B,C 是地址码输入端,$D_0 \sim D_7$ 是 8 个数据通道输入端,还有一个选通控制端 E。当 $E = 0$ 时,本片被选通,由地址码输入 ABC 来选择相应的一路数据,使该数据从 L 端输出;当 $E = 1$ 时,8 个数据通道的数据全被封锁,无数据输出。

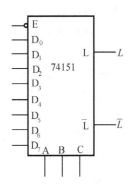

图 6.42　74151 逻辑符号

【例 6.5】　画出用数据选择器 74LS53(4 选 1 数据选择器)实现函数 $F = AB + BC + CA$ 的连线图

【解】　将逻辑函数 F 用最小项表示:

$$F = AB + BC + CA = AB + BC + AC = \overline{A}BC + A\overline{B}C + AB\overline{C} + ABC$$

四选一数据选择器输出信号的标准与或表达式为

$$Y = \overline{A_1}\overline{A_0}D_0 + \overline{A_1}A_0D_1 + A_1\overline{A_0}D_2 + A_1A_0D_3$$

比较两个表达式,寻找它们相等的条件,确定数据选择器各个输入变量的表达式,为方便比较,函数变量按 A,B,C 顺序排列,保持 A,B 在表达式中的形式,将 F 变换为

$$F = \overline{A}BC + A\overline{B}C + AB\overline{C} + ABC$$

$$= \overline{A}\,\overline{B} \cdot 0 + \overline{A}BC + A\overline{B}C + AB(\overline{C} + C)$$

$$= \overline{A}\,\overline{B} \cdot 0 + \overline{A}BC + A\overline{B}C + AB \cdot 1$$

比较 F 和 Y 的表达式,显然两者相等的条件为

$$A_1 = A, \ A_0 = B, \ D_0 = 0, \ D_1 = D_2 = C, \ D_3 = 1$$

画出电路连线图,如图 6.43 所示。

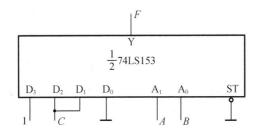

图 6.43　例 6.5 题电路连线图

如果将函数变量按 B,C,A 顺序排列,保持 B,C 在表达式中的形式,F 可变换为

$$F = \overline{B}CA + B\overline{C}A + BC\overline{A} + BCA$$

$$= \overline{B}\,\overline{C} \cdot 0 + \overline{B}CA + B\overline{C}A + BC(\overline{A} + A)$$

$$= \overline{B}\,\overline{C} \cdot 0 + \overline{B}CA + B\overline{C}A + BC \cdot 1$$

与 Y 表达式比较,可以得出 F 与 Y 相等的条件为

$$A_1 = B, \ A_0 = C, \ D_0 = 0, \ D_1 = D_2 = A, \ D_3 = 1$$

读者可以自行画出电路连线。可见,函数变量排列顺序不同,求得的选择器输入变量的表达式在形式上会不一样,但本质上并无区别。

从上面的例子可以看出,用集成数据选择器实现组合逻辑函数是非常方便的,设计过程也比较简单。数据选择器是一种通用性比较强的中规模集成电路,如果能灵活应用,一般的单输出信号的组合问题都可以用它解决。

2. 数据分配器

数据分配器是数据选择器的逆过程,它将一路数字信号分送到多路数据通道中。数据分配器通常不用专门的芯片,而是用译码器兼做。图 6.44 是一个用 74LS138 型 3 - 8 线译码器构成的 8 路数据分配器。根据译码器真值表 6.10 不难列写出这个 8 路数据分配器的真值表,如表 6.14 所示。

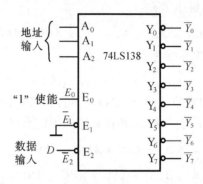

图 6.44 由 74LS138 构成的 8 路数据分配器

表 6.14 用 74LS138 构成的数据分配器真值表

输入					输出							
E_0	$\overline{E_2}$	A_2	A_1	A_0	$\overline{Y_0}$	$\overline{Y_1}$	$\overline{Y_2}$	$\overline{Y_3}$	$\overline{Y_4}$	$\overline{Y_5}$	$\overline{Y_6}$	$\overline{Y_7}$
0	×	×	×	×	1	1	1	1	1	1	1	1
1	D	0	0	0	D	1	1	1	1	1	1	1
1	D	0	0	1	1	D	1	1	1	1	1	1
1	D	0	1	0	1	1	D	1	1	1	1	1
1	D	0	1	1	1	1	1	D	1	1	1	1
1	D	1	0	0	1	1	1	1	D	1	1	1
1	D	1	0	1	1	1	1	1	1	D	1	1
1	D	1	1	0	1	1	1	1	1	1	D	1
1	D	1	1	1	1	1	1	1	1	1	1	D

数据选择器和数据分配器经常被用作多路开关,广泛应用于现代数字系统,如微型计算机的 I/O 接口电路等。图 6.45 给出的是一个数据传输时分系统的原理图,图中 8 路数据选择器用作数据发送端口,8 路数据分配器用作数据接收端口。整个系统工作时,在一个同步信号的协调控制下,依据两端口的通道地址,分时顺序地使两端口对应通道 D_0—L_0,

D_1—L_1,D_2—L_2,$\cdots$,D_7—L_7接通,这样就可以使相应通道在接通的时间内,分享一条共用传输线来实现发送和接收数据的操作。

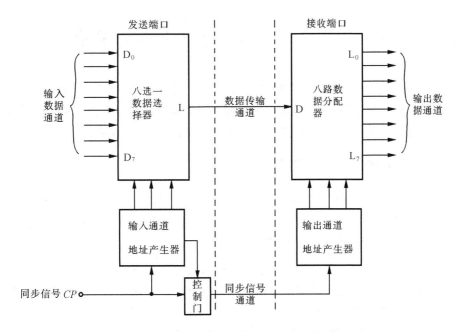

图 6.45　数据传输时分系统的原理示意图

思考题

6.4.1　什么是半加器,全加器? 如何用全加器实现四位二进制数的减法 $A_3A_2A_1A_0 - B_3B_2B_1B_0$ 的运算。

6.4.2　什么是编码? 什么是译码?

6.4.3　如题 6.4.3 图所示为译码显示电路,如果采用共阴极数码管,显示数字 8,则 $Q_3Q_2Q_1Q_0 = ?abcdefg = ?$

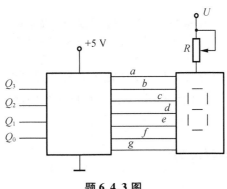

题 6.4.3 图

6.4.4　如何用中规模集成译码器实现组合逻辑电路的设计,如何根据逻辑函数变量的个数选择合适的译码器芯片。

6.4.5 试写出图 6.42 所示 74151 芯片 L 的表达式,并说明如何用此芯片设计组合逻辑电路。

6.5* 组合逻辑电路中的竞争冒险

前面所述的组合逻辑电路的分析与设计,是在理想条件下进行的,忽略了信号传输时间延迟对门电路带来的影响。如考虑信号传输时间延迟的影响,则电路输出端可能产生干扰脉冲(又称毛刺),影响电路的正常工作,这种现象被称为竞争冒险。

6.5.1 竞争冒险产生的原因

前面在对组合逻辑电路进行分析及设计时,均是针对器件处于稳定工作状态的情况,没有考虑信号变化瞬间的情况。为了保证电路工作的稳定性及可靠性,有必要再观察一下当输入信号逻辑电平发生变化的瞬间电路的工作情况。

图 6.46(a)为非门及或门构成的电路,当电路稳定时,其输出为 $F = A + \overline{A} = 1$。而图 6.46(b)给出了其输入与输出的波形,可以看出,其输出不是固定为 1,而是在一段时间内输出为 0。这是什么原因造成的呢?

前面在设计和分析电路时没有考虑器件的延时问题,而实际器件是存在延时的,竞争冒险现象就是由于器件的延时造成的,没有延时的话就没有竞争冒险。

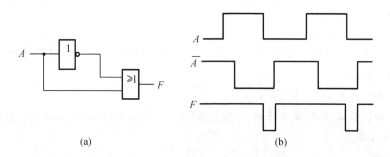

(a)   (b)

图 6.46   因竞争冒险产生的干扰脉冲
(a)由非门及或门构成的电路;(b)输入与输出的波形

在图 6.46 中,在"或"逻辑输入端的两个输入变量状态正好相反,因而出现竞争冒险现象;如果在"与"逻辑输入端的两个变量状态正好相反,并且有延时的话,同样也会出现竞争冒险现象。

6.5.2 竞争冒险的消除方法

1.冗余项法

冗余项是指在表达式中加上一项对逻辑功能不产生影响的逻辑项,如果进行逻辑化简就会将该项化简掉。

2. 选通法

可以在电路中加上一个选通信号,当输入信号变化时,输出端与电路断开,当输入稳定后,选通信号工作,使电路输出改变其状态。

3. 滤波法

从实际的竞争冒险波形上可以看出,其输出的波形宽度非常窄,可以在输入端加上一个小电容来滤去其尖脉冲。

门电路的延时造成了竞争冒险现象,但是不是所有的竞争冒险都必须加以消除呢? 答案是否定的。竞争冒险现象虽然会导致电路的误动作,但由于一般门电路的延时为纳秒(ns)数量级,这对于慢速电路来说,不会产生误动作,只有当电路的工作速度与门电路的最高工作速度在同一个数量级(或者门电路的延时与信号的周期在同一个数量级)时,竞争冒险才必须加以消除。

本 章 总 结

门电路是构成复杂数字电路的基本逻辑单元,掌握各种门电路的逻辑功能及特性,对于使用数字集成电路非常必要。本章介绍了由分立元件或集成电路实现的各种门电路,其中常用的集成门电路有 TTL 和 CMOS 两类,由于制造工艺及结构的不同,它们各自具有各自特点,因此具有不同的外特性,学习时重点也是要理解器件的外特性。

组合逻辑电路的特点是:在任何时刻的输出只取决于当时的输入信号,而与电路原来所处的状态无关。实现组合电路的基础是逻辑代数和门电路。

组合逻辑电路有两大任务:一是组合逻辑电路的分析;二是组合逻辑电路的设计。所谓分析,就是对给定的组合逻辑电路,找出其输入与输出的逻辑关系,或者描述其逻辑功能,评价其电路是否为最佳设计方案。而设计组合逻辑电路是根据具体的问题进行逻辑抽象,写出逻辑函数表达式,并根据所采用的器件,将表达式转换成相应的形式,设计出逻辑电路图。

实际的组合逻辑电路有很多,常用的电路有加法器、比较器、编码器、译码器、数据选择器和数据分配器等。这些组合逻辑电路已制作成标准化的中规模集成电路,必须熟悉它们的逻辑功能才能灵活应用。

竞争 – 冒险是组合逻辑电路工作状态转换过程中经常会出现的一种现象。如果负载是对尖峰脉冲敏感的电路,则必须采取措施防止由于竞争而产生的尖峰脉冲,否则不必考虑。

习　题　6

6.1　选择题

6.1.1　题 6.1.1 图所示逻辑电路为(　　　)。
A. " 与非 " 门　　　　B. " 与 " 门　　　　C. " 或 " 门　　　　D. " 或非 " 门

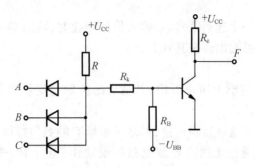

题 6.1.1 图

6.1.2 符合题 6.1.2 图所示波形关系的门电路是( )。

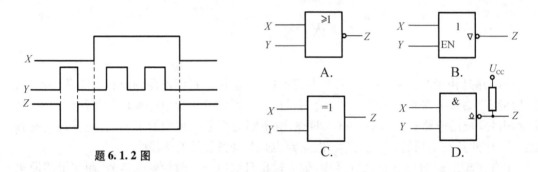

题 6.1.2 图

6.1.3 逻辑电路如题 6.1.3 图所示,输入 A = "1", B = "1", C = "1",则输出 F_1 和 F_2 分别为( )。

A. $F_1 = 0, F_2 = 0$　　B. $F_1 = 0, F_2 = 1$　　C. $F_1 = 1, F_2 = 0$　　D. $F_1 = 1, F_2 = 1$

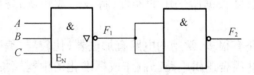

题 6.1.3 图

6.1.4 下列诸逻辑门中,能够实现任何组合逻辑电路的逻辑门是( )。

A. 与非门　　　　B. 或门　　　　C. 非门　　　　D. 与门

6.1.5 半加器逻辑符号如题 6.1.5 图所示,当 A = "1", B = "1" 时, C 和 S 分别为 ( )。

A. $C = 0, S = 0$　　B. $C = 0, S = 1$　　C. $C = 1, S = 0$

6.1.6 全加器逻辑符号如题 6.1.6 图所示,当 A_i = "1", B_i = "1", C_{i-1} = "1" 时, C_i 和 S_i 分别为( )。

A. $C_i = 1, S_i = 0$　　B. $C_i = 0, S_i = 1$　　C. $C_i = 1, S_i = 1$

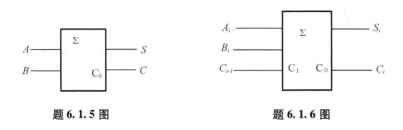

题 6.1.5 图　　　　　　　　题 6.1.6 图

6.1.7　若把某一全加器的进位输出接至另一全加器的进位输入,则可构成(　　)。

A. 二位并行进位的全加器　B. 二位串行进位的全加器　C. 一位串行进位的全加器

6.1.8　用"与非"门实现题 6.1.8 表所示的二进制编码的电路为(　　)。

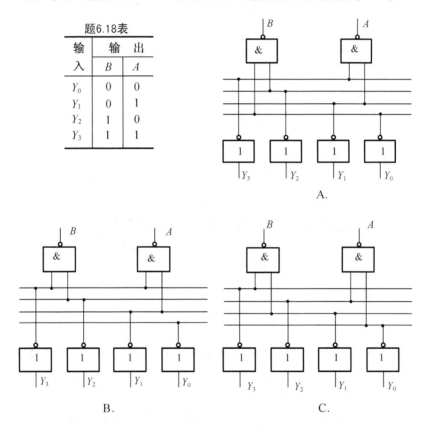

题6.18表

输	输	出
入	B	A
Y_0	0	0
Y_1	0	1
Y_2	1	0
Y_3	1	1

题 6.1.8 图

6.1.9　译码器的逻辑功能是(　　)。

A. 把某种二进制代码转换成某种输出状态

B. 把某种状态转换成相应的二进制代码

C. 把十进制数转换成二进制数

6.2 分析计算题

6.2.1 电路如题 6.2.1 图所示,试写出输出 F 与输入 A,B,C 的逻辑关系式,并画出逻辑图。

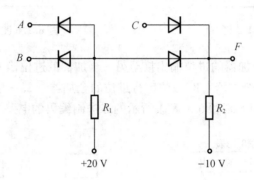

题 6.2.1 图

6.2.2 试分析题 6.2.2 图所示电路的逻辑功能,画出逻辑符号,列出真值表,写出逻辑表达式。

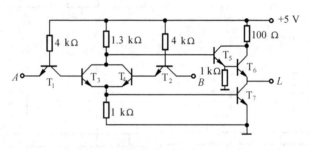

题 6.2.2 图

6.2.3 试分析题 6.2.3 图所示 MOS 型电路的逻辑功能,并写出逻辑表达式。

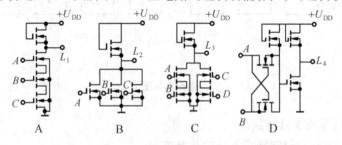

题 6.2.3 图

6.2.4 题 6.2.4 图所示是 CMOS 门电路,写出各自的输出信号的逻辑表达式,如果是 TTL 门电路呢?

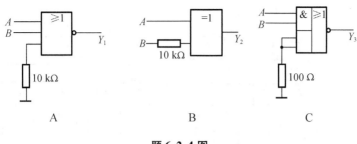

题 **6.2.4** 图

6.2.5　写出题 6.2.5 图每个逻辑电路的输出信号的逻辑表达式。

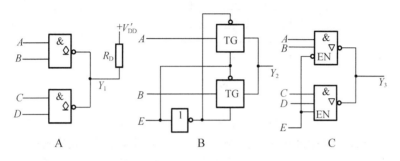

题 **6.2.5** 图

6.2.6　逻辑电路如题 6.2.6 图所示，写出逻辑表达式并化简，说出其逻辑功能。

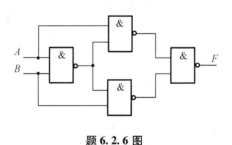

题 **6.2.6** 图

6.2.7　逻辑电路如题 6.2.7 图所示，写出逻辑表达式，并列出状态表。说明 A 分别为"0"和"1"时电路的功能。

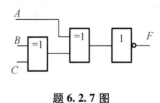

题 **6.2.7** 图

6.2.8　题 6.2.8 图所示逻辑电路 A,B,C,D 为输入端，W,X,Y,Z 为输出端，要求：
(1)写出输出的逻辑表达式；(2)列出真值表；(3)说明电路能实现何种功能。

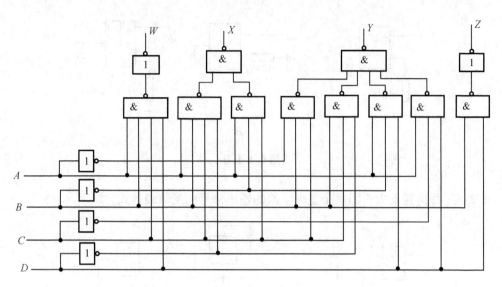

题 6.2.8 图

6.2.9 当输入 A 和 B 同为"1"或同为"0"时,输出为"1"。当 A 和 B 状态不同时,输出为"0",试列出状态表并写出相应的逻辑式,用"与非"门实现,画出其逻辑图。

6.2.10 用与非门设计一个组合逻辑电路,实现多数表决,A,B,C 代表三个裁判,完成如下功能:裁判长(A)同意为 2 分,普通裁判(B,C)同意为 1 分,满 3 分时 F 为 1,同意举重成功;不足 3 分 F 为 0,表示举重失败。

6.2.11 设计一个三变量的判偶逻辑电路。实现当输入 A,B,C 有偶数个 1 时,输出为 1,否则输出为 0。要求:(1)列出真值表;(2)写出逻辑表达式;(3)画出实现电路。

6.2.12 逻辑电路如题 6.2.12 图所示,试证明该电路为一半加器。

6.2.13 已知某译码器的状态表如题 6.2.13 表所示,试写出其逻辑表达式;画出用"与非"门实现的逻辑图。

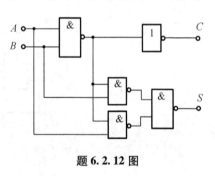

题 6.2.12 图

题 6.2.13 表

输入		输出			
A	B	F_3	F_2	F_1	F_0
0	0	1	1	1	0
0	1	1	1	0	1
1	0	1	0	1	1
1	1	0	1	1	1

6.2.14　试用集成二进制译码器和与非门实现下列逻辑函数,选择合适的译码器芯片,并画出连线图。

$$F_1 = ABC + \overline{A}(B + C), \quad F_2 = A\overline{B} + \overline{A}B$$

6.2.15　如题 6.2.15 图所示电路中 A_1 和 A_0 为两位地址码输入端,D_3,D_2,D_1,D_0 为数据输入端,L 为输出端。要求:(1)列出图示电路的真值表;(2)说明电路实现何种功能,并指出它的名称。

6.2.16　如题 6.2.16 图所示电路中,A 和 B 为两位地址码输入端,D 为数据输入端,C 为允许数据输入的控制信号端,$L_0 \sim L_3$ 为输出端。要求:(1)列出图示电路的功能表;(2)指出电路的名称。

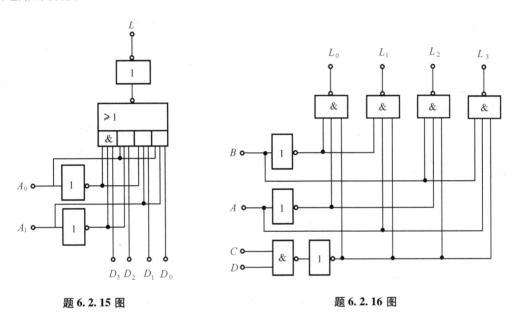

题 6.2.15 图　　　　　　　　　　　题 6.2.16 图

6.2.17　试用数据选择器 74153 分别实现下列逻辑函数:

$$F_1 = \sum m(1,2,4,7), \quad F_2 = \overline{A}BC + A\overline{B}C + AB$$

6.2.18　利用中规模集成电路(译码器或数据选择器)设计一个路灯控制电路,要求能在三个不同的地方,都可以独立地控制灯的亮灭。

第7章

时序逻辑电路

数字电路分为两大类:组合逻辑电路和时序逻辑电路。组合逻辑电路的基本单元是门电路,其主要特点是:从逻辑功能看,任何时刻的稳定输出仅仅决定于该时刻的输入,与以前各时刻的输出状态无关;从电路结构上看,组合逻辑电路是由门电路组合而成,没有从输出到输入的反馈连接。时序逻辑电路的基本单元是触发器,其主要特点是:从逻辑功能看,任何时刻的输出状态不仅与该时刻的输入信号有关,而且取决于前一时刻的输出状态;从电路结构上看,时序逻辑电路中含有存储单元(触发器),有从输出到输入的反馈连接。

触发器可分为双稳态触发器、单稳态触发器和无稳态触发器。本章只介绍双稳态触发器,单稳态触发器和无稳态触发器将在下一章结合 555 电路介绍。

7.1 触 发 器

双稳态触发器简称触发器,能对数字信号(0 或 1)具有记忆和存储功能,它是构成时序逻辑电路存储部分的基本单元,也是数字电路的基本逻辑单元。

触发器有两个互为相反的逻辑输出端 Q 和 $\overline{Q}$,因而有两个稳定的状态。当 $Q=0,\overline{Q}=1$ 时,称触发器处于"0"态(复位状态);当 $Q=1,\overline{Q}=0$ 时,称触发器处于"1"态(置位状态),即 Q 端的状态规定为触发器的状态。触发器一般有两种不同的输入端:一种是时钟脉冲输入端 CP(大部分触发器含有 CP);另一种是逻辑变量输入端,可以有多路。其逻辑符号大体如图 7.1 所示,不同触发器的逻辑符号略有差别。

触发器的功能是指触发器的次态与现态及输入信号之间的逻辑关系。现态指触发信号作用之前的状态,次态指触发信号作用

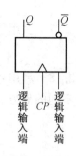

图 7.1 触发器的
逻辑符号

之后的状态。按触发器的功能来分,触发器有 *RS* 触发器、*JK* 触发器、*D* 触发器、*T* 触发器、*T'* 触发器等,每一种触发器都可以有不同的结构及触发方式。下面说明不同触发器的功能及其结构与触发方式的特点。

7.1.1　RS 触发器

1. 基本 RS 触发器

把两个与非门 G_1 和 G_2 的输入、输出端互相交叉连接,即可构成图 7.2(a)所示的基本 RS 触发器。其逻辑符号如图 7.2(b)所示。

Q 和 $\overline{Q}$ 表示两个互补的输出端,输入端 $\overline{S}$ 是置"1"(或置位)端,$\overline{R}$ 是置"0"(或复位)端,低电平有效

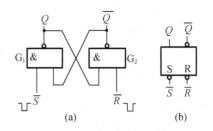

图 7.2　基本 RS 触发器

(a)电路组成;(b)逻辑符号

(电路及符号中 $\overline{S}$、$\overline{R}$ 上的"—"和符号中的"。"均表示低电平有效)。下面分四种情况分析其逻辑功能。

(1)保持功能

当 $\overline{R}=1,\overline{S}=1$ 时,输入信号均无效,触发器的状态将保持不变。

(2)置 0 功能

当 $\overline{R}=0,\overline{S}=1$ 时,置"0"信号有效,置"1"信号无效,则 $Q=0,\overline{Q}=1$,触发器置 0 态。

(3)置 1 功能

当 $\overline{R}=1,\overline{S}=0$ 时,置"1"信号有效,置"0"信号无效,则 $Q=1,\overline{Q}=0$,触发器置 1 态。

(4)禁止 $\overline{R}=\overline{S}=0$

当 $\overline{R}=\overline{S}=0$ 时,置"1"和置"0"信号均有效,则 $Q=\overline{Q}=1$,造成逻辑混乱,因此对输入信号存在着约束,必须禁止这种情况。因为如果当两个输入端的信号同时由 0 变为 1,由于两个与非门的延迟时间不可能相等,延迟时间小的与非门的输出端将先完成由 1 变为 0,而另一个与非门的输出端将保持为 1,这样就不能确定触发器是"1"态还是"0"态,是一种不确定状态。

设 Q^n 为现态,Q^{n+1} 为次态。由于触发器有记忆,所以 Q^{n+1} 与 Q^n 有关,就逻辑关系来看,Q^n 与 $\overline{R}$、$\overline{S}$ 一样都是 Q^{n+1} 的输入变量。表 7.1 为由与非门构成的基本 RS 触发器的逻辑状态表(也称为特性表),若已知输入信号 $\overline{S}$ 和 $\overline{R}$ 的波形,并假设触发器的初始状态为 0,便可根据其逻辑功能画出相应的 $Q,\overline{Q}$ 端的波形,如图 7.3 所示。

表 7.1　与非门构成的基本 RS 触发器逻辑状态表

$\overline{S}$	$\overline{R}$	Q^n	Q^{n+1}	功能
0	0	0	$\times$	禁止
0	0	1	$\times$	
0	1	0	1 $\bigr\}1$	置 1
0	1	1	1	
1	0	0	0 $\bigr\}0$	置 0
1	0	1	0	
1	1	0	0 $\bigr\}Q^n$	保持
1	1	1	1	

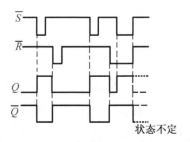

状态不定

图 7.3　基本 RS 触发器的时序图

由基本 RS 触发器逻辑状态表,可用代数法写出 RS 触发器的逻辑表达式,这个逻辑表达式称为特性方程。注:化简时要考虑约束条件 $\bar{S} + \bar{R} = 1$,即 $RS = 0$。

也可以根据逻辑状态表填写卡诺图,如图7.4所示。注意,卡诺图中 R、S 为原变量,在逻辑状态表中输入信号是 $\bar{R}$、$\bar{S}$。另外,正常情况下 SRQ^n 为110、111 两种取值是不会出现的,即最小项 SRQ^n、$SR\bar{Q}^n$ 是约束项,卡诺图化简时,可根据化简的需要包含或去掉约束项。利用卡诺图化简得到特性方程,即

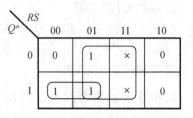

图7.4　基本 RS 触发器的卡诺图

$$\begin{cases} Q^{n+1} = S + \bar{R}Q^n \\ \bar{S} + \bar{R} = 1\ (RS = 0),\ (约束条件) \end{cases} \tag{7.1}$$

其中约束条件是:$\bar{S} + \bar{R} = 1$ 或 $RS = 0$,说明置1端和置0端不能同时有效。

基本 RS 触发器是构成其他触发器的基本单元。综上所述,基本 RS 触发器具有直接置0、置1、保持功能,但对输入信号有约束,由与非门构成的基本 RS 触发器低电平有效,输入信号不能同时为低电平。由于基本 RS 触发器状态的改变是直接受输入信号控制的,所以抗干扰能力差。

2. 同步 RS 触发器

图7.5所示为同步 RS 触发器的逻辑图,其中虚框中为基本 RS 触发器,G_3,G_4 构成引导电路,通过引导电路,引入控制信号 CP,这样可以实现对触发器动作时刻的控制,因此也称为可控 RS 触发器。

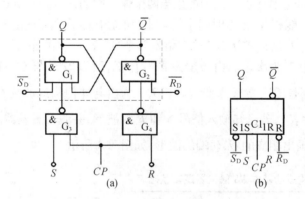

图7.5　同步 RS 触发器的逻辑图和逻辑符号

(a)逻辑图;(b)逻辑符号

图7.5中 $\bar{R}_D$,$\bar{S}_D$ 为低电平有效的异步控制清"0"端和置"1"端(不受 CP 脉冲控制)。当 $\bar{S}_D = 0$ 时,输出 Q 被强迫置"1";当 $\bar{R}_D = 0$ 时,输出 $\bar{Q}$ 被强迫置"1",同时 Q 被清"0"。$\bar{R}_D$,$\bar{S}_D$ 是为了触发器使用方便而设置的,通常不作为逻辑输入使用,因此平时应将此二端接"1"。

当 $CP = 0$ 时,不论 R 和 S 端的输入信号如何变化,G_3,G_4 门的输出均为1,RS 触发器保持原态不变。只有当 $CP = 1$ 时,触发器才会响应 R 和 S 输入端的变化,所以称这样的触发

器为时钟高电平有效的触发器。当 $CP = 1$ 时,通过分析可知同步 RS 触发器的工作情况和与非门构成的基本 RS 触发器功能一致,如表7.2 所示。

表7.2　同步 RS 触发器的逻辑状态表

S	R	Q^n	Q^{n+1}	功能
0	0	0	$\left.\begin{array}{c} 0 \\ 1 \end{array}\right\} Q^n$	保持
0	0	1		
0	1	0	$\left.\begin{array}{c} 0 \\ 0 \end{array}\right\} 0$	置0
0	1	1		
1	0	0	$\left.\begin{array}{c} 1 \\ 1 \end{array}\right\} 1$	置1
1	0	1		
1	1	0	$\left.\begin{array}{c} \times \\ \times \end{array}\right\}$ 逻辑混乱	禁止
1	1	1		

进一步分析可知,同步 RS 触发器的特性方程同式(7.1),其逻辑符号如图7.5(b)所示。

综上所述,同步 RS 触发器使能条件是 $CP = 1$,即只有 $CP = 1$ 时,才能实现置0、置1、保持功能。在 $CP = 0$ 期间,S,R 不起作用,适当缩短 $CP = 1$ 的时间,可以进一步提高抗干扰能力。

3. 主从 RS 触发器*

图7.6 为主从型 RS 触发器的逻辑图,它由两个同步 RS 触发器组成,其中 FF_1 为主触发器,FF_2 为从触发器。由于两个触发器的时钟脉冲 CP 通过一个非门联系,因此,当 CP 由低电平变为高电平后(上升沿到来后),主触发器 FF_1 开始接收信号,其输出($Q_1,\overline{Q_1}$)会随输入信号 S,R 而变化。与此同时,从触发器 FF_2 的时钟变为低电平,其输出 Q_2(也是整个电路的输出 Q)保持原来的状态不变。

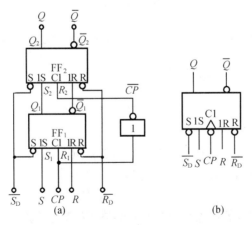

图7.6　主从型 RS 触发器的逻辑图和逻辑符号

(a)逻辑图;(b)逻辑符号

当 CP 由高电平变为低电平(下降沿到来)时,主触发器保持了之前瞬间的状态,此后不再随输入信号而改变。与此同时,$\overline{CP}$ 跳变至高电平,从触发器 FF_2 会按照此状态 $Q_1(S_2)$、$\overline{Q_1}(R_2)$ 的情况动作一次。因为此时即使主触发器 FF_1 的输入信号发生变化,其输出(Q_1,$\overline{Q_1}$)也保持为下降沿到来前的状态,从触发器也不再会动作。因此主从 RS 触发器具有上升沿接收、下降沿触发的特点,所以要求在 CP 高电平期间,R,S 信号保持稳定,在下降沿到来时,其逻辑功能仍由式(7.1)描述,其逻辑符号如图7.6(b)所示。

7.1.2 D 触发器

1. 同步 D 触发器

同步 D 触发器也称为电平有效的 D 触发器。所谓电平有效,是指在时钟 $CP=1$ 或 $CP=0$ 期间触发器使能。如前面介绍的同步 RS 触发器就是在 $CP=1$ 期间使能的。

图7.7是一个高电平有效的 D 触发器,它是在同步 RS 触发器(图7.5)的基础上改进的,其中,$R=\overline{S\cdot CP}$,$S=D$。下面就利用 RS 触发器的特性方程来推导 D 触发器的特性方程。

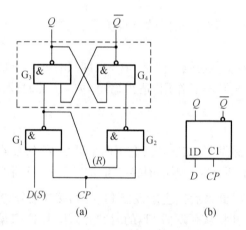

图7.7 电平有效的 D 触发器逻辑图和逻辑符号

(a)逻辑图;(b)逻辑符号

在 $CP=0$ 期间,G_1,G_2 关闭,图7.7中虚框中基本 RS 触发器的输入信号为高电平,触发器保持原来状态。

在 $CP=1$ 期间,由图7.7可知

$$S=D,\ R=\overline{S\cdot CP}=\overline{S}=\overline{D} \tag{7.2}$$

代入 RS 触发器特性方程

$$Q^{n+1}=S+\overline{R}Q^n=D+DQ^n$$

整理上式就可得到 D 触发器的特性方程为

$$Q^{n+1}=D \quad (CP\text{ 高电平有效}) \tag{7.3}$$

表7.3为 D 触发器的逻辑状态表,可以看出:在 CP 高电平期间,D 触发器具有置"0"和"1"的功能,其输出随着输入信号 D 而变化;而在 CP 低电平期间,D 触发器的状态不变。

图7.8(a)所示是在已知 CP,D 及触发器的初始状态为0的情况下,同步 D 触发器的时

序图。在第1、2个CP脉冲($CP=1$)期间D没有变化,分别执行置1和置0功能。而在第3、4个CP脉冲($CP=1$)期间D发生了变化,输出Q也跟着输入D变化,可以说在$CP=1$期间,"从输出看到了输入"这种现象称为"透明",只有当CP下降沿到来时输出保持不变称为"锁存",锁存的内容是CP下降沿瞬间D的值。所以常把电平有效的D触发器,称为"透明"D触发器,也称D型锁存器。

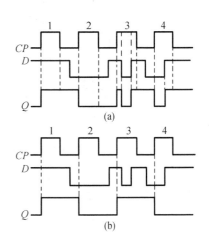

表7.3　D触发器的逻辑状态表

D	Q^n	Q^{n+1}	功能
0	0 1	$\left.\begin{matrix}0\\0\end{matrix}\right\}0$	置0
1	0 1	$\left.\begin{matrix}1\\1\end{matrix}\right\}1$	置1

图7.8　D触发器的时序图

(a)同步D触发器的时序图;

(b)边沿D触发器的时序图

图7.9为TTL型四位集成同步D触发器74LS375的功能引脚图。注意$CP_{1,2}$是单元1和2共用的时钟脉冲,$CP_{3,4}$是单元3和4共用的时钟脉冲。

2. 边沿D触发器

图7.10(a)是用两个电平触发的D触发器组成的边沿触发D触发器的原理框图,图中的FF_1和FF_2是两个高电平触发的D触发器。由图7.10可见,当CP处于低电平时,CP_1为高电平,因而FF_1的输出Q_1跟随输入端D的状态变化,始终保持$Q_1=D$。与此同时,CP_2为低电平,FF_2的输出Q_2(也是整个电路的输出Q)保持原来的状态不变。

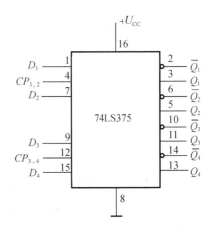

图7.9　集成同步D触发器

74LS375引脚图

当CP由低电平跳变至高电平时,CP_1随之变成了低电平,于是Q_1保持为CP上升沿到达前瞬间输入端D的状态,此后不再随D的状态而改变。与此同时,CP_2跳变至高电平,使Q_2与它的输入状态相同。由于FF_2的输入就是FF_1的输出Q_1,所以输出端Q便被置成了与CP上升沿到达前瞬时D端相同的状态,而与以前和以后D端的状态无关。

由上述可知,边沿D触发器具有在时钟脉冲上升沿触发的特点,其逻辑状态表与表7.3相同,其特性方程为

$$Q^{n+1} = D \quad (CP\text{上升沿有效}) \tag{7.4}$$

　　上升沿有效的 D 触发器仅在 CP 脉冲的上升沿的瞬间,触发器才使能,而在 $CP=0$、1 期间以及下降沿时,输入信号 D 对触发器的状态均无影响。图 7.8(b)是在已知 CP、D 及触发器的初始状态为 0 的情况下,边沿 D 触发器的时序图。上升沿有效的 D 触发器逻辑图及符号如图 7.10 所示。

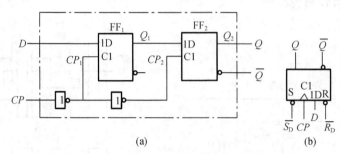

(a)　　　　　　　　　　(b)

图 7.10　边沿 D 触发器逻辑图及逻辑符号

(a)逻辑图;(b)逻辑符号

　　图 7.11 为集成边沿 D 触发器的引脚功能图,其中图 7.11(a)为 TTL 型 7474 芯片,图 7.11(b)为 CMOS 型 CC4013 芯片。

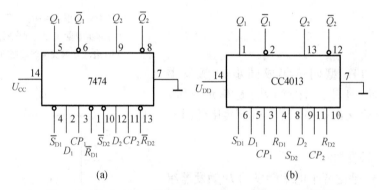

(a)　　　　　　　　　　　　(b)

图 7.11　集成边沿 D 触发器 7474 和 CC4013 引脚功能图

(a)TTL 型 7474 芯片;(b)CMOS 型 CC4013 芯片

　　从图 7.11 中可以看出,7474 中集成了两个 D 触发器,CP 脉冲上升沿触发,异步端 $\overline{R}_D$、$\overline{S}_D$ 低电平有效;CC4013 中也集成了两个 D 触发器,CP 脉冲上升沿触发,但异步端 R_D、S_D 高电平有效。

7.1.3　JK 触发器

1. 主从 JK 触发器

　　图 7.12(a)所示为主从 JK 触发器的逻辑图,它由主从 RS 触发器构成。图 7.12 中主触发器 FF_1 是一个多输入端的触发器,R 和 S 端分别有两个输入端 R_{11}、R_{12} 和 S_{11}、S_{12},同一功能的多个输入端之间是"与"的逻辑关系,即 $S=S_{11} \cdot S_{12} = J\,\overline{Q^n}$,$R=R_{11} \cdot R_{12} = KQ^n$,这里 J,K 是信号输入端。由于不论 J,K 为何值,$\overline{Q}$ 和 Q 的状态都相反,所以 $RS=0$ 总是成立,即对输入信号 J、K 无约束条件。

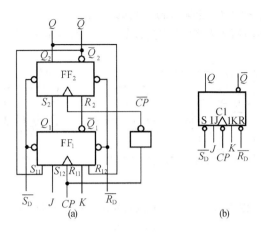

图 7.12　主从 *JK* 触发器的逻辑图和逻辑符号

(a)逻辑图;(b)逻辑符号

由 *RS* 触发器的特性方程可求得

$$Q^{n+1} = S + \overline{R}Q^n = J\,\overline{Q^n} + \overline{K}Q^n Q^n$$

整理上式便可求得 *JK* 触发器的特性方程为

$$Q^{n+1} = J\,\overline{Q^n} + \overline{K}Q^n \quad （CP \text{ 下降沿有效）} \tag{7.5}$$

由此可以得到 *JK* 触发器的逻辑状态表如表7.4 所示。

JK 触发器功能最齐全,具有保持、置0、置1、翻转功能。与主从 *RS* 触发器一样,下降沿有效的主从 *JK* 触发器要求 $CP=1$ 期间输入信号 J,K 是稳定的。适当缩短 $CP=1$ 的时间,可以进一步提高抗干扰能力。图 7.13 是在已知 CP,J,K 及触发器的初始状态为 0 的情况下,主从 *JK* 触发器的时序图,从图中可以看出,如果 $CP=1$ 的时间内,输入 J,K 信号无变化,*JK* 触发器也具有边沿触发的特点。图 7.12(b)为下降沿有效的 *JK* 触发器逻辑符号。

表 7.4　主从型 *JK* 触发器的逻辑状态表

J	K	Q^n	Q^{n+1}	功能
0	0	0 1	$\left.\begin{matrix}0\\1\end{matrix}\right\}Q^n$	保持
0	1	0 1	$\left.\begin{matrix}0\\0\end{matrix}\right\}0$	置0
1	0	0 1	$\left.\begin{matrix}1\\1\end{matrix}\right\}1$	置1
1	1	0 1	$\left.\begin{matrix}1\\0\end{matrix}\right\}\overline{Q^n}$	计数

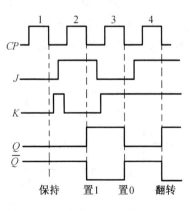

图 7.13　主从型 *JK* 触发器时序图

2. 边沿 *JK* 触发器

由于主从 *JK* 触发器对同步输入端的要求比较苛刻(要求在 $CP=1$ 时,J、K 信号不能变化),在 $CP=1$ 时容易受到干扰,这就限制了它的应用。

图 7.14(a)是由边沿 D 触发器构成的 JK 触发器,因而也具有边沿触发的特点。

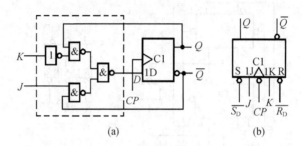

(a)　　　　　　　　　(b)

图 7.14　边沿 JK 触发器的逻辑图和逻辑符号

(a)逻辑图;(b)逻辑符号

由图 7.14 虚框内电路可知:

$$D = J\overline{Q^n} + \overline{K}Q^n \quad (称为驱动方程)$$

D 触发器的特性方程为

$$Q^{n+1} = D \quad (CP\,上升沿有效)$$

将驱动方程代入特性方程得

$$Q^{n+1} = D = J\,\overline{Q^n} + \overline{K}Q^n$$

即

$$Q^{n+1} = J\,\overline{Q^n} + \overline{K}Q^n \quad (CP\,上升沿有效)$$

边沿 JK 触发器的特性方程和主从 JK 触发器相同,以上是为了引出边沿 JK 触发器的概念,实际的 JK 触发器大部分是下降沿有效的。下降沿有效的 JK 触发器符号如图 7.14(b)所示。

边沿 JK 触发器是一种仅在 CP 脉冲的上升沿(或下降沿)的瞬间,触发器才使能,而在 $CP=0,1$ 期间以及下降沿(或上升沿)时,同步输入信号对触发器的状态均无影响。边沿 JK 触发器只要求在 CP 脉冲的上升沿(或下降沿)时,J,K 是稳定的,也就是说,使能条件越苛刻,对输入信号 J,K 的要求就越宽松,触发器的抗干扰能力就越强。

如图 7.15 为集成边沿 JK 触发器的引脚功能图,其中图 7.15(a)为 TTL 型 74LS112 芯

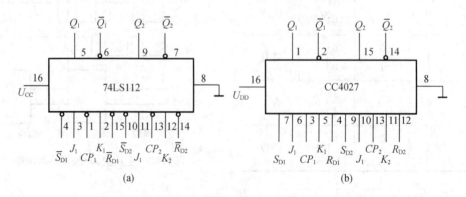

(a)　　　　　　　　　　(b)

图 7.15　集成边沿 JK 触发器 74LS112 和 CC4027 引脚图

(a)TTL 型 74LS112 芯片;(b)CMOS 型 CC4027 芯片

片,图 7.15(b)为 CMOS 型 CC4027 芯片。

从图 7.15 中可以看出,74LS112 中集成了两个 JK 触发器,CP 脉冲下降沿触发,$\overline{R}_D$,$\overline{S}_D$ 低电平有效;CC4027 也集成了两个 JK 触发器,但 CP 脉冲上升沿触发,R_D,S_D 高电平有效。

7.1.4 T 触发器、T' 触发器

1. T 触发器

如图 7.16 所示,令 $T = J = K$,即把 J,K 端连接在一起作为 T 端,就构成了 T 触发器。

根据 JK 触发器的特性方程可得

$$Q^{n+1} = J\overline{Q^n} + \overline{K}Q^n = T\overline{Q^n} + \overline{T}Q^n$$

即 T 触发器的特性方程为

$$Q^{n+1} = T\overline{Q^n} + \overline{T}Q^n \qquad (7.6)$$

表 7.5 是 T 触发器的逻辑状态表。

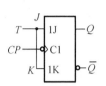

图 7.16　由 JK 触发器
构成的 T 触发器

表 7.5　T 触发器的逻辑状态表

T	Q^n	Q^{n+1}	功能
0	0	0 $\left.\vphantom{\begin{matrix}0\\1\end{matrix}}\right\} Q^n$	保持
0	1	1	
1	0	1 $\left.\vphantom{\begin{matrix}1\\0\end{matrix}}\right\} \overline{Q^n}$	翻转
1	1	0	

T 触发器只有保持和翻转两个功能。

2. T' 触发器

令 T 触发器的 $T = 1$,就构成了 T' 触发器。它的逻辑功能是每来一个时钟脉冲,状态翻转一次,即 $Q^{n+1} = \overline{Q^n}$,具有计数功能。

如果将 D 触发器的 D 端与 $\overline{Q}$ 端相连,如图 7.17 所示,也可以构成 T' 触发器。

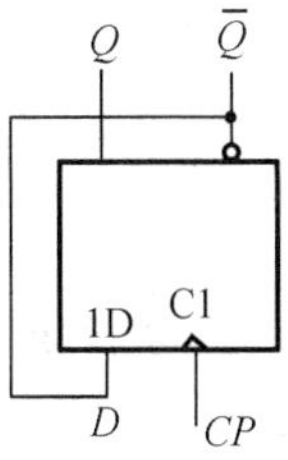

因为 $Q^{n+1} = D = \overline{Q^n}$,即

$$Q^{n+1} = \overline{Q^n} \qquad (7.7)$$

图 7.17　D 触发器构成的
T' 触发器

这正是 T' 触发器的特性方程。

T 触发器和 T' 触发器,只是一种逻辑功能上的分类,并没有商用产品,其使能条件与相应的 JK 或 D 触发器一样。

通过以上各触发器的分析可以知道:触发器的逻辑功能与电路结构并无固定的对应关系,即某一功能的触发器可以用不同的电路结构实现。而不同的结构决定了触发器的触发特性不同,因而具有不同的动作特点。

思考题

7.1.1 以图7.5为例说明触发器的 $\overline{R}_D$ 端、$\overline{S}_D$ 端有何作用,为何称为异步控制端? 并将其与 S、R 比较。

7.1.2 用或非门构成的基本 RS 触发器逻辑电路及逻辑符号如题 7.1.2 图所示,试列出其真值表,并写出逻辑表达式,分析该电路的功能,与图 7.2 相比有什么不同。

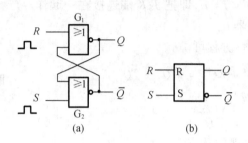

题 7.1.2 图

(a)逻辑图;(b)逻辑符号

7.1.3 试述 RS,D,JK,T,T' 等触发器的逻辑功能,写出其状态表及特性方程。

7.1.4 设题 7.1.4 图中各触发器的初态为"0",试分析各触发器的 Q 端波形。

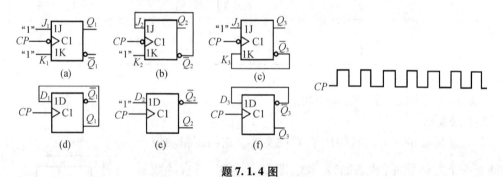

题 7.1.4 图

7.1.5 分析题 7.1.5 图所示电路的逻辑功能。

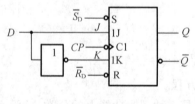

题 7.1.5 图

7.1.6 如何用 D 触发器经过改接或附加一些门电路,实现 RS,JK,T,T' 触发器?

7.1.7* 主从 JK 触发器如果 $CP=1$ 的时间内,输入 J,K 信号有变化,其输出会如何变化?

7.2 时序逻辑电路的分析

按时序电路中每个触发器触发时刻的一致与否可分为同步时序电路、异步时序电路。分析一个时序电路,就是要分析时序电路的逻辑功能,即找出电路的输出状态在输入变量和时钟信号作用下的变化规律。可以用状态方程和输出方程对逻辑功能进行描述,也可以用状态表、时序图、状态转换图等方法描述。对时序电路的分析,一般按如下步骤进行:

(1)写出每个触发器输入信号的逻辑表达式(驱动方程);

(2)把得到的驱动方程代入相应触发器的逻辑表达式(特性方程),得出每个触发器的状态方程;

(3)如有其他输出变量,写出输出变量的逻辑表达式(输出方程);

(4)而对异步时序电路来说,在此基础上还要考虑时钟情况。

1. 异步电路分析

【**例 7.1**】 图 7.18 所示是 74LS290 中的主体部分电路,试分析这部分电路的逻辑功能。

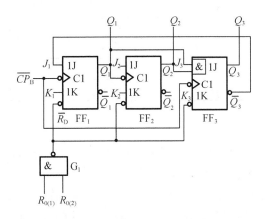

图 7.18 例 7.1 图

【**解**】 (1)分析逻辑图

观察此逻辑图,三个触发器的时钟脉冲不是同一个信号,所以是异步工作的;其输出端为 Q_3,Q_2,Q_1;$\overline{R}_D$ 是异步清零端,低电平有效。

(2)求驱动方程

各触发器输入端的逻辑函数式又称为驱动方程,它们决定了触发器次态的去向。由图7.18 可知其各触发器的驱动方程分别为

$$
\begin{cases} J_1 = \overline{Q_3^n} \\ K_1 = 1 \end{cases}
\quad
\begin{cases} J_2 = 1 \\ K_2 = 1 \end{cases}
\quad
\begin{cases} J_3 = Q_2^n Q_1^n \\ K_3 = 1 \end{cases}
$$

(3)求状态方程

各触发器的次态方程称为状态方程。将各触发器的驱动方程代入相应触发器的特性

方程中,可得各触发器的状态方程分别为

$$Q_1^{n+1} = J_1\overline{Q_1^n} + \overline{K_1}Q_1^n = \overline{Q_3^n}\,\overline{Q_1^n} \qquad (\overline{CP_B}\downarrow 有效)$$

$$Q_2^{n+1} = J_2\overline{Q_2^n} + \overline{K_2}Q_2^n = \overline{Q_2^n} \qquad (Q_1\downarrow 有效)$$

$$Q_3^{n+1} = J_3\overline{Q_3^n} + \overline{K_3}Q_3^n = \overline{Q_3^n}Q_2^nQ_1^n \qquad (\overline{CP_B}\downarrow 有效)$$

理论上讲,有了上面的分析,已经得到了各触发器状态方程,时序电路的逻辑功能已经描述清楚了,但实际上常常还很不直观,因而可用状态转换真值表或状态转换图、时序图(波形图)来进一步描述。

(4)状态表

将计数器所有现态依次列举出来,再分别代入状态方程中,求出相应的次态并列成表格,这种表格就称为状态转换真值表,简称状态表,如表7.6所示。其中,清零后各触发器现态为000,下一个状态即其次态为001,它就是再下一个状态的"现态",依次类推,得出表7.6。由表7.6已经可以看出,电路以000~100五种工作状态循环,因此是一个五进制计数器。

表7.6　例7.1状态表

CP的顺序	Q_3^n	Q_2^n	Q_1^n	Q_3^{n+1}	Q_2^{n+1}	Q_1^{n+1}
0	0	0	0	0	0	1
1	0	0	1	0	1	0
2	0	1	0	0	1	1
3	0	1	1	1	0	0
4	1	0	0	0	0	0

(5)状态图

将计数器状态转换用图形方式来描述,这种图形称作状态图,如图7.19(a)所示,图中箭头示出转换方向。3个触发器有8(即2^3)种工作状态,现在只用了5种,000~100形成的循环称为有效循环,还有3个状态101,110,111未被利用,称为无效状态。可以用(4)中的方法分析,当初始状态分别为101,110,111时,经过有限CP脉冲,可以进入有效的工作状态循环中,这也称为具有"自启动功能"。

(6)时序图(波形图)

将计数器中各触发器的输出状态用波形来表示,这种波形就称为时序图,它形象地表示了输入输出信号在时间上的对应关系。此计数器的波形图如图7.19(b)所示。

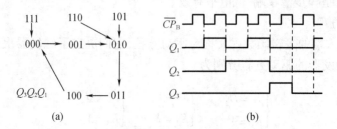

(a) (b)

图7.19　状态图和波形图

(a)状态图;(b)波形图

上述步骤可以根据分析的方便进行取舍,而对有些简单的时序电路,也可直接画出时序图或列出状态转换真值表,即可确定时序电路的功能。

2. 同步电路分析

【例7.2】　分析图7.20所示电路的逻辑功能,设初始状态为000。

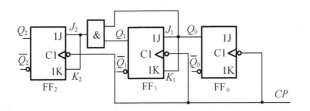

图 7.20　例 7.2 图

【分析】　该电路由三个 JK 触发器及一个与门构成,观察此逻辑图,它们的时钟脉冲是同一个信号,所以是同步工作的;其输出端为 Q_2,Q_1,Q_0。

【解】　(1)列出驱动方程

由图 7.20 可知各触发器的驱动方程分别为

$$J_2 = K_2 = Q_1 Q_0, \quad J_1 = K_1 = Q_0, \quad J_0 = K_0 = 1$$

(2)列出逻辑状态表

设各触发器现态为000,此时可以根据驱动方程计算出各触发器的驱动信号。因为是同步电路,当 CP 脉冲有效沿到来时,各触发器同时动作,可以分析出各触发器的次态为001,它就是再下一个状态的"现态",依次类推,得出表7.7。

表 7.7　例 7.2 状态表

CP	Q_2	Q_1	Q_0	$J_2 = Q_1 Q_0$	$K_2 = Q_1 Q_0$	$J_1 = Q_0$	$K_1 = Q_0$	$J_0 = 1$	$K_0 = 1$	十进制数
0	0	0	0	0	0	0	0	1	1	0
1	0	0	1	0	0	1	1	1	1	1
2	0	1	0	0	0	0	0	1	1	2
3	0	1	1	1	1	1	1	1	1	3
4	1	0	0	0	0	0	0	1	1	4
5	1	0	1	0	0	1	1	1	1	5
6	1	1	0	0	0	0	0	1	1	6
7	1	1	1	1	1	1	1	1	1	7
8	0	0	0	0	0	0	0	1	1	0

由状态表可以看出,电路有 000～111 共八种工作状态,因此是一个八进制(三位二进制)加法计数器。

思考题

7.2.1 什么是同步电路、异步电路?

7.2.2 在题7.2.2图中,触发器的原状态为 $Q_1Q_0 = 01$,则在下一个 CP 作用后,Q_1Q_0 为何种状态?

7.2.3 在题7.2.3图中,触发器的原状态为 $Q_1Q_0 = 01$,则在下一个 CP 作用后,Q_1Q_0 为何种状态?

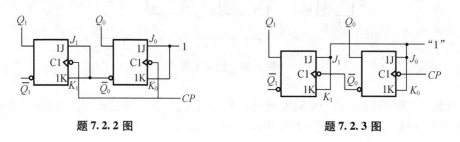

题7.2.2 图　　　　　　　　　题7.2.3 图

7.3　寄　存　器

寄存器是数字电路中的一个重要数字部件,具有接收、存放及传送数码的功能,其中移位寄存器还具有移位功能。寄存器由触发器和一些逻辑门组成,触发器用来存放代码,一个触发器可以存储1位二进制代码,存放 n 位二进制代码的寄存器,需用 n 个触发器来构成;逻辑门用来控制代码的接收、传送和输出等。

寄存器属于计算机技术中的存储器的范畴,但与存储器相比,又有些不同,如存储器一般用于存储运算结果,存储时间长,容量大,而寄存器一般只用来暂存中间运算结果,存储时间短,存储容量小,一般只有几位。

按照功能的不同,可将寄存器分为基本寄存器和移位寄存器两大类。基本寄存器只能并行送入数据,需要时也只能并行输出。移位寄存器中的数据可以在移位脉冲作用下依次逐位右移或左移,数据既可以并行输入,也可以串行输入,既可以并行输出,也可以串行输出,十分灵活,用途也很广。

7.3.1　基本寄存器

图7.21是一个四位数据寄存器的逻辑图,图中:四个 D 触发器用于存贮数据,D_3,D_2,D_1,D_0 为四位数据输入端,$Q_3'Q_2'Q_1'Q_0'$ 为四位数据输出端;CP 为接收指令控制端,上升沿有效;$\bar{E}$ 为输出指令控制端;$\bar{R}_D$ 为清零端,低电平有效。

1. 异步清零

在 $\bar{R}_D$ 端加负脉冲,各触发器异步清零。清零后,应将 $\bar{R}_D$ 接高电平,以不妨碍数码的寄存。

2. 并行数据输入

在 $\bar{R}_D = 1$ 的前提下,将所要存入的数据 D 依次加到数据输入端,在 CP 脉冲上升沿的作

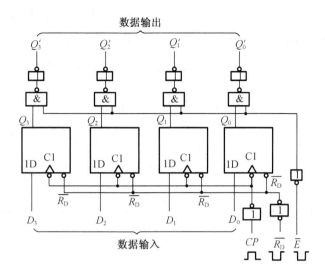

图 7.21 四位数据寄存器的逻辑图

用下,数据将被并行存入。

3. 记忆保持

在 $\overline{R}_D = 1$, CP 无上升沿(通常接低电平)时,则各触发器保持原状态不变,寄存器处在记忆保持状态。

4. 并行输出

在输出控制端 $\overline{E}$ 加入一个负脉冲信号,就可以在输出端 $Q'_3 Q'_2 Q'_1 Q'_0$ 处得到触发器中存贮的数据。

由分析可见,图 7.21 所示四位寄存器是以并行输入并行输出方式来接收和输出各位代码的,所以被称为并入/并出寄存器。它的优点是存取速度快,但存取方式单一,且需要较多的代码传输线,多用于计算机内部电路和并行通信接口电路。

集成寄存器又叫锁存器,用来暂存中间运算结果,如仪器仪表中的数据暂存,用以防止显示器闪烁等。图 7.22 所示是八 D 锁存器 74HC373 的逻辑图,它采用八个 D 触发器作八位寄存单元,具有三态输出结构,G_1 是输出控制门,G_2 是锁存允许控制门,$D_0 \sim D_7$ 是八个数据输入端,$Q_0 \sim Q_7$ 是八个输出端。

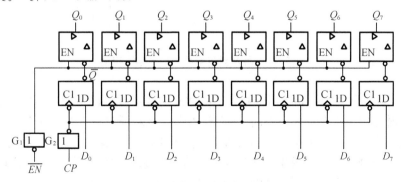

图 7.22 八 D 锁存器 74HC373 逻辑图

锁存数据的过程是:先将要锁存的数据传入各 D 端,再使 $CP=1$,则 D 端数据就被存入各触发器。当 $CP=0$ 时,数据被锁存在各触发器中。要使被锁存的数据输出,可使 $\overline{EN}=0$,数据将通过三态门输出。在 $\overline{EN}=1$ 时,三态门处于高阻状态。由此可得其功能表如表7.8所示。

表7.8　74HC373 锁存器功能表

$\overline{EN}$	CP	D	Q^{n+1}	说明
1	×	×	Z	高阻
0	0	×	Q^n	保持
	1	D	D	寄存

7.3.2　移位寄存器

移位寄存器除了具有存储代码的功能以外,还具有移位功能,即寄存器里存储的代码能在移位脉冲的作用下依次左移或右移。所以,移位寄存器不但可以用来寄存代码,还可以用来实现数据的串行/并行转换、数值的运算及数据处理等。移位寄存器分单向移位寄存器和双向移位寄存器两种。

1. 单向移位寄存器

单向移位寄存器又分右移寄存器和左移寄存器。每输入一个控制脉冲,使寄存器中寄存的数据依次左移一位的叫左移寄存器,依次右移的叫右移寄存器。

图7.23所示电路是由 D 触发器组成的四位左移寄存器,其中触发器 FF_0 的输入端接收输入信号,其余的每个触发器输入端均与后边一个触发器的 Q 端相连。

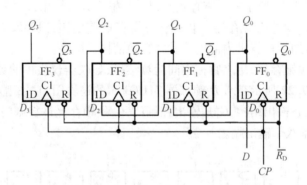

图7.23　用 D 触发器构成的左移寄存器

因为从 CP 上升沿开始到输出端新状态的建立需要经过一段传输延迟时间,所以当 CP 的上升沿同时作用于所有的触发器时,它们输入端的状态还没有改变。于是 FF_1 按 Q_0 原来的状态置数,FF_2 按 Q_1 原来的状态置数,FF_3 按 Q_2 原来的状态置数。同时,加到寄存器输入端 D_1 的代码存入 FF_0。总的效果相当于移位寄存器里原有的代码依次左移了1位。可见,经过四个 CP 信号以后,串行输入的四位代码全部移入了移位寄存器中。

移位寄存器在输出代码时,有两种输出方式:一种是串行输出方式,即在数据全部移入寄存器后,只需要在 CP 端再连续加入四个触发脉冲,就可以在 Q_3 端获得串行四位数据输出;另一种是并行输出方式,在数据存入寄存器后,直接从 $Q_3 \sim Q_0$ 四路输出即可获得四位并行数据。

图 7.24 是八位移位寄存器 74HC164 的逻辑图,其中八个 D 触发器作为八位移位寄存单元,G_1 是清 0 控制门,G_2 是 CP 脉冲控制门,G_3 是串行数据输入端,$Q_0 \sim Q_7$ 是八位并行输出端。

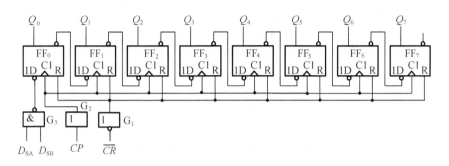

图 7.24　八位串行移位寄存器 74HC164 逻辑图

(1)清 0

令 $\overline{CR} = 0$,则 $Q_0 \sim Q_7$ 皆为 0;清 0 后使 $\overline{CR} = 1$,才能正常寄存。

(2)寄存和移位

两个数据输入端 D_{SA} 与 D_{SB} 是"与"的关系,在 CP 上升沿到来时将数据存入 FF_0,FF_0 中的数据移至 FF_1,FF_1 中原来的数据移至 FF_2,依此类推,实现移位寄存。

前面我们简要介绍了左移寄存器的逻辑结构和工作原理,至于右移寄存器原理与左移寄存器大致相同,只是串行数据从 FF_3(高位)触发器输入,且首先输入的是数据的最低位,高位的输出依次接到低位的输入端,然后每来一个 CP 移位脉冲,数据便右移一次,直至将数据的最高位移入寄存器中。右移寄存器的逻辑结构也很简单,读者可以自行画出。

若用逻辑门控制数据的移动方向,就可实现左移或右移的双向移位寄存功能。

2. 双向移位寄存器

所谓双向移位寄存器就是数码既可以实现左移寄存,又可以实现右移寄存的寄存器。前面我们已经简要介绍了单方向移位寄存器的基本结构,不难想象,只要在触发器之间增加一些可以由外部选择控制的转换门电路,将左移寄存器和右移寄存器结合起来,就可以构成一个双向移位寄存器。用四个 D 触发器和逻辑门组成的四位双向移位寄存器原理电路如图 7.25 所示。

图 7.25 中 M 为右、左移选择控制端。当 $M = 0$ 时,有 $D_3 = Q_2^n$,$D_2 = Q_1^n$,$D_1 = Q_0^n$,$D_0 = IN_L$,四个触发器间的连接关系与图 7.23 所示的移位寄存器相同,移位寄存器被设置为左移寄存器,IN_L 为左移串行输入端。当 $M = 1$ 时,$D_3 = IN_R$,$D_2 = Q_3^n$,$D_1 = Q_2^n$,$D_0 = Q_1^n$,移位寄存器被设置为右移寄存器,数据从 IN_R 串行输入端输入。IN_R 为右移串行输入端,CP 为移位控制脉冲,$\overline{R}_D$ 为清零端。

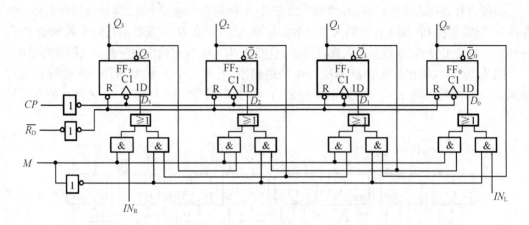

图 7.25　四位双向移位寄存器原理图

为了需要和使用方便,移位寄存器一般还保留并行输入端,用于寄存器并行输入数据,如集成寄存器 74LS194A。这样,移位寄存器就有多种不同的输入、输出方式。根据不同的要求,采用不同的工作方式。例如,在计算机的打印机接口电路中,常使用并入/串出的工作方式,而在打印机与计算机连接的接口电路中,又常使用串入/并出的工作方式。表 7.9 是 74LS194A 的功能表。图 7.26 为 74LS194A 逻辑符号。

表 7.9　双向移位寄存器 74LS194A 的功能表

$\overline{R}_D$	S_1	S_0	工作状态
0	×	×	置零
1	0	0	保持
1	0	1	右移
1	1	0	左移
1	1	1	并行输入

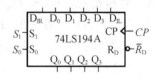

图 7.26　74LS194A 逻辑符号

从表 7.9 和图 7.26 可见 74LS194A 具有如下功能。

(1)异步清零

$\overline{R}_D = 0$,清零。

(2)保持

$\overline{R}_D = 1$,$CP = 0$ 或 $S_1 S_0 = 00$ 时,CP 上升沿到来时,寄存器中的数据保持原状态不变。

(3)并行置数

$\overline{R}_D = 1$,$S_1 S_0 = 11$ 时,CP 上升沿可进行并行置数,即 $Q_0 = D_0$,$Q_1 = D_1$,$Q_2 = D_2$,$Q_3 = D_3$。

(4)右移

$\overline{R}_D = 1$,$S_1 S_0 = 01$ 时,在 CP 上升沿作用下,寄存器中的数据依次向右移动一位,而 Q_0 接受输入数据 D_{IR}。

（5）左移

$\overline{R_D}=1, S_1 S_0=10$ 时，在 CP 上升沿作用下，寄存器中的数据依次向左移动一位，而 Q_3 接受输入数据 D_{IL}。

用 74LS194A 接成多位双向移位寄存器的接法十分简单。图 7.27 是用两片 74LS194A接成八位双向移位寄存器的连接图，只需将其中一片的 Q_3 接至另一片的 D_{IR} 端，而将另一片的 Q_0 接到这一片的 D_{IL} 端，同时把两片的 S_1, S_0, CP 和 $\overline{R_D}$ 分别并联即可。

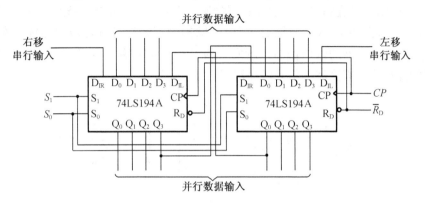

图 7.27　用两片 74LS194A 接成八位双向移位寄存器

思考题

7.3.1　数据寄存器与移位寄存器有什么区别？

7.3.2　以 74LS94A 为例说明移位寄存器如何实现并行输入、串行输出？

7.3.3　参考图 7.22 画出由 D 触发器构成的右移寄存器的电路图，并思考如何进一步设计双向移位寄存器。

7.4　计　数　器

计数器是用来累计脉冲个数的时序电路，具有记忆功能的触发器是其基本计数单元。计数器的类型较多，各触发器的连接方式的不同，就构成了各种不同类型的计数器。

计数器按计数制式可分为二进制计数器、十进制计数器和任意进制计数器；按计数方式可分为加法计数器、减法计数器和可逆计数器；按计数器中每位触发器触发时刻的一致与否可分为同步计数器、异步计数器；按内部器件分有 TTL 和 CMOS 计数器等。目前，各种类型的集成计数器都已被普遍使用，但用得最多、性能较好的还是高速 CMOS 集成计数器，其次为 TTL 计数器。学习集成计数器，要在初步了解其工作原理的基础上，着重注意使用方法。

7.4.1 二进制计数器

二进制数只有 0 和 1 两个数码,其计数规则是"逢二进一"。而双稳态触发器有 0 和 1 两个状态,n 个触发器可以表示 n 位二进制数。

1. 异步二进制计数器

(1)异步二进制加法计数器

图 7.28 是四位二进制异步加法计数器的原理电路,它由四个下降沿触发的 JK 触发器作四位计数单元,图中 $J=K=1$,每来一个 CP 脉冲的下降沿时触发器就翻转一次(即构成 T' 触发器);低位触发器的输出作高位触发器的 CP 脉冲,这种连接称为异步工作方式。各位触发器的异步清零端受清零信号的控制。

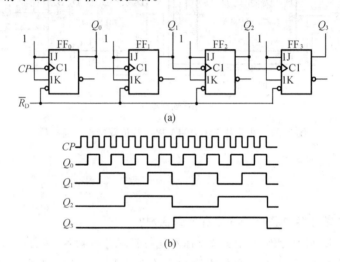

图 7.28 二进制异步加法计数器原理图

(a)原理电路;(b)工作波形

由 JK 触发器的逻辑功能可知,一开始四位触发器被清零后,由于 CP 脉冲加于 FF_0 的 CP 端,每当 CP 下降沿到来,Q_0 就翻转一次,得 Q_0 波形,而 Q_0 输出又作为 FF_1 的 CP 脉冲,当 Q_0 下降沿到来,Q_1 就翻转一次,得 Q_1 波形,依次类推,可得此计数器的工作波形,如图 7.28(b)所示,这就是四位二进制加法计数器的工作波形,因为每个触发器都是每输入两个时钟脉冲输出一个脉冲,是逢二进一,符合二进制加法计数的规律。

(2)异步二进制减法计数器

将图 7.28(a)的各 Q 端输出作下一触发器的 CP 脉冲,改接为用 $\overline{Q}$ 端输出作下一个触发器的 CP 脉冲,得图 7.29(a)所示的电路,这就是一个四位二进制减法计数器,其计数工作波形如图 7.29(b)所示,即清零后,在第一个 CP 脉冲作用后,各触发器被翻转为 1111,这是一个"置位"动作,以后每来一个 CP 脉冲计数器就减 1,直到 0000 为止,符合二进制减法计数的规律。

由以上分析不难看出,若用逻辑控制将 Q 端或 $\overline{Q}$ 端输出加给下一个触发器的 CP 端,就可以组成一个可加可减的可逆计数器,实际的可逆计数器正是如此。

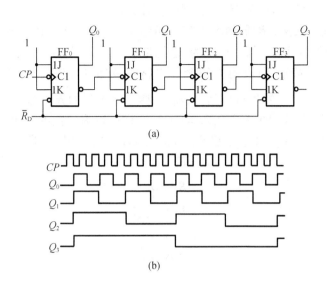

图 7.29　由 JK 触发器组成的二进制异步减法计数器

(a)原理电路;(b)工作波形

　　由 D 触发器组成的二进制异步计数器如思考题 7.4.2 所示,它们的工作原理及工作波形读者可自行分析。分析时注意两点:一是触发器在 CP 脉冲的上升沿翻转,二是每个触发器已接成 $Q^{n+1} = \overline{Q^n}$ 的"计数"状态。

　　(3)集成异步二进制计数器

　　图 7.30 是 74HC393 双四位二进制异步计数器的管脚排列,它的功能如表 7.10 所示,工作波形如图 7.31 所示。

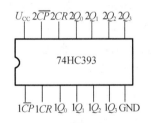

图 7.30　74HC393 集成异步
二进制计数器管脚排列图

表 7.10　74HC393 功能表

CR	$\overline{CP}$	Q_3	Q_2	Q_1	Q_0
1	×	0	0	0	0
0	↓	计数			

　　2.同步二进制计数器

　　同步计数,就是计数器中各触发器在同一个 CP 脉冲作用下,同时翻转到各自确定的状态。为了同时翻转,需要用很多门来控制,所以同步计数器的电路复杂,但计数速度快,多用在计算机中;而异步计数电路简单,但计数速度慢,多用于仪器仪表中。

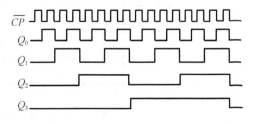

图 7.31　74HC393 二进制计数器工作波形图

（1）由于 JK 触发器构成的四位二进制同步计数器

四位二进制同步加法计数器如图 7.32 所示。从图 7.32 中可以看到,构成计数器的四个 JK 触发器的触发脉冲 CP 都是相同的,也就是说,四个触发器由现态到次态的变化是同步的,都是在 CP 的下降沿,所以图 7.32 所示电路叫做"同步"计数器。$Q_3Q_2Q_1Q_0$ 是计数器的四位二进制输出,C 是计数器进位信号,$\overline{R}_\mathrm{D}$ 是四个触发器的异步清零端,当 $\overline{R}_\mathrm{D}$ 为低电平时四个触发器被强迫清零,即 $Q_3Q_2Q_1Q_0=0000$,这样可以为计数器开始计数做好准备。四个触发器的逻辑输入端 J、K 驱动方程及进位信号 C 的输出方程分别为

$$J_0 = K_0 = 1$$
$$J_1 = K_1 = Q_0^n$$
$$J_2 = K_2 = Q_1^n Q_0^n$$
$$J_3 = K_3 = Q_2^n Q_1^n Q_0^n$$
$$C = Q_3^n Q_2^n Q_1^n Q_0^n$$

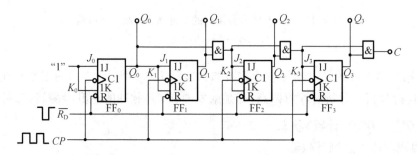

图 7.32　四位二进制同步加法计数器逻辑图

通过分析可知:第一位触发器 FF_0,每来一个计数脉冲就翻转一次;第二位触发器 FF_1,在 $Q_0=1$ 时,每来一个脉冲才翻转;第三位触发器 FF_2,在 $Q_1=Q_0=1$ 时,每来一个脉冲才翻转;第四位触发器 FF_3,在 $Q_2=Q_1=Q_0=1$ 时,再来一个脉冲才翻转。因此可以画出计数器波形图,如图 7.33 所示,这就是四位二进制加法计数器的工作波形。

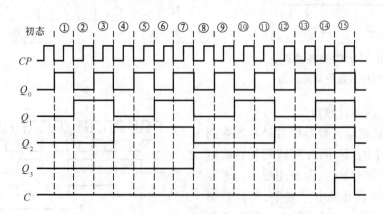

图 7.33　四位二进制加法计数器的工作波形图

（2）集成同步二进制计数器

图 7.34（a）为中规模集成的四位同步二进制计数器 74161 的逻辑图。这个电路除了具有二进制加法计数功能外，还具有预置数、保持和异步置零等附加功能。

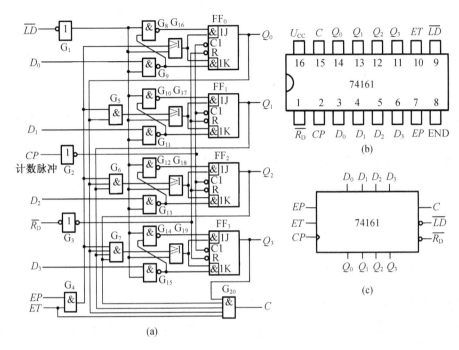

(a)

图 7.34　四位同步二进制计数器 74161 的逻辑图、引脚排列和逻辑符号

（a）74161 逻辑图；（b）引脚排列图；（c）逻辑符号

图 7.34（b）（c）所示是 74161 型四位同步二进制计数器的引脚排列和逻辑符号。各引脚功能如下。

1 脚：$\overline{R_D}$ 为清零端，低电平有效，而且清零操作不受其他输入端状态的影响，因而是异步清零端。

2 脚：CP 为时钟脉冲输入端，上升沿有效（$CP\uparrow$）。

3～6 脚：$D_0 \sim D_3$ 为并行输入数据端，是预置数。当 $\overline{R_D}=1$、$\overline{LD}=0$ 时，CP 上升沿到达后 $Q_3Q_2Q_1Q_0 = D_3D_2D_1D_0$。

7,10 脚：EP，ET 为计数控制端，当两者都为高电平时，电路处于计数状态，当电路从 0000 状态开始连续输入 16 个计数脉冲时，电路将从 0000 到 1111 状态，最后返回 0000 状态；只要 EP，ET 有低电平时，计数保持原态，其中如果 $ET = 0$，则 EP 不论为何种状态，进位输出 C 都等于 0。

9 脚：$\overline{LD}$ 为同步并行置数控制端，低电平有效，当 CP 上升沿到达后存入预置数。

11～14 脚：$Q_3 \sim Q_0$ 为计数状态输出端。

15 脚：C 为进位端，电路状态 $Q_3Q_2Q_1Q_0 = 1111$ 时，C 端变为高电平；状态返回 0000 状态，C 端从高电平跳变至低电平。可利用 C 端输出的高电平或下降沿作为进位输出信号。

四位同步二进制计数器 74161 的功能表如表 7.11 所示。

表 7.11   四位同步二进制计数器 74161 的功能表

CP	$\overline{R_D}$	$\overline{LD}$	EP	ET	工作状态
×	0	×	×	×	置零
⌐⌐	1	0	×	×	预置数
×	1	1	0	1	保持
×	1	1	×	0	保持(但 $C=0$)
⌐⌐	1	1	1	1	计数

74LS161 在内部电路结构形式上与 74161 有些区别,但外部引线的配置、引脚排列以及功能都与 74161 相同。

此外,有些同步计数器(例如 74LS162,74LS163)是采用同步置零方式的,应注意与异步置零方式的区别。在同步置零的计数器电路中,$\overline{R_D}$出现低电平后要等 CP 信号到达时才能将触发器置零。而在异步置零的计数器电路中,只要$\overline{R_D}$出现低电平,触发器立即被置零,不受 CP 的控制。

7.4.2   十进制计数器

二进制计数器结构简单,但读数不方便,所以在有些场合采用十进制计数器。用四位二进制数来表示十进制的每一位数,称为二–十进制计数器。最常用的十进制数表示方法是 8421BCD 码。

1. 集成异步十进制计数器

图 7.35 是集成异步十进制计数器 74LS290 的逻辑图。它由四个下降沿触发的 JK 触发器组成一位十进制计数单元。$\overline{CP_A}$ 和 $\overline{CP_B}$ 均为计数输入端,$R_{0(1)}$ 和 $R_{0(2)}$ 为异步置"0"控制端,$S_{9(1)}$ 和 $S_{9(2)}$ 为异步置"9"控制端。

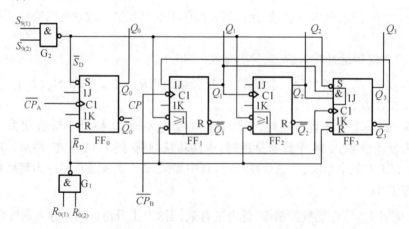

图 7.35   74LS290 十进制计数器逻辑图

当时钟信号从 $\overline{CP_A}$ 端输入,从 Q_0 端输出时,它是一个二分频电路,即一位二进制计数器。当时钟信号从 $\overline{CP_B}$ 端输入,从 Q_3 端输出时,它是一个五分频电路,即五进制计数器(见例7.1)。

当信号从 $\overline{CP_A}$ 端输入,并将 Q_0 与 $\overline{CP_B}$ 相连,从 Q_0,Q_1,Q_2,Q_3 输出时,就是一个 8421BCD 码的十进制计数器,所以 74LS290 也称为二 - 五 - 十进制计数器。其功能如表 7.12 所示。

表 7.12　74LS290 功能表

输入			输出				注
$R_{0(1)} \cdot R_{0(2)}$	$S_{9(1)} \cdot S_{9(2)}$	CP	Q_0^{n+1}	Q_1^{n+1}	Q_2^{n+1}	Q_3^{n+1}	
1	0	×	0	0	0	0	清零
×	1	×	1	0	0	1	置9
0	0	↓	计数				$\overline{CP_A}=CP,\overline{CP_B}=Q_0$

（1）异步清零

在 $S_{9(1)} \cdot S_{9(2)} = 0$ 状态下,当 $R_{0(1)} = R_{0(2)} = 1$ 时计数器异步清零,即 $Q_3Q_2Q_1Q_0 = 0000$。此功能与 CP 无关。

（2）异步置9

当 $S_{9(1)} = S_{9(2)} = 1$ 时,计数器置9,即 $Q_3Q_2Q_1Q_0 = 1001$。此功能也与 CP 无关,且优先级高于异步清零。

（3）计数

在 $S_{9(1)} \cdot S_{9(2)} = 0$ 和 $R_{0(1)} \cdot R_{0(2)} = 0$ 同时满足的前提下,在 CP 下降沿可进行计数。若在 $\overline{CP_A}$ 端输入脉冲,则 Q_1 实现二进制计数;若在 $\overline{CP_B}$ 端输入脉冲,则 $Q_3Q_2Q_1$ 从 $000 \sim 100$ 构成五进制计数器。若将 Q_0 端与 $\overline{CP_B}$ 端相连,在 $\overline{CP_A}$ 端输入脉冲,则 $Q_3Q_2Q_1Q_0$ 从 $0000 \sim 1001$ 构成 8421BCD 十进制计数器。

2. 集成同步十进制计数器

中规模集成的同步十进制计数器 74160 具有置数、异步置零和保持的功能。各输入端的功能和用法与图 7.34 电路中 74161 对应的输入端相同,74160 的功能表也与 74161 的功能表相同,如表 7.11 所示。所不同的是 74160 是十进制同步加法计数器,而 74161 是四位二进制（十六进制）同步加法计数器。当电路从 $Q_3Q_2Q_1Q_0 = 0000$ 开始计数,直到输入第 9 个计数脉冲为止,它的工作过程与二进制计数器相同。计入第 9 个计数脉冲后电路进入 1001 状态,C 端变为高电平,这时电路通过控制电路使当第 10 个计数脉冲输入后,电路返回到 0000 状态,C 端从高电平跳变至低电平,从而实现十进制计数功能。

7.4.3　任意进制计数器

在集成计数器中,只有二进制和十进制计数器两大系列,但常要用到如 7,12,24 和 60 进制计数等。一般将二进制和十进制以外的进制统称为任意进制。要实现任意进制计数,只有利用集成二进制或十进制计数器,采用反馈归零法（置零法）或反馈置数法（置数法）来实现所需的任意进制计数。

要实现任意进制计数器,必须选择使用一些集成二进制或十进制计数器的芯片。表 7.13 给出了常用的中规模集成计数器的主要品种。

表 7.13　常用中规模集成计数器

名称		型号	说明
二－十进制同步计数器	TTL	74160,74LS160	同步预置、异步清零
	CMOS	40160B	
四位二进制同步计数器	TTL	74161,74LS161	同步预置、异步清零
	CMOS	40161B	
二－十进制同步计数器	TTL	74162,74LS162	同步预置、同步清零
	CMOS	40162B	
四位二进制同步计数器	TTL	74163,74LS163	同步预置、同步清零
	CMOS	40163B	
二－十进制加/减计数器	TTL	74LS168	同步预置、无清零端
	TTL	74192,74LS192	异步预置、异步清零、双时钟
	CMOS	40192B	
	TTL	74190,74LS190	异步预置、无清零端、单时钟
	CMOS	4510B	
四位二进制加/减计数器	TTL	74LS169	同步预置、无清零端
	TTL	74193,74LS193	异步预置、异步清零、双时钟
	CMOS	40193B	
	TTL	74191,74LS191	异步预置、无清零端、单时钟
	CMOS	4516B	
双二－十进制加计数器	CMOS	4518B	异步清零
双四位二进制加计数器	CMOS	4520B	异步清零
四位二进制 $1/N$ 计数器	CMOS	4526B	同步预置
四位二－十进制 $1/N$ 计数器	CMOS	4522B	同步预置
十进制计数/分配器	CMOS	4017B	异步清零,采用约翰逊编码
八进制计数/分配器	CMOS	4022B	
二－五－十进制计数器	TTL	74LS90,74LS290,7490,74290	
		74176,74LS196,74196	可预置
二－八－十六进制计数器	TTL	74177,74LS197,74197	可预置
		7493,74LS93,74293,74LS293	异步清零
二－六－十二进制计数器	TTL	7492,74LS92	异步清零
双四位二进制计数器	TTL	74393,74LS393,7469	异步清零
双二－五－十进制计数器	TTL	74390,74LS390,74490,74LS490,7468	
七级二进制脉冲计数器	CMOS	4024B	
十二级二进制脉冲计数器	CMOS	4040B	
十四级二进制脉冲计数器	CMOS	4020B,4060B	4060B 外接电容、电阻或晶体管等元件,可作振荡器

注：左侧纵向标注分别为"同步计数器"（上半部）和"异步计数器"（下半部）。

假设已有 N 进制计数器,而需要得到的是 M 进制计数器。这时有 $M < N$ 和 $M > N$ 两种可能的情况。下面分别讨论两种情况下构成任意一种进制计数器的方法。

1. $M < N$ 的情况

【例 7.3】　试利用同步十进制计数器 74160 接成同步六进制计数器。

【解】　因为 74160 兼有异步置零和同步置数功能,所以置零法和置数法均可采用。

方法 1:置零法

图 7.36 所示电路是采用异步置零法接成的六进制计数器。当计数器计成 $Q_3Q_2Q_1Q_0 =$ 0110 状态时,担任译码器的 G 门输出低电平信号给 $\overline{R}_D$ 端,将计数器置零,回到 0000 状态。

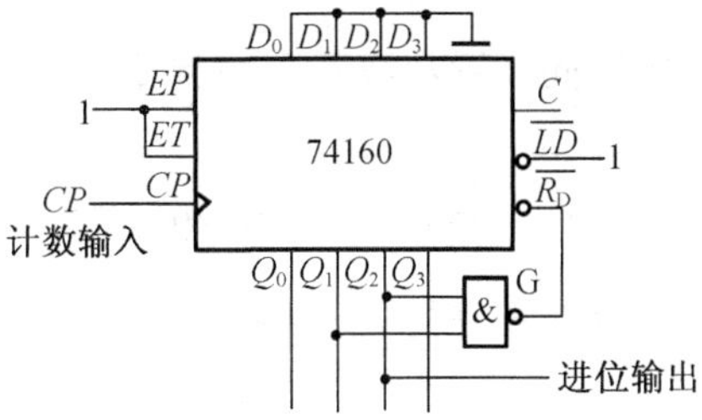

图 7.36　用置零法将 74160 接成六进制计数器

方法 2:置数法

采用置数法时可以从计数循环中的任何一个状态置入适当的数值而跳越 $(N-M)$ 个状态,得到 M 进制计数器。图 7.37 给出了两个不同的方案。其中图 7.37(a)的接法是用 $Q_3Q_2Q_1Q_0 = 0101$ 状态译码产生 $\overline{LD} = 0$ 信号,下一个 CP 信号到达时置入 0000 状态,从而跳过 $0110 \sim 1001$ 这四个状态,得到六进制计数器,电路的状态转换图如图 7.38(a)所示。图 7.37(b)是用 0100 状态译码产生 $\overline{LD} = 0$ 信号,下个 CP 信号到来时置入 1001,从而跳过 $0101 \sim 1000$ 这四个状态,得到六进制计数器,电路的状态转换图如图 7.38(b)所示。

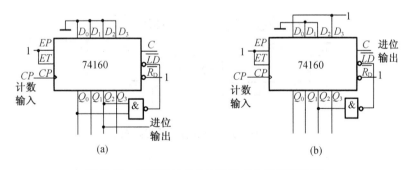

图 7.37　用置数法将 74160 接成六进制计数器
(a)置入 0000;(b)置入 1001

图 7.37(b)中计数循环状态中包含了 1001 这个状态,每个计数循环都会在 C 端给出一个进位脉冲。图 7.37(a)中计数循环状态中不包含 1001 这个状态,这时进位信号只能从 Q_2 端引出。

由于预置数是同步式的,即 $\overline{LD} = 0$ 以后,还要等下一个脉冲到来时才能置入数据,这时

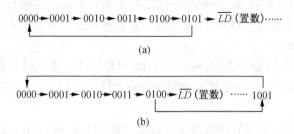

(a)

(b)

图 7.38　图 7.37 计数器的状态转换图

$\overline{LD}=0$ 信号已稳定地建立了,所以同步置数法不存在异步置零法中因置零信号持续时间过短而可靠性不高的问题。

如果预置数是异步式的(如 74LS190),只要 $\overline{LD}=0$,信号一出现,立即会将数据置入计数器中,而不受时钟脉冲控制。此时要注意,使信号 $\overline{LD}=0$ 的计数状态只在极短瞬间出现,稳态的状态循环中不包含这个状态。

2. $M > N$ 的情况

这时必须用多片 N 进制计数器组合起来,才能构成 M 进制计数器。各片之间的连接方式可分为串行进位方式、并行进位方式、整体置零方式和整体置数方式几种。下面仅以两级之间的连接为例加以说明。

【例 7.4】　试用两片同步十进制计数器接成百进制计数器。

【解】　方法 1:并行进位方式

图 7.39 所示电路是并行进位方式的接法。以第(1)片的进位输出 C 作为第(2)片的 EP 和 ET 输入,每当第(1)片计成 9(1001)时,C 变为 1,下个 CP 信号到达时第(2)片为计数工作状态,计入 1,而第(1)片计成 0(0000),它的 C 端回到低电平。第(1)片的工作状态控制端 EP 和 ET 恒为 1,使计数器始终处在计数工作状态。

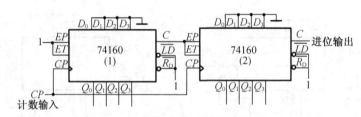

图 7.39　并行进位方式的连接图

方法 2:串行进位方式

图 7.40 所示电路是串行进位方式的连接方法,两片的 EP 和 ET 恒为 1,都工作在计数状态。第(1)片每计到 9(1001)时,C 端输出变为高电平,经反相器后使第(2)片的 CP 端为低电平。下一个计数输入脉冲到达后,第(1)片计成 0(0000)状态,C 端跳回低电平,经反相后使第(2)片的输入端产生一个正跳变,于是第(2)片计入 1。可见,这种接法下两片 74160 不是同步工作的。

【例 7.5】　用集成计数器 74HC390 实现 60 进制计数。

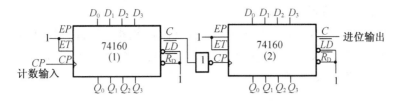

图 7.40 串行进位方式的连接图

【分析】 60 进制计数,要有两位,其中个位是十进制计数,十位是六进制计数,合起来就构成 60 进制计数电路。

【解】 图 7.41 所示是用 74HC390 接成的 60 进制计数的原理接线图。图 7.41(a)为 74HC390 的引脚排列图,它是双十进制计数器,其内部每个十进制计数电路与前面讲过的 74LS290 相类似,$\overline{CP_A}$ 是第一个触发器 FF_0 的计数脉冲输入端;$\overline{CP_B}$ 是作五进制计数时的计数脉冲输入端。将图 7.41 中 $1Q_0$ 接 $1\overline{CP_B}$,$2Q_0$ 接 $2\overline{CP_B}$ 正是将它们首先接成十进制计数。然后在第二个计数器出现 0110 状态时来控制清零信号,实现六进制计数,这样构成 60 进制计数器。

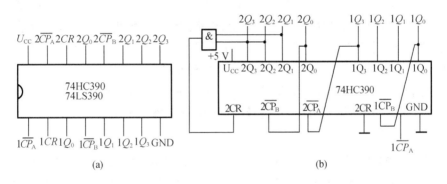

(a) (b)

图 7.41 用 74HC390 接成的 60 进制接线图

(a)74HC390 引脚图;(b)60 进制原理接线图

【例 7.6】 试用两片同步十进制计数器 74160 构成模为 29 进制计数器。

【分析】 $M = 29$ 是一个素数,所以可以考虑采用整体置零法或整体置数法构成 29 进制计数器。

所谓整体置零法,是首先将两片 N 进制计数器按最简单的方式接成一个大于 M 进制的计数器(如 $N \times N$ 进制),然后在计数器计到 M 状态时译出异步置零信号 $\overline{R_D} = 0$,将两片 N 进制计数器同时置零。

而整体置数法,是首先将两片 N 进制计数器按最简单的方式接成一个大于 M 进制的计数器(如 $N \times N$ 进制),然后在计数器计到第 $M + 1$ 状态时译出异步置数信号 $\overline{LD}$(或到第 M 状态时译出同步置数信号 $\overline{LD}$),将两片 N 进制计数器同时置入适当的数据,跳过多余的状态,得到 M 进制计数器。采用此方法要求已有的 N 进制计数器本身必须具有预置数功能。

当然 M 不是素数时,整体置零法和整体置数法也可以使用。

【解】 方法1:整体置零方式

先将两片74160以并行的方式连成一个百进制计数器。当计数器从全0状态开始计数,计到29个脉冲时,经G_1译码产生低电平信号立刻将两片74160同时置零,于是便得到29进制计数器,如图7.42所示。

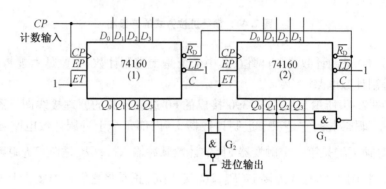

图7.42 例7.6电路的整体置零方式

需要注意的是,计数过程中第(2)片74160不出现1001状态,因而它的C端不能给出进位信号。而且G_1输出的脉冲持续时间极短,也不宜作进位输出信号。如果要求输出进位信号持续时间为一个时钟周期,则应从电路的第28个状态译出。当电路计入28个脉冲后,G_2输出变为低电平,第29个计数脉冲到达后G_2的输出跳变为高电平。

通过这个例子可以看到,整体置零法不仅可靠性差,而且往往还要另加译码电路才能得到需要的进位输出信号。采用整体置数法可以避免置零法的缺点。

方法2:整体置数方式

仍先将两片74160连成一个百进制计数器。然后将电路的第28个状态译码产生$\overline{LD}=0$信号,同时加到两片74160上。在下一个计数脉冲(第29个输入脉冲)到达时,将0000同时置入两片74160中,从而得到29进制计数器。进位信号可以直接由G的输出端引出,如图7.43所示。

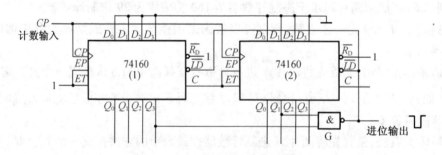

图7.43 例7.6电路的整体置数方式

思考题

7.4.1　请说明同步清 0 与异步清 0 的区别？同步置数与异步置数的区别？

7.4.2　如题 7.4.2 图所示,分析由 D 触发器组成的二进制计数器的功能,确定哪一个是加法计数器,哪一个是减法计数器,并思考如何构成可逆的二进制计数器。

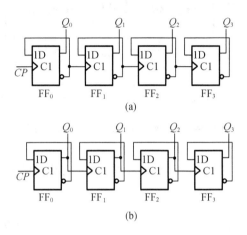

题 7.4.2 图

7.4.3　题 7.4.3 图中个位与十位是两个十进制计数器,试分析电路的功能,并思考图中加入基本 RS 触发器(由与非门构成)的作用。

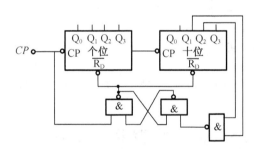

题 7.4.3 图

7.4.4.　试分析题 7.4.4 图所示电路的功能。

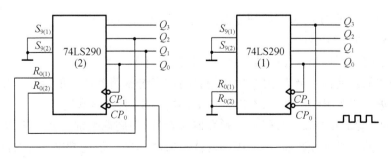

题 7.4.4 图

7.4.5 分析 74290 功能，若将 $CP_1 = CP$，$CP_0 = Q_3$ 连线，分析电路的计数规律。

7.4.6 分析题 7.4.6 图所示电路的功能。

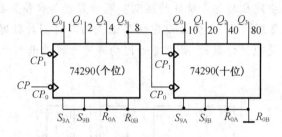

题 **7.4.6** 图

7.4.7 分析题 7.4.7 图所示的计数器电路，画出电路的状态转换图，说明这是多少进制的计数器。

7.4.8 分析题 7.4.8 图所示的计数器电路，画出电路的时序图，说明这是多少进制的计数器。

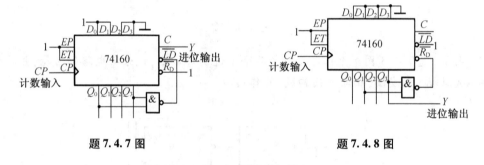

题 **7.4.7** 图   题 **7.4.8** 图

7.4.9 分析用两片 74LS161 构成 29 进制计数器与例 7.6 结果有什么不同。

7.5*   时序逻辑电路的应用

7.5.1   数字时钟电路

图 7.44 所示为数字时钟的原理方框图，它由以下三部分组成。

1. 标准秒脉冲发生器

这部分电路由石英晶体振荡器和六级十分频器组成。

石英晶体的振荡频率极为稳定，因而用它构成多谐振荡器产生的矩形波脉冲的稳定性很高。为了进一步改善输出波形，在其输出端再接一非门，作整形用。

所谓分频，就是脉冲频率每经一级触发器就降低，即周期增加。如图 7.28 所示的由四个触发器构成的二进制计数器，第一级触发器输出端 Q_0 的波形的频率是计数脉冲的 $1/2$，即每输入两个计数脉冲，Q_0 端输出一个脉冲。因此一位二进制计数器就是一个二分频器。同

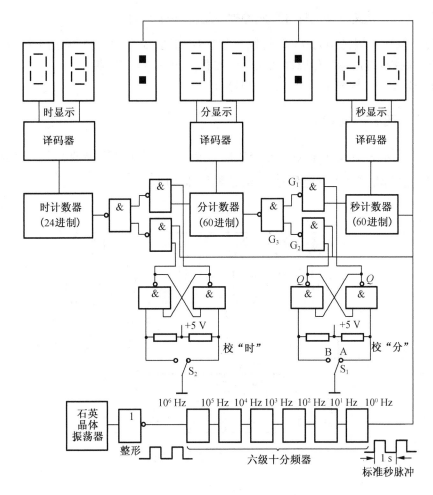

图 7.44 数字时钟的原理方框图

理,每输入四个计数脉冲,第二级触发器的 Q_1 端输出一个脉冲,即其频率为计数脉冲的 1/4。依此类推,当二进制计数器有 n 位时,第 n 级触发器输出脉冲的频率是计数频率的 $1/2^n$。对十进制计数器而言,每输入十个计数脉冲,第四级触发器的 Q_3 端输出一个脉冲,所以它是一个十分频。如果石英晶体振荡器的振荡频率为 1 MHz,则经过六级十分频后,输出脉冲的频率为 1 Hz。此脉冲即为标准秒脉冲。

2. 时、分、秒计数、译码、显示电路

这部分包括两个 60 进制计数器、一个 24 进制计数器以及相应的译码显示电路。标准秒脉冲进入秒计数器进行 60 分频后得到分脉冲;分脉冲进入分计数器进行 60 分频后得到时脉冲;时脉冲进入时计数器进行 24 小时计数。各计数器以译码显示,最大显示"23:59:59",再输入一个脉冲后将显示"00:00:00"。其中时分秒间的分隔符为":",显示器与秒脉冲相连,实现每秒闪烁一次。

3. 时、分校准电路

校"时"和校"分"的校准电路是相同的,现以校"分"电路来说明时间校准。

开关 S_1 拨到 A 端,$Q=0$,$\overline{Q}=1$,控制与非门 G_1 开通,G_2 封闭,使正常的分计数脉冲加入分计数器,而用于快速校准的标准秒脉冲被封闭,实现正常计数。

开关 S_1 拨到 B 端,$Q=1$,$\overline{Q}=0$,控制与非门 G_1 封闭,G_2 开通,使正常的分计数脉冲被封闭,而用于快速校准的标准秒脉冲加入分计数器,实现校"分"功能。

可见,G_1,G_2,G_3 构成了一个二选一电路。

7.5.2 四人抢答电路

图 7.45 所示为四人抢答电路,电路中的主要器件是 74LS175 型四上升沿 D 触发器,其中 $\overline{R}_d$ 为异步清零端,CP 为时钟脉冲,四个 D 触发器共用。

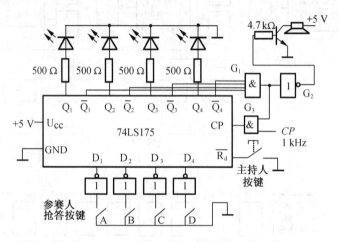

图 7.45　四人抢答电路图

抢答前,主持人按下按钮清零,$Q_1 \sim Q_4$ 均为 0,输出端相应的发光二极管均不亮,$\overline{Q}_1 \sim \overline{Q}_4$ 均为 1,经过与门 G_1、非门 G_2 后输出为 0,扬声器不响。同时,G_1 门输出为 1,G_3 门开通,CP 时钟脉冲接入电路。

抢答开始后,A,B,C,D 四位参赛人中某人先按下按键,相应的 D 触发器输入信号 $D_i=1$,此触发器的输出 $Q_i=1$、$\overline{Q}_i=0$,则相应的指示灯点亮,G_1 门输出为 0,时钟脉冲 CP 被封闭,其他参赛人再按键不起作用;同时 G_2 门输出为 1,扬声器响。

7.5.3 交通指示灯控制器

设计一个交通灯控制器,要求如下时序:绿灯 20 s,黄灯 10 s,红灯 20 s。另外,在晚上保持黄灯持续亮灭闪烁。

图 7.46 是由 5 个 JK 触发器构成的环形移位计数器,其时序图如图 7.47 所示,将环形移位计数器用作时序设备,使用每 10 s 一个脉冲的时钟,将各输出 Q 分别与或门相连,可以获得 20 − 10 − 20 序列。另外,可以使用光电二极管来区分夜晚和白天。在晚上要停止环形移位计数器计数,闪亮黄灯。图 7.46 给出了五位环形计数器构成的交通指示灯控制器电路。

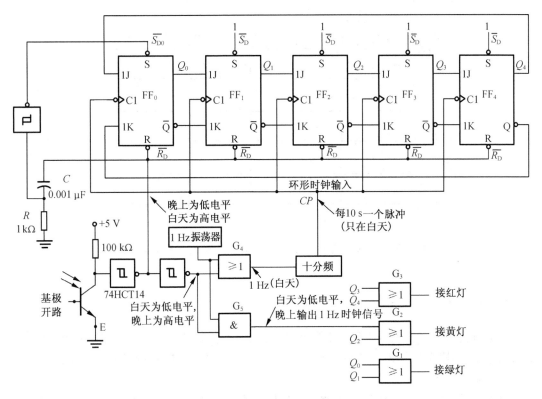

图 7.46　交通指示灯控制电路图

　　首先,在白天要保证绿－黄－红时序正常工作。在白天,户外日光照射到光电二极管上,使其集－射电阻降低,输入一个低电平到第一个施密特反相器,从而使或门 G_4 的一个输入端为低电平。1 Hz 时钟振荡器的输出通过或门 G_4 进入十进制计数器(十分频),十进制计数器将该信号分频为每 10 s 一个脉冲,并将其作为五位环形移位计数器的时钟输入,环形计数器输出一个高电平,在每一个触发器保持 10 s,然后到下一个触发器,如此循环,时序图如图 7.47 所示。

　　或门 G_1,G_2 和 G_3 与环形移位计数器输出相连,其连接方式保证如果 Q_0 或 Q_1 为高电平,则绿灯亮 20 s;在接下来的 Q_2 为高电平期间,黄灯亮 10 s;然后红灯亮 20 s,此时 Q_3 或 Q_4 为高电平。

　　在晚上,光电二极管集－射极电阻变大,输入一个高电平到第一个施密特反相器,从而使或门 G_4 的一个输入端为高电平,阻止了时钟信号输入到环形计数器。同时第一个施密特反相器输出的低电平与环形计数器复位端相连,使触发器输出保持为 0。第二个施密特反相器输出的高电平将与门打开,1 Hz 时钟信号通过与门输入到或门 G_2,使黄灯闪亮。

　　日出时,第一个施密特反相器的输出从低电平变成高电平,允许环形计数器重新开始计数。这时由低到高的电平转换在 RC 电路中产生一个瞬间的冲击电流,将在第三个施密特反相器输入端产生一个高电平,使 $\overline{S}_{D0}$ 得到一个低电平,将 Q_0 置位成高电平。当冲击电流消失后(几微秒),$\overline{S}_{D0}$ 返回高电平,环形计数器将进入一个循环过程,将高电平信号沿着 Q_0—Q_1—Q_2—Q_3—Q_4 持续循环一整天,如时序波形图 7.47 所示。

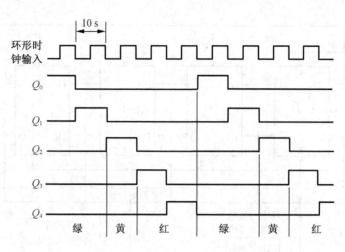

图 7.47　5 位环形移位计数器构成的交通指示灯控制器波形图

7.5.4　用移位寄存器驱动步进电机

步进电机按"步"旋转,而不像常规电机那样进行平滑、连续的运动。典型步进角是每步 15°或 7.5°,相应需要 24 步或 48 步旋转一周。步进过程由电机内励磁线圈上的数字电平信号控制。

因为步进电机受连续数字信号驱动,常使用移位寄存器进行控制。例如,可以设计一个移位寄存器电路,控制步进电机以 100 r/min 的速度旋转 32 周,然后停下来。这在需要精确位置控制而不是使用闭环反馈电路的监视位置的场合是很有用的,典型应用有硬盘驱动器、CD/DVD 读/写头定位、打印机打印头和换行控制、机器人等。

通过几种方式可以使电机进行数字控制步进动作。其中一种方式如图 7.48 所示。在这种特殊结构步进电机中,使用 4 组定子线圈构成 4 个极对。每个定子极较前一个偏移 45°。线圈方向设置的原则是,对任何一个线圈励磁都将使对应的一极成为 N 极而相对的一极成为 S 极。由线圈①所产生的 N 极和 S 极如图 7.48 所示。电机的转子是由彼此间距 60°的 3 个铁磁体对构成(铁磁体材料是易受磁场吸引的材料)。因为定子极间距为 45°,这使接下来的定子－转子不呈一条直线,相距 15°。

图 7.48 中,转子与定子线圈①的N－S极所产生的磁力线对齐。为了使转子顺时针步进 15°,线圈①去除励磁,线圈②励磁。现在与线圈②最近的转子对旋转到与定子极对②产生的磁力线相同

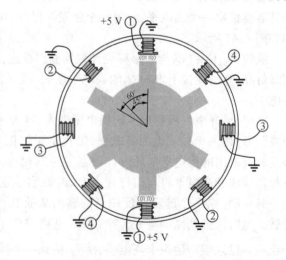

图 7.48　定子线圈 1 励磁情况下
4 组线圈的步进电机示意图

方向上。通过励磁线圈③进行下一次步进 15°,然后线圈④,然后①,然后②,等等,直到所需步数。表 7.14 为步进电机顺时针旋转 15°和逆时针旋转 15°所对应的定子线圈输入的数字码。

表 7.14　顺时针旋转 15°和逆时针旋转 15°所对应的数字码

顺时针				逆时针			
线圈①	线圈②	线圈③	线圈④	线圈①	线圈②	线圈③	线圈④
1	0	0	0	0	0	0	1
0	1	0	0	0	0	1	0
0	0	1	0	0	1	0	0
0	0	0	1	1	0	0	0
1	0	0	0	0	0	0	1
0	1	0	0	0	0	1	0
		……				……	

一对线圈励磁所需的电流比 74LS194A 输出能力高很多,所以需要加入电流缓冲电路,如图 7.49 中 7406 与晶体管构成的电路。

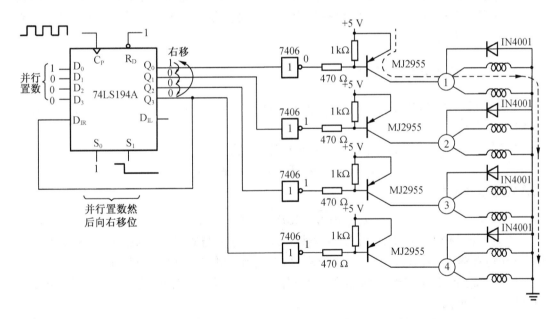

图 7.49　线圈 1 励磁情况下 4 组线圈步进电机驱动电路图

74LS194A 首先并行置数 0001,然后通过使 $S_0S_1 = 10$ 进行右移操作。每次时钟上升沿将"1"右移一位。输出 Q 按照表 7.14 所示的顺时针方式驱动电机旋转。旋转速度取决于 CP 的周期。

图 7.49 中最上面的反向缓冲器 7406 输出低电平,使 PNP 型功率晶体管 MJ2955 发射

结处于正向偏置,从而使晶体管导通,线圈 1 中流过大电流。二极管 IN4001 用来防止去除电流时产生拉弧放电。

思考题

7.5.1　分析图 7.44 电路中校"时"、校"分"电路是如何工作的。

7.5.2　画出图 7.49 中 74LS194A 在并行置数 0001 时,在 CP 脉冲作用下的输出波形。

7.6* 数字电路的 EDA 仿真分析

MAX + plus II 支持原理图、硬件描述语言、波形文件以及它们的混合设计作为输入,而且可以将其编译并形成各种能够下载到可编程逻辑器件的数据文件。在进行功能仿真时,它能产生精确的仿真效果,以检验设计的正确性。

利用 EDA 工具进行原理图输入设计的优点是,设计者能利用原有的电路知识迅速入门,完成较大规模的电路系统设计,而不必具备许多诸如编程技术、硬件语言等新知识。

MAX + plus II 提供了功能强大、直观便捷和操作灵活的原理图输入设计功能,同时还配备了适用于各种需要的元件库,其中包含基本逻辑元件库(如与非门、反向器、D 触发器等)、宏功能元件(包含了几乎所有 74 系列的器件)。但更为重要的是,MAX + plus II 还提供了原理图输入多层次设计功能,使得用户能设计更大规模的电路系统,以及使用方便精度良好的时序仿真器。

7.6.1　组合电路的仿真

【例 7.7】　用与非门设计一个四人表决电路。当四个输入端 A,B,C,D 中有三个或四个 1 时,输出端 Z 才为 1。

【解】　(1)通过分析设计,可以得出逻辑表达式为

$$Z = ABC + ABD + BCD + ACD$$

转换成与非形式为

$$Z = \overline{\overline{ABC} \cdot \overline{ABD} \cdot \overline{BCD} \cdot \overline{ACD}}$$

(2)打开 MAX + plus II,从元件库中找出四个三输入与非门(nand3)、一个四输入与非门(nand4)和输入(input)、输出(output)端口,连线画出电路,如图 7.50 所示。

(3)经编译无误后,建立波形文件,设定各输入信号及仿真时间,进行信号仿真,仿真结果如图 7.51 所示。

通过仿真,观察分析波形,可以看出当有三个或四个输入为 1 时,输出为 1,所以仿真结果正确,说明电路设计得正确。

7.6.2　时序电路的仿真

【例 7.8】　仿真设计同步 29 进制计数器。

【解】　(1)电路设计采用两片 74160 同步十进制计数器,构成 29 进制计数器,如图

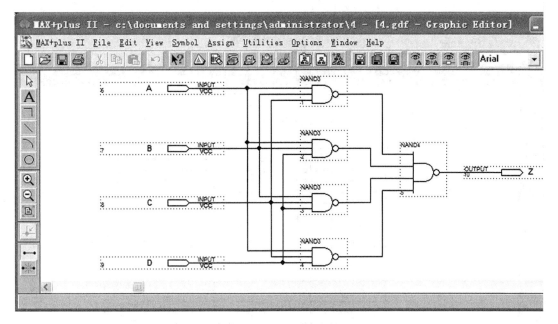

图 7.50　表决电路原理图

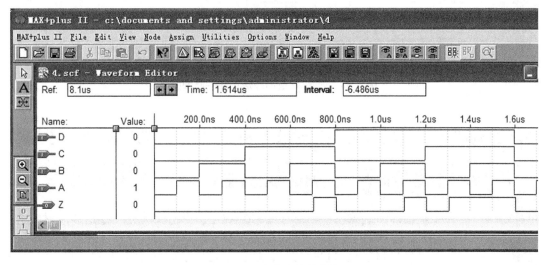

图 7.51　表决电路仿真图

7.43(例 7.6 电路的整体置数方式)。

(2)打开 MAX + plus II,从元件库中找出两个 74160、一个二输入与非门(nand2)和三个输入(input)、九个输出(output)端口,连线画出电路,如图 7.52 所示。

(3)经编译无误后,建立波形文件,设定时钟信号、清零信号及仿真时间,进行信号仿真,仿真结果如图 7.53 所示。

通过仿真,可以验证电路设计的正确性。

有关 MAX + plus II 软件的详细介绍请参阅哈尔滨工程大学出版社出版的禹永植主编的《电子技术实验教程》。

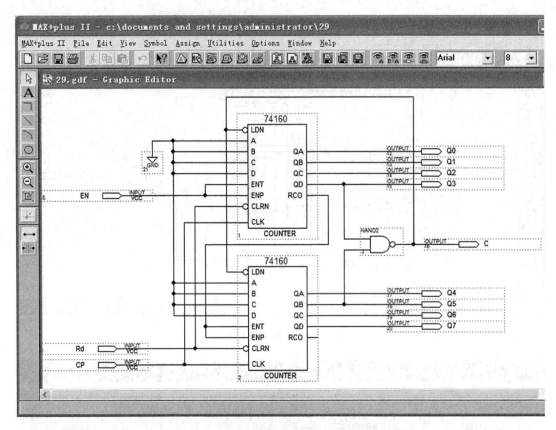

图 7.52　同步 29 进制加法计数器原理图

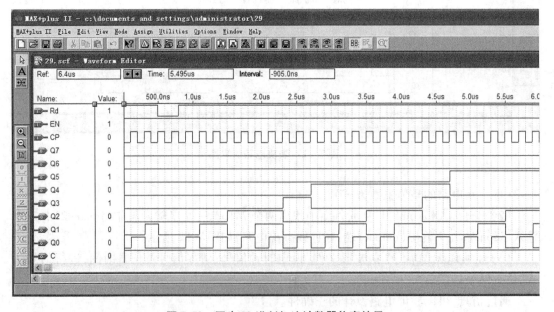

图 7.53　同步 29 进制加法计数器仿真结果

思考题

7.6.1　试用 MAX + plus II 软件对同步 D 触发器、边沿 D 触发器功能进行仿真。

7.6.2　试用 74161 构成 12 进制计数器,并用 MAX + plus II 软件仿真。

本 章 总 结

本章系统地介绍了触发器的结构及其功能和时序电路的分析方法,并介绍了典型中规模计数器、寄存器的功能和应用。

本章的重点是:各种触发器的逻辑功能、时序逻辑电路的分析方法和典型中规模集成电路的应用。

本章的难点是:触发器的结构特点及触发方式。

1. 触发器是构成时序逻辑电路的基本单元,其功能可用特性方程、特性表、状态图、时序图等方法描述。按功能分类触发器分为 RS,JK,D,T 和 T' 触发器。注意:T 和 T' 触发器,均由 JK 和 D 触发器转换而成。

2. 按结构特点分类触发器分为基本触发器、同步触发器、主从触发器、边沿触发器等。

基本触发器:基本触发器状态的改变是直接受输入信号控制的,所以抗干扰能力差,如基本 RS 触发器。

同步触发器:和基本触发器相比,增加了控制时钟 CP,CP 可以高电平或低电平有效。同步触发器的动作特点是:在时钟 CP 有效的全部时间内输入信号都能直接作用于输出,引起输出状态的变化。适当缩短 CP 有效电平的时间,可以提高抗干扰能力,如同步 RS 触发器、同步 D 触发器。

主从触发器与边沿触发器:都具有边沿触发的特点。所不同的是:主从触发器虽然是在某一有效沿动作,但要求输入信号在有效沿到来前的脉宽内保持不变(即其接收数据和状态变化是在不同的时刻),如主从 RS 触发器、主从 JK 触发器等;边沿触发器仅在 CP 脉冲的有效沿的瞬间才使能,而在 CP 的其他时间内,输入信号对触发器的状态均无影响,因而具有很强的抗干扰能力,如边沿 D 触发器、边沿 JK 触发器等。

3. 时序电路逻辑功能特点:有记忆功能。时序电路逻辑功能的描述方法如下。

状态方程(注意使能条件特别是对于异步计数器)和输出方程:它是分析、设计时序电路所必需的描述方法。

状态转换表和状态转换图:非常直观地反映了时序电路工作的全过程和逻辑功能。

时序图:适用于时序电路的调试、故障分析。

4. 常见的时序逻辑电路有计数器、寄存器等,它们都是在时钟脉冲作用下工作的。常用的集成芯片有 74160,14161,74290,74194 等。学习时应重点掌握它们的外特性,掌握其应用方法。

习 题 7

7.1 选择题

7.1.1 下列电路中,不属于时序逻辑电路的是( )。

A. 计数器 　　　B. 全加器 　　　C. 寄存器 　　　D. 分频器

7.1.2 集成触发器在进行异步置1或置0操作时,其数据 D_I 及时钟 CP 输入端的接法是( )。

A. D_I 不动,CP 必须接 0 　　　　　　B. D_I 不动,CP 必须接 1

C. 数据端和时钟端相接 　　　　　　　　D. 任意或维持原来接法

7.1.3 某主从型 JK 触发器,当 $J = K =$ "1"时,C 端的频率 $f = 200$ Hz,则 Q 的频率为( )。

A. 200 Hz 　　　B. 400 Hz 　　　C. 100 Hz

7.1.4 逻辑电路如题 7.1.4 图所示,$A =$ "1",$B =$ "1"时,CP 脉冲来到后 JK 触发器( )。

A. 具有计数功能 　　B. 保持原状态 　　C. 置"0" 　　D. 置"1"

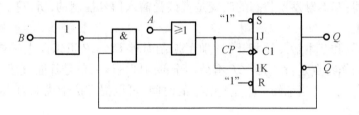

题 7.1.4 图

7.1.5 如题 7.1.5 图所示触发器的次态 Q^{n+1} 表达式是( )。

A. $X \oplus Y$ 　　B. $(X \oplus Y)\overline{Q^n}$ 　　C. $(X \oplus Y) + Q^n$ 　　D. $(X \oplus Y) + \overline{Q^n}$

7.1.6 逻辑电路如题 7.1.6 图所示,输入为 X、Y,同它功能相同的是( )。

A. 可控 RS 触发器 　　B. JK 触发器 　　C. 基本 RS 触发器 　　D. T 触发器

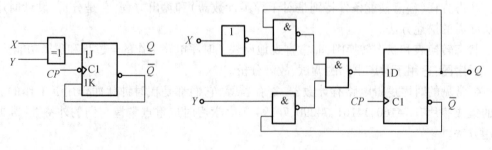

题 7.1.5 图 　　　　　　　　　　　　　　**题 7.1.6 图**

7.1.7 在题 7.1.7 图所示图中,能实现 $Q^{n+1} = \overline{Q^n}$ 的电路是( )。

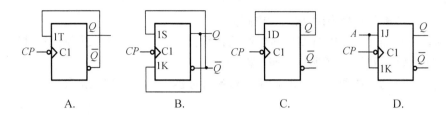

A.　　　　　　B.　　　　　　C.　　　　　　D.

题 7.1.7 图

7.1.8　欲将 D 触发器转换成 T 触发器,则题 7.1.8 图中虚线框内的电路应是(　　)。

A. 与门　　　　　　B. 与非门　　　　　　C. 或门　　　　　　D. 异或门

7.1.9　设题 7.1.9 图所示电路的初态 $Q_1 Q_2 = 00$,试问加入三个时钟脉冲后,电路的状态将变为(　　)。

A. 0 0　　　　　　B. 0 1　　　　　　C. 1 0　　　　　　D. 1 1

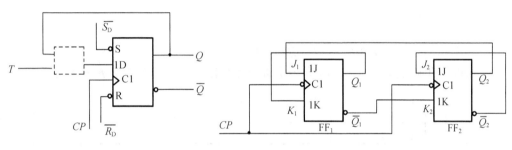

题 7.1.8 图　　　　　　　　　　**题 7.1.9 图**

7.1.10　下列功能的触发器中,不能构成移位寄存器的是(　　)。

A. RS 触发器　　　B. JK 触发器　　　C. D 触发器　　　D. T 触发器

7.1.11　四位移位寄存器,现态为 1100,经左移一位后其次态为(　　)。

A. 0011 或 1011　　B. 1000 或 1001　　C. 1011 或 1110　　D. 0011 或 1111

7.1.12　某时序逻辑电路的波形如题 7.1.12 图所示,由此判定该电路是(　　)。

A. 加法计数器　　　　B. 减法计数器　　　　C. 移位寄存器

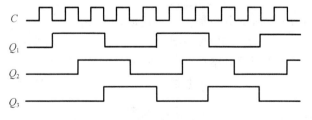

题 7.1.12 图

7.1.13　存储八位二进制信息要(　　)个触发器。

A. 2　　　　　　B. 3　　　　　　C. 4　　　　　　D. 8

7.1.14　用 n 只触发器组成计数器,其最大计数模为(　　)。

A. n B. $2n$ C. n^2 D. 2^n

7.1.15　如题 7.1.15 图所示逻辑电路为(　　)。

A. 移位寄存器   B. 异步二进制减法计数器   C. 同步二进制减法计数器

7.1.16　如题 7.1.16 图所示逻辑电路为(　　)。

A. 同步二进制计数器   B. 同步三进制计数器   C. 移位寄存器

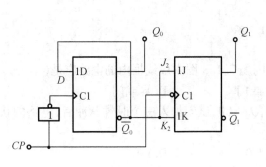 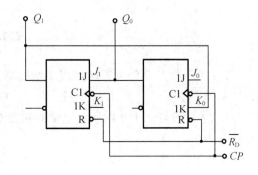

题 7.1.15 图   题 7.1.16 图

7.1.17　如题 7.1.17 图所示时序逻辑电路为(　　)。

A. 异步二进制计数器   B. 异步十进制计数器   C. 同步十进制计数器

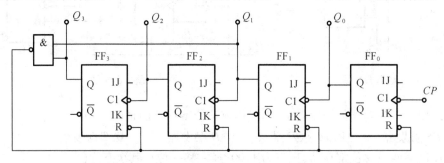

题 7.1.17 图

7.1.18　题 7.1.18 图所示电路是(　　)进制计数器。

A. 七进制   B. 八进制   C. 九进制

7.1.19　题 7.1.19 图所示电路是(　　)进制计数器。

A. 七进制   B. 八进制   C. 九进制

7.1.20　题 7.1.20 图所示电路是(　　)进制计数器。

A. 七进制   B. 八进制   C. 九进制

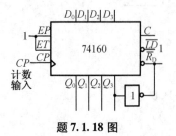 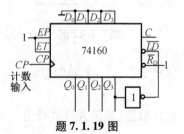 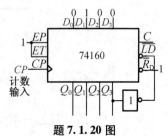

题 7.1.18 图   题 7.1.19 图   题 7.1.20 图

7.1.21　题7.1.21图所示电路是(　　)进制计数器。

A. 七进制　　　　　　　B. 八进制　　　　　　　C. 九进制

7.1.22　题7.1.22图所示电路是(　　)进制计数器。

A. 七进制　　　　　　　B. 八进制　　　　　　　C. 九进制

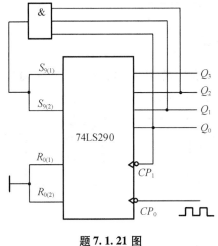

题7.1.21图

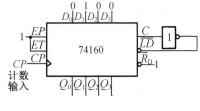

题7.1.22图

7.2　分析、计算题

7.2.1　用与或非门组成的 RS 触发器如题7.2.1图所示,试列出其真值表,并写出逻辑表达式,指出该触发器是在 CP 脉冲的什么时间触发。

7.2.2　已知下降沿有效的 JK 触发器 CP,J,K 及异步置1端 $\overline{S_D}$、异步置0端 $\overline{R_D}$ 的波形如题7.2.2图所示,试画出 Q 的波形(设 Q 的初态为0)。

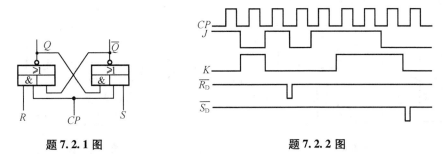

题7.2.1图　　　　　　　　　　　　　题7.2.2图

7.2.3　设触发器的初态为"0",试画出如题7.2.3图所示电路在 CP 和 U_i 作用下的 Q 端波形。

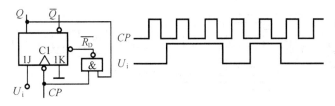

题7.2.3图

7.2.4 试分析如题7.2.4图所示各电路实现何种触发器的逻辑功能,并写出函数式。

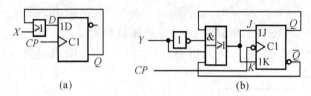

(a)   (b)

题 7.2.4 图

7.2.5 写出如题7.2.5图中各触发器的逻辑表达式,各触发器的CP,A,B端波形如图所示,试画出各触发器输出Q的波形(设各触发器的初态为"0")。

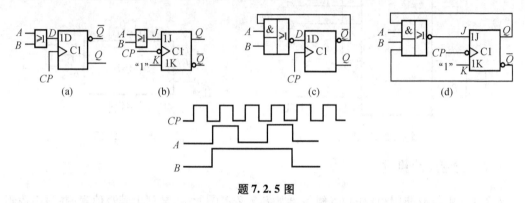

(a)   (b)   (c)   (d)

题 7.2.5 图

7.2.6 题7.2.6图所示电路是一个可以产生几种脉冲波形的信号发生器。试从所给出的时钟脉冲CP画出Y_1,Y_2,Y_3三个输出端的波形。设触发器的初始状态为0。

7.2.7 试分析题7.2.7图所示电路,画出Y_1,Y_2的波形,并与时钟脉冲CP比较,说明电路功能,设触发器的初始状态为0。

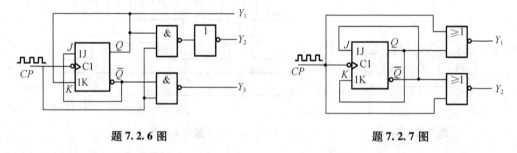

题 7.2.6 图   **题 7.2.7 图**

7.2.8 若题7.2.8图(a)所示电路中的CP及A端输入波形如题7.2.8图(b),试画出Q_2输出端的波形(设图中各触发器的初态为"0")。

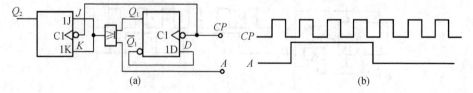

(a)   (b)

题 7.2.8 图

7.2.9 列出题 7.2.9 图所示的逻辑电路状态表,写出输出 F 的逻辑式。已知 CP 脉冲的波形图,画出 Q_0,Q_1 及 F 的波形(设各触发器的初态为"0")。

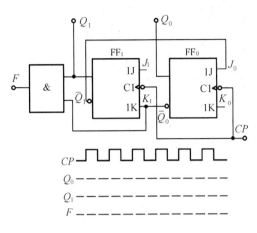

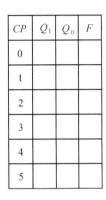

题 7.2.9 图

7.2.10 如题 7.2.10 图所示电路中,设各触发器的初态为"0",试求:

(1)写出各触发器的驱动函数;

(2)列出各触发器由现态到次态的状态转换真值表;

(3)画出状态转换图;

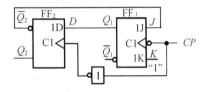

题 7.2.10 图

(4)画出在 CP 作用下的 Q_2、Q_1 波形图。

7.2.11 如题 7.2.11 图所示移位寄存器的输入波形,试画出 Q 端波形(设初态均为零),并说明第几个脉冲后 Q_0 端开始输出数据,依次输出的数据是什么("0"或者"1")?

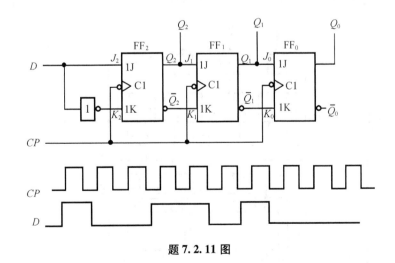

题 7.2.11 图

7.2.12 试用四个 JK 触发器组成四位移位寄存器。

7.2.13 试分析如题 7.2.13 图所示电路的逻辑功能。

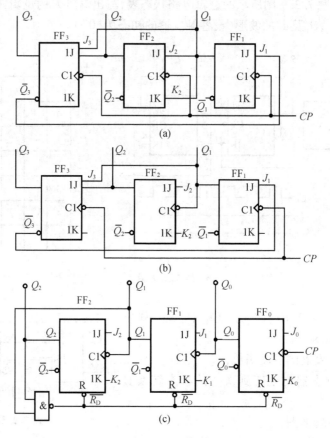

题 **7. 2. 13** 图

7.2.14　逻辑电路如题7.2.14图所示,写出图中虚线框(Ⅰ)(Ⅱ)两部分的名称;设图中各触发器的初始状态为"0",CP 端依次送入四个脉冲,试列出 $Q_1, Q_0, F_0, F_1, F_2, F_3$ 的状态表。

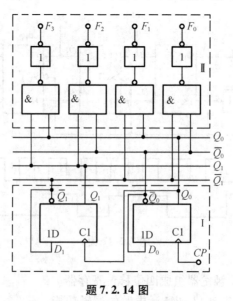

题 **7. 2. 14** 图

7.2.15　分别用清零法和置数法,将 74161 型同步二进制计数器接成 12 进制计数器。

7.2.16　试用两片 74290 型计数器接成 24 进制计数器。

7.2.17　试用反馈置"9"法将 74290 型计数器改接成七进制计数器。

7.2.18　试分析题 7.2.18 图所示的计数器在 $M=1$ 和 $M=0$ 时各为几进制。

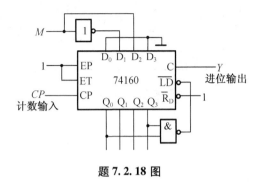

题 7.2.18 图

7.2.19　分析题 7.2.19 图所示电路,说明这是多少进制的计数器。

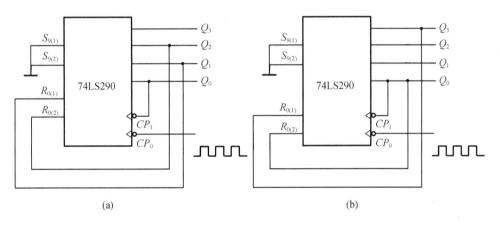

(a)　　　　　　　　　　　　　　(b)

题 7.2.19 图

7.2.20　分析题 7.2.20 图所示计数器的工作原理,画出状态转换图(设图中各触发器的初始状态为"0")。

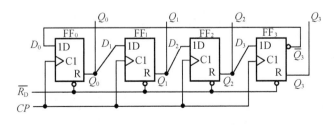

题 7.2.20 图

7.2.21 列出题7.2.21图所示计数器的计数循环,并和题7.2.20计数器比较,说出有何不同。

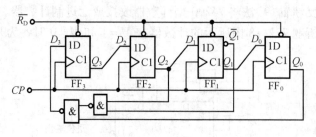

题 7.2.21 图

7.2.22 分析图7.46中环形计数器的功能。

第 8 章

555 集成定时器的原理及应用

在数字系统中,脉冲信号是必不可少的,本章将讨论这些脉冲信号的产生方法。脉冲信号的产生通常有两种方法:一种方法是利用脉冲振荡电路产生数字电路所要求的脉冲信号,另一种方法是利用脉冲整形电路把已有的波形变成所要求的脉冲信号。

在脉冲振荡电路中,常用的是多谐振荡器、石英晶体振荡器等。在整形电路中,常用单稳态触发器和施密特触发器。本章介绍目前广泛应用的 555 集成定时器,以及由 555 构成的多谐振荡器、单稳态触发器以及施密特触发器等电路。

8.1　555 集成定时器的工作原理

555 定时器是一种中规模集成电路,它是将模拟电路和数字电路集成在一块硅片上的电子器件,只需外接少数 R、C 元件即可构成多谐振荡器、单稳态触发器以及施密特触发器等数字电路。因此,它可实现定时、控制、分频以及整形和报警等多种功能,在波形产生与变化、控制系统、电子仪器等领域有广泛的应用。555 定时器产品有 TTL 型与 CMOS 型,规格有双 555 定时器(即 556)与单 555 定时器两种,常用的 555 定时器有 TTL 定时器 CB555 和 CMOS 定时器 CC7555。下面以 TTL 型 CB555 为例,说明其电路功能。

8.1.1　555 定时器的电路结构及引脚排布

1.555 定时器的内部结构

图 8.1(a)所示的电路是 555 集成定时器电路的内部结构图,由图可见,555 定时器内部由分压器、电压比较器、基本 RS 触发器、集电极开路的开关管和输出缓冲器组成。

(1)分压器

分压器由三个阻值均为 5 kΩ 的电阻串联起来构成(电路因此得名)。因此 $U_{R_1} = \dfrac{2}{3}U_{CC}$,$U_{R_2} = \dfrac{1}{3}U_{CC}$,分别接在比较器 C_1 的反相输入端和 C_2 的同相输入端。如果从 CO 端外加电压,则 U_{R_1} 等于外加电压,U_{R_2} 等于外加电压的一半。

(2)电压比较器

C_1 和 C_2 为两个电压比较器,比较器有两个输入端,其电位分别为 u_+ 和 u_-,当 $u_+ > u_-$ 时输出高电平,当 $u_+ < u_-$ 时输出低电平。这样比较器 C_1 和 C_2 分别实现 U_{R_1} 与外加输入

TH、U_{R_2} 与外加信号 $\overline{TR}$ 的电压比较,比较结果 u_{C_1} 和 u_{C_2} 为高电平或低电平。

（3）基本 RS 触发器

$\overline{R_D}$ 为复位端,低电平有效。当 $\overline{R_D}=1$ 时,触发器的状态取决于比较器 C_1 和 C_2 的输出 u_{C_1}（相当于 RS 触发器的复位端 $\overline{R}$）和 u_{C_2}（相当于 RS 触发器的置位端 $\overline{S}$）。

（4）开关管和输出缓冲器

由集电极开路的三极管 V 构成开关,由与非门 G_3 构成输出缓冲器,其状态或输出由 RS 触发器的状态决定。当 $Q=0$ 时,$\overline{Q}=1$,三极管 V 导通,电路的输出 OUT 为低电平;当 $Q=1$ 时,$\overline{Q}=0$,三极管 V 截止,电路的输出 OUT 为高电平。

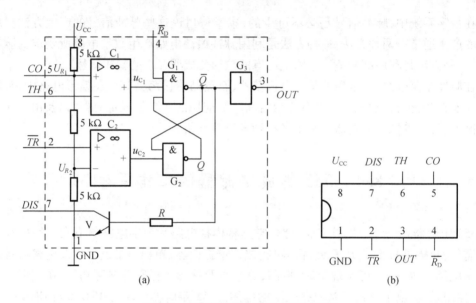

图 8.1 555 定时器电路结构和引脚图

（a）555 定时器电路结构;（b）555 定时器引脚图

2. 555 定时器的引脚

555 定时器采用 8 脚双排直插封装,图 8.1（b）是 555 集成定时器的引脚图,下面对各引脚作具体说明。

（1）接地端 1（GND）

它是电路的接地点即电位的参考点。外电路的接地端以及电源 U_{CC} 的负极都连在该端。

（2）触发端 2（$\overline{TR}$）

它是比较器 C_2 的反相输入端。它作为触发器输入端用来启动电路进行工作。当一个幅度小于 $\frac{1}{3}U_{CC}$ 的负脉冲或信号加到该端时,输出由低电平变为高电平,因此该端又称为低触发端。

（3）输出端 3（OUT）

信号从该端输出,负载接在该端上。

（4）复位端 4（$\overline{R}_D$）

不论输出是高或低电平，只要触发负脉冲或接地电平加到这端上，都会使输出为低电平，使触发输入端或阈值输入端失控，即不起作用。

（5）控制端 5（CO）

它是比较器 C_1 的反相输入端，固定接在 $\frac{2}{3}U_{CC}$ 上以构成比较器的控制电压。若在该端加控制电压，可以改变比较器 C_1 和 C_2 的参考电压值。不加控制电压时，该端与地端之间通常接入一个 0.01 μF 的电容，以便旁路噪声或电源的纹波电压减少对控制电压的影响。

（6）阈值电压端 6（TH）

它是比较器 C_1 的同相输入端。该端加的电压与控制端 5 上加的控制电压（$\frac{2}{3}U_{CC}$ 或外加的电压值）进行比较，如果阈值电压高于控制电压，则输出为低电平。该端又称为高触发端。

（7）放电端 7（DIS）

该端外接电容。当输出为低电平时，三极管 V 饱和导通，它提供一条低阻的放电路径；当输出为高电平时，三极管 V 截止，相当于电路开路。因此该三极管也常称为放电管。

（8）电源端 8（U_{CC}）

电源 U_{CC} 的正极接在此端。555 定时器的电源电压范围较大，TTL 型电路 $U_{CC}=4.5\sim16$ V，输出高电平不低于电源电压的 90%；CMOS 型电路 $U_{DD}=3\sim18$ V，输出高电平不低于电源电压的 95%。

8.1.2　555 定时器的功能

在 CO 端不加外接电压时，比较器 C_1 和 C_2 的参考电压由三个电阻对电源电压分压得到，C_1 的同相输入端电位 $u_+=\frac{2}{3}U_{CC}$，C_2 的反相输入端电位 $u_-=\frac{1}{3}U_{CC}$。

$\overline{R}_D$ 为 0 时，G_3 输出高电平，放电管 V 导通，555 定时器输出被置为低电平，不受其他输入端的影响。正常工作时 $\overline{R}_D$ 必须处于高电平。

当 $U_{TH}>\frac{2}{3}U_{CC}$，$U_{TR}>\frac{1}{3}U_{CC}$ 时，比较器 C_1 输出低电平，C_2 输出高电平，触发器的 $Q=0$，放电管 V 导通，555 定时器输出低电平。

当 $U_{TH}<\frac{2}{3}U_{CC}$，$U_{TR}>\frac{1}{3}U_{CC}$ 时，比较器 C_1 和 C_2 输出都为高电平，触发器状态不变，放电管 V 和 555 定时器的输出都保持不变。

当 $U_{TH}<\frac{2}{3}U_{CC}$，$U_{TR}<\frac{1}{3}U_{CC}$ 时，比较器 C_1 输出高电平，C_2 输出低电平，触发器的 $Q=1$，放电管 V 截止，555 定时器输出高电平。

当 $U_{TH}>\frac{2}{3}U_{CC}$，$U_{TR}<\frac{1}{3}U_{CC}$ 时，比较器 C_1 和 C_2 输出都为低电平，触发器的 $Q=\overline{Q}=1$，放电管 V 截止，555 定时输出高电平。此项一般不用。

根据以上分析,可以得到表8.1所示的555定时器的功能表。

表 8.1　555 定时器的功能表

$\overline{R_{\mathrm{D}}}(4)$	$U_{\mathrm{TH}}(6)$	$U_{\mathrm{TR}}(2)$	555 输出(3)	V 状态
0	×	×	低	导通
1	$>\dfrac{2}{3}U_{\mathrm{CC}}$	$>\dfrac{1}{3}U_{\mathrm{CC}}$	低	导通
1	$<\dfrac{2}{3}U_{\mathrm{CC}}$	$>\dfrac{1}{3}U_{\mathrm{CC}}$	不变	不变
1	$<\dfrac{2}{3}U_{\mathrm{CC}}$	$<\dfrac{1}{3}U_{\mathrm{CC}}$	高	截止

555 定时器电路、型号有多种,但工作原理和功能基本相同。

思考题

8.1.1　555 定时器主要由哪几部分组成,各部分的主要作用是什么?

8.1.2　分析 555 定时器的功能。

8.2　脉冲波形的产生与整形电路

8.2.1　多谐振荡器

多谐振荡器可以产生矩形波或方波,在数字系统中常用它来产生系统所需的时钟脉冲。由于矩形波包含基波和高次谐波等较多的谐波成分,因此将产生矩形波的振荡器称为多谐振荡器。多谐振荡器不存在稳态,故又称为无稳态电路,它有多种形式,本节介绍由555集成定时器构成的多谐振荡器。

图 8.2(a)所示为由 555 定时器、电阻 R_1 和 R_2、电容 C_1 和 C_2 构成的多谐振荡器电路图。接通电源后,电容起始电压为 0,555 定时器输出为高电平,放电管 V 截止,U_{CC} 经 R_1、R_2 对电容 C_1 充电。当电容电压达到 $\dfrac{2}{3}U_{\mathrm{CC}}$ 时,555 定时器输出翻转为低电平,放电管 V 导通,电容 C_1 经 R_2 向放电管 V 放电。当电容电压下降到 $\dfrac{1}{3}U_{\mathrm{CC}}$ 时,555 定时器输出翻转为高电平,放电管再一次截止,于是 U_{CC} 又对电容 C_1 充电。如此周而复始,电路产生振荡。其工作电压波形如图 8.2(b)所示。

可以推导出充电时间 t_1 和放电时间 t_2 分别为

$$t_1 = 0.7(R_1 + R_2) \tag{8.1}$$

$$t_2 = 0.7R_2C_1 \tag{8.2}$$

故振荡周期为

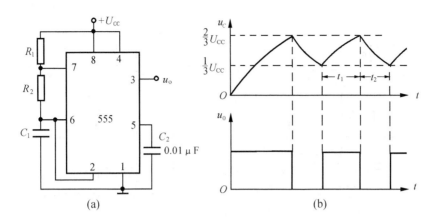

图 8.2　555 定时器构成的多谐振荡器

(a)电路图;(b)电压波形

$$T = t_1 + t_2 = 0.7(R_1 + 2R_2)C_1 \tag{8.3}$$

占空比为

$$D = \frac{t_2}{t_1 + t_2} = \frac{R_2}{R_1 + 2R_2} \tag{8.4}$$

　　综上所述,用 555 电路构成的多谐振荡器电路比较简单。只要电阻和电容稳定,产生的脉冲就比较稳定,而且脉冲的频率和占空比很容易估算及改变。因此这种脉冲产生的电路被广为采用。

8.2.2　单稳态触发器

　　单稳态电路在数字系统和模拟系统中的应用都很广泛,主要用于脉冲的整形与定时。

　　单稳态触发器的特点是,只有一个稳定状态,另一个为暂态。在外界触发脉冲的作用下,输出能从稳态翻转到暂态,经过一段时间后,能自动恢复到稳态。而暂态维持时间的长短仅取决于电路的结构及参数,与触发脉冲的幅度和宽度无关。

　　1. 单稳态触发器的工作原理

　　单稳态触发器电路的形式很多,图 8.3(a)所示为由 555 定时器、电阻 R、电容 C_1 和 C_2 构成的单稳态触发器。

　　若接通电源后 555 定时器内触发器处于 $Q = 1$ 状态,放电管 V 截止,U_{CC} 通过 R 对电容 C_1 充电。当充到 $u_{C_1} = \frac{2}{3}U_{CC}$ 时,555 定时器输出低电平,放电管 V 导通,电容 C_1 经 V 放电,使 $u_{C_1} \approx 0$。此后,555 定时器处于保持状态,输出不再变化,这时电路处于稳态。

　　当触发脉冲下降沿到来时,由于 $U_{TR} < \frac{1}{3}U_{CC}$,555 定时器输出翻为高电平,放电管 V 截止,电路进入暂态。这时 U_{CC} 经 R 对 C_1 充电,充到 $u_{C_1} = \frac{2}{3}U_{CC}$ 时,555 定时器输出回到低电平。同时,放电管 V 导通,电容 C_1 通过 V 迅速放电,直到 $u_{C_1} \approx 0$,电路恢复到稳态。其工作电压波形如图 8.3(b)所示,输出脉冲宽度为电容电压由 0 上升到 $\frac{2}{3}U_{CC}$ 所需的时间,可推

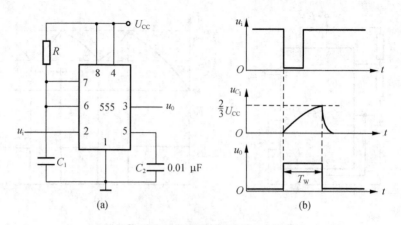

图8.3 555定时器构成的单稳态触发器

(a)电路图;(b)电压波形

导出:

$$T_W \approx 1.1RC_1 \tag{8.5}$$

需要注意的是,输入脉冲的低电平持续时间不能大于 T_W,如果超过,应在输入端加微分电路。

由于单稳态触发器应用十分广泛,已有了许多单片集成的单稳态触发器。这些器件具有功能全、外接元件少、温度特性好、抗干扰能力强等优点。常见的型号有:不可重复触发的 74121,74221;可重复触发的 74122,74123 等。

2. 单稳态触发器的应用

单稳态触发器的应用非常广泛,具有脉冲整形、定时等功能,如图8.4 所示。

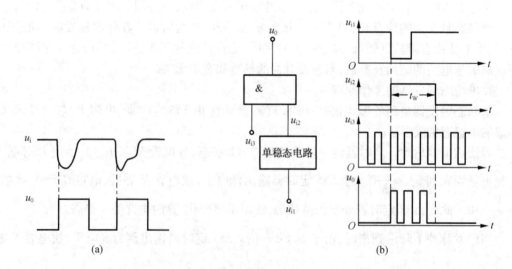

图8.4 单稳态触发器的应用

(a)用单稳态触发器实现整形;(b)用单稳态触发器实现定时

图8.4(a)实现的是脉冲整形。脉冲整形作用就是可以把不规则的波形变换成规则的

脉冲波。如触发器的输入信号 u_i 可以是来自各种检测电路的不规则输出信号,当 u_i 加到单稳态触发器后,在单稳态触发器的输出端能获得具有脉宽和幅度一定,并且前后沿较陡的整形脉冲。

图 8.4(b)实现的是定时功能。通过选定单稳态触发器电路中定时元件的 RC_1 值,可以产生固定时间宽度的脉冲信号去控制其他电路的工作,从而起到定时作用。图 8.3(b)中 u_{i3} 只有在矩形波存在的时间 t_W 内才能通过。

8.2.3 施密特触发器

施密特触发器是应用较为广泛的一种波形变换电路,它可将不规则的输入波形转换为矩形波输出,如用正弦波去驱动一般的门电路、计数器或其他数字器件会导致逻辑功能不可靠,这时可用施密特触发器将正弦波变成矩形波输出。施密特触发器具有如下特点:

(1)施密特触发器的输出具有两种稳态,即高电平与低电平;

(2)施密特触发器的输入与输出之间具有滞回特性,因而施密特触发器具有较强的抗干扰能力。

施密特触发器有多种的电路形式,有由运算放大器组成的施密特触发器(如第 3 章中介绍的迟滞型电压比较器),有由门电路组成的施密特触发器,有由 555 定时器组成的施密特触发器等。在不同形式的施密特触发器电路中,表现出的回差特性也不一定相同,要根据具体电路形式来分析。

1. 施密特触发器的工作原理

将定时器 555 的阈值输入端 TH 和触发输入端 $\overline{TR}$ 连在一起,作为触发信号 u_i 的输入端,并从 OUT 端取输出 u_o,便构成了一个反相输出的施密特触发器,电路如图 8.5(a)所示。

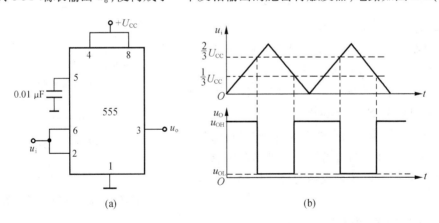

图 8.5 用 555 定时器构成的施密特触发器电路及波形图

(a)用 555 定时器构成的施密特触发器电路;(b)施密特触发器的工作波形图

设输入信号 u_i 是一个三角波,开始时 u_i 从 0 开始逐渐加大,当输入 $u_i < \dfrac{1}{3}U_{CC}$ 时,输出 $u_o = U_{OH}$。当输入 $\dfrac{1}{3}U_{CC} < u_i < \dfrac{2}{3}U_{CC}$ 时,输出保持原状态不变,即输出 $u_o = U_{OH}$。当输入

$u_i \geqslant \dfrac{2}{3} U_{CC}$ 时,电路工作状态发生翻转,输出 u_o 由高电平 U_{OH} 跃变到低电平 U_{OL},即 $u_o = U_{OL}$。

由以上分析可以看出,在输入 u_i 上升到 $\dfrac{2}{3} U_{CC}$ 时,电路的输出状态发生跃变。因此,施密特触发器的正向阈值电压 $U_{T+} = \dfrac{2}{3} U_{CC}$。此后,$u_i$ 再增大时,对电路的输出状态没有影响。

当输入 u_i 由高电平逐渐下降,只要 $\dfrac{1}{3} U_{CC} < u_i < \dfrac{2}{3} U_{CC}$ 时,输出就保持低电平不变,$u_o = U_{OL}$。

当输入减小到 $u_i \leqslant \dfrac{1}{3} U_{CC}$ 时,输出 u_o 由低电平跃变到高电平 U_{OH}。

可见,当 u_i 下降到 $\dfrac{1}{3} U_{CC}$ 时,电路输出状态又发生另一次跃变,所以电路的负向阀值电压 $U_{T-} = \dfrac{1}{3} U_{CC}$。

由以上分析可得施密特触发器的回差电压 ΔU_T 为

$$\Delta U_T = U_{T+} - U_{T-} = \frac{1}{3} U_{CC} \tag{8.6}$$

总之,图 8.5(a)所示电路的工作波形如图 8.5(b)所示,图 8.6 为其电压传输特性,由该特性可看出,该电路具有反相输出特性。

如在 CO 端外接直流电压 U_{CO} 时,则 $U_{T+} = U_{CO}$,$U_{T-} = \dfrac{1}{2} U_{CO}$,$\Delta U_T = U_{T+} - U_{T-} = \dfrac{1}{2} U_{CO}$。改变 U_{CO} 的大小,回差电压 ΔU_T 也随之改变。

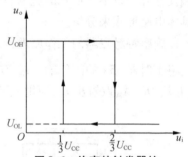

图 8.6 施密特触发器的电压传输特性

前面介绍的施密特触发器是具有回差电压的与非门或反相器。施密特触发器的应用非常广泛,现有很多集成的产品,其符号如图 8.7 所示,常见型号有 74LS13,74LS14,74LS132,CD4093 等。

施密特触发器不仅具有回差特性,而且传输特性非常陡峭,使输出波形的边沿很直。施密特触发器由于有这两个特性,所以具有很强的抗干扰能力和波形整形能力。

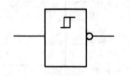

图 8.7 施密特触发器符号

2. 施密特触发器的应用

施密特触发器应用很广,图 8.8 中列举了几个反相输出的施密特触发器应用的例子。在图 8.8(a)中,施密特触发器可用于数字系统接口电路,将缓慢变化的正弦信号转变为脉冲信号;在图 8.8(b)中,施密特触发器用于脉冲整形,将不规则信号整形为矩形脉冲;在图 8.8(c)中,用于幅度鉴别,可将幅度大于 U_T^+ 的信号滤除。

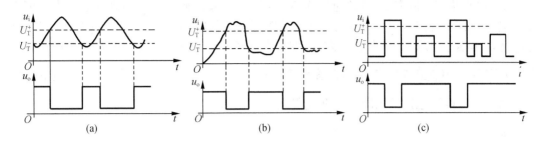

图 8.8 施密特触发器应用

(a)用施密特触发器实现波形变换;(b)用施密特触发器对波形整形;
(c)用施密特触发器实现幅度鉴别

8.2.4* 555 应用电路

1. 用 555 时基电路构成可调定时器

如图 8.9 所示电路,按下开关 ST,电容 C 迅速充电到电源电压 U_{CC},充电时间常数为$(R_W /\!/ R_1)$ C,2 脚、6 脚连在一起为高电平 U_{CC},使 3 脚输出为低电平,继电器 J 的常闭触点闭合,其控制的用电器工作。放开 ST 后,电容 C 通过电阻 R_W 放电,放电时间常数为 $R_W C$(远大于充电时间常数),2 脚、6 脚电压从 U_{CC} 开始下降,当降到基准电压 U_{R_2} 时,3 脚输出由低电平变为高电平 U_{CC},继电器 J 吸合,常闭触点断开,用电器停止工作。

电路采用了放电定时方式,定时时间取决于放电时间常数 $R_W C$,由于 C 的等效漏电阻和 R_W 并联

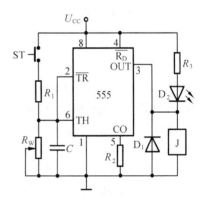

图 8.9 可调定时器电路图

后作为放电电阻,因此这种方式可以克服 C 漏电对定时的影响。5 脚和地之间的电阻 R_2 使两个比较器 C_1 和 C_2 的基准电压下降,从而使 C 上的电压下降到基准电压 U_{R_2} 所用的时间(即定时时间)延长。R_W 用来调节定时时间。

2. 用 555 构成声控开关

如图 8.10 所示电路,电路接通的瞬间,4 脚为低电平,基本 RS 触发器置零,3 脚输出为低电平,放电管导通,C_4 通过放电管放电,6 脚和 7 脚为低电平。

当有人拍手或吹口哨时,声波经话筒转换为电信号,经 C_1 加到晶体管 T 的基极,使 T 导通,集电极电压即 2 脚电压下降,只要 2 脚电压低于 $\frac{1}{3}U_{CC}$ 时,3 脚即变为高电平,继电器 J 吸合,接通有关电路。同时放电管截止,6 脚、7 脚因接有电

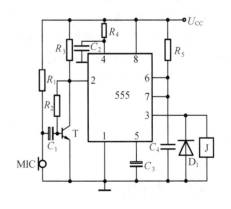

图 8.10 声控开关电路图

容 C_4，低电平状态不能突变，电源通过 R_5 对 C_4 充电，6 脚、7 脚电压逐渐升高。当声音消失后，2 脚电压恢复为高电平。若此时 6 脚、7 脚电压已超过 U_{CC}，则声音消失时放电管导通，充电结束，电路输出低电平，继电器释放，有关电路断开。若声音消失时 6 脚、7 脚电压还没有充电到 U_{CC}，则直到 6 脚、7 脚电压充电到 $\frac{2}{3}U_{CC}$ 时充电结束，电路输出低电平，继电器释放，有关电路断开。充电所用的时间即为开关接通时间。

思考题

8.2.1 试述多谐振荡器的工作原理，其振荡频率主要取决于哪些元件的参数？

8.2.2 单稳态触发器有什么特点？它主要有哪些用途？

8.2.3 施密特触发器的主要特点是什么？有哪些主要用途？

8.2.4 如何调节由 555 定时器组成的施密特触发器的回差电压？

8.2.5 由 555 定时器组成的施密特触发器在输入控制端 CO 外接 10 V 电压时，正向阈值电压 U_{T+}、负向阈值电压 U_{T-} 和回差电压 ΔU_T 各为多大？

8.2.6 试利用三要素法推导式(8.1)、式(8.2)、式(8.5)。

本 章 总 结

555 定时器是一种使用方便灵活，功能多样的模拟－数字混合集成电路，其应用非常广泛，除能组成单稳态触发器、施密特触发器、多谐振荡器外，还能接成各种应用电路。

本章的重点是：555 定时器的功能。

本章的难点是：555 定时器应用电路分析。

1. 产生矩形脉冲电路的方法有两类：一类是将其他形状的周期性信号变换为矩形脉冲，如单稳态触发器、施密特触发器；另一类是直接产生矩形脉冲，如多谐振荡器。

2. 多谐振荡器没有稳态，是产生矩形波的自激振荡电路，是以阻容元件为定时元件，其频率稳定性较差，但频率可调。

3. 单稳态触发器中，触发脉冲使电路由稳态进入暂态，其暂态持续时间由定时元件 R、C 决定，而与触发脉冲无关。暂态时间是它的主要参数。单稳态触发器主要用于脉冲的整形、延时、定时等方面。

4. 施密特触发器有两个稳态，其状态取决于输入信号的电平。由于它的回差现象和陡峭的传输特性，所以具有很强的抗干扰和波形整形能力。施密特触发器广泛应用于脉冲整形、波形变换、脉冲鉴幅等方面。

习 题 8

8.1 选择题

8.1.1 555 集成定时器的电压控制端 5 脚在不用时应( )。

A. 经 0.01 μF 的电容接地　　　　B. 直接接地　　　　C. 悬空

8.1.2　如果在 555 集成定时器电压控制端 5 脚外加电压 u_{I5}（其值在 $0 \sim U_{CC}$ 之间）将会影响到（　　）。

A. 定时器中电压比较器的参考电压　B. 输出电压的幅值　C. 定时器中触发器的功能

8.1.3　用 555 定时器组成的多谐振荡器如图 8.2（a）所示，欲使振荡频率提高，则可（　　）。

A. 减小 C_1　　　　　　B. 增大 R_1, R_2　　　　　C. 增大 U_{CC}

8.1.4　555 集成定时器构成的单稳态触发器可用于（　　）。

A. 产生一定频率的正弦波　B. 实现不规则波形的整形　C. 将直流信号变为矩形波

8.1.5　由 555 集成定时器组成的单稳态触发器如题 8.1.5 图所示，如果按一下按钮 SB，则输出电压 u_o 为（　　）。

A. 高电平　　　　B. 低电平　　　　C. 正的单脉冲　　　　D. 负的单脉冲

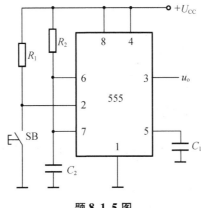

题 8.1.5 图

8.2　分析、计算题

8.2.1　u_i 到 u_o 的电压波形变换如题 8.2.1 图所示，试问要实现相应的变换，各应选用何种类型的电路？

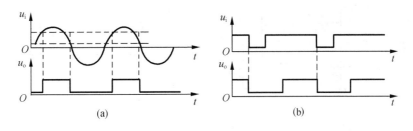

题 8.2.1 图

8.2.2　用 555 定时器组成的多谐振荡器，若要求产生占空比为 0.8、频率为 24 kHz 的脉冲波，若设 $R_1 = 15$ kΩ，其余元件的参数如何选取？

8.2.3　题 8.2.3 图为由 555 定时器构成的电子门铃电路。按下开关 S 使门铃 Y 鸣响，

且抬手后持续一段时间,试求:

(1)计算门铃鸣响频率;

(2)在电源电压 U_{CC} 不变的条件下,要使门铃的鸣响时间延长,可改变电路中哪个元件的参数?

(3)电路中电容 C_2 和 C_3 各起什么作用?

8.2.4 说明题 8.2.4 图所示电路中由 555 定时器组成的施密特触发器的工作原理,画出其电压传输特性。

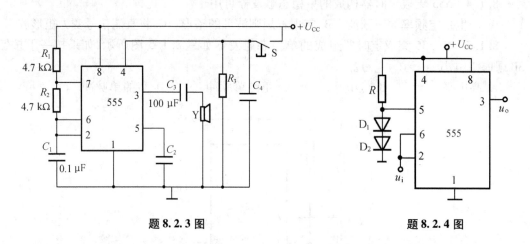

题 8.2.3 图   题 8.2.4 图

8.2.5 题 8.2.5 图(a)是由 555 定时器构成的单稳态触发电路。

(1)简要说明其工作原理;

(2)计算暂稳态维持时间 t_w;

(3)画出在题 8.2.5 图(b)所示输入 u_i 作用下的 u_c 和 u_o 的波形;

(4)若 u_i 的低电平维持时间为 15 ms,要求暂稳态维持时间 t_w 不变,应采取什么措施?

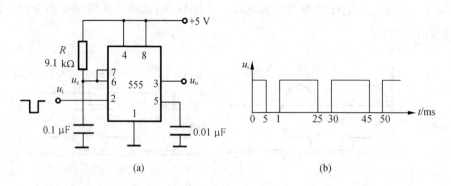

(a)   (b)

题 8.2.5 图

8.2.6 由 555 定时器构成的施密特触发器如题 8.2.6 图(a)所示。

(1)画出该电路的电压传输特性曲线;

(2)求出 U_{T+}, U_{T-} 和 ΔU_T;

（3）如果输入 u_i 为题 8.2.6 图（b）的波形所示信号，对应画出输出 u_o 的波形；

（4）为使电路能识别出 u_i 中的第二个尖峰，应采取什么措施？

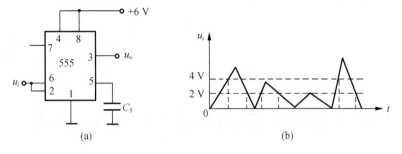

题 8.2.6 图

8.2.7 题 8.2.7 图（a）为由 CMOS 集成施密特触发器 CD40106 与 RC 电路构成的单稳态电路，试分析在 u_i 触发信号作用下 u_A 及输出 u_o 的波形。

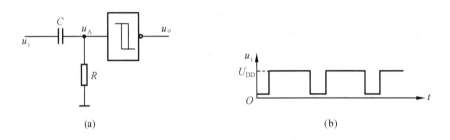

题 8.2.7 图

8.2.8 如题 8.2.8 图所示电路是一个照明灯自动亮灭装置，白天让照明灯自动熄灭，夜晚自动点亮，图中 R 是一个光敏电阻，当受光照射时电阻变小，当无光照射或光照微弱时电阻增大。试说明其工作原理。

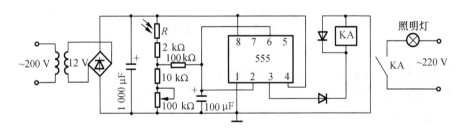

题 8.2.8 图

第9章

模－数转换器和数－模转换器

包括微机、单片机、工控机以及可编程控制器在内的数字处理系统广泛应用在各种数据检测、显示及过程控制中。数据采集、测量、显示或过程控制的对象通常是温度、压力、流量、角度、位移及液面高度等连续变化的非电模拟量。这些非电模拟量经过相应的传感器转变为随时间连续变化的电量（电压或电流）。这些模拟量转变成数字量才能被数字处理系统所接收处理;相反,处理后的数字量只有转变为模拟量才能经过执行元件或机构去显示或控制。实现把模拟信号转变为数字量的设备就称为模－数（A/D）转换器,简称 ADC（Analog to Digital Convertor）;而把数字量转变为模拟量的设备称为数－模（D/A）转换器,简称 DAC（Digital to Analog Convertor）。可见,ADC 和 DAC 是被控对象和数字处理系统之间的连接桥梁或接口,其框图可大致用图9.1表示。

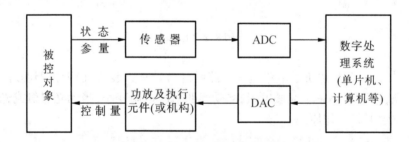

图 9.1 ADC 和 DAC 的应用框图

由于 ADC 和 DAC 的特殊作用,使它们随着计算机技术的普遍应用而得到发展,它们现在不但有许多成熟的系列产品,而且也不断推出性能更优越的产品。

本章将介绍 ADC 和 DAC 的一般工作原理、主要技术参数以及电路。

9.1　D/A 转换器（DAC）

9.1.1　D/A 的基本原理

D/A 可以把二进制码或 BCD 码表示的数字量转换为与其成正比的模拟量输出,倒 T 型电阻网络(又称 $R - 2R$ 电阻解码网络)数/模转换器是目前使用最为广泛的一种形式。图 9.2 是一个四位倒 T 型电阻网络 D/A 的原理电路图,这种 D/A 的核心部分是由 $R - 2R$ 电阻网络、模拟开关和运算放大器所组成的。参考电压 U_{REF} 要求很稳定。四个模拟电子开关 $S_3 \sim S_0$ 分别受输入数字量 $D_3 \sim D_0$ 控制。若 $D_3 D_2 D_1 D_0$ 的任何一位 D_i 是 1 即为高电平时,对应的模拟电子开关 S_i 把电阻 $2R$ 接至运算放大器的反相输入端;若 D_i 是 0 即为低电平时,对应的模拟电子开关 S_i 把电阻 $2R$ 接至运算放大器的同相端即接地。

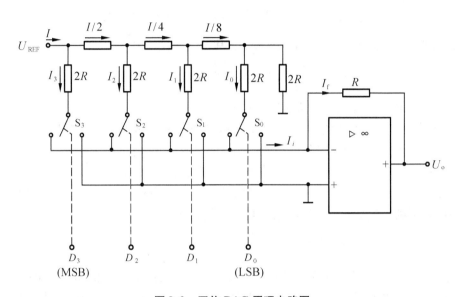

图 9.2　四位 DAC 原理电路图

从图 9.2 可以看到,由于运算放大器为反相输入工作方式,运算放大器的反相输入端为"虚地",因此无论模拟电子开关把 $2R$ 电阻接至反相输入端(虚地)或接地,$R - 2R$ 电阻网络中各支路的电流都将保持不变,其中

$$I = \frac{U_{\text{REF}}}{R}$$

$$I_3 = \frac{I}{2} = \frac{U_{\text{REF}}}{2R} = \frac{U_{\text{REF}}}{R \cdot 2^1}$$

$$I_2 = \frac{I}{4} = \frac{U_{\text{REF}}}{4R} = \frac{U_{\text{REF}}}{R \cdot 2^2}$$

$$I_1 = \frac{I}{8} = \frac{U_{\text{REF}}}{8R} = \frac{U_{\text{REF}}}{R \cdot 2^3}$$

$$I_0 = \frac{I}{16} = \frac{U_{\text{REF}}}{16R} = \frac{U_{\text{REF}}}{R \cdot 2^4}$$

当 $D_3 D_2 D_1 D_0 = 0000$ 时,模拟电子开关 $S_3 S_2 S_1 S_0$ 把 $2R$ 电阻全部接地,则此时由于 $I_f = I_i$,使得输出电压 $U_o = 0$。

当 $D_3 D_2 D_1 D_0 = 1111$ 时,模拟电子开关 $S_3 S_2 S_1 S_0$ 把 $2R$ 电阻全部接至反相输入端,则电阻网络的输出电流即运放的输入电流为

$$I_i = I_3 + I_2 + I_1 + I_0 = \frac{U_{REF}}{R}\left(D_3\frac{1}{2^1} + D_2\frac{1}{2^2} + D_1\frac{1}{2^3} + D_0\frac{1}{2^4}\right)$$

此时输出电压为

$$U_o = -RI_i = -\frac{U_{REF}}{2^4}(D_3 2^3 + D_2 2^2 + D_1 2^1 + D_0 2^0) = -\frac{15}{16}U_{REF}$$

当 $D_3 D_2 D_1 D_0 = 1001$ 时

$$U_o = -\frac{U_{REF}}{2^4}(1 \times 2^3 + 0 \times 2^2 + 0 \times 2^1 + 1 \times 2^0) = -\frac{9}{16}U_{REF}$$

对于输入的任意四位二进制数码如 $D_3 D_2 D_1 D_0$,其输出的模拟电压为

$$U_o = -\frac{U_{REF}}{2^4}(D_3 2^3 + D_2 2^2 + D_1 2^1 + D_0 2^0)$$

可见输出的模拟电压与输入的二进制数成正比,这就实现了数 - 模转换。

图 9.2 中的模拟电子开关 S_i 通常是由三极管或场效应管组成的,具体电路在此不介绍。在这种转换电路中,由于各位电阻 $2R$ 上的电流不变并直接接到运算放大器反相输入端,不但提高了转换速度,而且也减少了模拟开关变换时所引起的误差。

为了提高数 - 模转换器的转换精度,可以扩展电阻网络和模拟电子开关的数目。如果是 n 位 D/A,则输入的是 n 位二进制数,输出的模拟电压为

$$U_o = -\frac{U_{REF}}{2^n}(D_{n-1}2^{n-1} + D_{n-2}2^{n-2} + \cdots + D_0 2^0)$$

通常数 - 模转换器的输入数字量有 8 位、10 位、12 位或 16 位。例如:DAC0800 系列包括 DAC0800,0801,0802 等产品,其数字输入量为 8 位即 8 位分辨率,16 线双列直插式封装,双电源供电电压为 ±15 V ~ ±18 V;DAC0830 系列包括 DAC0830,0831,0832 等,为 20 线双列直插封装,8 位分辨率 D/A;而 DAC1208(包括 1209、1210)和 DAC1230 系列(包括 1231、1232 等)产品都是分辨率为 12 位的 D/A。

图 9.3 为 DAC0832 的逻辑图和引脚图。各引脚功能如下。

$D_7 \sim D_0$:数据量输入引脚,D_7 是最高位(MSB),D_0 是最低位(LSB)。

U_{REF}:基准电压接线引脚,U_{REF} 可为正(如 +5 V)也可为负(如 -5 V)。

U_{CC}:接主电源引脚,电源正极接此端,电源负极接 AGND 引脚。

I_{OUT1} 和 I_{OUT2}:电流输出引脚。

ILE:数据锁存允许信号,高电平有效。

$\overline{CS}$:输入寄存器选择信号,低电平有效。

$\overline{WR_1}$:输入寄存器写选通信号,低电平有效。

$\overline{WR_2}$:D/A 寄存器写选通信号,低电平有效。

$\overline{XFER}$:数据传送信号线。

R_{fb}:反馈信号输入线,芯片内已有反馈电阻。

AGND:模拟信号地。

DGND:数字地。

为了提高输出的稳定性和减少误差,必须把数字地和模拟地分开。模拟信号和基准电

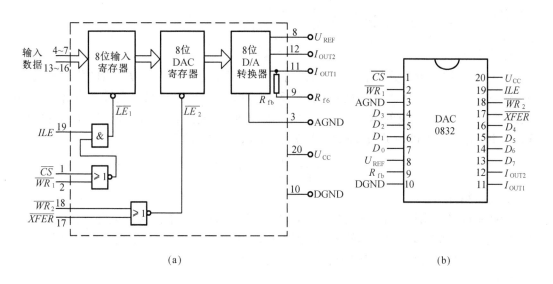

(a)

(b)

图9.3　DAC0832 逻辑图和引脚图

源低电位接模拟地；主电源主极、时钟、数据、地址、控制等逻辑地接数字地。两个地线应在基准电源处合为一处。

ILE，$\overline{CS}$，$\overline{WR_1}$，$\overline{WR_2}$和$\overline{XFER}$五个控制端接入高低不同电平时，可以控制转换器产生不同的工作方式。例如，当$ILE=1$，$\overline{CS}=\overline{WR_1}=\overline{WR_2}=\overline{XFER}=0$时，则接到$D_7 \sim D_0$端的数字量直接送入 8 位输入寄存器并进行转换，其接线如图9.4 所示。$\overline{CS}$，$\overline{WR_1}$，$\overline{WR_2}$和$\overline{XFER}$可以接地或接低电平，ILE接高平，在图中没画出。其中电阻R_{fb}在 DAC0832 内部，如图9.3 所示，是运算放大器的负反馈电阻。由于在 DAC0832 内 9、11 引脚是接在一起的。因此图中运算放大器属于反相输入方式，实现电流转变与电压输出，即输入数字量$D_7 \sim D_0$转变为与其成正比的模拟电压U_o。

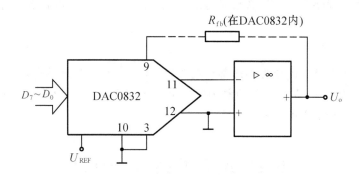

图9.4　DAC0832 电流转换为电压输出接线图

289

9.1.2 D/A 的主要技术参数

1. 分辨率

分辨率是说明 D/A 分辨最小输出电压能力的参数。它可用输入数字量的位数来表示，如 8 位、10 位和 12 位 D/A 的分辨率分别为 8 位、10 位和 12 位；也可以用最小输出电压（最低有效位 1 即 1LSB 对应的输出电压）与最大输出电压（输入数字信号全部对应的输出电压）即满度值 FSR(Full Scale Range)之比表示，如八位 D/A 的分辨率为

$$\frac{1}{2^8-1}=\frac{1}{255}\approx 0.003\ 9$$

2. 转换精度

转换精度是输出模拟电压的实际值与理想值之差，即最大静态转换误差。误差是由参考电压偏离标准值、运算放大器的零漂、模拟开关的压降及电阻阻值的偏差等原因引起的。

转换精度是指 D/A 转换后所得的实际值对于理想值的接近程度。

3. 建立时间

从输入数字信号起到模拟输出电压或电流达到稳定值（满刻度值 $\pm\frac{1}{2}LSB$）所需要的时间，D/A 的建立时间一般为 μs 数量级，速度很快。

4. 线性度

常用非线性误差的大小表示 D/A 转换器的线性度，而非线性误差是用偏离理想的输入/输出特性的偏差与满刻度输出之比的百分数来定义的。非线性误差越小，线性度越好。

5. 输入代码

它说明一个 D/A 能接收哪种代码的输入数字量。一般单极性输出的 D/A 输入代码有二进制码、BCD 码，而双极性输出的 D/A 输入代码有符号数值码、补码或偏移二进制码等。

6. 输出电平

不同型号的 D/A 转换器的输出电平相差较大，一般为 5 ~ 10 V，有的是高压输出型的，输出电平可达 24 ~ 30 V，还有些是电流输出型的 D/A，低的为几毫安到几十毫安，高的可达 3 A。除此之外，还有温度系数、电源抑制比、功率消耗等参数，在此不作介绍。

思考题

9.1.1　D/A 变换器的分辨率是怎样定义的？10 位的 D/A 分辨率为多少？

9.1.2　某 10 位 D/A 转换器的最小输出电压增量为 3 mV，如果输入数据为 $(2A6)_{16}$，那么 D/A 转换器的输出电压是多少伏？

9.2　A/D 转换器（ADC）

9.2.1　A/D 转换器的基本原理

在 A/D 转换器中，一般经过采样、保持、量化和编码四个步骤来完成从模拟量到数字量

的转换。

1. 采样与保持

图 9.5(a) 为一种典型的采样保持电路结构，U_I 为输入模拟信号，其中的场效应管构成采样开关，由频率为 f_s 的采样脉冲 $S(t)$ 控制其通断。电容 C 完成保持功能，当采样开关导通时，电容 C 迅速充电，使 $U_C = U_I$；当采样开关断开时，由于电容 C 漏电很小使其上电压基本保持不变。经采样保持电路后，输入模拟信号变成了在一系列时间间隔发生变化的阶梯信号，如图 9.5(b) 所示。在采样脉冲宽度 Δt 很窄时，可近似认为期间 $U_o(t)$ 的输出保持不变。

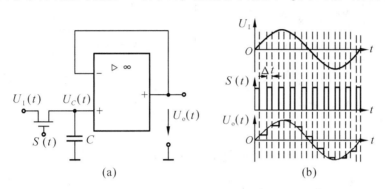

图 9.5　采样保持电路

(a) 采样保持电路；(b) 电路波形

由图 9.5(b) 可见，$U_o(t)$ 的输出显然不等于原始输入信号 U_I，它是以 $U_I(t)$ 为包络线的阶梯信号。显然采样频率 f_s 越高，$U_o(t)$ 就越接近于 $U_I(t)$，那么采样频率到底应该为多少才能保证 $U_o(t)$ 能够反映 $U_I(t)$ 信号呢？著名的采样定理解决了这个问题，即若输入模拟量是一个频率有限的信号，且其最高频率为 f_{Imax}，则采集信号频率只要满足

$$f_S \geq f_{Imax} \tag{9.1}$$

就能够保证采样以后的信号能够不失真地反映输入信号。

在实际 A/D 转换器中，有些已包括采样保持电路，有些则需外加采样保持电路。采样保持电路也有各种集成产品，如 LE198 等。

2. 量化与编码

采样输出电压显然还不是数字量，因为任何一个数字量的大小都必须是某个规定的最小数量单位的整数倍。因此，必须将采样输出电压用这个最小单位的整数倍来表示，这个过程就叫量化。显然数字信号最低有效位为 1 即 1LSB 所代表的数量就是这个最小数量单位，称为量化单位，用 Δ 表示。

将量化的结果用代码表示出来的过程就称为编码。编码输出的结果也就是 A/D 转换器的输出。例如，要求将 0 ~ 1 V 连续变化的模拟量转换成一个三位二进制代码，因为三位二进制代码可以表示八个不同状态，所以取量化单位 $\Delta = \frac{1}{8}V$。采用舍去尾数（只舍不入法）的量化方法即在 $0 \sim \frac{1}{8}$ V 之间模拟电压取 0 V，在 $\frac{1}{8} \sim \frac{2}{8}$ V 之间取 $\frac{1}{8}$ V，依此类推，编码方式取二进制代码（编码方式可以是任意的），则模拟量输入与数字量输出关系如表 9.1 所示。

表 9.1　A/D 转换器的量化与编码（只舍不入法）

模拟电压 U_i	量化结果	二进制码
$0 \leqslant U_i \leqslant \dfrac{1}{8}$ V	0 V	0 0 0
$\dfrac{1}{8}$ V $\leqslant U_i \leqslant \dfrac{2}{8}$ V	$\dfrac{1}{8}$ V $= \Delta$	0 0 1
$\dfrac{2}{8}$ V $\leqslant U_i \leqslant \dfrac{3}{8}$ V	$\dfrac{2}{8}$ V $= 2\Delta$	0 1 0
$\dfrac{3}{8}$ V $\leqslant U_i \leqslant \dfrac{4}{8}$ V	$\dfrac{3}{8}$ V $= 3\Delta$	0 1 1
$\dfrac{4}{8}$ V $\leqslant U_i \leqslant \dfrac{5}{8}$ V	$\dfrac{4}{8}$ V $= 4\Delta$	1 0 0
$\dfrac{5}{8}$ V $\leqslant U_i \leqslant \dfrac{6}{8}$ V	$\dfrac{5}{8}$ V $= 5\Delta$	1 0 1
$\dfrac{6}{8}$ V $\leqslant U_i \leqslant \dfrac{7}{8}$ V	$\dfrac{6}{8}$ V $= 6\Delta$	1 1 0

由表 9.1 可见，由于模拟量不可能是量化单位 Δ 的整数倍，因此量化的过程必然存在误差，这种误差称为量化误差。在表 9.1 所示的量化过程中，最大量化误差可达 $\dfrac{1}{8}$ V，即为一个量化单位大小。显然减小量化单位，增加编码位数就可有效地减小量化误差。例如，将 0~1 V 模拟电压用四位二进制码表示，则量化单位 $\Delta = \dfrac{1}{16}$ V，即量化误差减少了一半。

如采用如表 9.2 的量化方法（有舍有入法），可以看出量化单位 $\Delta = \dfrac{2}{15}$ V，但最大量化误差为 $\Delta/2$，且误差有正、有负。

表 9.2　A/D 转换器的量化与编码（有舍有入法）

模拟电压 U_i	量化结果	二进制码
$0 \leqslant U_i \leqslant \dfrac{1}{15}$ V	0 V	0 0 0
$\dfrac{1}{15}$ V $\leqslant U_i \leqslant \dfrac{3}{15}$ V	$\dfrac{2}{15}$ V $= \Delta$	0 0 1
$\dfrac{3}{15}$ V $\leqslant U_i \leqslant \dfrac{5}{15}$ V	$\dfrac{4}{15}$ V $= 2\Delta$	0 1 0
$\dfrac{5}{15}$ V $\leqslant U_i \leqslant \dfrac{7}{15}$ V	$\dfrac{6}{15}$ V $= 3\Delta$	0 1 1
$\dfrac{7}{15}$ V $\leqslant U_i \leqslant \dfrac{9}{15}$ V	$\dfrac{8}{15}$ V $= 4\Delta$	1 0 0
$\dfrac{9}{15}$ V $\leqslant U_i \leqslant \dfrac{11}{15}$ V	$\dfrac{10}{15}$ V $= 5\Delta$	1 0 1
$\dfrac{11}{15}$ V $\leqslant U_i \leqslant \dfrac{13}{15}$ V	$\dfrac{12}{15}$ V $= 6\Delta$	1 1 0
$\dfrac{13}{15}$ V $\leqslant U_i \leqslant 1$ V	$\dfrac{14}{15}$ V $= 7\Delta$	1 1 1

9.2.2 A/D 转换电路方式

模 – 数转换器根据其工作原理大致分为并行式和并/串式 A/D、逐次逼近式、双积分式和计数比较式 A/D 等几种形式。

下面介绍常用的逐次逼近式 A/D 的工作原理。

图 9.6 是八位逐次逼近式 A/D 的工作原理图。A/D 由电压比较器、D/A 转换器、逐次逼近寄存器(SAR)和控制逻辑电路等组成。

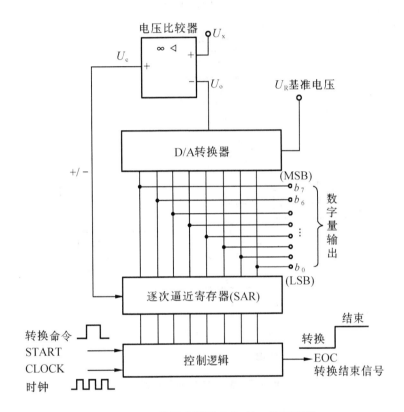

图 9.6 八位逐次逼近 A/D 的工作原理图

逐次逼近式 A/D 的工作过程大致如下:

首先,在 START 脚加一个正脉冲转换命令信号。脉冲的上升沿使控制逻辑把逐次逼近寄存器 SAR 清零,也就是使 SAR 的八位 $b_7 \sim b_0$ 均为零,其中,b_7 是最高位 MSB,b_0 是最低位 LSB,并使转换结束信号脚 EOC 变为低电平,表示 A/D 开始进行 A/D 转换,数据 $b_7 \sim b_0$ 无效。

START 脉冲的下降沿启动 A/D 开始转换,转换过程如下:

在时钟脉冲 CLOCK 的同步下,先使逐次逼近寄存器 SAR 的最高位 b_7 置 1,此时逐次逼近寄存器 SAR 的数据为 80H 即 10000000,这个数据作为 D/A 转换器的输入值,经 D/A 转换得到输出模拟电压 U_o,U_o 作为电压比较器的输入电压与转换电压 U_x 进行比较。

若 $U_x > U_o$,则经电压比较器比较后得到 $U_c > 0$。于是,在 $U_c > 0$ 的控制和 CLOCK 同步下,保留 $b_7=1$,并使 $b_6=1$,此时 SAR 新的值为 C0H 即 11000000;SAR 中的新值经 D/A 转换得到新的输出电压值 U_o,U_o 值再与 U_x 比较,重复前述过程。

反之,若 $b_7=1$,经 D/A 转换得到的输出模拟电压 $U_o>U_x$,经比较器比较得到 $U_c<0$,则在 $U_c<0$ 控制和时钟 CLOCK 的同步下,使 $b_7=0$,而使 $b_6=1$,此时 SAR 中的数据为 40H,即 01000000,该数据经 D/A 转换得到新的 U_o 再与 U_x 进行比较,然后重复上述过程。就这样从 b_7 一直到 b_0 都处理完毕,转换便结束,转换的流程如图9.7所示。

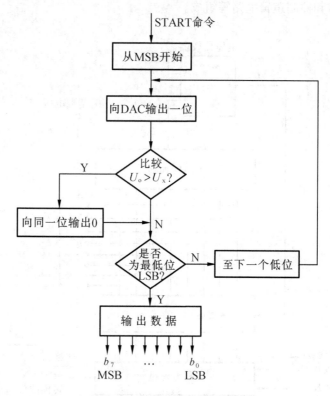

图9.7 A/D 转换的流程图

转换结束时,控制逻辑使 EOC 变为高电平,表示 A/D 转换结束,此时的 $b_7\sim b_0$ 即为对应 U_x 的八位数字量。

从分析 A/D 转换过程可以看到,处理一位所需的时间或时钟脉冲数是相同的,因此位数一定,转换所需时间也一定,n 位逐次逼近型模数转换器完成一次转换所需的时间为 $(n+2)\times T_{CP}$,T_{CP} 为时钟脉冲周期。逐次逼近式 A/D 转换精确度决定于使用的 D/A 和电压比较器的分辨能力,另外要求 D/A 的基准 U_x 确定。

9.2.3 A/D 举例

集成 A/D 的产品型号较多,下面仅介绍常用的逐次逼近型 A/D。逐次逼近型 A/D 有两个类别:一类是单芯片集成化 A/D,另一类是混合集成化 A/D。

单芯片集成化 A/D 有 ADC0801,ADC0802,ADC0803,ADC0804,ADC0805,它们是八位 MOS 型 A/D 转换器。而 ADC0808、ADC0809 为多通道八位 CMOS 型 A/D 转换器,

ADCD816 和 ADCD817 为 16 通道 A/D 转换器。

混合型集成化 A/D 是在一块封装内使用不同的工艺制成几个芯片,从而构成高性能的 A/D 转换器。如 AD574A 为双片双极型电路构成的 12 位 A/D 转换器;ADC1140 是 16 位快速 A/D 转换器,ADC71 和 ADC76 为 16 位快速 A/D 转换器,模拟输入电压可选择 2.5 V、±5 V 及 5 V、10 V 和 20 V 等;ADC803 是 12 位高速 A/D 转换器,转换时间为 500 μs(8 位)、670 μs(10 位)、1.5 μs(12 位);ADC808 为通用 12 位低成本 AD 转换器,可并行或串行输出,标准输入模拟电压可为 ±2.5 V, ±5 V, ±10 V, 5 V, 10 V,该芯片利用内部及外部时钟进行多种操作,适应能力很强。

下面以单芯片 ADC0808/0809 为例,说明其引脚功能及使用方法。ADC0808/0809 是双列直插式封装,28 只引脚,图 9.8 是其引脚图。

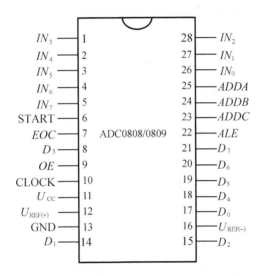

图 9.8　ADC0808/0809 引脚图

ADC0808/0809 引脚功能如下。

$IN_0 \sim IN_7$:八路模拟输入引脚,可以从这八个引脚输入 0 ~ 5 V 的待转换的模拟电压。

$ADDA$,$ADDB$,$ADDC$(A,B,C):通道地址输入端。当 CBA = 000 时,接到 IN_0 通道的模拟量输入至 ADC0808/0809,以便进行模数转换,而接至 $IN_1 \sim IN_7$ 的模拟电压进不到 ADC 内。类似地,CBA = 001,则在 IN_1 端的模拟电压输入 ADC0808/0809 内进行转换,依此类推。

$CLOCK$:时钟输入端。ADC0808/0809 是在时钟脉冲信号的同步作用下才能进行转换。时钟频率越高转换得越快,时钟频率上限是 640 kHz。

ALE:地址锁存允许端。当 ALE = 1 时(高电平),接通通道地址输出端 $ADDA$,$ADDB$, $ADDC$,确定 $IN_0 \sim IN_7$ 中某一个模拟量(如 IN_0)为输入端。当 ALE = 0 时(低电平),把接通的 CBA 值(如 000)锁存起来,保证在 ALE = 1 时所接通的通道(如 IN_0)不变,以便把接在该通道(如 IN_0)上的模拟电压进行模数转换。ALE 信号是一个正脉冲,此脉冲宽度在时钟脉冲为 640 kHz 时,不少于 100 ns。

START:自动脉冲输入端。在此端加一个完整的正脉冲信号,脉冲的上升沿清除逐次逼近寄存器 SAR,下降沿启动 A/D 开始转换。在时钟脉冲为 640 kHz 时,START 脉冲宽度应不小于 100 ns ~ 200 ns。

EOC:转换结束信号端。在 A/D 转换期间 $EOC = 0$(低电平),表示模－数转换正在进行,输出数据无效。转换完毕后立即使 $EOC = 1$,表示转换已完成,输出数据有效。

OE(OUTPUT ENABLE):允许输出端。OE 端控制输出锁存器的三态门。当 OE 为 1 时,转换所得数据出现在 $D_7 \sim D_0$ 脚;当 $OE = 0$ 时,$D_7 \sim D_0$ 引脚对外是高阻抗。

$D_7 \sim D_0$ 引脚:转换所得八位数据在这八个管脚上输出,D_7 是最高位,D_0 是最低位。

U_{CC}:电源正极输入端,接 5 V。

GND:地端,电源负极接至该端。

$U_{REF(+)}$ 和 $U_{REF(-)}$:分别为基准电压 U_{REF} 的高电平端和低电平端。

9.2.4 A/D 的主要技术参数

1. 分辨率

A/D 的分辨率是使 A/D 输出数字量最低位变化 1 所对应的输入模拟电压变化的大小值。分辨率也用输出二进制数的位数来表示,如 8 位 A/D 的分辨率就是 8,位数越多,误差越小,转换精度也越高。

2. 量化误差

用数字量近似表示模拟量的过程称为量化。实际上,A/D 转换一般是按四舍五入原则进行的。由此产生的误差称为量化误差,量化误差小于等于 $\frac{1}{2} LSB$。

3. 精度

精度分为绝对精度和相对精度。

在一个 A/D 中,任何数码所对应的实际模拟电压与其理想的电压差并不是一个常数,把差值中的最大值定义为该 A/D 的绝对精度;而相对精度则定义为这个最大差值与满刻度模拟电压的百分数,或者用二进制分数来表示相对应的数字量。

4. 转换时间

转换时间是完成一次 A/D 转换所需要的时间,这是指从启动 A/D 转换器开始到获得相应数据所需要的总时间。

除上述参数外,还有增益误差、温度系数、功耗、输入模拟电压范围及输出特性等参数,在此不一一介绍。对于不同型号的 A/D,多种技术指标有所不同,应根据实际需要适当选择。

下面对几种常用 A/D 的性能操作进行简单比较,以利于正确选择 A/D。

正如前面已经指出的那样,逐次逼近型 A/D 得到了非常广泛的应用,其原因是 A/D 兼顾了精度较高与速度较快的优点,能够满足大多数数据采集系统的要求。其不足之处是,对输入端噪声比较敏感或抗干扰能力较差,因此在使用中,当输入电压与噪声比值较小时,应先进行滤波,然后进行转换。

积分型 A/D 的特点是,电路简单,能消除干扰和电源噪声的影响,转换精度高。它的主要问题是转换速度最慢,不能用于一般的数据采集系统。它的主要应用范围是数字化测量仪表和使用某些传感器输出数字量。

并行转换型 A/D 的转换速度最快,可用在对转换速度要求高的场合。

无论哪一种 A/D,在使用前都要先经检查或测量,以确定其主要技术参数能否满足要求。

【例 9.1】 某信号采集系统要求一片 A/D 转换集成芯片在 1 s 内对 16 个热电偶的输出电压进行分时 A/D 转换。已知热电偶输出电压范围为 0 ~ 25 mV(对应于 0 ~ 450 ℃温度范围),需分辨的温度为 0.1 ℃,试问所选择的 A/D 转换器应为多少位? 转换时间为多少?

【解】 对于 0 ~ 450 ℃的温度范围,信号电压为 0 ~ 25 mV,分辨温度为 0.1 ℃,这相当于 $\dfrac{0.1}{450} = \dfrac{1}{4\,500}$ 的分辨率。12 位 A/D 转换器的分辨率为 $\dfrac{1}{2^{12}} = \dfrac{1}{4\,096}$,故必须选用 13 位的 A/D 转换器。

系统的取样速率为每秒 16 次,取样时间为 62.5 ms。如此慢速地取样,任何一个 A/D 转换器都可以做到。所以,可选用带有取样 – 保持(S/H)逐次逼近型 A/D 转换器或不带 S/H 的双积分式 A/D 转换器。

思考题

9.2.1 (填空题)A/D 转换一般包括采样、(   )、(   )和编码四个步骤。

9.2.2 说明逐次逼近型 A/D 转换电路需要采样保持电路的理由。

9.2.3 请说明什么是 LSB。输入电压范围满刻度为 1 V 时,计算四位和八位 A/D 转换电路的 1 LSB 各为多少?

9.2.4 A/D 的分辨率是怎样定义的? 如果要求 A/D 能分辨 0.002 5 V 的电压变化,其满刻度输出所对应的输入电压为 9.997 6 V,该转换器的分辨率是多少?

9.3* 计算机控制系统中的标准化 D/A、A/D 模板介绍

在工业控制微机系统中,数据采集和数据控制部分通常采用标准化的数据采集(A/D)、数据控制(D/A)模板,专门生产此类模板的系统集成制造产业是当今高科技产业中的一支充满活力的队伍。随着集成电路器件与操作软件的更新,模板也不断创新,各种特性参数的模板满足不同工控系统需求,使子系统的设计能在模块级的高层次进行,并且降低了难度,提高了质量,缩短了设计周期。下面介绍 A/D、D/A 模板各一例,目的是使读者了解其结构与特性,对 A/D 及 D/A 芯片的应用建立进一步的感性认识。对电路的工作原理不作更多说明,由读者自行分析。

9.3.1 D/A 转换模板举例

利用 DAC0832 数/模转换芯片设计的高抗干扰八位 D/A 模板的电路组成框图如图 9.9 所示,其特性如下:

①D/A 转换电路与 STD 总线之间光电距离,最高隔离电压 AC 2 500 V。

②DAC0832,八位分辨率。

③芯片的转换时间(电流建立时间)为 1 μs。

④线性误差最大为 0.2%。

⑤六路模拟电压输出为 0 ~ 5 V,既可串行也可并行更新数据和转换输出。

9.3.2　A/D转换模板举例

利用ADC0809模/数转换芯片设计的不带光电隔离的八路模拟输入、八位A/D模板的电路组成方框图如图9.10所示。

该A/D模板的主要技术性能为：

①分辨率为八位。

②转换误差为$\pm 1LSB$。

③转换时间为$100\ \mu s$。

④模拟量输入范围为$0 \sim 5\ V$。

⑤馈电电源：$+5\ V,23\ mA$；$+15\ V,13\ mA$。

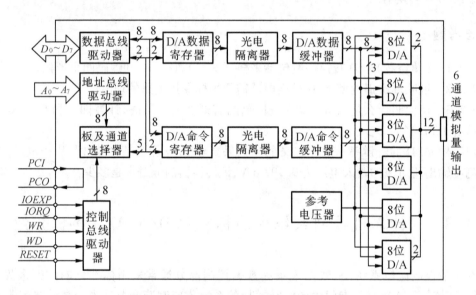

图9.9　典型的八位D/A转换模板原理框图

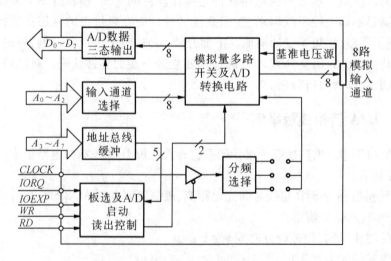

图9.10　典型的A/D转换模板原理框图

本 章 总 结

D/A 转换器和 A/D 转换器是模拟电路系统与数字电路系统之间的接口电路。当需要将模拟信号量输入到数字电路系统进行处理时,需要将模拟信号转换成数字信号,这种转换尤其在数字控制系统中是十分重要的。一般情况下,各种传感器件检测到非电量物理信号都是以模拟信号输出的,只有将这些信号放大后转换为数字信号才能输入到数字电路进行处理;反之,使用数字电路系统的输出信号控制模拟电路系统,就必须将数字信号转换为模拟信号。

D/A 转换器的种类很多,本章介绍的是倒 T 形电阻网络型。不管采用哪种形式,转换后的模拟量输出电压值都等于 $U_0 = KD_n U_{REF}$。其中,$D_n = 2^{n-1} d_{n-1} + \cdots + 2^0 d_0$;$KU_{REF}$ 是 LSB 为"1"时对应的模拟量输出电压值,即为 $d_0 = 1$ 而其他各位都为"0"时对应的模拟量输出电压值。这样如果转换电路的结构和参数已知,就可以很容易从理论上计算出数字量对应的模拟量数值。

A/D 转换器也存在多种形式,本章介绍的是逐次逼近型 A/D 转换器,转换后的数字量与量化单位的大小直接相关。量化单位是指对应转换后的 LSB 为"1"(只有 $d_0 = 1$,而其他各位都为"0")时,输出模拟量的对应大小定义为一个量化单位。已知转换器的数字量输出位数 n 和量化单位 Δ,就可以计算出所能转换的最大模拟量值,$U_{imax} = (2^n - 1)\Delta$;反之,已知输入模拟量的大小和量化单位,就可以计算出转换后的数字量大小,$D_n = \dfrac{U_i}{\Delta}$。这些计算结果,可以作为实际使用中检验转换结果是否产生溢出的数据。

A/D 转换器的输出电压波形是以量化单位为增量的阶梯形状波形,在对输出电压波形形状要求平滑的应用场所,要求增设滤波器,以滤除谐波分量。

习　题　9

9.1　选择题

9.1.1　数/模转换器的分辨率取决于(　　)。

A.输入的二进制数字信号的位数,位数越多分辨率越高

B.输出的模拟电压的大小,输出的模拟电压越大,分辨率越高

C.参考电压 U_R 的大小,U_R 越大分辨率越高

9.1.2　某数/模转换器的输入为八位二进制数字信号($D_7 \sim D_0$),输出为 0 ~ 25.5 V 的模拟电压。若数字信号的最低位是"1"其余各位是"0",则输出的模拟电压为(　　)。

A.0.1 V　　　　　　　　B.0.01 V　　　　　　　　C.0.001 V

9.1.3　模/数转换器的分辨率取决于(　　)。

A.输入模拟电压的大小,电压越高,分辨率越高

B. 输出二进制数字信号的位数,位数越多分辨率越高

C. 运算放大器的放大倍数,放大倍数越大分辨率越高

9.1.4 逐次逼近型 A/D 转换器转换开始时,首先应将(　　)。

A. 移位寄存器最高位置1

B. 移位寄存器的最低位置1

C. 移位寄存器的所有位均置1

9.1.5 某八位模/数转换器的参考电压 $U_R = -5$ V,输入模拟电压 $U_i = 3.91$ V,则输出的数字信号为(　　)。

A. 11001000　　　　　　B. 11001001　　　　　　C. 01001000

9.1.6 某模/数转换器的输入为 $0 \sim 10$ V 模拟电压,输出为八位二进制数字信号 $D_7 \sim D_0$,则该模/数转换器能分辨的最小模拟电压为(　　)。

A. 0 V　　　　　　B. 0.1 V　　　　　　C. $\dfrac{2}{51}$ V

9.2　分析计算题

9.2.1 某 D/A 转换器的最小输出电压为 0.04 V,最大输出电压为 10.2 V,试求该转换器的分辨率及位数。

9.2.2 T 形网络 D/A 转换器如题 9.2.2 图所示,当输入数字量的某位为"0"时,开关接地,为"1"时,接运算放大器的反相输入端。已知参考电压 $U_R = 10$ V, $R_F = 20$ kΩ,当 $d_3d_2d_1d_0 = $"1010"时,$u_0 = -4$ V,试求:(1)T 形网络中电阻 R 的阻值;(2)$d_3d_2d_1d_0 = $"0110"时,$u_0 = ?$

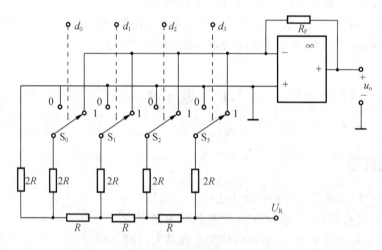

题 9.2.2 图

9.2.3 数/模转换器如题 9.2.2 图所示,d_0,d_1,d_2,d_3 为数字量,S_0,S_1,S_2,S_3 为电子开关。当数字量的某位为"0"时,开关接地,为"1"时接运算放大器的反相输入端,已知转换输出的模拟电压 u_0 的最大值为 7.5 V。试求:(1)参考电压 U_R 的值;(2)u_0 的输出范围;(3)当 $d_3d_2d_1d_0 = 1010$ 时,$u_0 = ?$

9.2.4　对于一个八位 D/A 转换器：

(1)若最小输出电压增量为 0.02 V，试问输入代码为"011001101"时，输出电压 U_0 为多少？

(2)若分辨率用百分数表示，则应该是多少？

(3)若某一系统中要求 D/A 转换器的理论精度小于 0.25%，试问这一 D/A 转换器能否使用？

9.2.5　如题 9.2.5 图所示电路，图中 $R = 10\ \text{k}\Omega$，$R_F = 30\ \text{k}\Omega$，d_0 和 d_1 为输入的数字量。当数字量为"0"时，电子开关 S_0，S_1 接地；为"1"时，开关接 5 V 电压。要求写出输电压 u_0 与输入的数字量 d_0，d_1 之间的表达式。

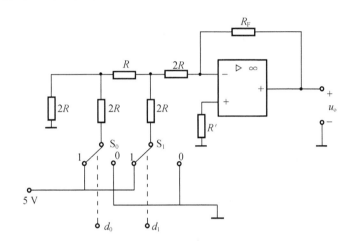

题 9.2.5 图

9.2.6　D/A 转换器如题 9.2.6 图所示，试求：

(1)当 $r = 8R$ 时，导出 U_0 的表达式。

(2)若 $R_F = R = 20\ \text{k}\Omega$，$r = 160\ \text{k}\Omega$，$U_{REF} = -10\ \text{V}$，求 U_0 的范围。

(3)已知输出 $U_0 = 12.89\ \text{V}$，求输入 $D_0 \sim D_7$ 的状态，电路参数同第(2)小题。

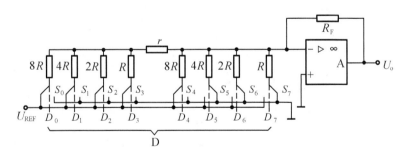

题 9.2.6 图

9.2.7　在四位逐次逼近型 A/D 转换器中，设 $U_R = -10\ \text{V}$，$U_i = 8.2\ \text{V}$，试说明逐次逼近的过程和转换的结果。

9.2.8　在逐次逼近型 A/D 转换器中，如果八位 D/A 转换器的最大输出电压 U_0 为 9.945 V，试分析当输入电压 U_i 为 6.435 V 时，该 A/D 转换器输出的数字量是多少？

9.2.9　某八位 ADC 电路输入模拟电压满量程为 10 V,当输入下列电压值时,转换为多大的数字量(采用只舍不入法和有舍有入法编码的二进制码输出结果)?

(1)59.7 mV　(2)3.46 mV　(3)7.08 mV

9.2.10　有一个 12 位 ADC 电路,它的输入满量程是若 $U_{FS} = 10$ V,试计算其分辨率。

9.2.11　对于一个 10 位逐次逼近型 ADC 电路,当时钟频率为 1 MHz 时,其转换时间是多少? 如果要求完成一次转换的时间小于 10 μs,试问时钟频率应选多大?

第 10 章

半导体存储器和可编程逻辑器件

半导体存储器是一种能存储大量二值信息的半导体器件,可以用来存储大量程序、文字、声音和图像等二值信息,它是电子计算机和某些数字系统中不可缺少的组成部分。由于计算机要求处理的数据量很大速度很快,因此对存储器的容量和存取速度要求越来越高。存储容量和存取速度是评价存储器性能的两个重要标志。

半导体存储器按功能不同,可分为随机存储器 RAM(Random Access Memory)和只读存储器 ROM(Read Only Memory);按构成器件分,可分为双极型和 MOS 型存储器。MOS 型存储器功耗小,集成度高,所以目前大容量的存储器都是采用 MOS 工艺制作的。

可编程逻辑器件是一种新型的逻辑芯片。在这种芯片上,用户使用专用的编程器和编程软件,可以在计算机的控制下灵活地编制自己需要的逻辑程序。有的芯片还可以多次编程、多次修改逻辑设计,甚至可以先将芯片装配成产品,然后对芯片进行在系统编程,大大简化了设计过程和生产流程。

本章首先分析存储器的基本结构和工作原理,然后简单介绍可编程逻辑器件的结构原理和主要类型。

10.1　半导体存储器

存储器是由储存单元组成,每个存储单元可以存放一个二进制数字信息(0 或 1)。为存取方便,这些存储单元通常采用矩阵形式排列。在存储器中,信息的存入(又称写入)和取出(又称读出)都是以字为单位进行的。将若干个存储单元编为一个组称为字单元,每个字所含存储单元的个数就是所存二进制数字信息的位数。为区分起见,给每个字单元编上号,以指示该单元在存储器中所处的位置,称之为地址。每次写入或读出信息,都只能与某一个指定的地址的字单元打交道。

存储器的容量一般用字节数 M 乘位数 N 来表示。例如,一片容量为 1 024 字节 ×4 位的存储器,表示该存储器有 1 024 个地址,而每个地址能写入或读出一个四位二进制数,亦即该存储器共有 4096 个存储单元。可见,存储器的容量表示了存储单元的个数。

10.1.1　只读存储器 ROM

只读存储器所存储的内容一般是固定不变的,正常工作时只能读数,不能写入,并且在断电后不丢失其中存储的内容,故称为只读存储器。ROM 可以分为固定 ROM 、可编程 ROM (简称 PROM)、可擦可编程 ROM(简称 EPROM)。

1. 固定 ROM

固定 ROM 在出厂时就由厂商把需要存储的信息用电路结构固定下来,使用时无法再更改,适用于大批量生产通用内容的存储器。

固定 ROM 是由地址译码器、存储矩阵和输出缓冲器三部分组成。图 10.1 所示是用二极管与门和或门构成的最简单的只读存储器。

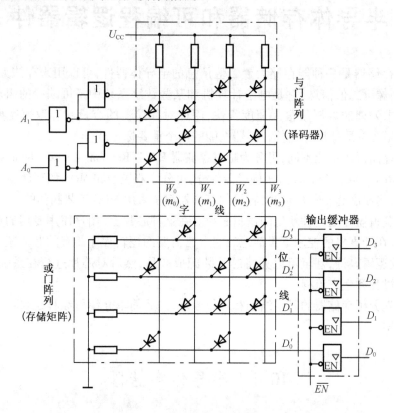

图 10.1 最简单的只读存储器逻辑图

图 10.1 中与门阵列构成地址译码器,由图可知 $W_0 = \overline{A_1}\,\overline{A_0} = m_0$,$W_1 = \overline{A_1}A_0 = m_1$,$W_2 = A_1\overline{A_0} = m_2$,$W_3 = A_1A_0 = m_3$。

图 10.1 中或门阵列构成存储矩阵,经过输出缓冲器,由图可知:

$$D_0 = W_0 + W_2 = m_0 + m_2$$
$$D_1 = W_1 + W_2 + W_3 = m_1 + m_2 + m_3$$
$$D_2 = W_0 + W_2 + W_3 = m_0 + m_2 + m_3$$
$$D_3 = W_1 + W_3 = m_1 + m_3$$

如地址码 $A_1A_0 = 00$ 时,字线 $W_0 = 1$,其他字线均为 0,$W_0 = 1$ 使与其相连的二极管都导通,把高电平送到位线上,即 $D_2 = 1$,$D_0 = 1$,而其他位线与 W_0 字线相交处都没有二极管,所以 $D_3 = D_1 = 0$,于是输出 $D_3D_2D_1D_0 = 0101$。

图 10.1 中输出缓冲器由三态门构成,可以提高只读存储器的带负载能力,可以实现对输出端的状态控制,以便于和系统总线连接。

根据上述逻辑表达式,可列出 ROM 的真值表,如表 10.1 所示。

表 10.1　ROM 的真值表

A_1	A_0	D_3	D_2	D_1	D_0
0	0	0	1	0	1
0	1	1	0	1	0
1	0	0	1	1	1
1	1	1	1	1	0

从表 10.1 中可以看出:A_1,A_0 是地址码,D_3,D_2,D_1,D_0 是数据。在 00 地址中存放的数据是 0101;01 地址中存放的数据是 1010;10 地址中存放的数据是 0111;11 地址中存放的数据是 1110。即图 10.1 是 4 B×4 b 的二极管组成的固定 ROM。$W_0 \sim W_3$ 是字线,$D_0 \sim D_3$ 是位线。存储容量 = 字线数×位线数 = 4×4 = 16 位。每个十字交叉点代表一个存储单元,交叉处二极管的单元表示存储的数据为 1,交叉处无二极管的单元表示存储的数据为 0。实际上,ROM 中的存储体也可以由三极管和 MOS 管等器件来实现。

由此可见,ROM 存储单元与时序电路中的触发器存储信息在本质上是完全不同的。ROM 并不能记忆前一刻的输入信息,它只能用电路结构来实现固定的关系。由上述逻辑表达式可知:字线输出是地址输入的"与",位线输出是字线输出的"或"。基于以上分析,也可以把 ROM 看成一个"与""或"阵列,其方框图如图 10.2 所示。

通常可将图 10.1 存储矩阵采用简化的画法,如图 10.3 所示。有二极管的交叉点画实心点,无二极管的交叉点不画点。

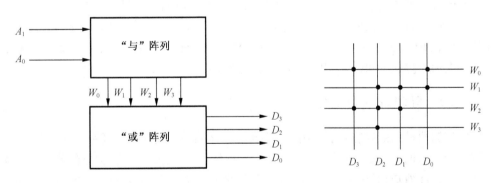

图 10.2　ROM 等效方框图　　　　　图 10.3　存储器简化图

很显然,ROM 本质上属于组合逻辑电路,因此可用 ROM 来实现逻辑电路。

【例 10.1】　用 ROM 实现全加器。

【解】　由式(6.1)和式(6.2)直接写出全加器逻辑表达式的最小项形式

$$S_i = \bar{A}_i\bar{B}_iC_{i-1} + \bar{A}_iB_i\bar{C}_{i-1} + A_i\bar{B}_i\bar{C}_{i-1} + A_iB_iC_{i-1}$$

$$C_i = \bar{A}_iB_iC_{i-1} + A_i\bar{B}_iC_{i-1} + A_iB_i\bar{C}_{i-1} + A_iB_iC_{i-1}$$

根据逻辑表达式可以画出存储器的简化矩阵图,如图 10.4 所示,这样的 ROM 可实现全加器功能。

2. 可编程只读存储器(PROM)

固定 ROM 在出厂前已经写好了内容,使用时只根据需要选用一电路,限制了用户的灵活性。可编程 PROM 封装出厂前,存储单元中的内容全为"1"(或全为"0"),用户在使用时可以根据需要,将某些单元的内容设为"0"(或设为"1"),此过程称为编程。图 10.5 所示是 PROM 的一个存储单元,图中的二极管位于字线与位线之间,二极管前端串有熔丝,在没有编程之前,存储矩阵中的全部存储单元的熔丝都是连通的,即每个单元存储的都是"1"。用户使用时,只需按自己需要,借助一定的编程工具,将某些存储单元上熔丝用大电流烧断,该单元存储的内容就变为"0"。熔丝烧断后就不能接上,PROM 只能进行一次编程。

3. 可擦可编程 ROM(简称 EPROM)

EPROM 是一种可擦除可重写的只读存储器。由用户写入信息后,当需要改动时还可以擦去重写。擦除时用紫外线照射

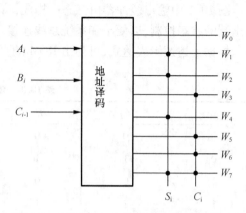

图 10.4　用 ROM 实现全加器的示意图

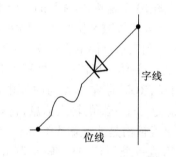

图 10.5　PROM 的存储单元

10～20 min,芯片中的信息将全部丢失,可用黑纸签将其玻璃口密封。它具有较大的使用灵活性,但这种改写操作比较麻烦,且费时较长。为了克服这些缺点,又研制了可以用电信号擦除的可编程 ROM,这就是通常所说的 E^2PROM,擦除时间只有几十毫秒。后来又研制了新一代的电信号擦除的可编程 ROM——快闪存储器。

10.1.2　随机存储器 RAM

随机存储器是指能够在存储器中任意指定的存储单元随时写入(存入)或者读出(取出)信息,当断电时,原写入的信息随之消失的存储器。其功能与基本寄存器并无本质区别,可以把 RAM 看成由许多基本寄存器组合起来的大规模集成电路。根据存储单元的工作原理,RAM 分为静态随机储存器 SRAM 和动态随机存储器 DRAM。

1. SRAM

SRAM 由存储矩阵、地址译码器和读写控制电路三部分组成,其结构如图 10.6 所示。其中,SRAM 的存储单元是由双稳态触发器来记忆信息的,在不断电的情况下可反复高速读写。

从图 10.6 可以看出,存储矩阵排列成 32 行 ×32 列的矩阵形式,故具有 1 024 个存储单元,是一个容量为 256 B×4 b 的存储器。地址译码器分为行译码器和列译码器。行译码器

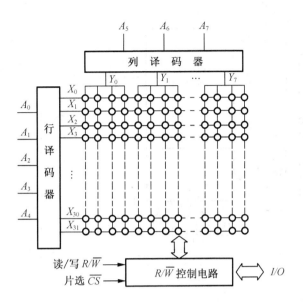

图 10.6　SRAM 结构示意图

输出 32 根行选择线(又称字线),每根线可选中一行;列译码器输出 8 根列选择线(又称位线)每根线可选中 4 列,即为一个字列。在读出或写入操作时,只有被行、列选择线选中的单元才能被访问。例如:若输入地址 $A_7 \sim A_0 = 00011111$ 时,X_{31} 和 Y_0 输出均为 1,位于 X_{31} 和 Y_0 交叉处的字单元才可以进行读出或写入操作。

常用的 SRAM 芯片是 6264,它是一种 8 KB $\times$ 8 b 的静态存储器,其内部组成如图 10.7(a)所示,主要包括 512 行 $\times$ 128 列的存储器矩阵、行/列地址译码器以及数据输入输出控制逻辑电路。地址线 13 位,其中 A_{12},A_{11},$A_9 \sim A_3$ 用于行地址译码,$A_2 \sim A_0$ 和 A_{10} 用于列地址译码。在存储器读周期,选中单元的八位数据经列 I/O 控制电路输出;在存储器写周期,外部八位数据经输入数据控制电路和列 I/O 控制电路,写入到所选中的单元中。6264 有 28 个引脚,如图 10.7(b)所示,采用双列直插式结构,使用单一 5 V 电源。其引脚功能如下。

$A_{12} \sim A_0$:地址线,输入,寻址范围为 8 KB。

$D_7 \sim D_0$:数据线,八位,双向传送数据。

$\overline{CE}$:片选信号,输入,低电平有效。

$\overline{WE}$:写允许信号,输入,低电平有效,读操作时要求其无效。

$\overline{OE}$:读允许信号,输入,低电平有效,即选中单元输出允许。

U_{CC}: +5 V 电源。

GND:地。

NC:表示引脚未用。

2. DRAM

DRAM 存储单元存储信息是利用 MOS 场效应管栅极和源极间电容的电荷存储效应来实现的。MOS 管的输入电阻极高,在栅极源极间的电容上得到电荷之后,能保持一段时间。但是电容存储信息(电荷),毕竟不能永久保持,因此,要采取措施,定期地给电容补充电荷,

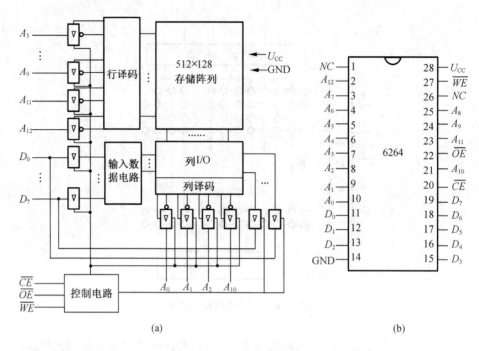

图 10.7　6264 内部结构及引脚图

（a）内部结构；（b）引脚图

以免存储器的信息失掉,通常把这种操作称为再生或刷新。

　　动态存储单元与静态存储单元相比,功耗低,速度快,更适合大规模集成。但动态存储器要刷新,从而使外用电路比较复杂。在刷新时,一般不能进行读、写操作,从而使读、写的时间受到限制。

10.1.3　存储器容量的扩展

　　当使用一片 ROM 或 RAM 器件不能满足对存储器容量的要求时,就需要将数片 ROM 或 RAM 组合起来,形成一个容量更大的存储器。ROM 与 RAM 容量扩展方法是相同的,下面以 RAM 为例介绍。

　　1. RAM 位数的扩展

　　2114RAM 是有 10 条地址线,4 条数据线的 RAM,其容量为 $2^{10} \times 4 = 1\,024 \times 4 = 4\,096$ 个存储单元,可表示为 1 024 字 ×4 位 RAM 或 1 024 ×4。如将其扩展为 8 位,即 1 024 ×8,可以按位进行扩展,如图 10.8 所示。

　　其中,$\overline{CS}$ 为片选控制端,低电平为效。$\overline{CS} = 0$ 时,该片 RAM 被选中,可以进行读/写操作。$\overline{CS} = 1$ 时,该片 RAM 不工作。

　　$R/\overline{W}$ 是为读/写控制端。$R/\overline{W} = 1$ 时,RAM 执行读出操作;$R/\overline{W} = 0$ 时,RAM 执行写入操作。

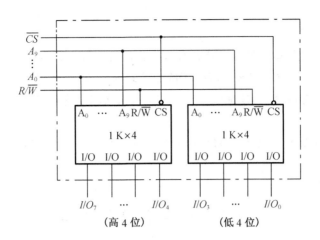

图 10.8　用两片 2114RAM 实现位数扩展

两片 RAM 的地址端 $A_9 \sim A_0$、读/写控制端 $R/\overline{W}$、片选控制端 $\overline{CS}$ 对应并接在一起,两片共用,数据输出端并行输出,从低位到高位扩展至八位 $I/O_7 \sim I/O_0$。

2. RAM 字数的扩展

2114RAM 容量为 $1\,024 \times 4$,即 $1\,KB \times 4\,b$。如将其扩展为 $2\,KB$,即 $2\,KB \times 4\,b$,可以按字数进行扩展,如图 10.9 所示。

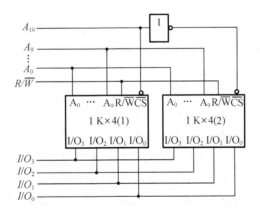

图 10.9　用两片 2114RAM 实现字数扩展

图 10.9 中,先将两片 RAM 的地址端 $A_9 \sim A_0$、读/写控制端 $R/\overline{W}$、输入/输出端 $I/O_3 \sim I/O_0$ 对应并联接在一起。然后再增加一位高位地址位 A_{10}。并通过非门控制两片 RAM 的选控制端 $\overline{CS}$。当 $A_{10} = 0$ 时,第 1 片 RAM 被选中,可以对其中的 $1\,KB$ 进行读/写操作;$A_{10} = 1$ 时,第 2 片 RAM 被选中,可以对其中的 $1\,KB$ 进行读/写操作,即字数扩展至 $2\,KB$,有 $A_{10} \sim A_0$ 共 11 位地址输入端。

思考题

10.1.1 什么叫只读存储器？什么叫随机存储器？它们的各自特点是什么？

10.1.2 试问一个 256 B ×4 b 的 ROM 应有地址线、数据线、字线、位线各多少根？

10.1.3 有一存储器，其地址线为 $A_{11} \sim A_0$，输出数据线有八根为 $D_7 \sim D_0$。试问存储容量多大？

10.1.4 2114RAM 容量为 1 024 B ×4 b，即 1 KB ×4b。如将其扩展为 4 KB，即 4 KB × 4 b，如何实现？

10.2 可编程逻辑器件

随着集成电路和计算机技术的发展，数字电路经历了分立元件、SSI、MSI、LSI 到 VLSI 的过程。20 世纪 80 年代进入了专用集成电路（ASIC）的时代，ASIC 是专为某一数字系统设计、生产的集成电路。制作 ASIC 的方法粗略地分为两大类：一类是掩模方法，由半导体生产厂家制造；另一类则是现场可编程的方法，由设计者以某种方式，利用半导体厂生产的可编程逻辑器件（PLD，Programmable Logic Device）芯片制作。PLD 是厂家作为一种通用型器件生产的半定制电路，用户可以利用软、硬件开发工具对器件进行设计编程，使之实现所需要的逻辑功能。

可编程逻辑器件按集成度分为低密度 PLD（LDPLD）和高密度 PLD（HDPLD）两类。LDPLD 的主要产品有 PROM，现场可编程逻辑阵列（FPLA，Field Programmable Logic Array），可编程阵列逻辑（PAL，Programmable Array Logic ）和通用阵列逻辑（GAL，Generic Array Logic）。这些器件具备结构简单、成本低、速度高、设计简便等优点。HDPLD 的主要产品有可擦除、可编程逻辑器件（EPLD，Erasable Programmable Logic Device），复杂可编程逻辑器件（CPLD，Complex Programmable Logic Device）和现场可编程门阵列（FPGA，Field Programmable Gate Array）三种类型。其中，EPLD 和 CPLD 是在 PAL 和 GAL 的基础上发展起来的，其基本结构由与或阵列组成，因此通常称为阵列型 PLD；而 FPGA 具有门阵列的结构形式，通常称为单元型 PLD。本书只介绍 LDPLD，关于 HDPLD 的内容，可查阅有关资料。

PLD 的基本结构如图 10.10 所示。输入端都设有输入缓冲电路，从而使输入信号有足够的驱动能力，并产生互补的变量。PLD 的核心部分是两个逻辑门阵列（与阵列和或阵列）。与阵列在前，通过输入电路接收输入逻辑变量；或阵列在后，可以由或门阵列直接输

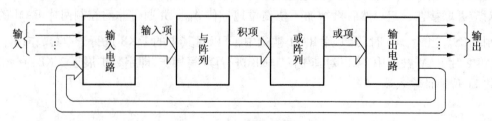

图 10.10　PLD 基本结构框图

出逻辑变量(组合方式),也可以通过寄存器输出逻辑变量(时序方式);输出一般都采用三态电路,而且设有内部通路,可把输出信号反馈到"与门阵列"的输入端。较新的 PLD 则把输出电路做成宏单元,因此功能更完善,使用也更方便、灵活。

我们知道,任何组合逻辑函数都可以变换成与或表达式,都能用一级与门电路和一级或门电路来实现,而任何时序逻辑电路又都是由组合电路和存储器(触发器)构成的,因此从原则上看,利用 PLD 可以实现任何组合和时序逻辑函数。

在 PLD 内部通常只有一部分或某些部分是可编程的,根据它们的可编程情况,一般把 PLD 分成四类,如表 10.2 所示。其中,PROM 一般只作为存储器用,其阵列结构图如图 10.11 所示,ASIC 很少用它。

表 10.2　PLD 分类

分类	与阵列	或阵列	输出电路	出现年代
PROM	固定	可编程	固定	20 世纪 70 年代初
PLA	可编程	可编程	固定	20 世纪 70 年代中
PAL	可编程	固定	固定	20 世纪 70 年代末
GAL	可编程	固定	可组态	20 世纪 80 年代初

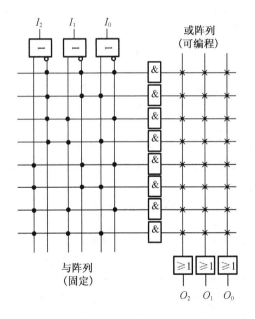

图 10.11　PROM 的阵列结构示意图

10.2.1　可编程逻辑阵列 PLA

PLA 由可编程的与逻辑阵列和可编程的或逻辑阵列以及输出缓冲器组成。其中与或阵列结构示意图如图 10.12 所示。

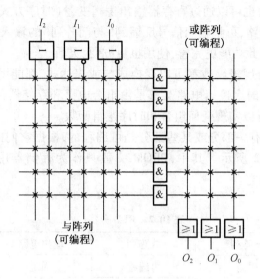

图 10.12　PLA 的阵列结构示意图

阵列结构图中两条导线的交叉点,有三种含义,如图 10.13 所示。

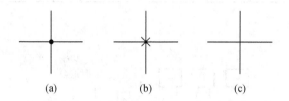

图 10.13　PLA 中三种交叉点含义

(a)固定连接;(b)编程连接;(c)断开连接

图 10.13(a)表示两条导线是连通的,是厂家固化的连接点;图 10.13(b)也表示两条线是连通的,是用户编程点,如果需要连接则保留"×"点,如果需要断开则擦除"×"点;图 10.13(c)表示两条线不连通。

阵列结构图中的与门、或门画法如图 10.14 所示。

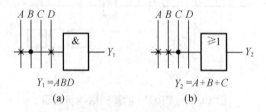

图 10.14　PLA 中的与门和或门画法示意图

(a)与门;(b)或门

与门的输入线只有一条,称为乘积线,即 $Y_1 = ABD$;或门的输入线也只有一条,称为相加线,即 $Y_2 = A + B + C$。

阵列结构图中的输入缓冲器如图 10.15 所示。

$Y_1 = \overline{A}$ 为反相缓冲的输出，$Y_2 = A$ 为同相缓冲的输出。输

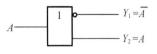

入互补缓冲器可以提供互补的原变量 A 和反变量 $\overline{A}$，还可以

增强电路的带负载能力。

图 10.15　输入互补缓冲器

　　将 FPLA 与 ROM 比较可以发现，它们的电路结构极为相似，都是由一个与逻辑阵列、一个或逻辑阵列和输出缓冲器组成。两者的不同在于，ROM 的与逻辑阵列（即地址译码器）是固定的，或阵列是可编程的，而 FPLA 的"与阵列"和"或阵列"都是可编程的；ROM 的与逻辑阵列将输入变量的全部最小项都译出了，而 FPLA 与逻辑阵列能产生的乘积项要比 ROM少得多。因此实现同样的逻辑函数，其阵列规模要比 PROM 小得多，如果从表达式看，PROM 只能实现函数的标准与或式，而 PLA 却可以实现函数的最简与或式，但是迄今为止，PLA 由于缺少高质量的支撑软件和编程工具，价格较贵，门的利用率也不高，使用仍不广泛。

　　在实际的设计工作中，只要把设计任务抽象成逻辑函数形式以后，余下的工作都是使用 EDA软件在计算机上完成的，而不需要像下面的例子中那样用手工方法完成。

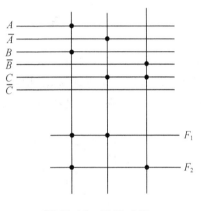

　　【例 10.2】　试用 PLA 产生下列函数：

$$F_1 = ABC + AB\overline{C} + \overline{A}BC + \overline{A}\,\overline{B}C$$

$$F_2 = A\overline{B}C + \overline{A}\,\overline{B}C + ABC + AB\overline{C}$$

　　【解】　由于 PLA 可对与阵列编程，因此将 F_1，F_2 化简，再根据最简函数表达式画出函数逻辑矩阵，如图 10.16 所示。

图 10.16　例 10.2 图

$$F_1 = ABC + AB\overline{C} + \overline{A}BC + \overline{A}\,\overline{B}C = AB + \overline{A}C$$

$$F_2 = A\overline{B}C + \overline{A}\,\overline{B}C + ABC + AB\overline{C} = \overline{B}C + AB$$

10.2.2　可编程逻辑阵列 PAL

　　PAL 器件有一个可编程的与阵列逻辑，后面跟一个固定的或逻辑阵列。由于与阵列是可编程的，所以 PAL 有许多输入。由于或阵列是固定的，因而可做得很小。所以 PAL 器件具有体积小、价格低、性能好、使用方便等优点，现在成为最广泛应用的 PLD 器件。

　　图 10.17 所示为 PAL 的阵列结构示意图。其"或阵列"固定，"与阵列"可编程，PAL 输出电路结构形式有多种，可以借助编程器进行现场编程。但其输出方式固定而不能重新组态，编程是一次性的，因此它的使用仍有较大的局限性。

　　图 10.18 所示的是 PAL12H6 的逻辑图，它具有 12 个输入、6 个输出和 16 个乘积项。从图 10.18 中可以看出，1，2，3，4，5，6，7，8，9，11，12，19 引脚为输入，13，14，15，16，17，18 引脚为输出。24 条垂直线代表输入，它们分别对应于 12 个输入变量的原变量和反变量。16 个乘积项对应 16 条水平线，且按输出分为 6 组，其中 13，18 引脚的输出均为 4 个乘积项的或，14，15，16，17 引脚的输出均为 2 个乘积项的或，可见，输出或门阵列已经固定，不能改变。

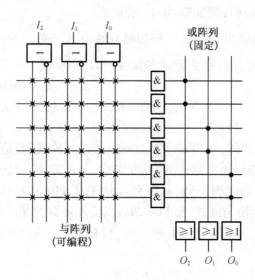

图 10.17 PAL(GAL)的阵列结构示意图

而 16 个乘积项的输入变量却是可以选择的,也就是图 10.18 中的水平线和垂直线的交点是可以通过编程决定是否连接,所以与门阵列是可编程的。因此,根据需要完成乘积项输入的连接,就能实现乘积项之和的组合逻辑功能。

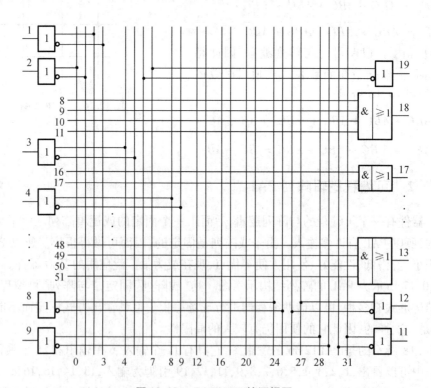

图 10.18 PAL12H6 的逻辑图

10.2.3　通用阵列逻辑 GAL

PAL 器件的出现为数字电路的研制工作和小批量产品的生产提供了很大的方便。但是,PAL 器件输出电路结构的类型繁多,给设计和使用带来一些不便。

为克服 PAL 器件存在的缺点,Lattice 公司于 1985 年首先推出了一种新型的可编程器件——通用阵列逻辑 GAL。GAL 的阵列结构与 PAL 相同,GAL 采用电可擦除的 CMOS 制作,可以用电压信号擦除并可重新编程。GAL 输出设计了可编程的输出逻辑宏单元 OLMC (Output Logic Macro Cell),输出方式用户可根据需要自行组态,能实现 PAL 器件所有输出电路的逻辑功能,因此功能更强,使用更灵活,增强了器件的通用性。

图 10.19 是常用的 GAL16V8 芯片的逻辑图,下面作简单说明。

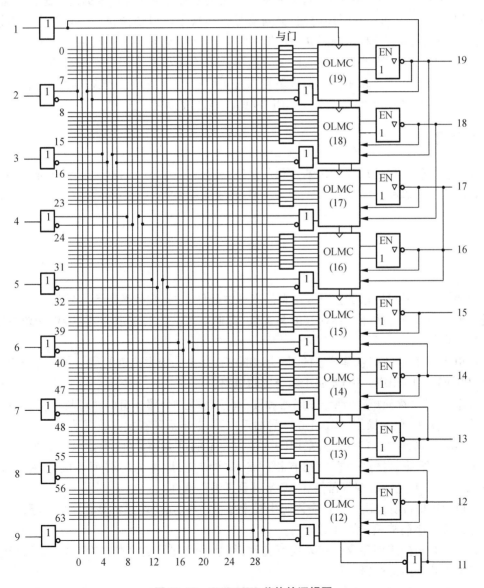

图 10.19　GAL16V8 芯片的逻辑图

图中 2－9 是 8 条输入引线,它们分别连在 8 个输入缓冲器上,各提供一对互补变量;在相应的位置,还有 8 个反馈/输入缓冲器,也各提供一对互补变量。12～19 是 8 条输出引线,从 8 个三态缓冲器输出。

组成或逻辑阵列的 8 个或门包含于输出端设置的 8 个可编程的 OLMC 中,它们和与逻辑阵列的连接是固定的。GAL16V8 有一个 32×64 位的可编程与逻辑阵列。

输出端的每个 OLMC 中包含一个或门、一个 D 触发器和由四个数据选择器及一些门电路组成的控制电路,有五种不同的工作模式,它们由结构控制字的状态指定,通过编程可将 OLMC 设置成不同的工作状态。

此外,GAL 还设置了电子标签(便于用户文档管理)和加密位(防止信息非法复制),GAL 丰富灵活的逻辑功能,为复杂的逻辑设计提供了有利的方便条件。

GAL 的主要优点是:通用性强,GAL 的每个输出逻辑宏单元均可根据需要进行组态,既可构成组合电路,也可实现时序电路,并且有输入引脚不够时还能将 OLMC 组态成为输入端,可实现重复编程,并利用测试软件对编程结果进行测试,使用方便灵活。GAL 也一度被认为是最理想的可编程器件。但实际上存在集成度不高和 OLMC 单元用户所希望的组态并不能都实现的问题。高密度可编程逻辑器件 HDPLD 是一种超大规模集成电路,它可以较好地解决 GAL 存在的问题。关于 HDPLD 的内容,可查阅有关资料。

思考题

10.2.1 (填空题)PLD 的基本结构包括( )( )( )和( )等部分。

10.2.2 可编程逻辑器 PROM,PLA,PAL 的组成特点?

本 章 总 结

存储器是一种可以存储数据或信息的半导体器件,它是现代数字系统特别是目前计算机的重要组成部分。按照所存内容的易失性,存储器可分为只读取存储器 ROM 和随机取存储器 RAM 两类。

1. ROM 所存储的信息是固定的,不会因断电而消失。根据信息的写入方式可分为固定 ROM,PROM 和 EPROM。ROM 属于组合逻辑电路。

2. RAM 是由存储矩阵、地址译码器和读/写控制器三个部分组成。对其中任意一个地址单元均可实施读、写操作。RAM 是一种时序电路,断电后所存储的数据消失。

可编程逻辑器件(PLD)是指采用阵列逻辑技术的可编程器件,主要包括 PROM,PLA,PAL,GAL 四种基本类型。它们都有相同的基本结构,即由与门阵列和或门阵列组成。PROM,PLA,PAL 是一次编程器件,GAL 是可重复编程器件。

1. PROM 是将所有输入变量全译码生成全部最小项,每个输出都是相应最小项的和,适用于输入变量小而乘积多的逻辑函数。

2. PLA 是与门阵列和或门阵列均可编程,每个输出则是最简逻辑表达式,适用于输入变量多而乘积项少的逻辑函数。

3. PAL 与 GAL 是与门阵列编程,或门阵列固定,可以对所有输入变量部分译码输出有限个乘积项,每个输出是有限个乘积项之和。PAL 和 GAL 也适用于输入变量多而乘积项少的逻辑函数。GAL 是第二代 PLA,其输出结构可以变化,具有更大的灵活性。

习　题　10

10.1　选择题

10.1.1　ROM 的地址译码器有 10 位输入地址码,它的最小项的数目有(　　)。

A. 512　　　　　　　　　　B. 1 024　　　　　　　　　　C. 2 048

10.1.2　静态 RAM 芯片是 6264,它是一种 8 KB×8 b 的静态存储器,它的地址位有(　　)。

A. 12　　　　　　　　　　B. 13　　　　　　　　　　C. 14

10.1.3　用 8 KB×8 b 的 EPROM 构成 64 KB×8 b 的存储器,共需要(　　)EPROM,系统需要(　　)地址译码器以完成寻址操作。

A. 8 片,64 位　　　B. 10 片,16 位　　　C. 16 片,15 位　　　D. 8 片,16 位

10.1.4　在 PAL 器件中,可编程的阵列是(　　)。

A. 地址译码器　　　B. 存储矩阵　　　C. 两者均可编程

10.1.5　在 PLD 器件中,实现地址译码的是(　　),实现数据存储的是(　　)。

A. 与阵列　　　　　B. 或阵列　　　　　C. 与阵列和或阵列

10.2　分析计算题

10.2.1　用 ROM 实现逻辑函数:

$$F_1 = A\,\overline{C}\,\overline{D} + CD + ABD + \overline{A}BC$$

$$F_2 = \overline{A}\,\overline{B} + ABD + \overline{A}CD$$

$$F_3 = AB + BC + AC$$

10.2.2　已知 ROM 如题 10.2.2 图所示,试列表说明 ROM 存储的内容。

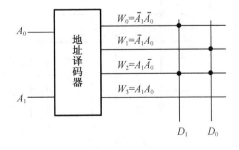

题 10.2.2 图

10.2.3　使用 ROM 矩阵分别设计下列组合逻辑电路:

（1）七段译码显示电路；

（2）二－十进制（BCD）码的编码器。

10.2.4　试用两片 RAM2114(1 024 B×4 b)扩展成 1 024×8 位的 RAM,画出接线图。

10.2.5　试用 RAM2114 扩展成 4 096 B×8 b 的 RAM,画出接线图。

10.2.6　分析题10.2.6图所示的 PLD 阵列图,写出输出函数 F_1 与 F_2 的表达式,说明该电路的功能。

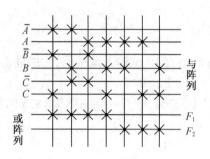

题 10.2.6 图

10.2.7　试用 PLA 产生下列函数,并画出符号矩阵图。

$$F_1 = \overline{A}\,\overline{B}\,\overline{C}\,\overline{D} + \overline{A}B\,\overline{C}D + \overline{A}BCD + ABCD$$

$$F_2 = \overline{A}\,\overline{B}CD + \overline{A}BCD + A\overline{B}CD + ABCD$$

$$F_3 = \overline{A}BD + \overline{B}C\overline{D}$$

$$F_4 = BD + \overline{B}\,\overline{D}$$

10.2.8　题10.2.8图为已编程的 PLA 阵列图,试写出它所实现的逻辑函数。

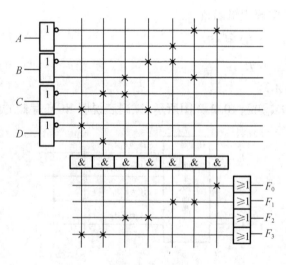

题 10.2.8 图

附 录

附录1　半导体分立器件型号命名方法

半导体分立器件型号命名方法如附表 A.1 所示。

附表 A.1　国家标准　GB249—89

第一部分		第二部分		第三部分		第四部分	第五部分
用阿拉伯数字表示器件的电极数目		用汉语拼音字母表示器件的材料和极性		用汉语拼音字母表示器件的类别		用阿拉伯数字表示序号	用汉语拼音字母表示规格号
符号	意　义	符号	意　义	符号	意　义		
2	二极管	A	N 型,锗材料	P	小信号管		
		B	P 型,锗材料	V	混频检波管		
		C	N 型,硅材料	W	电压调整管和电压基准管		
		D	P 型,硅材料	C	变容管		
3	三极管	A	PNP 型,锗材料	Z	整流管		
		B	NPN 型,锗材料	L	整流管		
		C	PNP 型,硅材料	S	隧道管		
		D	NPN 型,硅材料	K	开关管		
		E	化合物材料	U	光电管		
示例				X	低频小功率管(截止频率 <3 MHz,耗散功率 <1 W)		
				G	高频小功率管(截止频率 ≥3 MHz,耗散功率 <1 W)		
				D	低频大功率管(截止频率 <3 MHz,耗散功率 ≥1 W)		
				A	高频大功率管(截止频率 <3 MHz,耗散功率 ≥1 W)		
				T	晶体闸流管		

示例

```
3 A G 1 B
        └── 规格号
      ──── 序号
    ────── 高频小功率管
  ──────── PNP 型,锗材料
──────────  三极管
```

附录 2　常用半导体器件参数

A2.1　半导体二极管

常用半导体二极管的型号及参数见附表 A.2 至附表 A.4 所示。

附表 A.2　2AP 型

型　号	电性能参数			用　　处
	最大整流电流 /mA	最高反向工作 电压峰值/V	最高工作频率 /MHz	
2AP1	16	20	150	用于频率为 150 MHz 以 下的检波整流
2AP2	16	30	150	
2AP3	25	30	150	
2AP4	16	50	150	
2AP5	16	75	150	
2AP6	12	100	150	
2AP7	12	100	150	
2AP9	5	15	100	检波
2AP10	5	30	100	
2AP11	≤25	10	40	整流检波
2AP12	≤40	10		
2AP13	≤20	30		
2AP14	≤30	30		
2AP15	≤30	30		
2AP16	≤20	50		
2AP17	≤15	100		
2AP21	50	10	100	整流检波
2AP22	16	30		
2AP23	25	40		
2AP24	16	50		
2AP25	16	50		
2AP26	16	100		
2AP27	8	150		
2AP28	16	100		
2AP29	25	75		

附表 A.3　2CP 型

型　号	电性能参数					用　处
	最大整流电流/mA	最高反向工作电压峰值/V	最高反向工作电压下的反向电流/μA	最大整流电流下的正向压降/V	最高工作频率/kHz	
2CP1	500	100	<500	≤1.0	3	用于频率为3 kHz 以下的整流电路
2CP2	500	200	<500	≤1.0	3	
2CP3	500	300	<500	≤1.0	3	
2CP4	500	400	<500	≤1.0	3	
2CP10	100	25	≤5	≤1.5	50	用于频率为50 kHz 以下的整流电路和脉冲电路
2CP11	100	50	≤5	≤1.5	50	
2CP12	100	100	≤5	≤1.5	50	
2CP13	100	150	≤5	≤1.5	50	
2CP14	100	200	≤5	≤1.5	50	
2CP15	100	250	≤5	≤1.5	50	
2CP16	100	300	≤5	≤1.5	50	
2CP17	100	350	≤5	≤1.5	50	
2CP18	100	400	≤5	≤1.5	50	
2CP19	100	500	≤5	≤1.5	50	
2CP20	100	600	≤5	≤1.5	50	

附表 A.4　2CZ 型

型　号	电性能参数				用　处
	最大整流电流/A	最大整流电流时的正向压降/V	最高反向工作电压峰值/V	最高反向工作电压下的反向电流/V	
2CZ11A	1	≤1	100	≤0.6	用于 3 kHz 以下电子设备整流，需加 60 mm × 60 mm × 1.5 mm 的铝散热板
2CZ11B	1	≤1	200	≤0.6	
2CZ11C	1	≤1	300	≤0.6	
2CZ11D	1	≤1	400	≤0.6	
2CZ11E	1	≤1	500	≤0.6	
2CZ11F	1	≤1	600	≤0.6	
2CZ11G	1	≤1	700	≤0.6	
2CZ11H	1	≤1	800	≤0.6	
2CZ12A	3	≤0.8	50	≤1	用于 3 kHz 以下电子设备整流，需加 80 mm × 80 mm × 1.5 mm 的铝散热板
2CZ12B	3	≤0.8	100	≤1	
2CZ12C	3	≤0.8	200	≤1	
2CZ12D	3	≤0.8	300	≤1	
2CZ12F	3	≤0.8	400	≤1	
2CZ12G	3	≤0.8	500	≤1	
2CZ12F	3	≤0.8	600	≤1	

A2.2 稳压二极管

稳压二极管主要参数如附表 A.5 所示。

附表 A.5　稳压二极管主要参数

参数名称	稳定电压	耗散功率	稳定电流	最大稳定电流	电压温度系数	动态电阻
单　　位	V	mW	mA	mA	%/℃	Ω
测试条件	工作电流等于稳定电流	-60 ℃ ~ 50 ℃	工作电压等于稳定电压	-60 ℃ ~ 50 ℃	工作电流等于稳定电流	工作电流等于稳定电流
2CW1	7 ~ 8.5	280	5	32	≤0.07	≤6
2CW2	8.0 ~ 9.5	280	5	29	≤0.08	≤10
2CW3	9 ~ 10.5	280	5	26	≤0.09	≤12
2C4W	10 ~ 12	280	5	23	≤0.095	≤15
2C5W	11.5 ~ 14	280	5	20	≤0.095	≤18
2CW11	3.2 ~ 4.5	250	10	55	- 0.05 ~ +0.03	≤70
2CW12	4 ~ 5.5	250	10	45	- 0.04 ~ +0.04	≤50
2CW13	5 ~ 6.5	250	10	38	- 0.03 ~ +0.05	≤30
2CW14	6 ~ 7.5	250	10	33	0.06	≤10
2CW15	7 ~ 8.5	250	10	20	0.07	≤15
2CW16	8 ~ 9.5	250	10	26	0.08	≤20
2CW17	9 ~ 10.5	250	5	23	0.09	≤25
2CW18	10 ~ 12	250	5	20	0.095	≤30
2CW19	11.5 ~ 14	250	5	18	0.095	≤40
2CW20	13.5 ~ 17	250	5	15	0.095	≤50
2DW7A	5.8 ~ 6.6	200	10	30	0.05	≤25
2DW7B	5.8 ~ 6.6	200	10	30	0.05	≤15
2DW7C	6.11 ~ 6.5	200	10	30	0.05	≤10

（型号）

* 主要用处:用于电子设备的稳压线路中,反向电阻均大于 10 MΩ,正向降压≤1 V。

A2.3 开关二极管

开关二极管主要参数及用途如附表 A.6 所示。

附表 A.6　开关二极管主要参数及用途

型　　号	反向击穿电压/V	最高反向工作电压/V	反向压降/V	最大正向电流/mA	反向恢复时间/ns	零偏压电容/pF	反向漏电流/μA	正向压降/V
2AK1	30	10	≥10	≥100	≤200	≤1		
2AK2	40	20	≥20	≥150	≤200	≤1		
2AK3	50	30	≥30	≥200	≤150	≤1		
2AK4	55	35	≥35	≥200	≤150	≤1		
2AK5	60	40	≥40	≥200	≤150	≤1		
2AK6	75	50	≥50	≥200	≤150	≤1		
2AK18	60	35	≥35	≥250	≤100	≤3		
2AK19	70	40	≥40	≥250	≤100	≤3		

附表 A.6（续）

型　号	反向击穿电压/V	最高反向工作电压/V	反向压降/V	最大正向电流/mA	反向恢复时间/ns	零偏压电容/pF	反向漏电流/μA	正向压降/V
2AK20	75	50	50	≥250	≤100	≤3		≤1
2CK1	≥40	30	30	100	≤150	≤30	≤1	≤1
2CK2	≥80	60	60	100	≤150	≤30	≤1	≤1
2CK3	≥120	90	90	100	≤150	≤30	≤1	≤1
2CK4	≥150	120	120	100	≤150	≤30	≤1	≤1
2CK5	≥180	180	150	100	≤150	≤30	≤1	≤1
2CK6	≥210	210	180	100	≤150	≤30	≤1	≤1
2CK30A	≥30	20		150	≤3	≤3	≥0.1	≤1
2CK30B	≥45	30		150	≤3	≤3	≤0.1	≤1
2CK30C	≥60	40		150	≤3	≤3	≤0.1	≤1
2CK30D	≥75	50		150	≤3	≤3	≤0.1	≤1
DK1(SK1)	≥15	10			≤6	≤5		
DK2(SK2)	≥30	20			≤6	≤5		
DK3(SK3)	≥45	30			≤6	≤5		
DK4(SK4)	≥60	40			≤6	≤5		

* 主要用于计算机开关电路、大电流开关电路、脉冲与高频电路、开关与控制电路。

A2.4　半导体三极管

半导体三极管的型号及主要参数如附表 A.7 至附表 A.14 所示。

附表 A.7　3DG 型半导体三极管的主要参数

参数符号		单位	测试条件	型　号							
				3DG 6A	3DG 6B	3DG 6C	3DG 6D	3DG 12	3DG 12A	3DG 12B	3DG 12C
直流参数	I_{CBO}	μA	$U_{CB}=10$ V	≤0.1	≤0.01	≤0.01	≤0.01	≤1.0	≤1.0	≤1.0	≤1.0
	I_{EBO}	μA	$U_{EB}=1.5$ V	≤0.1	≤0.01	≤0.01	≤0.01				
	I_{CEO}	μA	$U_{CE}=10$ V $I_B=\begin{array}{l}10\text{ mA}\\30\text{ mA}\end{array}$	≤0.1	≤0.01	≤0.01	≤0.01	≤10	≤10	≤10	≤10
	U_{CES}	V	$I_C=\begin{array}{l}10\text{ mA}\\400\text{ mA}\end{array}$					≤0.8	≤0.8	≤0.8	≤0.8
	$h_{EF}(\beta)$		$U_{CE}=10$ V $I_C=\begin{array}{l}3\text{ mA}\\50\text{ mA}\end{array}$	10~200	20~200	20~200	20~200	20~200	20~200	20~200	20~200
交流参数	f_T	MHz	$U_{CE}=10$ V $I_C=\begin{array}{l}3\text{ mA}\\50\text{ mA}\end{array}$	≥100	≥150	≥250	≥150	≥100	≥100	≥200	≥300
	K_a	dB	$U_{CE}=10$ V $I_C=\begin{array}{l}3\text{ mA}\\50\text{ mA}\end{array}$	≥7	≥7	≥7	≥7	≥7	≥6	≥6	≥6
	C_{ob}	pF	$U_{CE}=10$ V $I_E=0$	≤4	≤3	≤3	≤3	≤15	≤15	≤15	≤15
极限参数	BU_{CBO}	V	$I_{CE}=100$ μA	30	45	45	45	20	40	60	40
	BU_{CBO}	V	$I_{CE}=200$ μA	15	20	20	20	15	30	45	30
	BU_{CBO}	V	$I_{CE}=100$ μA	4	4	4	4	4	4	4	4
	I_{CM}	mA		20	20	20	20	300	300	300	300
	P_{CM}	mW	不加散热板	100	100	100	100	700	700	700	700
	T_{iM}	℃		150	150	150	150	175	175	175	175

附表 A.8　3DG 型半导体三极管的分档标记

管顶色点	红	黄	绿	蓝	白	不标颜色
h_{FE} 范围	10～30	30～60	60～100	100～150	150～200	≥200

附表 A.9　3DK 型半导体三极管的主要参数

参数符号		单位	测试条件	型　号						
				3DK4	3DK4A	3DK4B	3DK4C	3AK20A	3AK20B	3AK20C
直流参数	I_{CEO}	μA	$U_{CE}=\begin{array}{c}15\text{ V}\\-10\text{ V}\end{array}$	≤1	≤1	≤1	≤1	≤5	≤5	≤5
	I_{CEO}	μA	$U_{CE}=\begin{array}{c}15\text{ V}\\-10\text{ V}\end{array}$	≤10	≤10	≤10	≤10	≤100	≤50	≤50
	U_{BEO}	V	$I_B=1\text{ mA}$	≤15	≤15	≤15	≤15	≤0.5	≤0.5	≤0.5
			$I_C=10\text{ mA}$							
	$h_{FE}(\bar{\beta})$		$I_C=10\text{ mA}$ $U_{CE}=\begin{array}{c}10\text{ V}\\-5\text{ V}\end{array}$	20～200	20～200	20～200	20～200	30～150	30～150	30～150
交流参数	f_T	MHz	$I_C=100\text{ mA}$	≥100	≥100	≥100	≥100	≥100	≥150	≥150
	C_{ob}	pF	$U_{CE}=\begin{array}{c}3\text{ V}\\-0.5\text{ V}\end{array}$ $U_{CB}=\begin{array}{c}10\text{ V}\\-6\text{ V}\end{array}$	≤15	≤15	≤15	≤15	≤8	≤5	≤5
	t_{on}	ns		50	50	50	50	≤100	≤80	≤100
	t_{off}	ns	$I_F=0$	100	100	100	50	<150	≤100	≤100
极限参数	P_{CM}	mW		700	700	700	700	50	50	50
	I_{CM}	mA	$I_{CB}=100\text{ μA}$	800	800	800	800	50	50	50
	BU_{CBO}	V	$I_{EB}=100\text{ μA}$	20	40	60	40	20	20	20
	BU_{EBO}	V	$I_{CE}=200\text{ μA}$	4	4	4	4	−25	−25	−25
	BU_{CEO}	V		15	30	45	30	−3	−3	−3
	T_{iM}	℃		175	175	175	175	−12	−12	−12

附表 A.10　3DK 型半导体三极管的分档标记

管顶色点	红	黄	绿	蓝	白	不标颜色
h_{FE} 范围	30～40	40～50	50～65	65～85	85～110	110～150

附表 A.11　3AX 型半导体三极管的主要参数

参数符号		单位	测试条件	型　号							
				3AX 31Z	3AX 31B	3AX 31C	3AX 31D	3AX 81E	3AX 81A	3AX 81B	3AX 81C
直流参数	I_{CBO}	μA	$U_{CB}=-6\text{ V}$	≤20	≤10	≤6	≤12	≤12	≤30	≤15	≤30
	I_{EBO}	μA	$U_{EF}=-6\text{ V}$	≤20	≤10	≤6	≤12	≤12	≤30	≤15	≤30
	I_{CEO}	μA	$U_{CE}=-6\text{ V}$	≤1 000	≤750	≤500	≤750	≤500	≤1 000	≤700	≤1 000
	h_{EF}		$U_{CE}=-1\text{ V}$ $I_C=\begin{array}{c}100\text{ mA}\\175\text{ mA}\end{array}$ $U_{CE}=U_{BE}$	30～200	50～150	50～150	—	—	30～250	40～200	30～250
	U_{CES}	V	$I_C=\begin{array}{c}100\text{ mA}\\175\text{ mA}\end{array}$	—	≤0.65	≤0.65	—	—	≤0.65	≤0.65	≤0.65
交流参数	f_T	kHz	$I_C=10\text{ mA}$	—	—	—	—	—	—	≤6	≤10
	K_P	dB	$U_{CB}=-6\text{ V}$	—	—	—	—	—	19～28	19～28	19～28

附表 A.11（续）

参数符号		单位	测试条件	型　号							
				3AX 31Z	3AX 31B	3AX 31C	3AX 31D	3AX 81E	3AX 81A	3AX 81B	3AX 81C
极限参数	P_{CM}	mW		125	125	125	100	100	200	200	200
	I_{CM}	mA		125	125	125	30	30	200	200	200
	BU_{CBO}	V	$I_C = \frac{1}{4}$ mA	-20	-30	-40	-30	-20	-30	-30	-20
	BU_{EBO}	V	$I_C = \frac{1}{4}$ mA	-10	-10	-20	-10	-10	-10	-10	-7
	BU_{CEO}	V	$I_C = \frac{2}{4}$ mA	-12	-18	-25	-12	-12	-15	-15	-10

附表 A.12　3AX 型半导体三极管的分档标记

管顶色点	橙	黄	绿	蓝	紫	灰	白
h_{FE} 范围	30~40	40~50	50~65	65~850	85~115	>150	

附表 A.13　3AD 型半导体三极管的主要参数

参数符号		单位	测试条件	型　号					
				3AD6A	3AD6B	3AD6C	3AD30A	3AD30B	3AD30C
直流参数	I_{CB}	mA	$U_{BC} = 20$ V	≤0.4	≤0.3	≤0.3	≤0.5	≤0.5	≤0.5
	I_{EBO}	mA	$U_{EB} = -10$ V	≤0.5	≤0.5	≤0.5	≤0.8	≤0.8	≤0.8
	I_{CBO}	mA	$U_{CE} = 10$ V	≤0.25	≤0.25	≤0.5	≤15	≤10	≤10
	U_{CEO}	V	$I_B = \frac{200}{400}$ mA	≤0.8	≤0.8	≤0.8	≤1.5	≤1	≤1
	h_{EF}		$I_C = \frac{2}{4}$ A $U_{CE} = 2$ V $I_C = \frac{2}{4}$ A	12~100	12~100	12~100	12~100	12~100	12~100
交流参数	f_β	kHz	$U_{CE} = 6$ V $I_C = \frac{200}{400}$ mA $R_C = 5$ Ω 120 mm × 120 mm×4 mm	≥2	≥4	≥4	≥2	≥2	≥2
极限参数	P_{CM}	W	加铝散热片 200 mm × 200 mm×4 mm	10	10	10	20	20	20
	I_{CM}	A		2	2	2	4	4	4
	BU_{CBO}	V		50	60	70	50	60	70
	BU_{EBO}	V		20	20	20	20	20	20
	BU_{CEO}	V		24	24	50	12	18	24
	T_{jM}			90	60	90	85	85	85

附表 A.14　3AD 型半导体三极管的分档标记

管顶色点	棕	红	橙	黄	绿	蓝	紫
h_{FE} 范围	10~20	20~30	30~40	40~50	50~56	56~85	85~100

A2.5 场效应管

场效应管主要参数如附表 A.15 和附表 A.16 所示。

附表 A.15 3DO1,3DJ6 型场效应管的主要参数

参数名称	饱和漏电流	夹断电压	栅源电阻	极间电容		共源跨导	低频噪声系数	最大漏源电压	最大栅源电压	最大耗散功率	最大漏源电流	贮藏温度
参数符号	I_{DSS}	U_P	R_{GS}	G_{CD}	G_{GS}	g_m	N_{FL}	BU_{DS}	BU_{GS}	P_{DM}	I_{DSM}	T_S
单位	mA	V	Ω	pF		μA/V	dB	V	V	mW	mA	℃
测试条件	$U_{DS}=10$ V $U_{GS}=0$	$U_{DS}=10$ V $I_{DS}=50$ μA	$U_{DS}=0$	$U_{DS}=10$ V $U_{DS}=0$	$f=500$ kHz	$U_{DS}=100$ V $I_{DS}=3$ mA	$U_{DS}=10$ V $I_{DS}=0.5$ mA					
3DO1D~G	0.1~15	<−9	>10^9	<1.5	<5	>1 000	<5	20	50	100	15	−55~150
3DJ6D~G	0.3~10		>10^7		<5	>1000	<5	20	50	100	20	

3DO1 为 N 型沟道绝缘栅耗尽型,3DJ6 为 N 型沟道结型。

附表 A.16 3CO1 型场效应管的主要参数

参数名称	漏源电流	开启电压	导通电阻	共源跨导	最大漏源电压	最大栅源电压	最大耗散功率	最大漏源电流	贮藏温度
参数符号	I_{DS0}	U_T	R_{0S}	g_m	BU_{DS}	BU_{GS}	P_{DM}	I_{DSM}	T_S
单位	mA	V	kΩ	μA/V	V	V	mW	mA	℃
测试条件	$U_{DS}=-10$ V $U_{GS}=0$	$U_{DS}=-10$ V $I_{DS}=I_{DS0}+1$ μA	$I_{DS}=1$ μA $U_{DS}=-10$ V $U_{GS}=-10$ V	$U_{DS}=-10$ V $I_{DS}=3$ mA $f=1$ kHz	$I_{DS}=20$ mA	$I_{GS}=100$ mA			
3CO1A	1 000	−8~−2	≤6	>500	−15	−20	100	15	−55 ℃ ~ 150 ℃
3CO1B				<500					

3CO1 为 P 型沟道绝缘栅增强型。

附录3　半导体集成电路(器件)型号命名方法

1. 型号的组成

半导体集成电路器件型号由五个部分组成,其符号和意义见附表 A.17 所示。

附表 A.17　半导体集成电路器件型号命名方法

第0部分		第一部分		第二部分		第三部分		第四部分	
用字母表示符合国家标准		用字母表示器件的类型		用数字表示器件系列和品种代号		用字母表示器件的工作温度范围		用字母表示器件的封装	
符号	意义	符号	意义	符号	意义	符号	意义	符号	意义
C	中国制造	T	TTL	由若干阿拉伯数字组成的代号	由国家集成电路标准化委员会制定的标准系列和品种型号	C	$0 \sim 70\ ℃$	W	陶瓷扁平
		H	HTL			E	$-40 \sim 85\ ℃$	B	塑料扁平
		E	ECL			R	$-55 \sim 85\ ℃$	F	全密封扁平
		C	CMOS			M	$-55 \sim 125\ ℃$	D	陶瓷直插
		F	线性放大器			⋮	⋮	P	塑料直插
		W	集成稳压器			⋮	⋮	J	黑陶瓷直插
		J	接口电路					K	金属菱形
		M	存储器					T	金属圆形
		μ	微型机电路					⋮	⋮
		⋮	⋮						

2. 示例

例1　低功耗肖特基双4输入与非门

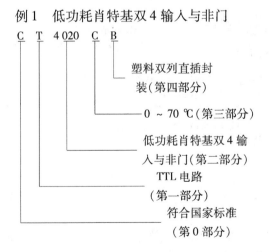

塑料双列直插封装(第四部分)

0 ~ 70 ℃(第三部分)

低功耗肖特基双4输入与非门(第二部分)

TTL电路(第一部分)

符合国家标准(第0部分)

例2　通用型运算放大器

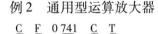
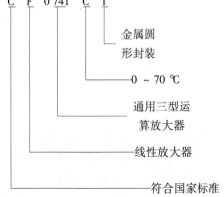

金属圆形封装

0 ~ 70 ℃

通用三型运算放大器

线性放大器

符合国家标准

附录4　国产TTL集成电路和国外TTL集成电路型号对照的说明

国产TTL集成电路共分五个系列,其中1000,2000,3000和4000四个系列为国家标准系列,000系列为我国早期优秀TTL产品系列。它们和国外TTL集成电路的相应产品能互相换用,两者型号之间也有一定的对应规律。这里仅以国产型号与美国Texas产品型号对照为例,说明如下。

例3　八选一多路数据选择器

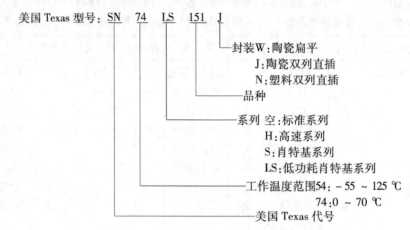

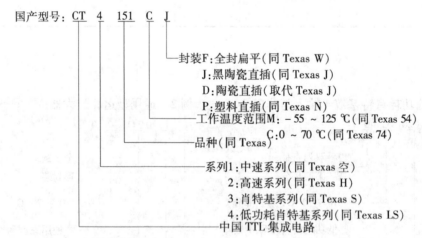

例4　同步十进制可逆计数器

美国Texas型号:SN74LS168J。

国产型号:CT4168CD。

附加说明:为简便起见,实际中常把型号中的第0,1,4部分省去不写。如上述器件CT4168CD(SN74LS168J)写成T4168(74LS168),等等。

附录5　部分常用的 TTL 数字集成电路型号及引脚图

　　目前常用的数字集成电路都采用双列直插式封装,它们的引脚有 14,16,18,20,24 等多种。引脚识别方法是将集成电路水平放置,引脚向下,标志向左,左下角为第一个引脚,然后按逆时针方向顺序递增。为使用和查阅方便,本附录以表格形式,列出了部分常用 TTL 数字集成电路的国产型号、名称和引脚图(对应国外型号用括号标出),如附表 A.18 所示。限于篇幅,属一种功能的电路,一般只给出一个引脚图。引脚图中,U_{CC} 为电源端,GND 为接地端,NC 为空脚,字母上的非号与引脚上小圈对应,表示低电平有效。

附表 A.18　集成电路引脚图

集成电路名称及型号	引　脚　图	说　明
四 2 输入与非门 T1000(5400/7400)	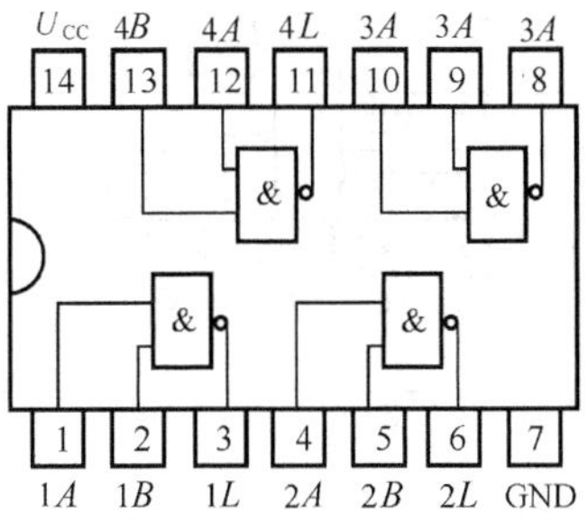	T2000(54H00/74H00) 53000(54S00/74S00) 54000(54LS00/74LS00)
双 4 输入与非门 T1020(5420/7420)	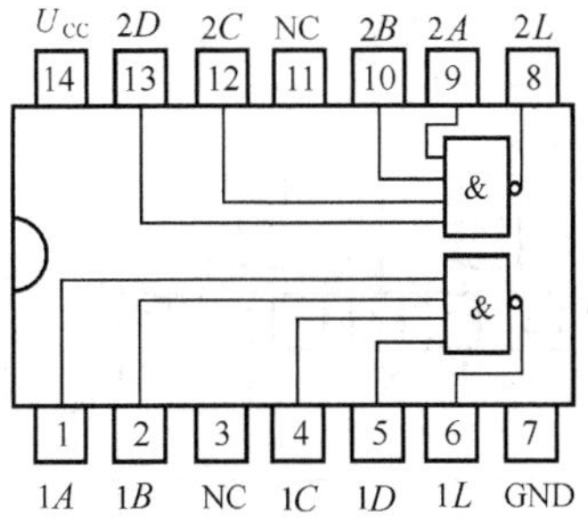	T2020(54H20/74H20) T3020(54S20/74S20) T4020(54LS20/74LS20)
三 3 输入或非门 T1027(5427/7427)	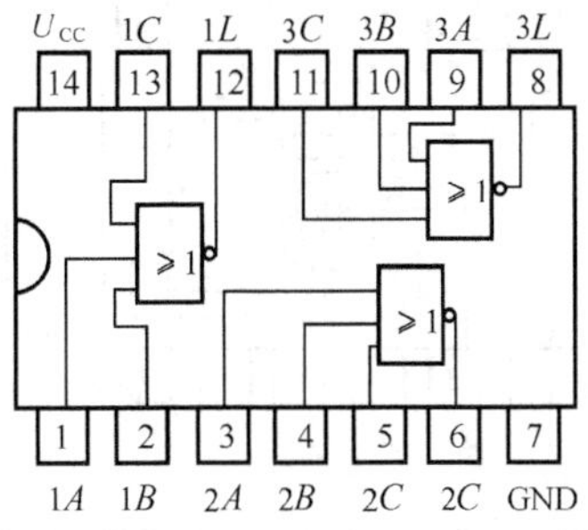	54027(54LS27/74LS27)

集成电路名称及型号	引　脚　图	说　明
2 - 4 - 2 - 5 输入与或非门 T3064(54S64/74S64)		
双 4 输入与非门(3S) T083/T113		
四异或门 T690,T1086(5486/7486) T083/T113		T3086(54S86/74S86) T4086(54LS86/74LS86) T1136(54136/74136) T4136(54LS136/74LS136)
单 JK 触发器 072(54H72/74H64)		属主从型,具有三个 J 端,三个 K 端,分别是与的关系

附表 A. 18（续 2）

集成电路名称及型号	引 脚 图	说 明
双 *D* 触发器 T077/T1074（5474/7474） T2074（54H74/74H74） T3074（54S74/74S74） T4074（54LS74/74LS74）	U_{CC} 2R_D 2D 2CP 2S_D 2Q 2$\bar{Q}$ 14 13 12 11 10 9 8 1 2 3 4 5 6 7 1R_D 1D 1C 1CP 1S_D 1$\bar{Q}$ GND	属维阻型，具有两个独立单 *D* 触发器
8/3 线优先编码器 T1148（74148） T4148（74LS148）	U_{CC} E_0 S I_3 I_2 I_1 I_0 A 16 15 14 13 12 11 10 9 1 2 3 4 5 6 7 8 I_4 I_5 I_6 I_7 E_1 C D_2 GND	
3/8 线二进制译码器 T3138（54S138/74S138） T4138（54LS138/74LS138）	U_{CC} Y_0 Y_1 Y_2 Y_3 Y_4 Y_5 Y_6 16 15 14 13 12 11 10 9 1 2 3 4 5 6 7 8 A_0 A_1 A_2 S_3 S_2 S_1 Y_7 GND	T330 功能同 T3138，T4138， 但引脚排列不同
BCD 段显示译码器 T1049（5449/7449）	U_{CC} Y_f Y_g Y_a Y_b Y_c Y_d 14 13 12 11 10 9 8 1 2 3 4 5 6 7 A A I A A Y GND	适用于共阴极 LED 七段显 示器，对于共阳极 LED 七段 显示器应用 T338，T338 引脚 排列，其排列形式同 T1049， 但输出极性相反

附表 A. 18（续 3）

集成电路名称及型号	引　脚　图	说　　明
四位数字比较器 T1085(5485/7485) T3085(54S85/74S85) T4085(54LS85/74LS85)	U_{CC} a_3 b_2 a_2 a_1 a_0 b_0 16 15 14 13 12 11 10 9 1 2 3 4 5 6 7 8 b $a>b$ $a=b$ $A>B$ $A=B$ GND	$A>B, A=B, A<B$ 为四位比较输出； $a>b, a=b, a<b$ 为串级输入，用于扩展连接
八选一多路数据选择器 T576/T1151(54151/74151) T3151(54S51/74S51) T4151(54LS51/74LS51)	U_{CC} D_4 D_5 D_6 D_7 A_0 A_1 A_2 16 15 14 13 12 11 10 9 1 2 3 4 5 6 7 8 D_3 D_2 D_1 D_0 W $\overline{W}$ $\overline{S}(\overline{E})$ GND	$A_2 \sim A_0$ 为地址码输入端， $D_7 \sim D_0$ 为数据并行输入端， $W/\overline{W}$ 串行原、反码输出 $\overline{S}(\overline{E})$ 为使能端，低电平有效
四位同步二进制可逆计数器 （带预置端） T1191(54191/74191) T4191(54LS191/74LS191)	U_{CC} A CP $\overline{Q}_{CR}$ Q_{CC}/Q_{CB} $\overline{LD}$ C D 16 15 14 13 12 11 10 9 1 2 3 4 5 6 7 8 B Q_B Q_A $\overline{S}$ M Q_C Q_D GND	M 为加减控制端，$\overline{LD}$ 为选数指令端，D,C,B,A 为预置数端，$\overline{S}$ 为使能端，$\overline{S}=0$ 允许计数，$\overline{Q}_{CR}$ 为串行计数使能端，用于多位级连，Q_{CC}/Q_{CB} 为进位或借位输出端
同步十进制可逆计数器 T3168(54S168/74S168) T4168(54LS168/ 74LS168)	$\overline{Q}_{CC}/\overline{Q}_{CB}$ U_{CC} Q_A Q_B Q_C Q_D $\overline{S}_2$ $\overline{LD}$ 16 15 14 13 12 11 10 9 1 2 3 4 5 6 7 8 M CP A B C D $\overline{S}_1$ GND	$\overline{S}_1, \overline{S}_2$ 为使能控制端，M 为加/减控制端， $M=1$：加计数 $M=0$：减计数 A,B,C,D：并行预置数输入端 $\overline{Q}_{CC}/\overline{Q}_{CB}$：进位/借位输出同步清除

附表 **A.18**（续 4）

集成电路名称及型号	引　脚　图	说　明
四位双向移位寄存器 T453 T1194（54194/74194）	U_{CC} Q_0 Q_1 Q_2 Q_3 CP M_B M_A 16 15 14 13 12 11 10 9 1 2 3 4 5 6 7 8 C_r D_{SR} D_0 D_1 D_2 D_3 D_{SL} GND	M_A，M_B：工作状态控制端 0　0：保持状态 0　1：串行输入左移 1　0：串行输入右移 1　1：同步并行送数
六施密特反相器 T1014（7414）	U_{CC} $6A$ $6L$ $5A$ $5L$ $4A$ $4L$ 14 13 12 11 10 9 8 1 2 3 4 5 6 7 $1A$ $1L$ $2A$ $2L$ $3A$ $3L$ GND	
双单稳态触发器 T1123（74123）	U_{CC} 1Rext 1Cext $1Q$ $2\overline{Q}$ $2\overline{C}_r$ $2B$ $2A$ 16 15 14 13 12 11 10 9 1 2 3 4 5 6 7 8 $1\overline{A}$ $1B$ $1\overline{C}$ $1\overline{Q}$ $2Q$ 2Cext 2Rext GND	Cext 为外接电容端，Rext 为 外接电阻电容公共端

参考文献

[1] 席志红. 电子技术[M]. 哈尔滨:哈尔滨工程大学出版社,2007.

[2] 秦曾煌. 电工学 – 电子技术[M]. 七版. 北京:高等教育出版社,2009.

[3] 余孟尝. 数字电子技术简明教程[M]. 三版. 北京:高等教育出版社,2006.

[4] 闫石. 数字电子技术基础[M]. 五版. 北京:高等教育出版社,2006.

[5] 杨碧石. 数字电子技术基础[M]. 北京:人民邮电出版社,2007.

[6] 吴晓渊. 数字电子技术教程[M]. 北京:电子工业出版社,2006.

[7] Robert T,Paynter B J,Toby Boydell. 电子技术——从交直流电路到分立器件及运算放大电路[M]. 北京:科学出版社,2008.

[8] William Kleitz. 数字电子技术 – 从电路分析到技能实践[M]. 陶国彬,赵玉峰,译. 北京:科学出版社,2008.